U0107246

格致
人文

陈恒 主编

12

[加拿大]

罗德·菲利普斯
Rod Phillips

著

马百亮

译

酒

一部文化史

Alcohol: A History

格致出版社　上海人民出版社

↑ 图 1　埃及庙宇的酒祭（托勒密时期 / 新王国，
　　　　公元前 1570—公元前 1070 年）

图片来源：卡罗尔·里夫斯（Carol Reeves）；
韦尔科姆收藏馆（https://wellcomecollection.
org/works/sug4p8ga）

※ 特别注明外，图片均来自韦尔科姆收藏馆（Wellcome
　 Collection）

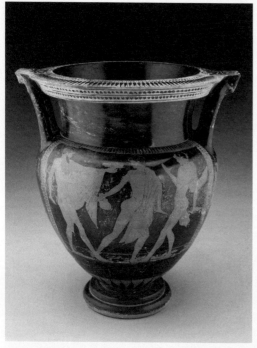

← 图 2　在希腊宴会上用来稀释葡萄酒的双耳喷口罐（公元前 460—公元前 440 年）

图片来源：伦敦科学博物馆（Science Museum, London）; https://wellcomecollection.org/works/b84c66qe

↓ 图 3　金酒店里的妇女（Mezzotint, 约 1765 年）

图片来源：https://wellcomecollection.org/works/hqeqk6ps

→ 图 4　两个农民在喝酒，第三个农民在呕吐（D. Deuchar, A. van Ostade, 1784 年）

图片来源：https://wellcomecollection.org/works/dyss7dnq

↘ 图 5　在酒馆里喝酒的人（J. le Poutre, 17 世纪）

图片来源：https://wellcomecollection.org/works/b3g3xqgp

What News, great News says Blab while Polly swills.　THE GIN SHOP DISPLAYED.　The Match Boy artfully the Money steals.
The raptur'd Landlady her Liquor spills.　Printed for Carington Bowles, Map & Printseller, N.º 69 in S.t Pauls Church Yard, London.　The Basket Woman great surprise reveals.

← 图 6　一位酿酒大师和他的助手（C. Gesner，16 世纪）

图片来源：https://wellcomecollection. org/works/gbnhn4df

↓ 图 7　耶稣在迦拿的婚礼上化水为酒（B. Bertoccini，J.F. Overbeck，1848 年）

图片来源：https://wellcomecollection. org/works/pbbenjm2

→ 图 8　一个老修道士用玻璃杯喝酒（日期不详）

图片来源：https://wellcomecollection. org/works/n9w4w7ca

NUPTIÆ IN CANA GALILÆÆ.

Düsseldorf Verlag von August W? Schulgen.

4. Der Trunkenbold, ſchädliche Trunkenheit; unmäſſige Völlerey, durch täglichen Miſsbrauch des Trinkens zur andren Natur gewordene Unmäſſigkeit. Der in geiſtlichen Habit gekrochene *Sauf Teufel.*

Nr. 4.

Kommt, kommt zur Kirch herbey, zu Fuß und auch zu Pferd,
Schreiſt du, und ſagſt dabey, man ſoll ſich vorbereiten,
Die Narrenkappe muß bey dir zur Kirche läuten:
Iſt dieß der rechte Weg auf dem man andre lehrt?

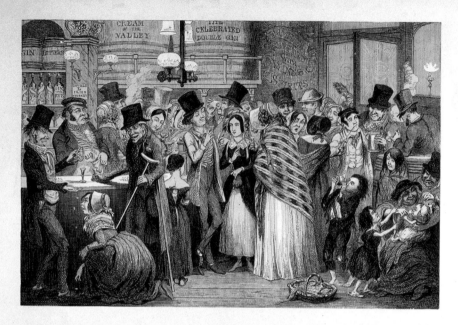

THE DRUNKARD'S CHILDREN. PLATE I.
CREAM OF THE VALLEY
THE CELEBRATED DOUBLE GIN
NEGLECTED BY THEIR PARENTS, EDUCATED ONLY IN THE STREETS, AND FALLING INTO THE HANDS OF WRETCHES WHO LIVE UPON THE VICES OF OTHERS, THEY ARE LED TO THE GIN-SHOP, TO DRINK AT THAT FOUNTAIN WHICH NOURISHES EVERY SPECIES OF CRIME.

↑ 图 9　禁酒运动时期对未成年人在一家金酒店喝酒的情景的描绘（G. Cruikshank，1848 年）

图片来源：https://wellcomecollection.org/works/tngcz8m2

↗ 图 10　巴黎荣军院的一名退伍军人因酗酒而患痛风（D.T. de Losques，1910 年）

图片来源：https://wellcomecollection.org/works/na2ymqjk

→ 图 11　电影《苦艾酒》的海报，一个酒鬼正盯着三杯酒看（Gem Motion Picture Company，1913 年）

图片来源：https://wellcomecollection.org/works/t8t3yv2e

→ 图 12　1911 年，荷兰海牙，抨击酒精滥用现象的海报（F.M. Den Haag）

图片来源：https://wellcomecollection.org/works/c9qf3hbj

Page 8. « Les manifestations goutteuses sont très rares chez les véritables alcooliques... »

Éditée par la " Pipérazine Midy"

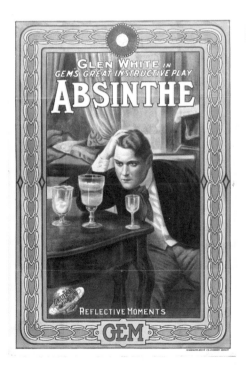

↑ 图 13　祖鲁妇女（南非）酿造啤酒（G.F. Angas，1849 年）
　　　图片来源：https://wellcomecollection.org/works/yxz22xte

↓ 图 14　俄罗斯的酗酒现象：饮酒的负面影响与戒酒的好处形成了鲜明的对比（T. Nemkova，1990 年）
　　　图片来源：https://wellcomecollection.org/works/y3n7nh9w

总　序

人类精神经验越是丰富，越是熟练地掌握精神表达模式，人类的创造力就越强大，思想就越深邃，受惠的群体也会越来越大，因此，学习人文既是个体发展所必需，也是人类整体发展的重要组成部分。人文教导我们如何理解传统，如何在当下有效地言说。

古老且智慧的中国曾经创造了辉煌绚烂的文化，先秦诸子百家异彩纷呈的思想学说，基本奠定了此后中国文化发展的脉络，并且衍生为内在的精神价值，在漫长的历史时期规约着这片土地上亿万斯民的心灵世界。

自明清之际以来，中国就注意到域外文化的丰富与多彩。徐光启、利玛窦翻译欧几里得《几何原本》，对那个时代的中国而言，是开启对世界认知的里程碑式事件，徐光启可谓真正意义上睁眼看世界的第一人。晚清的落后，更使得先进知识分子苦苦思索、探求"如何救中国"的问题。从魏源、林则徐、徐继畬以降，开明士大夫以各种方式了解天下万国的历史，做出中国正经历"数千年未有之大变局"的判断，这种大变局使传统的中国天下观念发生了变化,从此理解中国离不开世界,看待世界更要有中国的视角。

时至今日,中国致力于经济现代化的努力和全球趋于一体化并肩而行。尽管历史的情境迥异于往昔,但中国寻求精神补益和国家富强的基调鸣响依旧。在此种情形下,一方面是世界各国思想文化彼此交织,相互影响;另一方面是中国仍然渴盼汲取外来文化之精华,以图将之融入我们深邃的传统,为我们的文化智慧添加新的因子,进而萌发生长为深蕴人文气息、批判却宽容、自由与创造的思维方式。唯如此,中国的学术文化才会不断提升,中国的精神品格才会历久弥新,中国的现代化才有最为坚实长久的支撑。

此等情形,实际上是中国知识界百余年来一以贯之的超越梦想的潜在表达——"不忘本来、吸收外来、面向未来",即吸纳外来文化之精粹,实现自我之超越,进而达至民强而国富的梦想。在构建自身文化时,我们需要保持清醒的态度,了解西方文化和文明的逻辑,以积极心态汲取域外优秀文化,以期"激活"中国自身文化发展,既不要妄自菲薄,也不要目空一切。每个民族、每个国家、每种文明都有自己理解历史、解释世界的方法,都有其内在的目标追求,都有其内在的合理性,我们需要的是学会鉴赏、识别,剔除其不合理的部分,吸收其精华。一如《礼记·大学》所言:"欲诚其意者,先致其知;致知在格物。物格而后知至,知至而后意诚。"格致出版社倾力推出"格致人文",其宗旨亦在于此。

我们期待能以"格致人文"作为一个小小的平台,加入到当下中国方兴未艾的学术体系、学科体系、话语体系建设潮流中,为我们时代的知识积累和文化精神建设添砖加瓦。热切地期盼能够得到学术界同仁的关注和支持,让我们联手组构为共同体,以一种从容的心态,不图急切的事功,不事抽象的宏论,更不奢望一夜之间即能塑造出什么全新的美好物事。我们只需埋首做自己应做的事,尽自己应尽的责,相信必有和风化雨之日。

陈　恒

目 录

引　言

　　自从人类开始饮酒，人类与酒之间的爱恨情仇便开始了。酒是一种无色的液体，其本身既无物质价值，也没有文化或道德上的价值。然而，同众多其他商品一样，它已经被赋予了各种复杂的、有时是相互矛盾的价值，这些价值随着时间和空间的不同而不同。在饮酒的社会中，这些价值和权力、性别、等级、种族和年龄等因素交织在一起。

　　从根本上讲，所有这些价值均源自酒对人类神经系统的作用。喝过酒的读者都知道，不论是啤酒、威士忌、葡萄酒和鸡尾酒，还是用各种能酿出酒的材料制成的酒精饮料，从抿上第一口开始，你就会体验到一个或多个阶段的醉酒状态。小酌怡情，再要多喝便会依次导致愉悦感加剧，社会抑制感放松，平衡和协调能力丧失，讲话含糊不清，呕吐，而后是失去意识。酒精中毒严重者还可丧命。

　　不用说，并非所有人都会喝那么多，他们点到为止，只是为了获得一种愉悦感。这种愉悦感不但深受珍视，备受推崇，在有些文化里，醉酒所带来的那种飘飘欲仙的感觉甚至被认为是神圣的，可以让醉酒者更加接近神灵。还有的文化认为饮酒伤身，对酗酒行为严加警告，对醉酒者施以各种惩罚。

　　于是对酒就有了两极分化的观点。一方面，在日常交往中，酒精饮料被广泛用作社交润滑剂与黏合剂，这么做的人既有 19 世纪在工厂里饮酒的俄国工人，也有 18 世纪初聚在伦敦酒吧里畅饮金酒的妇女。长期以来，酒一直在婚礼与葬礼上发挥着重要的作用，并且通常作为商业、政治或其他场合的标志。1797 年，马德拉酒被用来纪念美国海军第一批护卫舰下水，而有些东非民族则用香蕉啤酒庆祝婚礼。酒还常常被作为工作的报酬，在欧洲人的经济活动扩张到世界各地时，他们的酒被广泛用作货币。威士忌、金酒和朗姆酒可以用来换取奴隶和各种商品,如海狸皮和干椰子肉,甚至还有权势和土地。

酒可以助人放松,有时可以让人忘记忧愁。酒精饮料的作用常常被神化,特别是啤酒和葡萄酒,在历史上一度被认为具有药效和神奇的治愈效果。在历史上的不同时期,几乎所有的疾病和不适都曾经用酒进行过治疗。人们曾相信酒能驱除寄生虫,预防癌症,促进消化,治疗心脏病,还能让人返老还童,延年益寿。

另一方面,不论对于社会还是个人,酒都曾被视为一种威胁。它被描述成罪恶之物,是来自恶魔的礼物而非神灵的恩赐。19世纪时,一些基督教神学家想到他们的上帝可能也赞同酒,非常恐惧,所以就对《圣经》进行了重新解读,说耶稣的第一个神迹不是将水变成葡萄酒,而是变成了葡萄汁。伊斯兰教和其他一些宗教明令禁止信徒饮用酒精饮料以及其他致醉的东西。酒被认为是造成疾病、疯狂、事故、不虔诚、道德败坏、社会动乱、灾难、犯罪和死亡的元凶。从中世纪到现在,一些评论家通常将酗酒视为导致其他一切问题的核心问题。

很多批判酒的人也承认,只要适可而止,饮酒不一定会造成悲惨的后果。根据这种认识,历史上很多政府试图通过对酒的生产、销售和饮用加以管理,减轻它所带来的不良影响。这些措施包括控制饮品中的酒精含量、禁止未成年人饮酒、限定酒馆和酒吧的供酒时段。还有一些政府对人们饮酒适度的能力缺乏信心,认为最好每一个人都滴酒不沾。在不同的时代,在犹太教和基督教的一些小教派,在整个伊斯兰世界,在美国、比利时、印度和俄罗斯等国家,以及在信徒众多的耶稣基督后期圣徒会(Church of Jesus Christ of Latter-day Saints,即摩门教),都实行过禁酒令。

在酒的历史上,一个关键的主题是对酒的管理,因为许多社会都对酒做了某种限制。这种管理的形式有很多,如根据年龄(未成年人)、性别(妇女)或种族(如美洲原住民)等因素禁止一部分人饮酒。在有些情况下,对饮酒格局的管理没有那么正式,而是通过社会压力来完成的,社会排斥可以强化这种压力。有时这种管理是以立法的形式来进行的,违法者会受到惩罚。鉴于酒精对未成年人身体的危害,几千年来,医生一直警告未成年人不宜饮酒。可是,直到19—20世纪,才出现了法定的最低饮酒年龄,并由法院强制执行。

酒的其他特征构成了酒类历史上的其他主题。在古代文化中,人们明确地将酒与神灵联系起来。主流的基督教接纳了葡萄酒,并将其吸收到最重要的仪式中。但是,对于酗酒行为给个人和社会所造成的影响,宗教组织也一直是坚定的批判者。与此相类似,千百年来,医生们也一直认为有些酒精饮料有药用价值,即使在

20 世纪 20 年代的禁酒运动期间,依然有一半的美国医生认为威士忌有治疗的效果,有 1/4 的美国医生认为啤酒有同样的疗效。但与此同时,他们也警告了纵酒对健康的危险。

因此,在酒的历史上,一个重要方面是它饱受争议的地位,以及人们想方设法要扬长避短的努力。有人或许会认为,禁酒主义者干脆放弃了这种努力,主张宁可剥夺适度饮酒者的享受,也不要让不负责任的饮酒者滥饮无度,害人害己,扰乱社会。另一方面,即使是禁酒运动最坚定的反对者,也很少会采取与此对立的主张,即取消对酒的所有限制。

有关酒的这些争论并非发生在物质或文化的真空之中。几乎在所有社会中,酒都是权力和地位的一种强有力的象征。在许多早期社会,如古埃及,啤酒对所有阶层开放,但只有精英阶层才能喝葡萄酒。希腊人只喝葡萄酒,但他们的葡萄酒分门别类,质量不一。从品味、口感和度数上看,为精英阶层所提供的葡萄酒与下层民众有天壤之别。至少从理论上讲,有时酒是专门给处于支配地位的殖民者们准备的:英国在非洲的一些殖民当局就颁布法律,禁止非洲原住民饮酒,而他们自己却照喝不误。美国和加拿大的白人政府也对当地的原住民做了同样的事情。

在物质层面,直到 19 世纪,因为许多水源不干净,在欧洲和北美洲的很多地方,人们以酒(主要是啤酒和葡萄酒)代水。在罗马建城之后的几个世纪里,由于台伯河被污染,罗马人不得不利用引水渠从远方获得饮用水。欧洲(从中世纪起)和美洲(从 18 世纪起)城市的主要水渠和水井都被污染到无法饮用了。和往水里添加精炼酒精的道理一样,在酒精发酵的过程中,许多有害细菌被杀死,所以发酵过的酒精饮料更安全。酒似乎已经成为默认的饮料,以至于在英语里,"酒"成了"喝"的同义词。有关酒的争论被称为"the drink question"(字面意义为"喝的问题"),"重度饮酒"被称为"heavy drinking",这里的"drink"(喝)已经和水或茶无关。

酒作为一种安全饮用水的效用为它的随处可得提供了强有力的论据,在能够代替酒的安全饮用水或其他非酒精饮料出现之前,没有政府会颁布禁酒令。就在欧洲和北美的市级政府开始大张旗鼓地为城市人口提供安全饮用水的时候,在咖啡、茶和其他非酒精饮料开始广为饮用的时候,禁酒运动也开始兴起了,这并非偶然。

与此同时,即使"喝"通常指的是喝酒,我们也要小心,不能以为在有安全的饮用水之前,人人都以酒代水。不管是否干净,水终究是免费的,酒可不是。穷人当然是有水就喝了,而这无疑降低了他们的预期寿命。未成年人也不常喝酒,许多社会禁止妇女喝酒，或者是极力反对她们喝酒。一个被普遍接受的观点是早期社会的每个人都喝酒，这肯定是错误的，而这也是本书所探讨的问题之一。

本书考察了酒在不同文化中的角色，描绘并解释了它是怎样同权力的结构和过程产生联系的，又是怎样同性别、阶级、种族和世代等问题产生联系的。本书的侧重点在欧洲，但是对北美的情况也有广泛的涉及。原因在于，虽然酒的真正诞生地可能是别处，并且已经在世界上大部分地区被饮用，但是和其他任何地区的民族相比，欧洲人更加广泛也更加大量地将酒和他们的文化结合起来。随着时间的推移，他们把他们的酒传播到世界各地，并且在一定程度上也将他们的酒文化传播到世界各地。在帝国主义、殖民和去殖民的过程中，酒成为欧洲人与其他民族之间发生联系、合作和冲突的领域之一。在本书中，我尽量采取全球性的视角，但是在此过程中，我重点讲述了欧洲酒文化的传播，而没有单独分析亚洲和太平洋地区的酒文化。我想这种方法可使本书的主题更加连贯。

我要感谢我所参考的资料的各位作者，还要感谢各个图书馆和档案馆的工作人员给予我的帮助。其中包括伦敦的大英图书馆和维尔康医疗史研究所（Wellcome Institute for the History of Medicine），还有法国的几家档案馆。我的同事马修·马基恩（Matthew McKean）和米歇尔·霍格（Michel Hogue）提供了有用的建议，罗布·艾尔-马拉吉（Rob El-Maraghi）医生帮我解决了一些医学上的问题。我也很感激戴维·费伊（David Fahey）和托马斯·布伦南（Thomas Brennan），他们对本书提出了很多有益的建议。当然，如有错漏，皆为我本人之责。最后，很荣幸能够与北卡罗来纳大学出版社友好而高效的朋友们共事。查克·格伦奇（Chuck Grench）多年前便约我写作此书，十分感谢他的耐心等待。

词语用法说明

（1）麦芽酒和啤酒。

我称除了中世纪之外各个时期谷物酿造的发酵饮料为"啤酒"（beer）。关于中世纪，我做了一个区分，称酿造时没有使用啤酒花的为"麦芽酒"（ale），称酿造时使用了啤酒花的为"啤酒"（beer），以此强调在中世纪晚期欧洲很多地方从麦芽酒到啤酒的过渡。更合适的做法是称早期（如古代美索不达米亚和埃及，以及中世纪早期的高卢）的、不使用啤酒花的文化（如撒哈拉以南非洲的很多地方）的这种饮料为

"麦芽酒"，但是历史学家一直使用"啤酒"一词作为通称，我也就沿用之。

（2）威士忌：是"whiskey"，还是"whisky"？

虽然通常用"whiskey"来指代产自特定地区（如爱尔兰和美国）的某种酒，用"whisky"来指代其他地区（如苏格兰和日本）的同一种酒，但是并没有硬性的规定。在全书中我全部用"whiskey"一词作为通称。

第一章　古代世界的酒：自然和人工

　　人类造酒的历史可以追溯至公元前 7000 年，也就是距今 9 000 年前。但是几乎可以肯定的是，史前人类从水果和浆果中获取酒的历史要比这早好几千年。水果和浆果过了最佳的成熟度和甜度之后，就会开始腐烂，此时野生的酵母菌就会消耗它们自身所含有的糖分，通过一个自发的发酵过程产生酒。腐烂水果的果肉和果汁所产生的酒的酒精度通常能达到 3％—4％，有时会超过 5％，这使其和现在许多啤酒的酒精度相当。[1] 只要满足下面这两个条件，任何水果或浆果都可以这样发酵。首先，水果必须要有恰到好处的糖分，这样才能吸引酵母菌。水果的含糖量会随着其成熟而增加，让其变得更甜。成熟水果的含糖量通常会达到自身重量的 5％—15％。[2] 其次，周围必须有野生酵母菌（附着在果皮上，或者是在附近的树上和灌木丛中）存在，一旦果皮破裂，它们就能接触到果肉中的糖分。

　　我们知道，吃了腐烂发酵的水果的各种哺乳动物、鸟类和蝴蝶都会体验到不同程度的醉酒状态。在这方面，马来西亚树鼩极具代表性，它们经常以发酵的花蜜为食，而其中的酒精含量可以达到近 4％。这种动物对于世界可能有着一种有趣的洞察力。然而，它从一棵树跳跃到另一棵树的那种灵活性似乎不受其酒精摄入量的影响，而且没有证据表明它会从事经常和醉酒联系在一起的那些危险举动。动物的饮酒行为是不定期的、机会主义式的。1954 年，一份新奥尔良的报纸称，由于吃了城市公园灌木丛那些过熟的浆果，成千上万正在迁徙的知更鸟醉倒。一位当地的观鸟者指出，和知更鸟相比，那些跟随着知更鸟的乌鸫可以更好地控制体内的酒精对它们的影响："乌鸫掉落到草地上之后，会左右翻滚，试图清醒起来，但是知更鸟呢？我看见三只又肥又大的知更鸟一头栽进了水沟里，然后就躺在那里一动不动。"[3]

在互联网上，那些据说是喝醉酒了的动物的视频变得很受欢迎。虽然其中很多似乎都是真实的例子，但是对于长期以来广为流传的非洲象吃了马鲁拉树上腐烂的果实而醉醺醺的报道，科学家们深表怀疑。这个场景有点不太可能，因为比起过熟的或者腐烂的马鲁拉果，大象更喜欢熟得刚刚好的。更加不可能的是，要达到能让一头成年大象呈现出明显醉态所需的血液酒精水平，就要让它不喝水，仅仅吃酒精含量不低于3%的马鲁拉果，这还不够，还要让它摄入正常最大食物摄入量400倍以上的马鲁拉果才行。[4]体型较小的动物更容易体验到吃了发酵水果之后的那种醉感。几乎可以肯定的是，史前时期的灵长类和人类也在其中。

远在2 000万年前，我们的灵长类祖先主要靠水果和浆果为生，早期人类的牙齿结构类似于现代的猿，他们几乎从水果中获取所有的卡路里。现代的人类基因组和黑猩猩比较相近，而黑猩猩几乎完全以植物为食，主要是水果。像其他的哺乳动物和鸟类一样，人类很可能更喜欢熟得刚刚好的、颜色鲜艳夺目的水果，而不是那些不够成熟或已经开始腐烂的水果。然而，他们可能也会捡拾那些掉落在地上的过熟水果，这样更容易，而这种水果可能已经发酵。这样一来，在每一个水果成熟的季节，他们都可以偶尔或者定期地"吃"到酒。如果他们把吃过熟的水果或浆果和飘飘欲仙的愉悦感联系起来，那么他们可能会养成这种习惯，并且期待每年的自然佳酿。

虽然我们现在谈的是酒的史前史，但是有很重要的一点需要强调，那就是在啤酒和葡萄酒出现之前，水就已经存在了。水是地球上生命的必需品，人们需要定期摄入水，来补充每天主要以汗液、尿液和粪便形式失去的水分。人们需要补充的水的量会随着气候、饮食习惯、身体活动形式的不同而变化，但是水总是为人类所需。在现代西方社会，一个成年人每天大概需要饮用2升的水。在长距离运输饮用水的方法被发明出来之前，人们只能生活在那些可以定期获得淡水的地方，主要是河流、小溪、湖泊、泉水、井水或以雨雪形式存在的降水。成千上万年来，人们依赖水，不仅要为个体补充水分，还要为水果、蔬菜、浆果、肉类、鱼类和其他食品提供水分，这些东西不仅需要水而且本身就含有水。如果酒是史前饮食的一部分，那么在最初的成千上万里，它们对人类水分补给所做的贡献是微不足道的，因为在不断迁徙的过程中，人们根本不可能制造出大量的酒。

到了新石器时代（约公元前10000—前4000年），这一切都改变了。人类开始建立永久性的定居点，开始种植谷物和其他作物，并且开始饲养牲畜。人类培育出

7

了各种各样的农作物，其中包括适合生产啤酒的谷物和适合酿造葡萄酒的葡萄品种，这种葡萄更容易繁殖，而且果肉对种子的比例比许多野生葡萄都要高。在这一时期，我们发现了啤酒和葡萄酒的最早证据，这部分是因为新石器时期的人们也开始制作陶器。考古学家在陶罐中发现了一些酒精饮料的最古老证据，它们以种子、谷粒、酵母、酸和其他残留物的形式存在。这些发现提出了一个问题，那就是葡萄酒和啤酒的证据是否可以追溯到新石器时代之前（比公元前10000年更久远），因为那时用来盛放酒的容器也许是用木头或皮革制成的，而它们已经完全腐烂了。

所以最晚在9 000年前（但是几乎可以肯定的是比这要早得多），酒的人类史加入了腐烂的水果和浆果自然发酵的自然史。最早的葡萄酒或啤酒制造者将葡萄或者其他水果压碎，或是对大麦或其他谷物进行加工，然后让它们自然发酵。19世纪中叶，法国科学家路易·巴斯德（Louis Pasteur）用葡萄酒做了一个实验，直到那时，发酵现象才被解释为一种生物过程。然而距此数千年之前，似乎就已经有人（目前认为最有可能的地方是中国东北部和亚洲西部）做出了这一历史性的发现，那就是水果或者浆果的果汁（或者是水和蜂蜜或处理过的谷物的混合物）如果被放置在一个足够温暖的地方，那么不需要多长时间，就会开始冒泡或者起泡沫。在泡沫消退之后，你可以品尝一下，在量很少的时候，它们会给你带来一种愉悦的感觉，如果你接着喝下去，就能体会到一种飘飘欲仙的感觉。

从那时起，世界就完全不同了。对有些人来说，酒和造酒方法的发现为健康和快乐创造了新的机会：人们发现酒精饮料通常比其原材料更有营养；几个世纪以来，在世界上许多地方，它们比受到污染的饮用水要安全；它们让饮用者产生一种愉悦感；并且它们很快就和积极的品质如欢快、丰饶和神圣联系在一起。相反，也有人发现酒出现以后的历史就像是人类的一场漫长的宿醉：长期以来，酒被和负面的事物联系在一起，如社会混乱、暴力、犯罪、罪恶、淫邪、身心疾病和死亡。

我们永远无从知道是谁人为地制造了最早的酒，才引起这些有争议的历史。我们越是向上追溯，它的历史就越是神秘莫测。一开始很可能就是一次意外的发酵，只是被人观察到了而已。如果最早的酒是葡萄酒的话，那么当史前人类采来野生葡萄，放在一个木头或皮革的容器中，或者是一块岩石上的碗状凹陷处保存时，酒的历史很可能就此拉开了序幕。底部的葡萄受到顶上的葡萄挤压，产生果汁，而这些果汁会吸引生活在葡萄表皮或者附近树木或者灌木上的野生酵母菌，于是就开始发酵；或者它可能是从另外一种水果开始的，如石榴或山楂。或者也可能是从与水果完全不同的东西开始的，如蜂蜜。蜂蜜因为其甜美而被人们所珍藏，在被雨水溶化和稀释之后，发酵成了酒，这就是后来人们所说的蜂蜜酒（在发酵之前，蜂蜜需要用大约 30％的水加以稀释）。

在考古学家已经确定的一些最早的酒里，所有这些以及许多谷物（如大麦和大米）都被用到过。只要其中含糖，呈液体状，被放在足够温暖的条件下，并有足够长的时间让野生酵母进行发酵，最终都会变成含有酒精的液体。这种液体的酒精度可能会很低，味道和口感可能让人难以识别出是啤酒、葡萄酒还是其他常见的酒，但它其实就是一种酒。

追溯酒的早期历史，是从无意为之的自然发酵过渡到有意为之的人工过程。在品尝过一两口这种发酵液体的味道并体验到其令人愉快的效用之后，这位因为采集并储存葡萄、其他水果或浆果而意外酿出酒的酿酒师或许会试图复制发酵的过程，虽然他对其中涉及的生物过程一无所知。他把葡萄或其他水果放进一个容器中，形成果汁，而果汁可以变成一种可口的饮品，这样几次下来，他或许会缩短这一过程，把所有的水果或浆果捣碎，用手也好，用脚也好，这样就增加了所生产的酒的量。

制作啤酒的过程可能更加复杂，因为在制作啤酒的谷物中，可发酵的糖的含量很少。它们确实含有糖和淀粉，但这些东西几乎完全是不可溶的。在酵母菌可以把它们发酵成酒之前，必须将其变成可溶性的。未经加工的谷物可以制成一种只有少量酒精的饮料，但是它不会像啤酒和葡萄酒那样，给饮用者带来那么大的愉悦感。咀嚼谷物可以使其中的糖转化：人类唾液中含有一种有效的酶，咀嚼谷物后将其吐出也是一种造酒方法，在欧洲人到来之前，加勒比地区、拉丁美洲和太平洋地区的人就是这样酿酒的。更常见的方法是让谷物出芽（浸泡在水中，直到它发芽，然后将其晾干），再将其捣碎（浸泡在温水中），形成一种含有可以发酵的可溶性糖的液体。

显然，这个过程比水果、浆果或蜂蜜的发酵要复杂得多。啤酒也可以自然形成：如果谷物从茎干上脱落下来，淋雨之后就会发芽，然后被太阳晒干，再淋一次雨，然后在野生酵母菌的作用下发酵，最后被喝掉。尽管如此，很难看出饮用者是怎么知道如何复制这个过程的。当然，最终人类还是掌握了这个过程，但由于水果和蜂蜜发酵的过程相对简单，我们完全可以认为水果酒或浆果酒（可能还有蜂蜜酒）的出现要早于啤酒。

酒的人类史很可能就是从这些意外的发酵开始的，或者也未必如此，人类因受到自然发酵过程的启发而开始有意识地酿酒，这样的情形纯属猜测。我们无从知道最早的啤酒、蜂蜜酒或葡萄酒是在什么情况下生产出来的，正如我们也无从知道是谁最早烤面包或谁最早煮鸡蛋。然而，我们很有必要去解释那些无法解释的事情，并且许多文化中都有解释酒的起源的故事。有些人把葡萄酒和啤酒的出现归因于神，而不是人类。苏美尔人有一首歌颂啤酒女神宁卡斯（Ninkasi）的歌（可追溯到大约公元前1800年），描述了制作啤酒的过程以及喝酒带给人的愉悦感。在埃及，冥府之神欧西里斯（Osiris）也是地球上所有生命的源头，据说是他将葡萄酒和啤酒赐予人类。在希腊，人们将葡萄酒与狄俄尼索斯联系在一起，在罗马，则与巴克斯联系在一起。犹太教徒和基督徒将葡萄酒的历史追溯到一个凡人那里，他就是诺亚，据说他在亚拉拉特山（Mount Ararat）的山坡上栽种了葡萄。在大洪水平息之后，他满载动物的方舟就停泊在这里，根据《旧约》的记载："诺亚是农夫，是他开始栽葡萄园的。"[5]而在巴比伦版本的洪水故事里，在洪水发生之前，葡萄酒和啤酒就被提供给了造船的工人。

虽然诺亚似乎天生就（或者是通过神的启示或指导）知道如何用他的葡萄酿造葡萄酒，但是其他的讲述都强调了第一次发酵过程的偶然性。有一个故事发生在波斯国王詹姆希德（Jamsheed）的朝廷之上，传说他非常喜欢新鲜的葡萄，为了在反季时依然能够吃到，他保存了一罐罐的葡萄。当他发现一个罐子里的葡萄不再甜的时候，就把那个罐子标上"毒药"，他不知道其实里面的葡萄已经发酵了。不久后，后宫一位妇女患上了一种可怕的头痛病，她喝了一些这种"毒药"，想自杀以结束自己的痛苦。在酒精的作用下，她睡着了，当她醒来时，发现头痛消失了，于是就告诉了国王这种神奇的治愈效果。国王马上下令，让更多的葡萄发酵。[6]

根据中国的传说，最早用来发酵的是大米："被丢弃的大米在匣子里很久之后发酵，散发出浓郁的香味。"11世纪中国一篇讨论酒的文章持一种更加实际的观点："对于最早发明酒的人，我只能说，他是一位智者。"①[7]

像这样的描述往往指向酒的一些历史悠久的文化内涵，如它的宗教性和药用性，但并无助于加深我们对酒的历史起源的了解。要想了解其历史起源，我们只能寄希望于考古学家，其中的一些人已经把探索最早的酒这件事变成了一个小行业。他们四处寻找关于酒的证据，这些证据通常是水果、浆果或谷物的遗留物，或者是已经被陶罐和陶瓮内壁所吸收的液体的化学残留。葡萄酒的残留物一般是葡萄

---

① 该引用的原文可能是北宋时期窦苹《酒谱》中的"然则酒果谁始乎？予谓知者作之……"。——译者注

籽、酒石酸（自然存在于葡萄和其他一些水果中）、酵母菌和二甲花翠素（黑葡萄和其他几种水果所共有的一种色素）。虽然未发酵的葡萄汁甚至是新鲜葡萄也会留下和葡萄酒同样的证据，但几乎可以肯定的是，在温暖的气候条件下，葡萄汁会迅速发酵。中国和中东就属于这种气候，而这类证据大部分就是从这些地方收集的。能够延续数千年之久的其他证据还有草酸钙（又称"啤酒石"，往往累积在酿酒用的容器里）；用来酿酒的谷粒（如大米、大麦、小米和二粒小麦）；蜂蜡和树脂，树脂常被用来密封陶罐的内部，以保存里面的酒精饮料。

从大约公元前7000年到2 000多年前基督教时代之初，构成已知最早酒文化史的发现产生了一个不断变化的叙事。考古学家、历史学家、语言学家、化学家和其他学者不断报告，说他们发现了新的证据，声称这是酒的某个方面的最早证据。无论是哪一种酒，关于酒的最早证据是在中国的北部，而已知最早的造酒设备据说在亚美尼亚。有证据表明，最早的商业啤酒厂之一位于秘鲁[8]，而关于蒸馏酒的最早证据发现于今天的巴基斯坦和印度北部。[9] 已知最早的液体形式的酒被保存在密封的青铜罐子里，其历史可以追溯到4 000年前，发现于中国的中部。许多这类研究发现已经将人们的注意力从中东移开。在很长的时间里，中东曾被认为是啤酒、葡萄酒和蒸馏酒的发源地，英语里表示"酒精"的"alcohol"一词就源自阿拉伯语。这一地区能够表明酒的存在的重要证据非常集中。

随着研究人员开发出新的分析方法，并对新的遗址进行考察，我们还会看到酒的古代历史不断被修改，但是我们历史知识的深度可能会受到实际的限制。由于早期酒的大多数证据是陶罐中的残留物，我们不大可能找到广泛使用陶器的新石器时代之前的证据。在黏土被用来制造盛放液体的容器之前，人们把酒保存在用木头、皮革或者纺织材料制成的容器中，而这些材料早已腐烂，上面重要的残留物也荡然无存。

这样看来，酒的最早证据来自河南省贾湖村一个新石器时代早期（约公元前7000—前5600年）遗址的十几个陶罐，这也就不足为奇了。从这些残留物来判断，陶罐里装的是用大米、蜂蜜和水果（可能是葡萄或山楂，因为两者都富含酒石酸）制成的酒。大米可能已经被暴露于一种适合其糖分发酵的真菌中。蜂蜜可能是最后添加进去的，是为了增加甜度，但也有可能是在发酵之前添加进去的，用来将野生的酵母菌吸引到未发酵的液体中。葡萄和山楂可以让酵母菌存活，而大米却不可以。[10]

我们无从知道人们喝这些酒的社会背景，但后来在大量青铜器皿中发现了中国酒的证据,这表明在古代中国,酒与富人关系甚密。从公元前1900年(4 000年前)前后开始,这些容器不仅曾经用来装发酵饮料,而且有一些在数千年之后仍然装有液体,它们最初密封得很好,后来的腐蚀又使它们完全密封。一个容器里装有26升(大约相当于三打标准的酒瓶)的液体,这种液体被描述为有"芬芳的香气",但感觉证据转瞬即逝,因为一旦暴露于空气中,发出香味的化合物会在几秒之内挥发掉。[11]

在中国,酒被用来给那些贵族阶级陪葬,让他们死后也可以享用,这和同时代埃及的做法一样。还有一些这样的仪式,人们通过喝酒达到一种灵魂出窍的状态,使他们能够与祖先交流。[12]更多为了殡葬目的而饮酒的证据出自商朝后期(公元前1750—前1100年)①。对数千个坟墓的挖掘结果表明,酒器经常和死者埋在一起,不仅那些有权势的人如此(和武丁王的王后一起埋葬的青铜器中有70%是酒器),甚至有些穷人也是如此。[13]在周朝(公元前1100—前221年),酒被用于殡葬的证据变少了,但人们更加重视在节日场合饮酒,即使不是每天都喝。诗歌中提到,人们在狩猎野猪和犀牛后的聚会上饮用"甘美的酒",而酒的不同名称或者说是不同的酒的名称数量激增。虽然中国关于酒的最早证据表明它是用大米、蜂蜜和水果制成的,但是后来提到的生产过程中通常使用的是谷物(小麦和小米)。从发芽、加热、发酵这一过程可以看出,当时生产的是啤酒。

根据我们目前的了解,中国人酿酒的历史最为悠久,从拥有9 000年历史的酒精残留,一直到21世纪初蓬勃发展的葡萄酒产业,从未中断过。然而在西亚,在今天的伊拉克、伊朗、土耳其、亚美尼亚和格鲁吉亚所在的地区,也有很多早期酒类生产的证据,但是要比中国已知最早的酒晚了三四千年。在这些地区的某些地方,由于受7世纪时伊斯兰教禁酒令和历届穆斯林政府禁酒政策的影响,酒的历史时断时续。时至今日,伊朗依然禁止饮酒,沙特阿拉伯的公民也被禁止饮酒(外国人例外),而在土耳其,葡萄酒生产是一个十分重要的产业。

西亚关于酒的最早证据可以追溯到公元前5400到公元前5000年(约7 000年前)的哈吉菲鲁兹(Hajji Firuz),这个社区位于沿伊拉克和伊朗边界的扎格罗斯山脉之中。在那里发现的陶罐上的残留物表明罐子里装的是啤酒和葡萄酒。啤酒可以从草酸盐的存在推断出来,草酸盐是一种常见的酿造残留物,沉积在陶罐里。在

---

① 原书有误。根据我国目前公认的断代法,商朝的存续时间为约公元前1600—前1046年,且以盘庚迁殷(公元前1300年左右)为界,划分为早商和晚商。另,该段中对周朝的年代划分也有误,我国目前认为周朝的存续时间为公元前1046—前256年。——译者注

同一个地点，还发现了一些碳化的大麦，也表明这是啤酒。而陶罐里的葡萄酒残留物有葡萄籽、酒石酸和树脂。虽然罐子里装的液体也有可能是未发酵的葡萄汁，而不是葡萄酒，但是在该地区温暖的条件下，富含糖分的果汁肯定会吸引酵母菌并很快发酵。树脂的残留物也可以证明其中装的是葡萄酒，因为树脂作为一种防腐剂，被广泛应用于葡萄酒中。在地中海东部地区，用树脂处理葡萄酒（是为了调味而不是为了延长保质期）的做法一直延续到今天，如希腊的松香味葡萄酒。因此，这些陶罐中的饮料仅由一种产品制成，而不是像最早的中国酒那样由几种发酵的水果和谷物制成，虽然在饮用之前，它们很可能会与其他饮料或添加剂混合。

哈吉菲鲁兹这些酒罐的总容积为 54 升（相当于 72 标准瓶的葡萄酒）。考虑到葡萄酒必须够喝一年（直到下一年的葡萄酒被生产出来），这也就不算过分了，虽然我们并不知道他们实际能够得到的葡萄酒比这六罐要多多少。而且，葡萄酒罐在珠宝和其他奢侈品旁边被发现，这个事实表明这些葡萄酒属于一个富裕的家庭。[14]在哈吉菲鲁兹南部的贸易站和军事中心戈丁山丘（Godin Tepe），人们发现了更多的陶制酒器，里面有来自葡萄酒的酒石酸，其历史可以追溯到公元前 3500 年至公元前 3000 年。这些罐子每一个都可以盛放 30—60 升的液体，内部被染上颜色的垂直纹理表明，在用黏土塞子密封后，这些罐子是躺着放的，就像今天用软木塞密封的酒瓶一样。就在同一个社区，考古学家还发现了一个可能用来发酵葡萄汁的大盆，还有一个酿酒过程中可能用到的漏斗。

然而，在距离哈吉菲鲁兹和戈丁山丘所在的扎格罗斯山不远的地方，就在亚美尼亚南部小高加索山脉上的阿雷尼村（Areni）附近，人们发现了更早且更完整的酿酒设备，其历史可以追溯至公元前 4100 至公元前 4000 年。这套设备包括一个浅盆，可能是用来将葡萄压碎的（可能是用脚），盆子上有一个洞，可以让果汁流入地下的大桶，而果汁就在桶里发酵。这些容器以及杯子和碗上残留的二甲花翠素、葡萄籽和被压碎的葡萄，还有旁边的干葡萄藤，都进一步证明这是一个酿酒设备。其生产规模表明，到 6 000 年前的这个时候，适合酿酒的葡萄很可能已经被驯化了。[15]

正如我们所见，酒的最早的踪迹是在亚洲的两个地方被发现的，一个是中国的东北，另外一个是西亚面积相对较小的一个区域，位于高加索山、土耳其东部、伊拉克东部和伊朗西北部之间。这并不是说其他地方生产酒的时间没有这么早，因为世界上的大部分地区都曾将当地的物产发酵酿酒。中美洲的纳瓦人发酵了各种各样的龙舌兰汁，而许多非洲社会则发酵棕榈汁。北美大部分地区是例外，没有证据表明这里的原住民会酿酒，虽然这里并不缺乏酿酒所需的原材料。除此之外，其他没有掌握酿酒知识和技术的社会都位于找不到适合的水果或谷物的地方，如北极和澳大利亚的沙漠地区。

话虽这么说，事实表明在许多情况下，我们无法确定酿酒的历史可以向上追溯多久。虽然酒精发酵也可能最早发生在非洲或美洲，但最大的可能是在中国和西亚，这方面的证据可以追溯到公元前 7000 年至公元前 3000 年，大约 5 000—9 000 年前。这些地方相距几千公里之遥，但是在此前的几千年里，其间一直有丝绸之路和其他的贸易网络相连。因此，可能是一个地区首先掌握了发酵的技术，然后又传播到其他地区。另外一种可能是，每个地区独立掌握了发酵技术，抑或是酿酒的过程可能在亚洲的另外一个未知的地区被发现，然后又传播到这个大陆的其他地区。

啤酒和葡萄酒的酿造是古代最为常见的两个酿酒过程，在扩散和发展方式方面，它们似乎分道扬镳。葡萄酒酿造知识和技术的传播似乎是直线模式，从西亚传播到东地中海和埃及，又从那里传播到克里特岛、希腊和意大利半岛南部，最终在 2 000 年前抵达欧洲其他地区。但葡萄酒酿造知识似乎以不同的路线传播到了意大利半岛北部的伊特鲁里亚人那里，因为他们和希腊人在同一时期掌握了这一技术。可能是腓尼基人直接把相同的知识传播到了西班牙。

相比之下，啤酒的酿造是在很多地方几乎同时进行的。中国的小米啤酒和戈丁山丘的大麦啤酒可以追溯到公元前 3500 年至公元前 3000 年。除了这些早期证据之外，在上埃及（公元前 3500—前 3400 年）和苏格兰（大约公元前 3000 年）也有酿造啤酒的迹象，这两个地方的啤酒中添加了蜂蜜和香草。[16] 这种同时性的广泛传播说明啤酒的酿造技术是许多文明独立发现的，但是这方面的证据比较零散，参差不齐，由此得出确凿的结论有点冒险。[17]

关于酒的生产和饮酒文化，更加可靠的证据出现于大约公元前 3000 年以后。关于公元前 3000 年至公元前 2500 年埃及的葡萄酒生产，有一件详细的图画证据。根据一份公元前 1000 年埃及的普查，附属于神庙的葡萄庄园有 513 个。这些庄园大部分坐落于尼罗河三角洲，但是也有一些分布在更远的南部绿洲。不过无论在哪里，葡萄常常和其他的作物或树木共生（这也为发酵所需的酵母菌提供了生境），就如在公元前 2550 年一块属于塞加拉（Saqqara）一位高官的 2.5 英亩的田地："200 腕尺长，200 腕尺宽……种满了树木和葡萄，这里可以生产大量的葡萄酒。"[18]

在埃及，葡萄在栅栏或高树上攀援生长，当它们成熟后，就会被摘下来用篮子运到屋子里，然后放在巨大的桶里用脚踩碎。壁画上有四到六个男人踩葡萄，每个人都抓着挂在头顶上的带子,以免因踩踏葡萄皮而滑倒在果汁里。有时,工人们随着妇女们唱歌的节奏踩葡萄,比如一首献给丰收女神的歌:"愿她伴随我们劳作……愿饮用这葡萄酒的领主永远受到国王的青睐。"在埃及的壁画中,葡萄酒总是被呈现为红色或黑色,这说明(除非这是一种艺术手法)在生产过程中使用了黑葡萄,并且在酿造前或者发酵过程中没有去皮,因为红酒的颜色是从黑葡萄皮的色素中得到的。

发酵可能在用于碾压的大桶中就开始了,但是这一过程会继续下去,最终在储存葡萄酒的巨大陶罐中完成。罐子被装满之后,人们会用陶瓷盖子将其封起来,并用尼罗河的黏土加以密封。罐子的顶部会钻一些小洞,以确保在发酵过程中二氧化碳(在发酵过程中伴随乙醇而产生)可以逸出,这样罐子就不会因为气体的压力而破裂或爆炸。为了让酒隔离空气,这些小洞后来会被封闭起来,因为空气会使葡萄酒氧化变质。最后,人们在盖子上印上黏土印章,此即现代酒标的前身。印章上刻的内容一般包括生产该葡萄酒的葡萄园、酿酒师的名字、酿造年份,甚至还有酒的品质和品种。在古埃及法老王图坦卡蒙(Tutankhamun)的墓穴中,一个酒罐的印章上这样写道:"四年陈;太阳神阿吞(Aton)家族的甜葡萄酒;生机,兴旺,健康!产于西河。首席酿酒师阿庇罗绍普(Aperershop)。"其他地方的罐子上则印有这样的字样:"喜事用酒""优质酒""供奉用酒",甚至还有"纳税用酒"。[19]目前还不清楚那些用来纳税的葡萄酒品质是优良还是普通。作为一种实物税,或许酒的质量决定了其价值(参见图1)。

和其他许多古老文明一样,在埃及,只有精英阶层才能喝到葡萄酒。不管在哪里,葡萄酒的稀缺性可能为其赋予了文化上的价值,因为它一年中只能生产一次,而不像啤酒那样,可以用储存的谷物一年到头不断地、小批量生产。此外,只有果肉对种子比例很高、能产出大量果汁的葡萄才适宜酿酒,而这种葡萄能够成功成熟的地方要少于可以种植谷物的地方。葡萄的产地少,产量又小,并且距离下次酿造不得不等一年之久,因此葡萄酒远不如啤酒那样可以轻而易举地获得。物以稀为贵,就算不需要运输到那些没有葡萄生长的地方,仅其稀缺性就会使其身价倍增。稀缺性和价格,这两个互相关联的因素造就了葡萄酒的社会声望,可能还有它和宗教及神圣的最终联系。不像啤酒,葡萄酒有时候会被售卖到很远的地方(例如沿着美索不达米亚的底格里斯河和幼发拉底河),被上层人士饮用,并在节日和庆典中使用。因此,葡萄酒更容易进入历史记录,结果就是,和古代的啤酒相比,我们对古代的葡萄酒了解得更多,尽管啤酒更常被饮用。

公元前 1770 年,巴比伦颁布的《汉谟拉比法典》是迄今为止已知最早的法律汇编,其中规定了啤酒的价格和度数。虽然这些法律针对的是"葡萄酒店",但是很明显这些店铺主要销售啤酒。这里和别处还有这样一种含义,即在美索不达米亚,公共饮酒场所都是由女性经营的,并且通常和卖淫脱不了干系。[20]在源远流长的酒文化史上,这是一以贯之的两个主题的早期表现:女性生产酒,并且酒和性有关。

在古代世界,啤酒不仅供应相对充足,而且其营养也非常丰富(这与大多数现代啤酒不同)。发芽的过程增加了原料谷物的热量,使啤酒的热量超过了用同样多的谷物做成的面包。此外,啤酒中还含有丰富的碳水化合物、维生素和蛋白质。它还会带给饮用者一种愉快的感觉。我们无法确切地知道古代啤酒的酒精度数,很可能高到足以对人体产生作用,但是又没有高到一天喝 1—2 升就会影响人们高效安全的日常生活,这使其成为理想的水分来源。这种啤酒应该很可口,即使它不加过滤,有些浑浊,表层漂浮着一些稻壳和秸秆。古时的酿酒师和饮酒者并不是纯净主义者。他们不仅把各种水果、浆果、谷物和蜂蜜放在一起混合发酵,而且在制作纯啤酒时,他们经常会用芫荽、杜松子和其他添加物来调味。在埃及,啤酒是用大麦酿制的,但是偶尔也会使用小麦、小米和黑麦。啤酒还会供给工人和奴隶(比如那些建造金字塔的人),作为他们薪水的一部分。啤酒还被认为具有药用价值,尤其是被人们作为泻药使用。[21]

因此,几乎从每一个角度来看,啤酒都是公认的佳饮。它健康、营养,既能补充水分,又能让人愉悦。虽然人们普遍认为普通大众只喝啤酒,上层人士只喝葡萄酒,但啤酒还是很快就成为公共饮品。事实上,每个喝酒的人都喝啤酒,但是富人有葡萄酒作为啤酒的补充,而普通大众却没有。在公元前 2 世纪的埃及壁画上,描绘了皇室家族及其随行人员饮用这两种酒的宴会场面。大概是为了防止饮用者误食漂浮在表面上的稻壳和秸秆,人们用吸管从大罐里吸饮其中一种酒,可能是啤酒。另外一种是从杯子里小口抿的,可能是葡萄酒。[22]这些不同的饮酒方式表明,虽然人们在这类场合会饮用这两种酒,但是啤酒的饮用量要比葡萄酒更大。

在古代社会,葡萄酒被富人和有权势的人垄断,原因很简单:葡萄酒生产成本更高,而且其相对稀缺性进一步抬高了其价格。在美索不达米亚,由于葡萄酒要用船运输到上层人士集中的城市,其价格居高不下。啤酒的生产很便利,可以就地取材,用南方城市如巴比伦、乌尔(Ur)和拉加什(Lagash)附近平原上种植的大麦就可以,而葡萄酒只能在东北部的山上生产,然后再沿着底格里斯河和幼发拉底河顺流而下进行运输。这是已知最早的长距离葡萄酒贸易的例子,但是其范围受到了产量小和成本高的限制。葡萄酒和其他商品都很容易运输到有南向河流的集市，可是专门运输葡萄酒的驳船在每次旅途后都会被拆掉，因为它们无法逆流北返。因此，商品的最终价格实际上包括驳船的成本在内。但是对于商人来说，葡萄酒贸易显然利润丰厚。公元前 1750 年，有一位名叫贝拉努（Belânu）的巴比伦商人，他因为一批抵达幼发拉底河的货物中没有葡萄酒而感到懊丧。他给代理人这样写道："船已抵达终点西帕尔（Sippar，巴比伦以北 50 公里）了，但你为什么不采购一些好葡萄酒运过来呢？十天之内你亲自送一些过来！"[23]

由于葡萄酒的价格太高，只有像拉加什的统治者这样的人才能够大量购买。据说早在公元前 2340 年，他就已经建了一个葡萄酒窖，"把装在精美陶罐里的山里来的葡萄酒放进去"。这些陶罐就是双耳陶罐的前身。后来，希腊和罗马商人就是用这种双耳陶罐，把数百万升的葡萄酒运到地中海和欧洲各地。普通大众只喝啤酒。美索不达米亚人用"面包和啤酒"来描述日常必需品，可见啤酒在他们饮食中的地位。一首致宁卡斯的赞美诗这样唱道，愉悦饮者的啤酒"使人身心舒畅"[24]。

在埃及，种植葡萄比种植谷物要难得多，但啤酒和葡萄酒的饮用情况却差不多。起初，葡萄酒是从东方进口的。在埃及蝎子王一世（大约公元前 3150 年）的墓室中，人们发现了数百个葡萄酒罐，里面的沉积物和松香与在扎格罗斯山脉的戈丁山丘所发现的一样，而且罐子本身似乎也是用来自今天以色列和巴勒斯坦所在地区的黏土制作的。这表明了复杂的葡萄酒产业的存在：先进口罐子，然后装满葡萄酒，再出口到更远的地方。

葡萄酒不仅作为古埃及上层人士日常饮食的一部分被饮用，也被用于各种仪式，经常在念诵祷告词时被作为奠酒。虽然啤酒、香油、蜂蜜和清水同样也被用于祭奠，但是纵观整个古代世界，葡萄酒往往有更加丰富的宗教或神圣内涵。种植葡萄可能也被视作一种宗教义务，正如法老拉美西斯三世曾对阿蒙神（Amon-Ra）所说的那样："我在南方的绿洲中为您建造了葡萄酒园，而且在北方的绿洲也有无数的葡萄酒园。"拉美西斯称自己终其一生，为神明敬献了 59 588 罐葡萄酒。[25] 如果说生时现世很重要，死后来世同样也很重要，因而葡萄酒成为显赫的埃及人的陪葬品，正如在中国将酒器与死者一起入葬一样。当图坦卡蒙在 19 岁（还未达到今天大部分国家的法定饮酒年龄）英年早逝时，有 36 罐葡萄酒随他一起下葬，其中大部分是他执政第四年、第五年和第九年的酒。虽然法老生前也喝啤酒，但啤酒是不会和他们一起下葬的，不是因为它不配，而是因为人们知道啤酒的保质期不过一两周。

值得注意的是,直到希腊和罗马的葡萄酒全盛时期,才有证据表明人们对啤酒抱有负面的认识。希腊人和罗马人认为啤酒完全劣于葡萄酒。他们认为,葡萄酒是一种男性气概的文明饮料,而啤酒只会使人变得柔弱,只适合那些蛮族人,凡是追求崇高与文明的人都应该避而远之。这些看法(下一章将对其展开深入探讨)形成了一种流传至今的观念,即葡萄酒本身具有文明的特质,在文化上高啤酒一等。有关葡萄酒作为"文明"标志的无稽之谈已经有很多,这一论断建立在这样一个假设之上,即上层人士的生活是文明的,而普通大众的生活在文化上不值一提。它忽视了这样一个事实:在大多数古代社会,上层阶级喝的啤酒肯定远远多于葡萄酒,直到希腊和罗马登上历史舞台。如果说他们创造的物品和思想比普通大众更加持久,那么这也是借助啤酒之力来完成的,至少啤酒的功劳和葡萄酒一样大。

在美索不达米亚古代文学作品《吉尔迦美什史诗》中,不但没有将啤酒视为劣等的酒类,反而将饮用啤酒作为定义人类的基本要素,野人恩奇都(Enkidu)正是通过饮用啤酒才成为了人:"恩奇都不知道如何进食,也没人教他如何喝啤酒。神妓开口了。她对恩奇都说道:'进食吧恩奇都,这是生活的光辉。像在这片土地上的人所做的那样喝啤酒。'恩奇都便进食,直至厌腻;他喝了七杯啤酒。他的灵魂变得自由快乐,他的内心感到喜悦,脸上容光焕发。他揉搓……他多毛的身体。他把油涂抹在身上。他成了人。"[26]

大约公元前 700 年,被认为是国王迈达斯(Midas)的葬礼宴会上提供的既有葡萄酒,也有啤酒。[27]宴会的证据是在一个长 5 米、宽 6 米的墓室中发现的,墓室深藏于一个外表看似天然山丘的人造土丘之内。它坐落于戈尔迪翁(Gordion),即今天的土耳其中部,以前是迈达斯统治下的弗里吉亚帝国的首都。墓室内有一个原木棺材,里面有一具男性尸骨,死者年龄在 60—65 岁之间,他躺在染色的纺织品上,周围还有 150 件青铜器。100 多个酒碗凌乱地丢在墓室里,还有三个容量为 150 升的大缸,估计是用来装酒的。人们把酒从酒缸装入青铜壶,然后倒入每个酒碗。(也有一些有两个手柄的大酒碗,可能是给那些更加口渴的客人用的。)这一套饮具中器皿的数量表明送葬人众多,不可能全部进入墓室,所以这些木质附属物和青铜碗、盘子和大缸一定是在宴会(可能在户外)结束后再放在遗体周围的。

至于国王迈达斯葬礼宴会上的餐饮,不管是食物还是饮料,都由各种材料混合而成。主餐是炖山羊肉或绵羊肉,肉在炙烤前先在油、蜂蜜和葡萄酒中浸泡入味,与小扁豆和谷物混合,再用香草和香料调味。宴会上的饮料同样很复杂,是葡萄酒、大麦啤酒和蜂蜜酒的混合,说是"搭配"也许更好听一点。即便这三个 150 升的酒缸只装得半满，也会有 200 多升这种饮料供给 100 位宾客，足以营造宴会的欢快气氛了。

国王迈达斯的宴会是不是一种古代的守夜仪式？这种大吃大喝是否有宗教上的含义呢？在古代世界以及其后，葡萄酒和宗教之间一直有着很密切的联系（比啤酒和宗教之间的联系更加紧密），对此人们提出了几种解释。其中一种解释是，轻微或更强烈的醉感会让饮酒者产生一种晕乎乎的感觉，就像是已经脱离俗世，羽化登仙。然而这并不能让葡萄酒在各种酒类中脱颖而出。它们的不同之处在于，葡萄酒的酒精含量要高于其他酒类，如啤酒，所以饮用同样多的葡萄酒可以让饮用者更快地接近神灵。另外一个解释是，葡萄酒酿造过程中神奇的发酵现象赋予了其神圣的价值：不用凭借任何外部刺激（如火），葡萄汁的温度就会升高，并且会冒泡。但是同样，所有的发酵饮品也都有这一特征，虽然葡萄酒的发酵比啤酒发酵时动静更大，咕咕冒泡时更令人印象深刻。第三种解释源自葡萄藤的生命周期，它春天花开茂盛，夏秋果实累累，冬季看似死亡，但是只要春天一到，它会再一次长出叶片和花朵。在古人看来，这就像是死而复生的奇迹再现。但是其他许多植物也会经历同样的年度循环，虽然用来酿造啤酒的谷类是例外。也许葡萄酒的神圣内涵反映了所有这些特征。

酒类与宴会的密切联系表明当时酒的地位很高；无论是庆祝人生大事，还是举行葬礼，宴会都是重要的政治事件，目的是加强团结，巩固交情，彰显社会荣誉。[28]古代世界的所有酒类都具有某些宗教内涵，这很好地反映出人们对于发酵现象的惊奇感，以及那种即使是微醉时也能产生的飘飘欲仙的感觉。如果说葡萄酒有更强的宗教内涵，就如在许多古代文化中一样，这可能更多的是因为它本身的稀缺性，而不是因为其任何内在的品质。美索不达米亚、埃及和其他地方的社会精英强调葡萄酒的神圣内涵，他们几乎独占了这种酒，这不足为奇。葡萄酒让他们比普通大众更加接近神灵，和神灵更加亲密。有些文化认为蜂蜜酒也是神圣的，这或许反映了其稀缺性，又或许反映了人们普遍认为蜂蜜十分神圣的观念，也可能是因为蜂蜜是古代世界所知道的最甜的东西。浓郁的甜味是一种珍贵的品质，而后来的基督徒对此加以改编，形成了耶稣的"甜美芬芳"这一概念。[29]

在古代文化中，酒不仅占据着宗教地位，也经常被用作药物，要么是它本身，要么是作为药草和其他被认为具有治疗特性的药物的媒介。在中国和中东所发现的许多新石器时代的酒精饮料内有植物成分，而这些并非生产酒所需的原料，虽然有可能是用来提高口感的，不过也有可能是因为被认为有药用价值而被加入的。

古埃及提供了大量的相关信息，虽然象形文字中提到的大多数植物仍没有被确认。而芫荽是一个例外，针对胃病的一种常用药就是加入了芫荽、泻根（一种开花植物）、亚麻和椰枣的啤酒。芫荽也被认为可以治疗大便出血：将其磨碎后与贞节树和一种尚未被确认的水果相混合，放到啤酒里，过滤后饮用。[30] 通常，葡萄酒被认为是一种特别好的助消化的东西，可以用来增加食欲，清除体内的蠕虫，此外还有利尿的效果，并能充当灌肠剂。葡萄酒往往和一种叫"西腓"（*kyphi*，树胶、松香、香草、香料，甚至还有驴毛、动物和鸟类粪便的调和物）的东西混合到一起。酒精比水更能有效溶解物质，而葡萄酒中高浓度的酒精含量使它成为许多药物的良媒。酒还被作为一种消肿药膏外用。在人们认识到酒精有消毒作用之后，就将酒加到绷带上来治疗伤口。[31]

中医也很重视酒的作用。汉字"医"的繁体写法是"醫"，其中就有表示酒的"酉"，可见酒与药的关系十分密切。[32] 在中国最早的医药著作中，酒是一种重要的药物和抗菌剂，还可以促进药物在体内的循环。酒被专门用作抗菌剂、麻醉剂和利尿剂。在道教中，酒还是炼制长生不老药所需的原料之一。[33]

虽然酒精饮料被赋予以上这些正面品质，但它们也被认为有着黑暗的一面。首先便是简单的酗酒问题。据说酗酒问题变得十分严重，至少在宫廷里是如此，中国的商朝就是因此而亡国的。因此，后世的统治者不仅禁止酗酒，而且以死刑惩罚酗酒行为。[34]

在节日期间，人们对饮酒持宽容态度，甚至会鼓励饮酒。埃及纳克赫特（Nakhet）墓室内的一幅壁画就表明了这一点。在这幅壁画上，一位女孩正在向父母亲敬酒，她说："为了你们的健康！喝下这美酒，用神灵所赐庆祝这个欢快的节日。"[35] 虽然节日场合的微醉和为了达到精神上的超脱而喝酒一样，或许能得到人们的宽容，但在节日或其他场合酩酊大醉有时会出格。埃及一位圣哲阿尼（Ani）这样描述喝醉的人："你说话时，满口胡言乱语；如果你跌倒，摔断四肢，没有人会来帮助你。"[36] 另一位圣哲劝诫道："不要醉酒，以免发疯。"埃及艺术家并不羞于展现人们在纵酒狂欢的节日上的不堪一面。壁画描绘了男女呕吐一地、烂醉如泥被抬出宴会大厅的场景。这里并没有明确的道德批判，但有些文本表明，在公共场合醉倒比私下里酗酒更令人不悦。

在古代世界就开始显现的是贯穿酒文化史的一个主题：适度地饮酒不仅能够被人们所接受，而且是一件好事，有益健康，又能给人带来愉悦。但无论是在特定场合（现在所谓的狂饮），还是经常如此，喝太多酒都不好。它不利于饮酒者的健康和道德,会对那些直接受其行为影响的人造成伤害,并危害整个社会。对于如何定义适度饮酒和过度饮酒的界限、如何确保没人越界,直到今天,这些问题仍然引发人们的争论。在历史上,一些评论者依据饮酒者的乖张行为来定义这个界限,但这意味着只有在其行为越界后才能被确定。还有一些人规定喝多少酒才是适度而安全的,正如现代的公共健康政策制定者按照各种规格建议人们每天最多喝多少。人们为了防止过度饮酒而做出的努力是管理史上的一个重要组成部分,一个又一个社会想方设法去管理酒的生产、分配和消费。后来的一些社会试图完全禁酒,在此情况下,适度饮酒和过度饮酒之间的区分变得毫无意义。在古代社会,由于酒的产量和消费量都相对较小,这种区分可能不那么成问题,但正如在古希腊和古罗马所发生的那样,随着酒的产量增加,酒精饮料渐渐成为日常饮食的重要组成部分,这种区分变得更加重要。

【注释】

［1］ Robert Dudley, "Evolutionary Origins of Human Alcoholism in Primate Frugivory," *Quarterly Review of Biology* 75, no.1(March 2000):3—15.

［2］ Ibid., 4.

［3］ 转引自 John T.Krumpelmann, "Sealsfield's Inebriated Robins," *Monatschefte* 46, no.4(1954):225。

［4］ Steve Morris, David Humphreys, and Dan Reynolds, "Myth, Marula and Elephant:An Assessment of Voluntary Ethanol Intoxication of the African Elephant(Loxodonta Africana) following Feeding on the Fruit of the Marula Tree(Sclerocarya Birrea)," *Physiological and Biochemical Zoology* 78 (2006), http://www.jstor.org/stable/10.1086/499983(访问于 2012 年 4 月 26 日)。

［5］ Genesis 9:20.

［6］ William Younger, *Gods, Men and Wine*(London:Michael Joseph, 1966), 27.

［7］ Mu-Chou Poo, "The Use and Abuse of Wine in Ancient China," *Journal of the Economic and Social History of the Orient* 42(1999):123—124.

［8］ Carrie Lock, "Original Microbrews:From Egypt to Peru, Archaeologists Are Unearthing Breweries from Long Ago," *Science News* 166(October 2004):216—218.

［9］ F.R.Allchin, "India:The Ancient Home of Distillation?," *Man* 14(1979):55—63.

［10］ Patrick E.McGovern, *Uncorking the Past:The Quest for Wine, Beer and Other Alcoholic Beverages* (Berkeley:University of California Press, 2009), 38—39.

［11］ Patrick E.McGovern et al., "Chemical Identification and Cultural Implications of a Mixed Fermented Beverage from Late Prehistoric China," *Asian Perspectives* 44(2005):251.

［12］ Patrick E.McGovern et al., "Fermented Beverages of Pre- and Proto-Historic China," *Proceedings of the National Academy of Sciences* 101, no.51(December 21, 2004):17597.

［13］ Poo, "Use and Abuse of Wine in Ancient China," 127.

[14] Patrick E.McGovern, *Ancient Wine: The Search for the Origins of Viticulture*(Princeton: Princeton University Press, 2003), 65—68.

[15] http://news. nationalgeographic. com/news/2011/01/110111-oldest-wine-press-making-winery-armenia-science-ucla/(访问于 2012 年 5 月 5 日)。

[16] Max Nelson, *The Barbarian's Beverage: A History of Beer in Ancient Europe*(London: Routledge, 2005), 12—13.

[17] McGovern, Uncorking the Past.

[18] Rod Phillips, *A Short History of Wine*(London: Penguin, 2000), 18.

[19] Ibid., 22.

[20] Tim Unwin, *Wine and the Vine: An Historical Geography of Viticulture and the Wine Trade* (London: Routledge, 1996), 64—66.

[21] Nelson, *Barbarian's Beverage*, 21—24.

[22] Unwin, *Wine and the Vine*, 71—73.

[23] Jean Bottéro, "Le Vin dans une Civilisation de la Bière: la Mésopotamie," in *In Vino Veritas*, ed. Oswyn Murray and Manuela Tecuşan(London: British School at Rome, 1995), 30.

[24] M.Civil, "A Hymn to the Beer Goddess and a Drinking Song," in *Studies Presented to Leo Oppenheim*(Chicago: Oriental Institute of the University of Chicago, 1964), 67—89.

[25] Phillips, *Short History of Wine*, 26.

[26] 转引自 Michael M.Homan, "Beer and Its Drinkers: An Ancient Near Eastern Love Story," *Near Eastern Archaeology* 67(2004):85。

[27] Patrick M.McGovern, "The Funerary Banquet of 'King Midas,'" *Expedition* 42(2000):21—29.

[28] Justin Jennings, Kathleen L.Antrobus, Sam J.Antencio, Erin Glavich, Rebecca Johnson, German Loffler, and Christine Luu, "'Drinking Beer in a Blissful Mood': Alcohol Production, Operational Chains, and Feasting in the Ancient World," *Current Anthropology* 46(2005):275.

[29] Rachel Fulton, "'Taste and see that the Lord is sweet'(Ps.33:9): The Flavor of God in the Monastic West," *Journal of Religion* 86(2006):169—204.

[30] Patrick E.McGovern, Armen Mirzoian, and Gretchen R.Hall, "Ancient Egyptian Herbal Wines," *Proceedings of the National Academy of Sciences of the United States of America*, 2009, www. pnas.org/cgi/doi/10.1073/ pnas.0811578106(访问于 2011 年 2 月 12 日)。

[31] Phillips, *Short History of Wine*, 25.

[32] Poo, "Use and Abuse of Wine in Ancient China," 139.

[33] Ibid., 139—140.

[34] Ibid., 131.

[35] Mu-Chou Poo, *Wine and Wine-Offering in the Religion of Ancient Egypt*(London: Kegan Paul International, 1995), 32.

[36] Leonard H.Lesko, "Egyptian Wine Production during the New Kingdom," in *Origins and Ancient History of Wine*, ed. Patrick McGovern et al.(London: Routledge, 1996), 217.

第二章 希腊与罗马:葡萄酒的优越性

啤酒曾是古代社会的一种大众化饮品,但是在希腊和罗马时期的意大利,人们从来不喝啤酒。希腊半岛和意大利半岛是仅有的种植谷物而不用其酿造啤酒的地方。和此前其他生产葡萄酒的所有地区相比,这两个半岛(以及它们周边的岛屿)的气候条件都更适宜种植葡萄。不像埃及人和美索不达米亚人那样既喝啤酒又喝葡萄酒,罗马和希腊的每一个社会阶层都只喝葡萄酒,尽管不同阶层与性别的饮用模式有显著的区别。希腊人和罗马人不仅只饮用葡萄酒,他们还从意识形态和医学的角度指出啤酒总体上不利于健康,特别不适合他们这样的文明人饮用。作为各自文明使命的一部分,他们出口葡萄酒至整个地中海地区以及更远处的主要饮用啤酒的社会,后来他们将葡萄种植和葡萄酒酿造的知识传播到了西欧和中欧。在公元前 500 年到公元 100 年这短短的几百年里,葡萄酒的生产技术已经传遍整个欧洲,西起西班牙和葡萄牙,东达今天的匈牙利,北起英格兰,南至克里特岛。

葡萄种植与葡萄酒酿造的知识从埃及经克里特岛传播到了希腊。早在公元前 2500 年,埃及与克里特群岛的葡萄酒贸易就已经开始了,到了公元前 1500 年,克里特岛上的居民开始自己种植葡萄并加工葡萄酒。人们发现了一些罐子,似乎装过以大麦为原料的液体,这些证据表明克里特岛的米诺斯居民曾生产并饮用过啤酒。由此可见,克里特岛与埃及和美索不达米亚相似,其酒文化也涵盖了这两种主要的发酵饮料。在这方面,希腊与众不同:没有任何可靠的证据表明,古希腊人在掌握葡萄栽培技术和葡萄酒生产技术之前饮用啤酒。他们并没有在酿造葡萄酒的同时酿造啤酒。在葡萄酒进入他们的饮食之前,古希腊人可能曾经饮用过蜂蜜酒,因为古希腊语中表示"醉人之物"的是"*methu*"一词,十分类似于蜂蜜酒在其他语言中的表达。但是他们对啤酒避而远之，正如后面要讲到的那样，他们还精心编造证据来表明啤酒不适合他们的文明。从公元前1420年开始，古希腊人（也就是当时的迈锡尼人）统治了既饮用啤酒又饮用葡萄酒的克里特岛大约两个世纪。有大量的证据表明他们曾在宫殿里饮用葡萄酒。在这一时期的一个线形文字B泥板上，提到了狄俄尼索斯（古希腊神话中的葡萄酒之神）的名字，也可作为证据。但是，并没有证据表明希腊人在占领该岛时喝过啤酒，虽然克里特的原住民可能会继续这样做。[1]

即使希腊人在统治克里特岛时的确接触过啤酒，这个经历也一定不那么愉快。在离开克里特岛时，他们并没有带走酿造啤酒的知识和技术。他们似乎完全忘记了啤酒，因为后来的希腊作家在描述其他地区的啤酒时，就好像他们以前从来没有接触过一样。然而，这些希腊人确实学会了怎样种植葡萄和酿造葡萄酒，并且将这些知识传播到了希腊本土。到这一时期，在主要是高温地区的西亚和中东地区，葡萄栽培在很大程度上仅限于有限的凉爽区域，如美索不达米亚西部和北部的山区、地中海东海岸的山谷，还有埃及的尼罗河三角洲地区。但是希腊本土的很多地区都适合种植葡萄。到了公元前1000年前后，在雅典、斯巴达、底比斯和阿尔戈斯这些城市附近，出现了数以百计的葡萄园，而这些城市就是葡萄酒的主要市场。500年后，人们对葡萄酒的需求大幅增加，促使葡萄园必须扩张到更加遥远的地方，特别是到了更远的岛屿。有些岛屿以盛产高质量的葡萄酒而闻名遐迩，如萨索斯岛（Thasos）、莱斯博斯岛（Lesbos）和希俄斯岛（Chios）。公元前400年至公元前300年，希腊已经建立了一个真正意义上的葡萄酒产业，其规模是前所未有的。葡萄酒迅速成为地中海区域三种主要贸易货品之一，与橄榄油和粮食齐名。

希腊人不仅出口他们自己生产的葡萄酒，还将归希腊人所有的葡萄栽培延伸到新的地区，并扩大了其他地区原有葡萄酒产业的规模。早在公元前5世纪，在法国、埃及、黑海周边和中欧各地区都曾发现希腊生产的葡萄酒。公元前300年前后，当希腊人对埃及进行殖民时，他们在那里新建了很多葡萄种植园，并且还将葡萄引入法国南部（马赛附近）、西西里岛和意大利本土的南部地区。事实证明，意大利南部地区是葡萄栽培的绝佳地点，希腊人称其为"Oenotria"，即"适宜葡萄生长的土地"。在那里，葡萄种植变得极为重要，在意大利半岛南部一处可追溯至公元前400年到公元前300年的遗址，考古学家发现该地区植物的1/3是葡萄藤。[2]

然而葡萄栽培与葡萄酒生产的扩散并不是单线的。将葡萄栽培技术引入西班牙的，可能并不是大家曾认为的希腊人，而是腓尼基人。甚至还有这样一种可能，西班牙的葡萄栽培并没有受到外界的影响，而是独立发展起来的。同样，意大利半岛北部的伊特鲁里亚人似乎是从腓尼基人那里学会怎样酿造葡萄酒的，而伊特鲁里亚人用来运输酒的双耳陶罐模仿的就是腓尼基的风格。[3]在希腊人将葡萄种植引入意大利半岛南部时，伊特鲁里亚人也在生产葡萄酒，并将其出口至阿尔卑斯山对面的法国，远至勃艮第。

虽然如此，仍是古希腊人建立了古代世界第一个主要的葡萄酒长途贸易路线。在欧洲各地都可以找到成千上万的希腊双耳陶罐。这种陶罐由黏土制成，在公元1世纪之前，被广泛用来运输葡萄酒和其他产品（参见图2）。虽然外观不太雅致，但双耳陶罐有着各种形状和尺寸，每种类型的陶罐都代表其制造者或产地，因此我们可以很容易地辨别它们中大部分的产地。大部分双耳陶罐可以装25—30升葡萄酒，它们的底部都比较尖，罐身向顶部逐渐变宽，还有两个把手。这样的设计使其能同时被两个人抬着，因为一个装满了的双耳陶罐太重了，一个人抱不动：一个普通大小的双耳陶罐大概能装30千克的葡萄酒，还要加上陶罐自身的重量。尖尖的底部使陶罐可以被转动，但是这又带来了储存上的难题，因为它无法在没有支撑的情况下保持直立。在酒窖中，它们通常是一个靠在另一个上，像许多肚子里装满了酒的酒鬼。在运输时，它们的底部被置于一个木框架之内，或者是在铺平的沙子中。双耳陶罐最终被木桶所取代，因为木桶有明显的优势，能够装更多的酒，而且一个人就可以将其滚动和转动。但木桶对于历史学家们不利，因为和作为早期葡萄酒贸易证据保存数百年之久的陶罐不同，木桶很快就腐烂了。

古代大部分葡萄酒都是通过水路运输的，要么横穿地中海及其周围海域，要么是沿着欧洲的河流，因为和其他所有运输方式相比，水上运输都要便宜得多。但这是一种高风险的行业，无数希腊双耳陶罐沉没在希腊贸易航线的水底。这些都是船在遇到暴风雨或者触礁沉没时所遗失的货物，它们大多集中于法国南部沿海地带。一处遗迹发掘出了多达1万件双耳陶罐，可以装大约30万升葡萄酒，相当于今天的40万瓶。据估计，每年多达1 000万升的葡萄酒通过马西利亚（即今天的马赛，是希腊人通往高卢的主要贸易门户）被运到高卢。杯子和碗之类的遗迹也可以表明希腊饮酒文化的传播。在勃艮第北部塞纳河畔的沙蒂隆，一尊巨大的调酒缸（krater，一种用来将葡萄酒与水混合的容器）被发掘出来。显然，这是一件装饰品，因为它有2米多高，容积高达1 000升，但是它表明了葡萄酒在凯尔特高卢的地位。[4]

在希腊本土，社会各个阶层都喝葡萄酒，但是他们所饮用的葡萄酒的品质和饮用场合有很大的区别。古希腊最著名的酒会是"会饮"，在英语里是"symposium"，这个单词今天的意思是"会议"或"集会"，原意中的酒味完全消失了。在希腊语中，"symposion"（会饮）意为"聚在一起喝酒"，指的是古希腊上层人士（通常在12—24人之间）通宵达旦聚在一起，一边喝酒，一边高谈阔论、消遣玩乐。会饮也可作为年轻男子加入成年男性社会的成人仪式。对会饮的很多描绘流传了下来，它们被栩栩如生地刻画在古希腊人晚间会饮时所用的陶罐和陶杯上。在精美的画面上，男人们头戴花环，倚靠在长沙发上，一边从浅基里克斯陶杯（*kylix*）中啜饮葡萄酒，一边高谈阔论，旁边有歌手和乐师伴奏。有些会饮非常严肃，男人们彻夜探讨政治和艺术方面的话题；也有些似乎是喧闹的饮酒派对，参与者主要是去饮酒以及享受妓女和娈童的性服务。很多会饮可能综合了所有的这些活动。

虽然会饮的形式各不相同，但是也有一些常规特点。第一杯葡萄酒一般会直接饮用，不掺水，但是后面的则要稀释了再喝。古希腊人普遍认为喝葡萄酒不掺水是粗俗的（一些作者认为喝酒不掺水甚至是将其对半稀释，都会使饮酒者疯狂），所以他们常常会在葡萄酒里兑水（有时是海水），除此之外还会加一些香草和香料调味。每场会饮的主持人（*symposiarch*）可以决定葡萄酒和水的比例，但一般都是水比酒多。比较常见的比例似乎是3∶1、5∶3和3∶2，这意味着参与者饮用的是葡萄酒含量为25%—40%的饮料。很多富裕的希腊人都钟爱用葡萄干制成的葡萄酒，由于葡萄干的糖分更高，用葡萄干酿造的葡萄酒度数会比新鲜葡萄要高，因此稀释过的葡萄酒度数大概在4度到7度之间，和今天的啤酒差不多。这样做的目的很可能是制造出一种适宜的酒精饮料，既能够使饮者微醺，营造出一种欢乐的氛围，又不至于使参与者酩酊大醉或沉入梦乡。显然，这样的酒精度或者饮酒量有时候也会让人喝醉。一些陶瓶和基里克斯陶杯上描绘了这样的场面：一群人醉倒在地，一边互相扶持，一边呕吐。

根据同一时期一些关于会饮的著作，会饮的理想状态是让参与者点到为止，不要过度。古希腊人非常自豪于他们适度的饮酒方式，将这一美德与其他民族（如斯基泰人和色雷斯人）的过度饮酒对立起来。喜剧诗人阿莱克西斯（Alexis）称赞古希腊人有节制的饮酒方式，称其他民族的饮酒行为是"是用酒淋浴，而不是饮酒"，这可能是因为他们喝酒太快、太贪，将酒洒得满身都是。[5]当然，用水稀释葡萄酒（这被描绘成将智慧与愉悦混合在一起）有助于将醉酒控制在适度的范围之内。古希腊人诟病其他文化不加水而直接饮用葡萄酒（以及啤酒）的做法。

会饮作为典型的文明饮酒制度，人们期望它能成为一个轻松而又不失严肃和清醒的场合。一部据说是诗人欧布鲁斯（Eubulus）所著的作品描述了一缸又一缸连续饮用葡萄酒的影响。会饮参与者的饮酒量仅取决于调酒缸的大小和参加的人数。欧布鲁斯的观点不能从字面上去理解，而是表明从适度到过度饮酒所造成的影响不断加强。借会饮主持人之口，他说：

> 我为智者只调制三缸，
>
> 第一缸是为了他们的健康。
>
> 第二缸是为了喜爱和愉悦。
>
> 第三缸是为了睡眠，喝了这一缸之后，智者就会漫步回家。
>
> 第四缸不再属于我们，而是属于狂妄。
>
> 第五缸导致大声叫喊。
>
> 第六缸造成醉酒狂欢。
>
> 第七缸导致鼻青脸肿。
>
> 第八缸招来法庭传唤。
>
> 第九缸引来憎恨。
>
> 第十缸导致疯癫。[6]

显然，这是在建议会饮参与者，在喝了三缸葡萄酒后，就应该回家了，如果继续喝下去，是不会有好结果的。在希腊，第四缸葡萄酒所造成的"狂妄"（hubris）是一项民事犯罪，是一个包括强奸和通奸等行为在内的严重罪名。[7]到了第八缸，参与者就会处于真正触犯法律的危险之中，而将十缸酒下肚，会使人变得疯狂。这段话形象描绘了一场令人愉悦的活动是怎样沦为暴力行为的，而这一切仅仅是因为饮用了太多的葡萄酒，即使酒已经被充分稀释过。这生动地表现了对酒的正负面看法之间的历史张力。

葡萄酒不仅是会饮活动固有社交性的润滑剂，从参与者所做的游戏中也可以看出葡萄酒对会饮的重要性。有些游戏会用到充气的葡萄酒囊，在一个游戏中，酒囊的表面涂满了油脂，而游戏者需要站在上面努力保持平衡。在另一个被称作铜盘游戏（kottabos）的游戏中，游戏者往平衡在一根杆子顶端的铜盘里抛洒少量的酒或酒渣，目的是将其击翻，使其跌落并击中一个固定在杆子中间的更大的铜盘，让它发出像铃铛一样的响声。[8]在另一个游戏中，一个小碟子漂浮在一碗水中，游戏者必须抛洒葡萄酒或酒渣，以填满这个茶碟并使它沉下去。从这个游戏可以看出，古代的葡萄酒不像现在这么纯净，而是常常包含一些葡萄和葡萄藤的碎屑，此外还有一些如香草之类的添加物。这样的游戏涉及各种运动技能、平衡感和瞄准精准度，而所有这些都可能会受到喝酒的影响，并且随着夜阑更深，影响会越来越大。这些游戏中的获胜者可能显示了他们的掌控能力。这些游戏虽然很简单，却突出了葡萄酒在会饮中的中心地位，同时也表明参与者和主持人都很富有，能够抛洒葡萄酒。

按照惯例，会饮参与者仅限男性，能够出席的女性通常是乐师、仆人或妓女，有时是负责照顾醉酒者的人。古希腊上流社会的女性也饮用葡萄酒，但是这并不被赞同。一些希腊男性作家声称，男人饮用稀释过的葡萄酒，而女性更喜欢喝未经稀释的葡萄酒，并且会带来可以预见的不幸后果。无论事实是否如此，这种观点是把女性和蛮族人同等视之。这种观点在某个方面也表明了一种经常被表达的担忧，那就是女性在喝醉后会丧失自己的道德自制力，容易酒后乱性。将饮酒的女性与性活动联系在一起，这在西方文化里很常见，也是在性道德方面存在双重标准的一个极好范例。那些男性被允许的行为，到了女性那里却有了不同的标准。

对于古希腊的上层男性而言，葡萄酒显然是一种特殊的饮料，虽然可以说在其他饮用葡萄酒的社会，上层人士也是如此，但是他们并没有像希腊人这样对葡萄酒的评价如此之高，甚至会诋毁啤酒以及饮用啤酒的人。在古希腊人与一些周边地区的人接触后，他们遇到了只喝啤酒或既喝啤酒也喝其他酒精饮料的人。在生产啤酒和椰枣酒的地方，希腊士兵也会喝啤酒和椰枣酒。希腊人最早提到啤酒是谈论公元前7世纪色雷斯人喝啤酒，一位历史学家称其为"不妥的"，因为色雷斯人通过吸管饮用啤酒（为了避免谷糠或其他的漂浮在表面的碎渣）的做法被比作女人进行口交。[9]

然而，大约公元前400年，在古希腊将领色诺芬穿越亚美尼亚时，遇到了用芦苇喝啤酒的人，他以一种含糊其词的方式写道："在调酒缸中也有一些小麦、大麦、豆类以及大麦酒……这样混合的酒很烈，除非倒水进去加以稀释。对于喝习惯了的人来说，这种酒是很好的。"[10]亚美尼亚的啤酒度数很高，可以用水来稀释，如同希腊的葡萄酒一样。色诺芬承认它很好，尽管限定条件"对于喝习惯了的人来说"或许暗示着他本人并不喜欢。

对啤酒的这种描述不带感情色彩，与普通希腊人对于啤酒的态度形成了鲜明的对比。从公元前5世纪起，希腊人便开始谴责啤酒，认为它会使男性变得"像女人一样"。将啤酒和女性气质联系起来，这可能源于当时人们对身体的理解，男性被认为是温暖且干燥的，而女性则是寒冷且潮湿的。在这样一种概念框架之中，葡萄酒被认为是一种热性饮料（也有一些异议），因此也就与男性联系了起来。希波克拉底认为谷类是一种寒性物质,尽管在被加工成面包时是热性的。但是后来的医学作家在写到啤酒时(希波克拉底并没有提到啤酒),将其定义为一种寒性饮料,因此更像是女性,而不是男性。总之,葡萄酒被认为是有男子气概的酒类,而啤酒则是具有女性气质的酒类。[11]此外,古希腊人还认为啤酒与葡萄酒是不同的饮料,因为他们不知道酒精是两者共有的活性成分。亚里士多德将葡萄酒与鸦片以及其他麻醉品归为一类,而将啤酒放在了另外一类。他认为喝葡萄酒与喝啤酒会产生不同的效果:如果喝葡萄酒醉倒了,会直挺挺趴倒在地,因为葡萄酒会让人"头重脚轻";与之相反,如果喝啤酒醉倒了,会仰面倒地,因为啤酒会让人"昏昏倒地"[12]。像这样的说法或许没有什么道理,但是确实表明这两种饮料被认为是完全不同的东西。

　　古希腊人不仅指责异邦人喝啤酒,而且谴责他们的饮酒习惯。正如我们所见,色雷斯人和斯泰基人这些蛮族人被说成酗酒者,他们肮脏而喧闹,总是醉醺醺的。在一定程度上,这种饮酒习惯被归因于气候。古希腊的哲学家认为,生活在寒冷气候中的人可能在战争中十分勇猛,但他们也很容易激动和愤怒,而这也导致他们不加节制地饮酒。更糟糕的是,蛮族人会酒后乱性,而不像希腊人那样只饮用葡萄酒这种文明的饮料。在这些异邦人中,斯泰基人可能是最糟糕的,因为他们不仅喝未稀释过的葡萄酒和啤酒,还喝蜂蜜酒和发酵过的牛奶,并且吸食大麻和其他似乎含有兴奋剂成分的植物。[13]

　　此外,古希腊作家认为好战和酗酒都是因为生活在寒冷气候中而导致的,两者会成为危险的组合。马其顿帝国的领导者亚历山大大帝和他的父亲腓力二世就是很典型的例子。据说腓力二世贪杯,每天都醉醺醺的,即使在带兵打仗时也是如此。据说他还迫使希腊的俘房戴着枷锁在他的葡萄园里劳动。[14]至于亚历山大,据说酗酒使他变得不可捉摸、充满暴力甚至有杀人倾向。根据后来一位罗马评论者的说法,亚历山大"在离开宴会时身上经常沾满其同伴的鲜血",他还在一次酒后争执中,杀死了自己的朋友——对他有救命之恩的克雷托斯(Clitus)。[15]

　　罗马人沿袭了希腊人的传统观念,也认为葡萄酒是一种更高级的饮料。和希腊人一样,罗马人只饮用葡萄酒而摒弃啤酒,并且也通过喝什么酒及如何喝酒来评判其他文化。一位历史学家认为,起初,罗马人一方面想成为"文明的会饮世界"的一员,另一方面又要抵制像老普林尼这样的作家所说的"酗酒的放纵内涵",因此他们进退两难。[16]为了解决这一矛盾,罗马人强调葡萄酒让生活成为可能,并且突出了意大利半岛出产的葡萄酒之优越。随着后来将自己的制度扩展至帝国各地,他们还将葡萄酒文化传播到了其他社会的上流人士中。起初,葡萄酒被用来进行贸易,例如公元 70—80 年间罗马的高卢和伦敦之间有大规模的酒类贸易。[17]罗马人不仅将他们自己生产的葡萄酒出口,还将葡萄种植和葡萄酒的生产推广到了整个欧洲。在这方面,他们的成就建立在伊特鲁里亚人的早期活动之上,早在公元前 500 年,伊特鲁里亚人就积极地与法国的拉塔拉港口(Lattara,今天的拉特斯附近)开展贸易。考古挖掘发现了那个时期的伊特鲁里亚陶罐和一个大约公元前 400 年用于压榨葡萄的平台。后者不仅表明了法国最早的商业化葡萄酒生产的情况,还表明了今天酿酒主要用到的欧亚种葡萄树的移植情况。[18]

但是罗马人在葡萄酒帝国主义的道路上走得更远。到了基督纪元之初,罗马人赞助了今天法国许多著名的葡萄酒产地(包括波尔多、罗纳河谷和勃艮第),以及英格兰与中欧、东欧很多地方的葡萄园。起初,葡萄园归罗马人所有,但是随着时间的推移,帝国的非罗马居民也获得了葡萄园的所有权。我们既要充分认识到希腊对意大利半岛南部和北部伊特鲁里亚酿酒师的影响,也要认识到,催生现代欧洲葡萄酒产业的是罗马的日益壮大及其对葡萄酒的巨大需求。

罗马巨大的葡萄酒市场可能是随着罗马人饮食方式的改变而形成的。几百年来,罗马人以糊或粥的方式来食用谷物,称为"普尔斯"(puls),而面包则相对较晚才出现在罗马人的饮食中。当时人们可能是在自己家中烘焙面包的,第一个公共面包店出现于公元前 171 年到公元前 168 年之间。[19]随着食物从湿的(普尔斯)转变为干的(面包),需要配合喝的才好下咽,葡萄酒就成为被选中的饮品。在公元前 300 年,罗马大约有 10 万居民,仅仅三个世纪过后,人口迅速膨胀至 100 多万。这些罗马人对葡萄酒的需求十分旺盛,尤其是普通大众也买得起的廉价葡萄酒。据估计,罗马每年进口大概 1.8 亿升的葡萄酒,相当于罗马城内不分男女老少每人每天要喝掉近半升。[20]这些葡萄酒大多来自罗马城周边的葡萄园以及南部沿海地区。在公元前 2 世纪,南部沿海的葡萄园发展迅速。

这里我们应当注意一点:对于历史上估计出来的葡萄酒或其他任何酒类的人均饮用量,不仅是古代和古典时期,甚至直到现在,都需要谨慎对待。直到 20 世纪,在大部分情况下,人均饮用量都是基于人口数量和可得酒精饮料的量来估算的,而这两者的误差都很大。例如,在一些地方以及时期,当葡萄酒进入一个地区或者是小镇时,要对其征税,这样我们就有了一个地区进酒多少的财政记录。但是在这种情况下,我们不知道有多少酒是走私进来的,这些酒没有被记录,我们也不知道当地人是否会出城去喝价格更低的免税葡萄酒。至于人口数量,在进行可靠的人口普查之前,它只能是估计。当人口数量和酒的饮用量都不确定时,人均数据是很不可靠的。

但即使人均饮酒量的数据在统计上看是准确的,也用处不大,因为它忽视了不同人口构成之间在酒类饮用上的巨大差异。在历史上,未成年人要比成人饮酒少,女性要比男性饮酒少。在成年男性中间,有些个体或者某个社会阶层的成员比其他人饮酒多。结果就是,广泛的人均饮酒量的概念是无用的,就相当于说由同等数量的 1 岁和 80 岁的人组成的人群,其平均年龄为 41 岁。这是真实的,但是在描述人口时,是有误导性的,也毫无用处。

还有就是酒精含量的问题。过去计算酒精饮料人均饮用量的一个原因是要了解人们摄入的纯酒精量。一个人每天饮用一升葡萄酒,还是一升啤酒或蒸馏酒,这个数据是不同的。但是对于过去酒精饮料的酒精含量,我们常常缺少可靠的信息。在计算每年人均酒精摄入水平时,酒精含量上的任何一个小错误都会被放大。

在探讨罗马时,所有这些问题都会出现。我们可以计算出,在公元 1 世纪之前,每人每天可以喝掉半升的葡萄酒。但是,我们仍然不能确定葡萄酒的饮用有多么广泛,虽然似乎每一个社会阶层都喝葡萄酒。罗马人有他们自己的希腊式会饮,即被称为“公共生活”(convivium)的晚宴,但是随着时间的推移,这种宴会让位于一种更为正式的宴会,人们更加看重宴席上的食物,而酒在宴会中的主导地位渐渐削弱。[21] 女人偶尔也可以参加这种晚宴,但人们对此是有争议的,有些男性公开谴责已婚妇女饮酒,理由是喝酒会使她们与别的男人产生私情。这让人想起历史上关于女性饮酒与乱性之间的联系。这一联系基于这样一种假设,即女性本来就性欲旺盛,为了抑制并疏导她们的性欲,社会构建了种种约束,而饮酒会消解这些约束。

诗人尤文纳尔(Juvenal)写道:“当爱神酩酊大醉,一切都无所谓,管它什么是头什么是尾。”在不同的时期,罗马不允许女性和酒有任何联系,包括在宗教仪式上倾倒奠酒。在某些时期,如果丈夫看到妻子饮酒,罗马法律就允许他与其离婚。最后一起因此被准许的离婚事件发生在公元前 194 年。更为严厉的惩罚是死刑。有一个故事讲述了一个妇女仅仅因为被发现持有酒窖的钥匙,受到其家族的责罚,被活活饿死。[22] 在《名人言行录》(Memorable Deeds and Words,公元 1 世纪)中,瓦莱里乌斯·马克西穆斯(Valerius Maximus)讲述了埃格纳提乌斯·迈切尼乌斯(Egnatius Mecenius)的故事:“他用棍棒将妻子打死,只因为她喝了酒。但是,不仅没有人因此而指控他,甚至连责备他的人都没有,因为所有的体面人都认为他的妻子行为不检,罪有应得。可以肯定,每一个想要尽情饮酒的女人都关上了所有美德之门，同时也打开了通往邪恶之门。"[23]

因此，围绕女性喝酒的问题，一定存在着一些不确定的因素。如果女性总体上真的被切断了与酒的一切联系，那么男性喝酒的量就应该是统计数字的两倍，即每天1升。但是，所有的男性都喝酒吗？的确，所有社会阶层的人都喝酒，有钱人和小康人家似乎经常喝酒，并且酒也是军人配给和奴隶应得权利的一部分。考古学家在罗马的城市发现了数以百计的酒吧，仅庞贝城就发现了200余家。公元79年，维苏威火山爆发时，这个主要的葡萄酒航运港口被掩埋在火山灰下。在一条75米长的街上，竟然有至少八家酒吧。[24]

无论罗马人喝多少酒，他们仍会谴责（至少是在公开场合）酗酒与醉酒行为，醉酒的指控对一个人的名誉会有不好的影响。西塞罗尤其喜欢给他的政敌贴上醉鬼的标签。他宣称他最大的对手马克·安东尼（Mark Anthony）家庭生活穷奢极欲，每天清晨就开始喝酒。为了证明这一点，西塞罗举了一些例子，可能是因为喝了太多酒，马克·安东尼曾经在元老院呕吐。酗酒不仅会导致这种有失体面的场面，而且根据罗马评论者的说法，经常性的大量饮酒还会造成各种身心疾病。卢克莱修（Lucretius）告诫说，酒带来的躁动不安会扰乱灵魂的宁静，使身体衰弱并引发争吵，同时塞涅卡（Seneca）写道，酒会暴露并放大饮酒者性格上的缺陷。老普林尼曾称赞优质的葡萄酒，但同时也警告，许多在酒的影响下所透露的真相最好不说为妙。[25]

在罗马时代的意大利，酒可以指代很多种饮料。[26]毫无疑问，老加图为他的奴隶提供的酒都是劣质的，在一年的三个月中，只给他们一种只含有1/5葡萄汁的混合物。或许酒的品质能解释老加图表面上的慷慨大方，例如他每年给他的奴隶七个双耳陶罐的酒（约250升），大约相当于今天的每天一瓶。当然，我们不知道这种酒的度数，并且也不是全年均匀发放，因为有一些是留到重大节日饮用的。[27]

很多贫穷的罗马人喝用葡萄酒混合而成的饮料，例如波斯卡（posca），这是一种水和发酸葡萄酒（葡萄酒已经腐坏但还没有变成醋）的混合物。在严格意义上，其中的"葡萄酒"含量和希腊罗马宴会上稀释过的葡萄酒差不多，此时品质并不重要。和没有变质的葡萄酒相比，波斯卡要便宜许多，因此它也是分配给士兵的给养的一部分。只有在士兵生病或者是受伤时，他们才能得到我们所理解的葡萄酒，即用新鲜的葡萄制作，还没有变质，度数也更高的葡萄酒。比起作为日常配给一部分的波斯卡，罗马士兵肯定更喜欢这种酒。据说有一次，驻扎在北非的军队为了获得可以换取葡萄酒的奴隶和牲畜，在当地大肆劫掠。公元前38年，罗马军人因为缺少供给而发出暴动的威胁，于是希律王（Herod）为他们提供了葡萄酒和其他食物。[28]在罗马，另一种类似于葡萄酒的饮料是洛拉（lora），是通过在水中浸泡酿酒过程中遗留下来的果皮、种子和藤质等制成的。结果肯定寡淡而无味，几乎算不上是酒，但依然不同于水，可以将就。老加图说，在葡萄收获完毕之后会给他的奴隶提供三个月的洛拉，而瓦罗（Varro）也会在冬季为他的农场工人提供洛拉。

因此，虽然说罗马每个社会阶层的男性都饮葡萄酒，但显然，在社会阶层顶端，这意味着色香味俱佳的葡萄酒（虽然在喝之前要稀释），而在更低的阶层，则完全是另外一回事，所谓的葡萄酒是一种稀薄无味、水多酒少的饮料。除了感官享受和艺术审美之外，和更低阶层的人相比，富有的罗马人摄入的纯酒精也要多很多，并且几乎可以确定的是，整体而言，男性比女性摄入的酒精更多。

虽然罗马人不喝啤酒，但是随着他们在欧洲的扩张，却遇到了很多啤酒。很多罗马人就啤酒的品质表达了自己的看法。对于未经稀释的啤酒的影响，老普林尼重复了希腊人的观点。他说："西部的民族也会喝醉，他们喝的是浸泡过的谷物，在高卢人与伊比利亚半岛人中间有很多种制作方法。……伊比利亚半岛人甚至掌握了这种饮料的陈酿技术。埃及人也用谷物为自己制作了类似的饮料，到处都有人喝醉，因为他们喝的时候不加稀释，而不像喝葡萄酒时那样通过稀释削弱其酒力。"[29] 这里评论的更多是喝啤酒的方式，而不是啤酒本身。普林尼持一种正面的看法，他写道，正如牛奶有益骨骼，水分滋润皮肤，啤酒则可以滋养肌腱。这样的论点是为了把各种饮料都纳入人们的饮食而辩护。[30] 总体来讲，和希腊人相比，罗马人对酒持一种更加公允的看法。尽管他们描绘并谴责他们看到的饮啤酒者的醉酒行为，但他们并没有像希腊人那样谴责啤酒本身。

另一方面，罗马人显然认为葡萄酒优于啤酒。他们不仅没有把啤酒纳入他们自己的饮食之中，还影响着外邦的上层人士把葡萄酒作为其首选饮品。当他们在公元前 1 世纪占领埃及时，似乎想让更多的埃及人养成饮用葡萄酒的习惯。尽管如此，埃及的大部分人还是继续喝啤酒，因为埃及国内葡萄酒的生产不够供应埃及的全部人口，并且对大部分埃及人来说，从意大利半岛进口的葡萄酒过于昂贵。公元301 年颁布的限价敕令限定了整个罗马帝国范围内各种物品的最高价格，从中我们可以对啤酒和葡萄酒的不同价格有所了解。凯尔特人生产的啤酒 1 品脱大约花费四个银币，同样多的埃及啤酒只需要两个银币，而就是最便宜的葡萄酒也需要八个银币。可见，对于埃及人来说，最便宜的葡萄酒的价格是啤酒的四倍，而对于帝国其他地区的人来说，葡萄酒的价格是啤酒的两倍。[31] 这种价格差异是否反映了各自的生产和销售成本（对于一些葡萄酒而言，是长途运输），葡萄酒是不是因为其相对稀缺性和文化声望而身价倍增，这都是悬而未决的问题。

葡萄酒的声望部分源自它与宗教的联系。在希腊，酒神是狄俄尼索斯，是宙斯和一个名叫塞墨勒（Semele）的凡人的儿子。根据狄俄尼索斯的故事，宙斯上当受骗，将怀着狄俄尼索斯的塞墨勒烧死，但是宙斯救了他，并将他植入自己的大腿中，直到他出生。后来，狄俄尼索斯被驱赶出他在克里特岛的家，逃亡到了埃及，在那里，他学会了制作葡萄酒，并成为酒神。这一讲述和葡萄酒酿造技术从埃及到克里特岛又到希腊的传播路径相照应。事实上，早在公元前 2000 年，狄俄尼索斯就已经是克里特岛上的一位酒神了。[32]希腊人承认是狄俄尼索斯将葡萄酒的所有美好赋予他们，并经常用葡萄酒来祭奠他。最初，围绕他发展起来的崇拜受到当局的反对，但是最终获得认可。狄俄尼索斯进入了希腊社会主流，他的形象出现在一些钱币上。

在罗马，酒神巴克斯广为人知。到了公元前 3 世纪，一个以他为中心的崇拜出现在意大利半岛的中部和南部。其信徒的范围有多么广泛，我们不得而知，但是据说大部分是妇女。她们举行的节日（被称为"酒神节"）经常被描述成以酒助兴的性狂欢，并且其间会有动物献祭。公元前 186 年，罗马元老院禁止了这种崇拜，这可能是因为这种崇拜鼓励了不道德行为，但也有可能是因为巴克斯崇拜是对罗马权威的一种反抗。巴克斯崇拜的基层组织、保密誓言、等级结构以及他们的金钱和土地，打破了官方认可的家族和政治权威格局。导致这种崇拜被禁的，很可能就是这一点，而不是所谓的醉酒行为，尽管醉酒也受到了谴责，尤其是在涉及女性时。[33]

希腊和罗马的酒文化有些不同，但也有一些共同特征，包括生产方式。做葡萄酒的葡萄经常要在太阳底下晒干，使其失水萎缩，这样果汁的香味就会更加浓郁，糖分也更高，而这样酿造出来的葡萄酒口感会更加浓郁，酒精含量也更高。对于作为稀释之后再饮用的葡萄酒来说，这是非常理想的，因为最终形成的饮料口感和度数都不错。原酒不仅度数高，还常常会因为未发酵的葡萄汁而变得有点甜（有时这会削弱酒精含量），不过有时是因为添加了蜂蜜。《亚比修斯》（Apicius）是公元 4 世纪晚期和 5 世纪早期出现的一部食谱大全，其中讲述了如何制作加香葡萄酒（通过加入蜂蜜、胡椒、月桂叶和番红花粉等材料）及浸泡玫瑰花瓣和紫罗兰的葡萄酒。[34]

有一个食谱需要和葡萄酒同样多的蜂蜜，其成品肯定会很甜，很黏稠，与今天我们所知道的任何葡萄酒都相差甚远。但既然可以努力去吸引喜欢吃甜食的人，也会有一些降低甜度的方法。有时会在葡萄酒中添加盐水，目的就像罗马诗人普林尼所说的那样是"激活葡萄酒的甜度"，这也许意味着盐分在一定程度上中和了甜度。其他的添加剂包括香草和香料，有时还有铅，因为铅也会让葡萄酒变甜。有的食谱推荐用铅容器煮葡萄汁，还有的指定要把铅化合物添加到葡萄酒里。铅是一种可以减缓葡萄酒变质的防腐剂，但是它也有毒，即使不会把饮用者毒死，也会让他们中的许多人患病。

要想恢复古代葡萄酒的口味是不可能的。在很大程度上，同时代描述葡萄酒的作家往往会集中在甜度和度数这两个方面：葡萄酒要么甜，要么不甜，要么度数高，要么度数低。甜度的参考物是蜂蜜，于是一些葡萄酒就被描述为"像蜂蜜一样甜"。色泽的深度也被考虑到，可能色泽和度数被联系到了一起。很少有作家提到香味，虽然加图曾经提供过一个赋予葡萄酒"芬芳"的秘诀：给正在发酵的葡萄酒加上一片瓦，瓦上涂抹沥青，并覆之以温暖的灰烬、香草、灯芯草以及"香料商携带的棕榈"[35]。

香味与其说具有审美价值，可能不如说是判断葡萄酒是否变质的标志。加图也提供了去除葡萄酒里难闻气味的方法。这提醒我们，尽管使用了树脂等防腐剂，希腊和罗马的葡萄酒仍然不能长时间保存。通常情况下，目标仅仅是让葡萄酒能够保存到下一年的葡萄酒上市，在今天看来，这是一个很小的目标。当乌尔比安（Ulpian）问他："什么是陈酿？"他回答说是上一年酿的酒。[36]希腊作家阿忒那奥斯（Athenaeus）认为，最优质葡萄酒的最佳时间是 5 年至 25 年之间，但是在当时，后者似乎是完全不现实的。如果我们说的是品质优良的葡萄酒，当时就连 5 年的目标似乎也很难达到。虽然如此，年份高的优质葡萄酒比年份低的普通葡萄酒价格更高，虽然我们并不清楚这里的判断标准是品质还是年份。在公元 301 年，罗马皇帝戴克里先（Diocletian）设定了普通葡萄酒的价格，在陈酿价格的 1/2 和 1/3 之间。[37]

对色泽、度数和香味上的偏好使一些酒备受青睐，希腊和罗马的一些作家开列了他们偏爱的酒的清单，并且加上了注解。在希腊，来自埃及的马理奥提克（Mareotic）葡萄酒受到广泛赞誉，尽管有人暗示克莉奥帕特拉（Cleopatra）因为喝了这种酒而变得疯狂。阿忒那奥斯认为，亚历山大里亚西南部生产的特恩尼奥提克（Taeniotic）葡萄酒比马理奥提克葡萄酒还要好。他解释道，前者色泽暗淡，气味芬芳，喝起来很爽口，但是又有些微的苦味，有着油的质感，但是在加水稀释的过程中，这种质感会逐渐消失。普林尼本人更加推崇尼罗河三角洲中部塞本尼斯（Sebennys）生产的葡萄酒。至于希腊人自己生产的酒，来自爱琴海萨索斯岛的酒赢得了很多赞美。萨索斯岛的统治者们可能制定了最早的酒类法律，他们制定法规，对酒的生产过程、质量甚至是销售加以管理：葡萄酒只能用萨索斯生产的、有特定规格的双耳陶罐来出售，并且在出售之前不允许稀释。规定的酿酒过程包括晒干和煮沸未发酵的葡萄汁，两者都会增加酒的度数和糖分。萨索斯岛的酿酒业兴盛了一段时间，但是到了公元前 2 世纪，这里生产的葡萄酒不再那么受欢迎，被来自罗得岛、科斯岛、莱斯博斯岛和基亚索斯岛的葡萄酒所取代。[38]

罗马作家也给酒分了等级。就意大利半岛生产的葡萄酒而言，南方生产的更为人们所喜爱，尤其是拉丁姆和坎帕尼亚这些罗马城以南的沿海地区，这里为帝国首都供应葡萄酒。随着葡萄酒生产的扩张，人们开始担心会为了追求数量而牺牲质量。科卢梅拉（Columnella）写道，虽然向民众供给酒很重要，但生产者绝不应该降低酒的质量，甚至应该保留有价值但相对低产的葡萄品种，而不是种植产量更高的新品种。[39]来自这两个地区交界处的法勒诺姆（Falernum）葡萄园的酒尤其著名。文献中多次提到这种酒和公元前 121 年酿造的葡萄酒的优良品质，后者尤其具有传奇色彩，这一年被称为欧皮米乌斯之年，得名于当年的罗马执政官欧皮米乌斯（Opimius）。在佩特罗尼乌斯（Petronius）的剧本《萨蒂尔的故事》（Satyricon）中，一位宴会主人拿出的酒瓶上有这样的标签："法勒诺姆葡萄酒，欧皮米乌斯执政之年产，百年陈酿。"显然，佩特罗尼乌斯希望他的听众能够理解这一含义。正如我们所料，法勒诺姆葡萄酒价格高昂：在庞贝城因维苏威火山喷发而被摧毁的一个酒馆里，法勒诺姆葡萄酒的价格是普通葡萄酒的四倍，是"最好的葡萄酒"的两倍。[40]

罗马人不仅喜欢意大利半岛生产的葡萄酒，因为在罗马城可供选择的葡萄酒品种繁多。老普林尼制作了一份公元 1 世纪时的葡萄酒名录，里面记录了 91 种葡萄酒、50 种优质葡萄酒和 38 种外国葡萄酒，此外还有咸味葡萄酒、甜味葡萄酒和人造葡萄酒。[41]他根据葡萄种类和产地给葡萄酒划分等级的做法众所周知。或许像老普林尼这样的酒评家就是他们那个时代的罗伯特·帕克（Robert Parker），给卡古本（Caecuban）葡萄酒打 89 分，给法勒诺姆葡萄酒打 96 分，推荐某些地区和某个年份的酒，在此过程中或许还会抬高有些葡萄酒的价格。

口感和度数并不是判别葡萄酒的唯一标准，许多古典作家认为，葡萄酒对身体的益处与药用价值和它们带给人的感官愉悦一样重要。阿忒那奥斯对马理奥提克白葡萄酒的评价是："味道极佳，纯净，爽口，芬芳，容易吸收，清淡，不容易上头，且有利尿效果。"适度饮用葡萄酒通常被认为有益健康，希波克拉底的作品是西方医学传统的基础，他认为葡萄酒可以助消化。但并不是所有的葡萄酒都有同样的效用。埃及人认为葡萄酒有通便的功用，与这种认识相呼应，希波克拉底提到"黑色而粗糙的葡萄酒更干，既不利于大小便，也不利于吐痰"。更有帮助的是"软性黑葡萄酒……它们会导致胀气，可以更好地通便"[42]。

葡萄酒与消化之间的关系成为西方医学的一个原则，就像酒与"热"的观念一样。当身体被认为由冷、热两种元素组成并需要加以平衡时，这是非常重要的。对于被认为天生体质非常热的人，如未成年人，或者是因为疾病（如发烧）而体热的人，不建议他们喝葡萄酒。在这些情况下，葡萄酒会增加热气，加剧体内的不平衡，这也是不建议父母给未成年人饮酒的原因。相反，葡萄酒被推荐给那些本来体质就是凉性的人，例如老人的身体就被认为是凉性的，因为他们正在接近最终死亡的寒冷。

医生也会警告人们饮用葡萄酒的危险，尤其是过度饮用时。在塞内卡和普林尼所列举的与饮酒相关的疾病中，包括记忆力衰退、意识错乱、言语与视力障碍、自恋式的自我放纵、反社会行为、腹胀、口臭、颤抖、眩晕、失眠与猝死等。[43]此外，也不建议运动员大量饮用葡萄酒。爱比克泰德（Epictetus）注意到，在奥林匹亚竞技会上获奖的运动员不吃甜食，不饮凉水，喝葡萄酒很谨慎，而不是想喝就喝。斐洛斯特拉图斯（Philostratus）提到，喝太多葡萄酒的运动员会"大腹便便，脉搏加速"[44]。

和葡萄酒一样，啤酒也被赋予了积极或消极的药性。正如前面提到的，普林尼认为啤酒对肌腱有益。公元 1 世纪的医学作家塞尔苏斯（Celsus）认为啤酒的营养价值高于牛奶和葡萄酒。但是古典时期的大多数医生对饮用啤酒的影响持否定态度。在塞尔苏斯之后没多久，希腊草药医生迪奥斯科里季斯（Dioscorides）写道，啤酒是利尿剂，并且对肾脏和肌腱有多种影响，对身体里的黏膜有伤害，还会导致胀气、头痛、抑郁和象皮病。但是啤酒和葡萄酒一样，也可以作为草药和其他治疗方式的媒介。一位医生建议想要改善乳汁的妇女饮用一种混合物，其中包括啤酒和粉碎后的未成熟芝麻，或者是 5—7 条钓鱼时所用的那种蚯蚓，再加上椰枣。还有一位医生推荐使用在啤酒和草药里浸泡过的栓剂来驱除肠道蠕虫。[45]

另外一方面，酒精饮料也成了一种健康的选择：作为不安全或受污染的水的替代物。在世界上一些供水因为种种原因不适合饮用或者被认为不适合饮用的地方，酒精饮料似乎无处不在，通常就是因为这个原因。人们只定居在有适宜饮用水的地方，但是提供这种人生必需品的淡水湖、河流、小溪和自流井，常常会随着时间的推移被人类、动物和工业废物所污染。最终人们似乎意识到，喝当地的水会让人生病，甚至会死掉，而那些饮用啤酒或葡萄酒的人通常都保持健康。早在古典时期，就已经有了"饮用接触过铅的水危险"这样的警告，到了近代早期（大约 1500—

1800 年)，欧洲大多数医生警告人们应该完全避免喝水。

酒精饮料之所以能成为欧洲饮食的主要组成部分，是因为它们比水更安全，这个说法合乎逻辑，也很有说服力，但是必须要加以限定。首先，酒与酒是不同的。在造酒的过程中，葡萄汁经过了一个高温发酵的过程，这可以除去一些细菌，在一定程度上，这使得葡萄酒比未经处理的水安全。如果它被水稀释了，就像在希腊和罗马那样，即使葡萄酒里面的酒精和酸性物质可以杀掉所添加的水里的一些细菌，它也没有那么安全了。葡萄酒的变种也会有酒精和酸度，如罗马人混合酸酒和水而成的波斯卡，这使其比未经处理的水要安全，即使仅仅是好一点。至于啤酒，在酿造中使用了水，发酵时产生的温度加上酒精使啤酒比生产过程中使用的水要安全。总的来说，我们可以得出这样的结论：酒精饮料即使不完全安全，也比水要安全。16 世纪才开始广泛生产的金酒和威士忌更加安全，它们是蒸馏酒，蒸馏的过程需要对发酵液体进行加热，直到酒精被蒸发，这样的成品酒精含量比任何发酵饮料都要高。

为了酒的药用特性而饮酒是一回事，例如酒可以治疗便秘或帮助消化。但是因为酒是可饮用的最安全的饮料而喝酒，这就完全是另外一回事了。第一种行为将酒作为除了水之外偶尔可以喝一点的饮料，而后者会让人只喝酒。因此，我们可以认为古代世界对酒的饮用经历了三个阶段：在第一个阶段，起初是偶尔为之，后来是主要在节庆场合为之；在第二个阶段，喝酒成为一种更经常的行为，这部分是因为人们认为它有益健康；在第三个阶段，酒成了唯一被饮用的饮品，因为人们认为它比水更安全。前两个阶段很容易重合，但是第三个阶段赋予了酒精饮料完全不同的地位，即日常饮食的主要组成部分。

酒精何时从人们自由选择的饮料变成了必要的饮料呢？到了 16—17 世纪，欧洲医生几乎一致认定喝水是危险的，但是这个观点最早可以追溯到什么时候，我们不得而知。很明显，水的质量是因地而异的，尽管也有这样一种可能，即局部或周期性污染的许多事例导致了对水的一种文化上的厌恶，其地域范围大于受到水质影响的地区。还有一种可能是，即使饮用水是安全的，如果有选择的话，人们依然更喜欢啤酒、葡萄酒或者其他任何酒精饮料，甚至是寡淡的波斯卡。啤酒肯定是有营养的，葡萄酒也提供了一些营养物质，虽然没有啤酒那么多。它们都给饮用者一种安适愉快的感觉，有时是轻微醉酒的愉悦，有时是酩酊大醉的短暂享受。

我们的确知道水经常是不安全的，但是我们不确定这什么时候发生在什么地方。美索不达米亚人是因为底格里斯河和幼发拉底河被污染了才转向啤酒的吗？

大部分埃及人是因为尼罗河的水质才接受啤酒的吗，或者说他们这样做是因为啤酒提供了他们想要的一切吗？它可以补充水分，滋养身体，美味可口，给人一种河水完全不能提供的愉悦感。水可以补充水分，但仅此而已。如果有啤酒喝，谁还会去喝水呢？

在给激增的人口供水方面，罗马人肯定遇到了困难。最初的罗马城就是沿着台伯河两岸而建的，河水很快被污染，他们还把被处死的人的尸体扔到河里，这可能也加速了污染。为了给罗马人提供可饮用的水（还有公共浴场、喷泉和生产用水），在从公元前 312 年到公元 226 年之间的 500 年里，罗马建造了 11 条输水道。整体来说，它们为罗马城的百万居民提供了足够的用水，每人每天大约 1 升。如果这些水都被喝掉了，并且罗马人饮食中的葡萄酒和食物中也包含同样多的水，这可能足以满足人们补充水分之需。

对于欧洲人开始一同不再喝水，转而喝酒精饮料的假定，还需要另外一个限定因素，那就是他们中很多人因为文化或经济上的原因并不喝酒。未成年人或许会喝一些啤酒或葡萄酒，但是没有证据表明酒为他们提供了足够的水分，并且父母常常被建议不要让孩子喝酒。人们常常不鼓励妇女饮酒，实际上就像在罗马城那样，她们被禁止饮酒。如果妇女和未成年人不能饮用足够的葡萄酒或啤酒来补充水分，除了水之外，他们还能喝什么呢？牛奶的商业化生产还没有形成，果汁很少见，像咖啡和茶这样的热饮直到 1 000 多年后才传播到欧洲。对于穷人来说，如果没钱买酒，除了喝水，他们别无选择。

我们可以得出结论，饮用劣质水（加上营养不良和居住条件太差）降低了穷人和所有阶层妇女的预期寿命。把饮水和历史上居高不下的儿童死亡率联系起来是有道理的。换句话说，对于那些喝酒的人来说，酒的确降低了死亡率，提高了预期寿命。但我们只能推测，我们肯定不能将酒从造成历史上高发病率和死亡率的许多变量中孤立开来。同样可以肯定的是，在没有将性别、年龄与社会地位等因素考虑进来的情况下，我们不能对饮酒现象及其影响进行简单的概括。

虽然如此，希腊和罗马显然发展了酒文化，饮酒现象比以前任何时代都更加广泛，更加复杂。不仅几乎每个社会阶层的人都喝酒，而且酒精饮料成为人们探讨和分析的重要话题，尤其是葡萄酒，有时也有啤酒。在不同文化之间和同一文化内部，葡萄酒和啤酒的饮用方式成为社会地位的重要标志。此外，希腊和罗马的饮酒方式与对待某些酒类的态度都影响了基督教关于饮酒的教义，是中世纪饮酒思想和行为的基础。

【注释】

［ 1 ］Max Nelson, *The Barbarian's Beverage：A History of Beer in Ancient Europe*（London：Routledge, 2005）, 13—15.

［ 2 ］Christian Vandermersch, *Vins et Amphores de Grande Grèce et de Sicile IVe-IIIe Siècles avant J.-C.*（Naples：Centre Jean Bérard, 1994）, 37.

［ 3 ］Patrick E.McGovern et al., "Beginning of Viticulture in France," *Proceedings of the National Academy of Sciences* 110（2013）：10147—10152.

［ 4 ］Trevor Hodge, *Ancient Greek France*（Philadelphia：University of Pennsylvania Press, 1999）, 214—215.

［ 5 ］Nelson, *Barbarian's Beverage*, 38—39.

［ 6 ］转引自 Christopher Hook, Helen Tarbet, and David Ball, "Classically Intoxicated," *British Medical Journal* 335（December 22—29, 2007）：1303。

［ 7 ］Ibid.

［ 8 ］Hugh Johnson, *The Story of Wine*（London：Mitchell Beazley, 1989）, 44.

［ 9 ］Nelson, *Barbarian's Beverage*, 16.

［10］转引自 ibid., 17。

［11］Ibid., 33—34.

［12］Ibid., 35.

［13］Ibid., 42—44.

［14］Alison Burford, *Land and Labour in the Greek World*（Baltimore：Johns Hopkins University Press, 1993）, 214.

［15］Arthur P.McKinlay, "'The Classical World' and 'Non-Classical Peoples,'" in *Drinking and Intoxication：Selected Readings in Social Attitudes and Control*, ed. Raymond McCarthy（Glencoe, Ill.：Free Press, 1959）, 51.

［16］Nicolas Purcell, "The Way We Used to Eat：Diet, Community, and History at Rome," *American Journal of Philology* 124（2003）：336—337.

［17］Keith Nurse, "The Last of the（Roman）Summer Wine," *History Today* 44（1993）：4—5.

［18］McGovern et al., "Beginning of Viticulture in France," 10147.

［19］Thomas Braun, "Emmer Cakes and Emmer Bread," in *Food in Antiquity*, ed. John Wilkins, David Harvey, and Mike Dobson（Exeter：University of Exeter Press, 1995）, 34—37.

［20］Peter Jones and Keith Sidwell, eds., *The World of Rome：An Introduction to Roman Culture*（Cambridge：Cambridge University Press, 1997）, 182.

［21］Nicholas F.Hudson, "Changing Places：The Archaeology of the Roman *Convivium*," *American Journal of Archaeology* 114（2010）：664—665.

［22］McKinlay, "'Classical World' and 'Non-Classical Peoples,'" 59.

［23］转引自 Stuart J.Fleming, *Vinum：The Story of Roman Wine*（Glen Mills, Pa.：Art Flair, 2001）, 71。

［24］Johnson, *Story of Wine*, 64.

［25］Rod Phillips, *A Short History of Wine*（London：Penguin, 2000）, 57.

［26］Marie-Claire Amouretti, "Vin, Vinaigre, Piquette dans l'Antiquité," in *Le Vin des Historiens*, ed. Gilbert Garrier（Suze-la-Rousse：Université du Vin, 1990）, 75—87.

［27］N.Purcell, "Wine and Wealth in Ancient Italy," *Journal of Roman Studies* 75（1985）：13.

［28］André Tchernia, *Vin de l'Italie Romaine：Essaied' Histoire Economique d'après les Amphores*（Rome：Ecole Française de Rome, 1986）, 16.

［29］转引自 Nelson, *Barbarian's Beverage*, 69。

［30］Ibid.

［31］Ibid.，70—71.

［32］Dan Stanislawski，"Dionysus Westward：Early Religion and the Economic Geography of Wine，" *Geographical Review* 65(1975)：432—434.

［33］Simon Hornblower and Anthony Spaworth，eds.，*Oxford Classical Dictionary*(Oxford：Oxford University Press，1996)，229.

［34］*Apicius：Cookery and Dining in Imperial Rome*，ed. and trans. Joseph Dommers Vehling(New York：Dover，1977)，45—47.

［35］Marcius Porcius Cato，*On Agriculture*(London：Heineman，1934)，105.

［36］Ulpian，*Digest*，XXXIII：6，11. 转引自 Phillips，*Short History of Wine*，51。

［37］Tchernia，*Vin de l'Italie Romaine*，36.

［38］Yvon Garlan，*Vin et Amphores de Thasos*(Athens：Ecole Française d'Athènes，1988)，5.

［39］T. J. Santon，"Columnella's Attitude towards Wine Production，" *Journal of Wine Research* 7 (1996)：55—59.

［40］Tchernia，*Vin de l'Italie Romaine*，36.

［41］Pliny the Elder，*Histoire Naturelle*(Paris：Société d'Edition "Les Belles Lettres，" 1958)，bk.4，20—76.

［42］*Hippocrates*(London：Heinemann，1967)，325—329.

［43］Hornblower and Spaworth，*Oxford Classical Dictionary*，537.

［44］Louis E.Grivetti and Elizabeth A.Applegate，"From Olympia to Atlanta：A Cultural-Historical Perspective on Diet and Athletic Training，" *Journal of Nutrition* 127(1997)：863—864.

［45］Nelson，*Barbarian's Beverage*，71—73.

第三章 宗教与酒：基督教和伊斯兰教的不同道路

酒与宗教之间的渊源可以追溯到几千年以前。正如前文所述，无论是在中国还是在中东，酒的很多最早证据都表明它被用于各种各样的宗教仪式之中。在古代和古典时期的很多文化中，神灵与各种酒精饮料相关联，尤其是啤酒、葡萄酒和蜂蜜酒，巴克斯和狄俄尼索斯仅是其中最著名的。并非只有酒有专属的神灵，例如在希腊，得墨忒耳（Demeter）是掌管面包、水果和蔬菜的神灵，但是葡萄酒和啤酒与宗教的关系更加密切。背后的原因有很多猜测，一个常见的说法是，随着饮酒量的增加，饮酒者会产生从轻松、头晕到晕头转向的感觉（通俗地讲，就是一个从轻度到重度醉酒的过程），这些感觉与饮酒者的日常体验有很大的不同，以至于被认为"超凡脱俗"。酒将饮酒者提升至一种感觉的高度，这个高度被认为具有精神或宗教上的意味。

不管是积极还是消极，酒与宗教之间的联系都可以被看作历史的永恒，但是作为出现在同一个千年的两个宗教，基督教和伊斯兰教与酒之间形成了独特而持久的关系。在其象征性的活动和仪式中，基督教将一种酒精饮料提升到了中心地位，它就是葡萄酒。而据我们所知，伊斯兰教是第一个完全拒绝酒并禁止其信徒饮用酒精饮料的主要宗教。两者各有其先例。一方面，葡萄酒是罗马酒神巴克斯崇拜仪式上的主要物品，也是犹太教的教条和仪式中不可或缺的。另一方面，基督教诞生之前的一些犹太教派和世俗法律（如斯巴达的法律）禁止饮酒。但是，后者往往是不重要或者是短暂的禁令。相比之下，对于它们数百万的信徒来说，基督教和伊斯兰教关于酒的教义有着长远的影响，并赋予酒很多宗教的内涵，一直延续至今。

基督教对酒的认识的直接背景是犹太律法（《旧约》前五卷），其中多次提到葡萄酒和饮酒的影响，在一个希腊语版本中，还提到了啤酒（但在希伯来语《圣经》和后来的版本中都没有提及）。[1]然而，在《新约》中，葡萄树是被提到最多的植物，书中多次提及葡萄酒，但是对啤酒只字未提，虽然在公元 1 世纪地中海东部地区已广泛饮用啤酒。

关于不同词语的意义以及《圣经》中对于酒的记述该如何解释，在一些《圣经》研究学者和评论者当中有很大的争议。《圣经》中有些地方对饮酒行为的态度似乎比较积极，有几处是中立的看法，但也有几处毋庸置疑是反对的。《创世记》中有一段话实事求是地把葡萄酒视为餐桌上不可或缺的一部分："又有撒冷王麦基洗德带着饼和酒出来迎接。"[2]另外一处赞美葡萄酒："你只管去欢欢喜喜吃你的饭，心中快乐喝你的酒，因为神已经悦纳你的作为。"[3]葡萄酒的治疗作用也被认识到。提摩太建议说："因你胃口不清，屡次患病，再不要照常喝水，可以稍微用点酒。"[4]而路加也暗示了酒的杀菌作用："上前用油和酒倒在他的伤处，包裹好了。"[5]

但是，《圣经》中也有几处似乎警告人们不要饮酒，例如："他在主面前将要为大，淡酒浓酒都不喝。"[6]《圣经》中多处提到酒的地方都明确区分了适度饮酒和过度饮酒，还这样谴责后者："好饮酒的，好吃肉的，不要与他们来往。"[7]"做执事的也是如此，必须端庄，不一口两舌，不好喝酒，不贪不义之财。"[8]在这些情况下，过度饮酒和其他不节制的行为（如暴饮暴食和贪财）一起遭到谴责。被谴责的很可能是过度饮酒的行为，而不是酒本身，就像食物和钱财一样，它们本身并非批评的对象。

直到 19 世纪，这些含糊之处才成为宗教评论者争论的一个重要问题。在此之前，酒是广为饮用的饮品，这不仅是因为它是比水安全的替代品，还因为适度饮用啤酒和葡萄酒被认为是好的。曾经有这样一个假设：《圣经》上所有批评酒的地方针对的都是酗酒或其他形式的滥用，而不是饮酒行为本身。当人们引用《圣经》时，几乎总是用来警告醉酒和与之相关的罪过。但是到了 19 世纪，在欧洲和北美洲，随着越来越多的人获得安全饮用水和其他不含酒精的饮料，酒就不再是水的必需替代品。简单地说（这个问题将在第九章详细探讨），随着酒的替代品的出现，彻底戒酒才成为可行的选择，而在此之前，这是不可能的。由此产生的一个结果就是，很多曾经针对醉酒和酗酒危害的关注和批评转向了对酒的一切饮用。

只要喝一点点酒就会导致犯罪和社会动乱，这样的认识为越来越多的人所接受。在整个社会日渐接受戒酒禁酒观点的大背景下，19 世纪的宗教学者开始重新解释《圣经》中对酒的讲述。他们反问道，如果饮酒会导致不道德的行为，那么为什么耶稣在迦拿的婚宴上将水变成了酒呢？为什么耶稣喝葡萄酒呢？为什么在圣餐仪式中酒象征着基督的血呢？由于希伯来语中有很多不同的词语表示酒精饮料，并且这些词语的意义非常含糊，他们发明了"两种酒"理论，即在《圣经》中提到葡萄酒的地方，只要是正面的、肯定的，所指代的就不是发酵而成的葡萄酒，而是未经发酵的葡萄汁，而只要是负面的、否定的，所指代的就是货真价实的葡萄酒。在他们看来，在迦拿婚宴上的神迹中，耶稣并没有将水变成葡萄酒，而是变成了葡萄汁（玩世不恭者可能会认为这个神迹并没有那么伟大）（参见图7）。相比之下，他们认为在关于酒的负面事例中，那些酒是真正的酒，例如诺亚喝醉之后赤身裸体，再例如罗得的女儿们灌醉了她们的父亲，使他没有意识到正在和自己的女儿同寝。"两种酒"理论的支持者们认为，在这些以及其他的事例中，酒的作用是显而易见的，它抹煞了道德与不道德行为之间的界限。

19世纪创立的很多基督教派（比如耶稣基督后期圣徒教会和救世军）禁止其信徒喝酒，支持对于《圣经》的"两种酒"的解释。在主流教派中，也开始用葡萄汁来庆祝圣餐仪式，他们称其为"未发酵的葡萄酒"，而这本身就是一个自相矛盾的说法。酒在《旧约》和《新约》中的地位依然是人们热烈争议的话题。有些评论者将《圣经》中有关啤酒和葡萄酒正面、负面和中性的论述收集起来，得出结论负面的观点居多。事实是否的确如此呢？如果的确如此，这又能说明什么呢？这些都是言人人殊的问题。

可以肯定的是，葡萄酒对于犹太教和基督教都很重要。根据《创世记》的讲述，当大洪水退去时，地球需要重新种上植物，人类需要繁衍生息，诺亚种的第一种植物不是用来做面包的谷物，而是用来酿酒的葡萄。收获了葡萄后，诺亚开始酿酒，这显然是好东西。但是故事的结局并不好，诺亚喝多了，脱光了全身的衣服，醉倒在帐篷里。他最小的儿子含走进来看到了父亲赤裸的身体。因为这次冒犯，诺亚诅咒了含的儿子迦南。[9]这是一个复杂的故事（评论家们认为故事中包括含性侵其父亲的某种元素），对于为什么受惩罚的是迦南，而不是含，有几种解释。但是对我们来说，重要的一点是，饮用本质是好的葡萄酒，这本来似乎是没有问题的，却导致了对上帝律令的触犯和一个家庭的悲剧。这个悲剧象征着大洪水之后人类在新世界的生活。[10]

犹太教对于这个故事的一些评注更加明确地陈述了过度饮酒的问题，而这些评注预示了这场悲剧。根据其中一个评注，当诺亚打算在亚拉拉特山的山坡上种植葡萄园时，撒旦提出要帮助他，作为回报，他要分享劳动果实。诺亚同意了，而撒旦马上屠宰了一只绵羊、一头狮子、一只猿和一头猪（可能是诺亚方舟上的动物，这就会让这些物种的繁衍成问题），用它们的血给葡萄园施肥。这是为了向诺亚表明，一杯酒下肚之后，饮酒者的行为会变得像绵羊一样温顺；但是第二杯酒之后，饮酒者就会变得像狮子一样勇敢；第三杯酒会使他像猿猴一样；而第四杯酒之后，饮酒者的行为就像是在泥潭里打滚的猪了。[11]

《旧约》其他几处并没有将醉酒与如此恶劣、粗鲁和野蛮的行为联系起来，而是明确地和犯罪联系起来。在罗得女儿的故事中，这种犯罪是乱伦，她们为了"给父亲存留后裔"，用酒把父亲灌醉以至于他会和她们发生关系。她们似乎仔细斟酌了酒量，使罗得不至于醉到无法同房，但是又醉得足够厉害，以至于连续几个晚上和女儿同房，却不知道"她几时躺下，几时起来"[12]。我们还可以加上一句，"也不知道她是谁"。

和这种纵酒的事例一起的，还有一些显然是正面的论述。当摩西带着希伯来人从埃及逃到以色列时，他派人进行侦查，他们回来的时候带了一大串葡萄，葡萄很重，需要两个人用棍棒扛着。长途跋涉之后，犹太人可能很想吃新鲜多汁的葡萄，但是他们同样可能很想喝葡萄酒，这种宝贵的饮料是那些曾经奴役过他们的埃及上层人士才能喝到的。希伯来人的上帝吩咐他们在每年一度的节日上享用葡萄酒（还有面包、油和肉）[13]，还命令祭司献祭面包和葡萄酒："同献的素祭，就是调油的细面伊法十分之二，作为馨香的火祭，献给耶和华，同献的奠祭，要酒一欣（hin）四分之一。"[14]对酒最正面的陈述可能是这一句："又得酒能悦人心，得油能润人面，得粮能养人心。"[15]

从上帝对那些不守法的人的威胁，也可以清楚地看出酒对于希伯来人的重要性：他们不会在某个遥远的地狱里遭受永远的煎熬，相比之下，对他们的惩罚要直接得多，那就是无酒可喝。这样的惩罚似乎隐含在要让葡萄园荒芜的威胁中："新酒悲哀，葡萄树衰残，心中欢乐的，俱都叹息。……在街上因酒有悲叹的声音，一切喜乐变为昏暗，地上的欢乐归于无有。"[16]以及："我必使它们全然灭绝，葡萄树上必没有葡萄，无花果树上必没有果子，叶子也必枯干。"[17]

啤酒远远没有被忽视，正如我们对于一个啤酒被广为饮用的社会所预料的那样。[18]据说耶和华每天要喝2升啤酒（在安息日喝得更多）。此外，还有其他关于啤酒的正面评论。《圣经》中有这样一条建议，说应该提供啤酒给"将亡的人喝，把清酒给苦心的人喝，让他喝了，就忘记他的贫穷，不再记念他的苦楚"[19]。

在对于酒的总体认识方面，可以认为《旧约》和《新约》是对古代和古典作家老生常谈的重述：葡萄酒和啤酒都有好的一面和坏的一面，是好是坏取决于怎么饮用它们；判断这些饮料的依据应该是它们的影响，而不是它们本身内在的品质。这并不奇怪，因为在犹太人中，饮酒行为是很普遍的（包括《新约》的作者们）。葡萄酒融入了犹太教的节日，如普林节（Purim），并且在逾越节晚餐（包括最后的晚餐）中也有其位置。和他们的希腊与罗马同行一样，犹太医生将酒作为治疗很多身心疾病的手段，既可以外用，又可以内服。[20]

在犹太教中，酒是平凡的、有益健康的、象征性的存在，而基督教徒赋予其十分重要的含义。公元 1 世纪形成的圣餐变体论主张，在圣餐礼上，面包和葡萄酒变成了基督的肉身和血液，即使它们还保留着其外在的形式。公元 4 世纪时，圣奥古斯丁引用了居普良的名言："因为基督说过'我是真正的葡萄树'，因此基督的血就是酒，而不是水。如果没有葡萄酒，杯子就不能显出装他的血的样子，我们也就无法被救赎和复活，因为葡萄酒代表着基督的血。"[21]这仅仅是指圣餐中所使用的葡萄酒，而不是日常饮用的葡萄酒，因此在对待纵酒的态度方面，基督教比其他宗教更加严厉，这也就不足为奇了。过度饮用葡萄酒不仅在个人和社会层面产生影响，而且对于基督徒来说，这意味着对一种具有宗教意义的物质的滥用。可能正因为如此，在基督教世界，我们看到了针对葡萄酒和其他酒精饮料更加系统的规定的出现。

基督教将基督塑造成为一个在很多方面都像是新酒神的形象。基督教徒接受了原有信仰的很多象征。基督和基督教前几个世纪依然受到崇拜的其他酒神之间有很多共同点。例如，狄俄尼索斯也是神与凡人所生，他也有将水变成酒的神迹，虽然他变出的葡萄酒只装满了三罐，而不是像基督那样装满了六罐。在基督教的前几个世纪，基督和其他酒神之间存在着复杂的相互影响。在塞浦路斯的帕福斯城（Paphos），有一幅 5 世纪时的镶嵌画，上面描绘的是年幼的狄俄尼索斯，画面让人想起基督教中对于东方三贤士崇拜的描绘。[22]

葡萄酒对于基督的形象十分重要，耶稣的第一个神迹就是在庆祝一场婚礼时将水变成了葡萄酒。他的母亲玛利亚发现婚宴还没有结束酒已经用完了，耶稣命令仆人将六个罐子装满通常用来洗碗的水，并吩咐一个仆人给婚宴的主持人送去一碗这样的水。奇迹般地（耶稣显然没有说话和做动作），水变成了酒。在某种意义上，这个神迹部分上预示了圣餐变体论：当耶稣把碗递给主持人时，碗里似乎还是水，他必须尝了才能知道是酒（从这里我们可以推断出是白葡萄酒）。和圣餐变体一样，外表并没有发生变化，但是本质属性已经变了。

除了这个基本的神迹之外，耶稣还将不好的水（用来洗东西的，而不是用来喝的)变成了高质量的葡萄酒。婚宴的主人发现,虽然最好的酒往往都是早早地端上来了,这样客人们就不至于因为喝得太醉而不能欣赏酒的品质,但是耶稣提供的酒比第一次端上来并且已经喝完的酒还要好。[23]这是葡萄酒吗?这里使用的词语可以有几种不同的理解,但是当时的场合是婚礼,而在婚礼上,通常会提供葡萄酒。值得注意的是,无论是不是用来洗东西的水,都被认为不适合出现在婚宴上。

在19世纪之前的好几个世纪里,宗教学者和牧师都没有怀疑过《圣经》中提到的酒是用发酵的葡萄汁制成的酒精饮料。在几百年的时间里,圣餐仪式上对于葡萄酒的使用和对于基督的描绘都表明了这一点。宗教画有一种题材叫"榨酒桶里的基督",画中基督站在一个压榨葡萄所用的大桶里。基督经常被描绘成这样一个形象:戴着十字架和棘冠,血从头上和身上的伤口流到他正在用脚压榨的葡萄里。因此,从大桶里流出的红色液体是基督的血和葡萄汁的混合,这表明了两者的融合。毫无疑问,在艺术家和这些作品的观赏者心中,这里所描绘的就是我们现在所知道的葡萄酒。

对于基督教来说,葡萄酒十分重要,已经和这个宗教联系在了一起。实际上,在公元纪年的头几个世纪,一些基督教作家认同希腊人和罗马人对啤酒的偏见,将它看作劣质的、有害的饮料。4世纪的基督教史学家尤西比乌斯(Eusebius)这样写道:"埃及的啤酒是掺假的、浑浊的。在基督教传播到那里之前,埃及人拿它当饮料喝。"这里暗含了一个常见的观点,即皈依基督教之后,埃及人的饮酒偏好从啤酒变成了葡萄酒。有些历史学家对这一观点提出质疑。几乎与此同时,圣西里尔(St. Cyril)称啤酒为"埃及人饮用的一种浑浊的凉性饮料,可能会导致不治之症",而称葡萄酒能"使人心情愉悦"。5世纪的基督教思想家狄奥多里特(Theodoret)称埃及啤酒"是一种人造的饮料,不是天然的。它有一种难闻的酸醋味,对人有害,它也不能让人产生任何愉悦感。这些都是不虔诚的教训,不像葡萄酒那样'使人心情愉悦'"[24]。到了6世纪,对于啤酒的这种描述似乎已经绝迹,后来基督教对啤酒的批评只是指向啤酒在异教节日中的饮用,或者仅仅是过度饮用。这就为基督徒接受啤酒和修道院酿造葡萄酒以及啤酒扫清了道路。

由于葡萄酒在圣餐仪式上的重要性,久而久之,基督教会及其机构(如修道院)成为大规模葡萄酒业的重要赞助者。很多葡萄园被建在修道院的土地之上,修道院则成为酒的重要商业生产者。圣餐仪式需要的葡萄酒很少,葡萄酒成为一些教团和教会领导层饮食中必不可少的一部分。但是很多修道院也为世俗社会中较富裕的阶层提供葡萄酒。到了大约公元400年,罗马帝国已经发展到了顶峰,教会将葡萄栽培和酿酒技术传播到了法国的很多地方(包括现在十分有名的地区,如波尔多、勃艮第和罗纳河谷),还有今天的英国、葡萄牙、西班牙、德国、奥地利、匈牙利和波兰。

在很大程度上,多亏了基督教会,当5世纪从中欧和东欧而来的日耳曼民族(法兰克人、勃艮第人等)开始入侵时,在西罗马帝国的大部分地方,葡萄栽培和葡萄酒生产已经牢牢确立。到了公元500年,主要的日耳曼部落都已经定居下来,并从政治上控制了从前属于西罗马帝国的部分地区。罗马人称他们为"蛮族人",很快这个词就被赋予了"在文化上低人一等"的内涵。后来,有些族群的名称获得了更加具体但是同样负面的内涵,尤其是汪达尔人和匈人。正如我们所见,罗马人不仅排斥他们的语言,还排斥他们的饮食习惯:日耳曼人(同希腊人和罗马人之外的其他民族一样)主要喝啤酒,以经常酗酒而闻名。尤利乌斯·凯撒写道,日耳曼人对葡萄酒心存疑虑,起初他们反对把葡萄酒进口到他们那里,因为他们害怕葡萄酒会使男人变得柔弱。

如果说日耳曼人初次遇到葡萄酒时持怀疑态度,那么他们很快就战胜了这种疑虑,他们的上层人士很快就开始既饮用啤酒和蜂蜜酒,又饮用葡萄酒。公元2世纪,希腊哲学家波希多尼(Posidonius)说日耳曼人的早餐由烤肉、牛奶和未稀释的葡萄酒组成。[25]到了9世纪后期,阿尔弗雷德大帝(King Alfred the Great)称啤酒是生活必需品之一(还有武器、肉和衣服),但是在接下来的一个世纪,英格兰的修道院院长埃尔弗里克(Aelfric)给饮料划分了阶层:葡萄酒是给富人喝的,麦芽酒是给穷人喝的,水则是给最穷的人喝的。[26]对于生活在高卢的凯尔特人来说,情况与此类似,啤酒已经广为饮用。6世纪时,一位医生这样写道:"总体上,所有人都很适合饮用啤酒或蜂蜜酒或调味酒,因为精心制作的啤酒对人很有好处……同样,只要蜂蜜品质够好,精心制作的蜂蜜酒也很有好处。"[27]

虽然日耳曼人和凯尔特人喝多种酒精饮料,写作《罗马帝国衰亡史》的18世纪历史学家爱德华·吉本在描述这些"蛮族人"时,附和了罗马人最严重的偏见(并以自己的偏见将其放大)。他写道,他们"沉溺于烈性啤酒不能自拔,这是一种从小麦或大麦中提取出来的液体,不需要什么技术,在某些方面类似于葡萄酒"。他补充说,但是有些"尝过意大利半岛的醇厚葡萄酒,后来又尝过高卢醇厚葡萄酒的蛮族人,对这种醉意充满了渴望"。他又说:"由于对醇厚葡萄酒的强烈渴望,蛮族人经常侵入那些人工或自然创造了这些令人羡慕的珍品的行省。"[28]简而言之,吉本认为那些侵略西欧部分地区的蛮族人的主要目的是获得葡萄酒,不是为了它所带来的感官享受，完全只是因为它能比啤酒更快带来醉意。

当西欧人面对来自东部的民族入侵时，他们是否也和爱德华·吉本一样，认为这些部落豪饮啤酒、渴望葡萄酒呢？如果是的话，西欧人肯定担心过他们的葡萄园，这些葡萄园最初是在罗马人的赞助下建立的，后来通过基督教传教士和修道院而得以扩展，并且肯定也担心过葡萄酒，因为葡萄酒越来越被看作文明和基督徒虔诚的象征。如果这些蛮族人真的生活在一个原始而混乱的状态之中，并且热爱葡萄酒，不难想象，他们会用剩下的存酒进行狂欢，然后让葡萄园自生自灭。

然而，当日耳曼人侵略西欧时，他们与其说干扰了葡萄酒的生产，不如说打乱了贸易的原有格局。随着罗马贸易体系的崩塌，随着帝国瓦解并被各地建立的更小的政治单位所取代，贸易衰落了。这一过程并没有影响到麦芽酒，因为它就在生产地被饮用，但是葡萄酒贸易沦为了受害者。对于政治动荡给波尔多地区新兴的葡萄酒产业带来的影响，我们只能加以想象。仅在 5 世纪，波尔多就先后被哥特人、汪达尔人、西哥特人和法兰克人入侵过。7 世纪时，来自西班牙的加斯科涅人（这个地区因此被称为加斯科涅）来到了这里。8 世纪时，法兰克人又卷土重来。如此戏剧性的政权变化，以及随之不断变化的同盟关系，对于原有的商业网络和稳定的新商业网络的发展都十分不利。

但是，这并不意味着新的外来者对葡萄酒有敌意。虽然他们没有扩大现有的葡萄园，虽然在罗马帝国瓦解时葡萄酒的贸易中断，各个日耳曼部落或多或少维持了葡萄酒生产的现状。西哥特人的法典对于毁坏葡萄园的行为规定了严厉的惩罚。"维京人"这个名称已然成为偷窃和掠夺的代名词，长期以来，他们一直被历史学家看作中世纪早期的地狱天使，却成为北欧葡萄酒贸易的积极参与者。很多新的政治实体的统治者将葡萄园交给了修道会。葡萄牙的哥特人国王奥多诺（Ordono）在 9 世纪时是这样做的，100 年后，英格兰国王埃德威（Eadwig）和埃德加（Edgar）也将葡萄园授予了几个修道院的修士。[29] 正如爱德华·吉本所说，对于这些人来说，葡萄酒显然是一种在饮食和医疗中十分重要的商品，而不仅仅是用来狂饮至不省人事的。根据同时代的食谱，在准备做炖肉和水果时也要有葡萄酒。在西罗马帝国瓦解之后，上层人士对于葡萄酒的态度与希腊和罗马的评论家们没有多少不同。例如，7 世纪的一个盎格鲁-撒克逊文本写道："葡萄酒不是给小孩和傻子喝的，而是给老人和智者喝的。"[30]

基督教会对葡萄酒的推广强化了葡萄酒的文化地位，也促进了日耳曼人和凯尔特人的上层人士对葡萄酒的饮用。他们大部分生活在北欧，那里很容易种植谷物,但是由于气候因素,不能种植葡萄,即使能,也很少。葡萄酒必须进口,有时从近的地方进口,有时从远的地方进口,运费使葡萄酒比啤酒更加昂贵。即使在可以生产葡萄酒的地区,作为中间阶层的生产者也不大会每天都喝葡萄酒,因为它作为交换商品很有价值。在葡萄酒主产地之外的地区,啤酒仍然是普通大众的主要饮品。这是一种有营养的饮料(同样数量的谷物酿造成啤酒比做成面包可以提供更多的营养),并且比大部分能够喝到的水都更加安全。这两点都解释了为什么没有人会为了省下粮食做面包,而试图去限制麦芽酒的生产。在不同的时期,当局曾努力限制葡萄园的面积,目的是保证谷物的种植面积(后来又限制蒸馏谷物酒,以保证做面包的谷物供应)。到了 20 世纪早期,禁酒思想影响了政府政策,啤酒也不再像以前宣传的那样富有营养价值。在此之前,没人试图为了保存做面包的谷物而限制啤酒的生产。

在中世纪早期的不同时代,气候和其他因素导致了粮食减产。在 9 世纪 60 年代,干旱使欧洲很多地区庄稼歉收,在接下来的十年里,蝗灾席卷了德国多地,吞噬了正在成熟的作物。在整个中世纪及之后,由于缺少存粮,低产导致了地区性的粮食短缺和饥荒。虽然很多死亡或许不能简单归结为饿死,但很多人是因为营养不良导致免疫系统衰弱得病而死。战争也会造成粮食短缺,常常是因为外敌故意糟蹋田里的作物。只要出现粮食短缺,麦芽酒的产量必定会下降,人们也不得不喝酒精饮料的唯一替代品——水。在饥荒时期,人们很容易生病甚至死亡,可能就是因为喝了受污染的水。

要想知道中世纪早期的欧洲人每天喝多少麦芽酒是不可能的。地区不同,阶级、性别和年龄不同,酒的饮用量肯定存在很大差异。一项统计结果表明,在 8 世纪和 9 世纪,修士每天喝 1.55 升,而修女每天喝 1.38 升。在世俗饮酒者中,麦芽酒的饮用量在 0.6 升至 2.3 升之间(葡萄酒在 0.6 升至 1.45 升之间),差别还是很大的。[31]无论是哪一种人,在节庆期间的饮酒量都会增加,虽然在忏悔或禁食期间可能会减少。在粮食歉收的年份,饮酒量肯定会减少。

在中世纪早期,麦芽酒在酿造出来之后的几天内就要喝掉,不适合长时间保存。每户人家通常不会酿太多,这常常是家中女性的职责,此外她们还要负责烤面包、准备一日三餐。这一时期的欧洲各地都零散提到啤酒的酿造,如英格兰、冰岛、西班牙、法国和其他地方,但是提供细节的很少,这或许是因为酿造啤酒是一种司空见惯的活动。8 世纪时,查理曼大帝任命了一位宫廷酿酒师,以保障麦芽酒的质量。在庆祝军事胜利时,他也会饮用麦芽酒。有几位英格兰和爱尔兰的学者埋怨欧陆麦芽酒的品质比他们故乡的低劣。[32]

最早的大型葡萄酒酿造厂建立于8世纪时的修道院。这些修道院不仅财力雄厚,可以购买商业化生产的设备,而且还拥有可以种植酿酒所需谷物的土地。除此之外,大型修道院需要供给不止一个大家庭,因为他们必须满足更多人的饮食需求,包括修道院的几十名修道士和可能要寄居修道院的各种旅者。相比之下,在西欧大部分地区,一个典型的家庭通常只有四五个成员,包括妇女和未成年人,而他们没有成年男性喝得多。

圣加仑(St.Gall,位于今天的瑞士)修道院是最早酿造啤酒的修道院之一。这家修道院有三个啤酒厂,一个为修道士酿造,一个为贵宾酿造,一个为朝圣者和乞丐酿造,但是对于三者之间是否有质量上的差别,我们并不清楚。一般来说,修道士可以自由选择是酿造葡萄酒还是啤酒,很多人似乎两者都会酿造,此外还有其他酒精饮料。843年,巴黎附近一家修道院的院长写道,各种农产品供不应求,酒的生产难以为继。生产葡萄酒所需的葡萄缺乏,生产梨酒所需的梨子难以获得,粮食产量的下降使得麦芽酒生产几乎停滞,修道士能喝的只有水。这是我们所能期望的最清楚的饮料等级划分了。[33]

许多教团和修道院规定了日常葡萄酒和啤酒的配给量,不过虽然8世纪有过一些使这些规定标准化的尝试,但在可以喝什么以及可以喝多少方面,仍有很多差异。对一些教团来说,酒精含量较高的葡萄酒是不适合的,9世纪对德国富尔达修道院创立过程的讲述清楚地说明了这一点:"在向修道院院长解释教规时,他读出其中一段,指出喝葡萄酒和修士的身份不符。因此,他们一致决定,一点烈性酒也不要喝,而只喝低度的啤酒,否则可能会导致醉酒。很久以后,随着人口的增加,其中很多体弱多病者,在以国王丕平的名义举行的一个宗教会议上,这条规定被放宽。只有少数会友终生戒除了葡萄酒和烈性酒。"[34]816年在亚琛召开的宗教会议规定,修道院酒的配给为每天大约半品脱葡萄酒和1品脱麦芽酒。诸如此类的例子表明麦芽酒被认为是适合牧师饮用的。对于基督教从希腊人和罗马人那里继承下来的反对麦芽酒的立场而言,这个规定是一个意味深长的背离。鉴于葡萄酒在基督教教义和仪式中的重要地位,情况更是如此。

在直到1000年前后的中世纪,欧洲的葡萄酒供应似乎相当充裕。这些葡萄酒是谁生产的呢?对于这一问题有一些争议。许多历史学家认为,由于葡萄酒对教会具有十分重要的象征意义,他们需要源源不断的葡萄酒用于圣餐仪式,因此,他们几乎单枪匹马地保护了葡萄园,使其免受入侵西罗马帝国的东方蛮族的蹂躏。

但是对日耳曼人更加深入、更加正面的认识已经打破了这样一种草率的对比，即一边是虔诚的修士为了上帝的荣耀守护并收获葡萄，另一边是野蛮的异教徒纵酒狂欢，直到把所有的葡萄酒都喝光。

但是，在中世纪早期，在葡萄栽培的延续方面，传教士和牧师真的比世俗地主贡献更大吗？和世俗地主相比，关于教会所拥有土地的记录得到了更加系统的保存并更好地流传了下来，因为神职人员更有学识，并且教会机构和档案更具有连续性。事实上，我们也常常是从教会档案中才得以了解很多世俗地主拥有土地的情况，这些档案记录了世俗地主将他们的葡萄园送给或遗赠给教会的情况。例如，在6世纪或7世纪，巴黎一位名叫埃蒙特鲁德（Ementrud）的贵妇把她的财产留给了随从和巴黎的几个教堂，其中包括几个葡萄园。[35] 764年，当海德堡附近的圣纳扎里乌斯（St.Nazarius）修道院成立时，有两个世俗地主向其捐赠了葡萄园。在此后的一个世纪里，这家修道院从世俗捐赠者那里得到了更多的葡萄园。到了864年，仅在德因海姆（Deinheim）附近，它就拥有了100多个葡萄园。[36] 我们不知道教会和教团所拥有的葡萄园相对于世俗地主的比例，但清楚的是，教会在这一时期远没有垄断葡萄栽培和葡萄酒的生产，并且教会对葡萄酒酿造技术革新所做的贡献远没有很多评论者所说的那么大。

然而，虽然我们要承认这一时期世俗葡萄园主可能的贡献，但我们必须充分认识到，直到1000年（甚至更晚），教会在扩大葡萄酒生产方面做出了巨大的贡献。葡萄酒对于教会的重要性意味着，基督教的影响传播到哪里，葡萄栽培就会传播到哪里。随着教堂在中欧各地被建立，每个教堂都种植葡萄，以生产宗教仪式所需的葡萄酒。到了15世纪至18世纪，随着天主教传教士把他们的信仰传播到整个拉丁美洲和加利福尼亚州，这个模式将被复制。

有些修道院的葡萄园面积很大。9世纪早期，巴黎附近的圣日耳曼德佩（St.-Germain-des-Prés）修道院拥有20 000公顷的土地，其中的300—400公顷种的是葡萄。这些葡萄园分散在这块地产的各处，但都靠近马恩河和塞纳河，这样就可以很容易地将葡萄酒运送到法国唯一重要的市场——巴黎。这个大教堂的葡萄园大多都租给农夫管理，每年生产大约130万升葡萄酒，相当于今天的170万瓶。[37] 这样的生产规模相当可观。

相比之下，大多数教堂的葡萄园要小很多，目的是满足仪式用酒的需求，以及牧师或修道院对葡萄酒的日常需求，还有特殊场合的需求，可能还有一些可以出售。那些没有葡萄园的教堂要么坐落于无法种植葡萄的地区，要么坐落于葡萄栽培足够广泛,可以很容易获得葡萄酒的地区。在更加偏远的可以种植葡萄的地区,牧师不仅被鼓励种植葡萄,有时是被命令这样做。814 年的亚琛会议规定,每个大教堂都应该有一个"座堂法政团"(college of canons),其职责之一就是种植葡萄。[38]

从公元 500 年到 1000 年,有各种修道会负责种植葡萄,欧洲葡萄园的数量大幅增加。因为圣餐仪式所需要的葡萄酒很少,由中世纪教会直接生产的葡萄酒大部分被用于非宗教场合,成为神职人员日常饮食中不可或缺的一部分。正如我们所见,修士每天可以得到 1.5 升的酒(麦芽酒和/或葡萄酒),而修女要少一点。圣本笃会规是西欧最具影响力的规范,它规定了每个修士每天饮酒的量。但是,相对于葡萄酒与修士之间强大的正面联系,圣本笃很不情愿地承认了酒的配给。他说:"葡萄酒不适合修士饮用,但是既然不能说服现在的修道士将其戒除,那么让我们至少达成这样一点共识:喝酒要有度,要适可而止。……我们相信每人每天大约半升葡萄酒足矣。但是对于那些被上帝赋予节制天赋的人,他们应该知道自己拥有一份特殊的奖赏。"由于认识到葡萄酒的药用价值,修道院院长可以给生病的修道士多分一点。在不喝葡萄酒时,本笃会修士会喝麦芽酒。[39]

显然,在公元纪年的第一个千年,葡萄酒和麦芽酒在欧洲人文化和饮食中的地位已经牢牢确立。罗马帝国的覆灭并没有削弱葡萄酒的受欢迎程度,基督教的普及反而扩大了葡萄的栽培范围。甚至那些所谓的蛮族人也成了欧洲新兴的葡萄酒产业的捍卫者,而不是破坏者。然而,如果说这些巨大的变化没有对酒构成威胁,伊斯兰教却构成了。伊斯兰教起源于今天的沙特阿拉伯,很快获得了整个中东地区的支持,并开始了它在思想和军事上的征服之旅。伊斯兰教一路向西,征服了非洲北部的地中海沿岸地带,到了 8 世纪,它已经扩张到了西西里岛和伊比利亚半岛,还曾短暂进入法国西南部,而在这里,葡萄酒和啤酒(取决于具体地区)是饮食中不可或缺的一部分。

在酒的历史上,伊斯兰教的兴起和扩张非常重要,因为伊斯兰教开创了全面禁止酒的生产、销售甚至饮用的先河。现代的许多禁酒政策规定生产和销售酒违法,但并不涉及酒的饮用,如 1920—1933 年美国著名的全国性禁酒运动。此外,伊斯兰教的禁酒政策被证明是非常成功的,在伊斯兰世界的许多地方已经持续了近 1 500 年。的确,今天有些伊斯兰国家或以穆斯林为主的国家,如土耳其,或明确或含蓄地允许人们喝酒,但在其他许多国家,包括伊朗和沙特阿拉伯,酒的饮用很少。对这些国家的人民来说,饮酒是根本不可能的,其他禁酒的宗教的信徒也是如此,如美国的摩门教。摩门教徒与伊斯兰教徒之间的主要区别是，摩门教徒选择自行戒酒，而伊朗和沙特阿拉伯的穆斯林是被法律禁止饮酒，违者将会受到惩罚。

伊斯兰教发源于中东，在其诞生之前，酒精饮料在这里被广泛饮用。这里已经发现了葡萄酒和啤酒最早的一些证据。最初，先知穆罕默德与犹太教徒和基督徒一样，并不那么敌视酒，但没过多久，他就开始禁止其跟随者饮用葡萄酒和其他任何发酵饮料。这并不是因为这些饮料本身是邪恶的（就像后来的禁酒倡导者所认为的那样），而是因为人类的弱点致使他们酗酒，进而会亵渎神明，犯罪，做出不道德的和反社会的行为。

《古兰经》中多次提到酒，既有正面的也有负面的，一位学者指出，通过对所有这些有关酒的内容进行批判式分析，可以看出《古兰经》对葡萄酒的看法是"很矛盾的，这种强有力的液体在一段经文中令人憎恶，在另外一段中却变成了'美食'之源"[40]。但需要注意的是，《古兰经》的文本是随着时间的流逝逐渐"揭示"的，而不是一个一气呵成的文集，后来的文本可以将前面的文本推翻。如果这样去读，而不是按照年代先后顺序去读，《古兰经》中和酒有关的论述就没有那么自相矛盾了，并且它对酒的谴责会比乍看起来更有一致性。葡萄酒有时被描绘为醉人之物，有时被说成健康食物。其中有一处尤其值得注意，它被认为代表了伊斯兰教对葡萄酒的最终判断："信徒们！酒、赌博、偶像和占卜之箭都是撒旦设计的可憎之物。远离它们，你才会兴旺。利用酒和赌博，撒旦试图激发你们之间的敌意和仇恨，让你们忘记安拉，忘记祷告。"[41]

这段话被认为是对穆斯林共同体内部因为酒而激化的冲突的一个回应。根据另外一段话，穆罕默德禁酒的原因，和他在一场婚礼上的经历有关。当穆罕默德看到宾客们开心饮酒庆祝婚礼时，他称赞葡萄酒是神赐予的礼物。可是，当他第二天回来时，发现客人们已经喝多了，他们的欢乐变成了愤怒，欢庆变成了打斗。环视着满地狼藉、伤痕累累，穆罕默德开始诅咒酒，并从那以后禁止穆斯林以任何形式喝酒。这样的讲述和《古兰经》关于酒的教义的发展模式是相照应的，随着新的信息、洞见或指导的获得，原来的观点被新的观点所推翻。然而，那些在此生远离醉人饮料的人在天堂里却可以喝到酒，在那里，河里流淌的都是美酒。一个是人间之酒，一个是天堂之酒，但是《古兰经》并没有将这两种酒和饮用它们的影响直接联系起来。

《古兰经》中并没有明确禁止饮酒，虽然它强烈建议信徒不要饮酒。一些学者认为，后来的评注和圣训（据说是穆罕默德语录）通过推行禁酒令来强化穆斯林的身份，让穆斯林领袖可以更容易控制穆斯林。[42]即便如此，伊斯兰教仍存在两种主要的酒思想。主流思想是信徒不能饮用任何醉人的饮品，这种饮品被称为"哈姆勒"(khamr)。只要他们喝酒，或者买卖酒，或者是给人上酒，无论多少，都会受到惩罚，而那些破坏酒的人则不会受到任何惩罚。还有一种少数派的思想认为，哈姆勒完全是用葡萄制成的，只有它要被完全禁止。其他用蜂蜜和椰枣等原料酿造而成的发酵饮料是被允许的，但是饮用它们而喝醉是被禁止的，要受到惩罚。[43]围绕酒是否可以用于医疗目的，也有类似的分歧。大多数伊斯兰学者持否定态度，但另外一些人认为可以在某些情况下使用，特别是如果病人不以某种形式摄入酒，其生命就会受到威胁时，如在药物中。[44]

通过限定用来制造或储存果汁的容器的种类，穆罕默德似乎阻碍了酒的生产。只有那些皮质容器才被允许，而葫芦、釉面玻璃罐和涂有沥青的陶器则被禁止。我们很难看出怎么能让果汁不发酵成酒，无论是葡萄汁还是其他任何果汁，无论是装在什么容器里，毕竟在水果和浆果成熟的夏末，温度会很高，并且如果在禁酒之前曾经酿过酒，那么容器里肯定是有酵母菌的。穆罕默德的妻子为他在皮质容器里酿造了一种可能含有酒精的饮料，即葡萄醴(nabidh，传统上以葡萄干或者椰枣为原料，可能含有酒精，也可能不含有酒精)。"我们早上准备好葡萄醴，他就会晚上喝；如果是晚上准备好，他就会早上喝。"[45]

酿造和饮用之间的12个小时可能足够用来发酵，也可能不够，但最终得到的饮料是不可能有足够的酒精含量的，因此不能算是我们今天意义上的酒精饮料。《古兰经》不但禁止饮用发酵饮料，而且还处理了穆斯林不知道一种液体是否已发酵的情况。有一次，当穆罕默德拿到葡萄醴时，在确认自己能够饮用之前把葡萄醴稀释了三次。[46]这背后的含义可能是，《古兰经》并不坚持非得是不含酒精的饮料，这可能是因为穆斯林已经认识到水果饮料可能会在短时间内发酵。只要被充分稀释，含有酒精的饮料也是可以饮用的，只要饮用者的确不知道是否已经发酵。

伊斯兰教的禁酒令影响了中东、北非和欧洲西南部的广大地区，这里曾经是麦芽酒、葡萄酒和其他酒精类饮料(如椰枣酒和石榴酒)广为饮用的地方。早期的伊斯兰教并没有将禁酒令扩大到穆斯林统治地区的非穆斯林人口。在早期伊斯兰世界的很多地方，发现了酿葡萄酒所用的榨汁机和其他有关葡萄酒生产的证据。[47]随着时间的推移，在穆斯林帝国的不同地区，禁酒令的执行也或严或松。在靠近其起源地的地方，禁酒令可能执行得更加严格，但在伊斯兰世界的边缘地区，可能就比较宽松。例如，在西班牙、葡萄牙、西西里岛、撒丁岛和克里特岛，许多不同的政策互相替代甚至共存，因为一些哈里发虽然在法律上禁止酒的生产，但实际上却允许继续生产，甚至通过对葡萄酒征税的形式来承认这一事实。根据阿拉伯语史料，在穆斯林统治下的西班牙南部（尤其是安达卢西亚）和葡萄牙，生产葡萄酒的葡萄园到处都是。伊斯兰教的园艺技术十分发达，葡萄品种的数量增加了。有些讨论农业的穆斯林文本中有讲述如何照看发酵罐的内容。虽然在最初的几个世纪里，有些哈里发对伊斯兰世界的饮酒现象睁一只眼闭一只眼，其他的哈里发却并非如此。10世纪时，哈里发奥兹曼（Ozman）下令破坏了西班牙巴伦西亚2/3的葡萄园，想必幸存下来的葡萄树上的葡萄被直接吃掉了或者是做成了葡萄干。

同样是在西班牙，穆斯林法律学者以一种新的方式来解读禁酒令，表明实际上是允许饮酒的。他们认为，《古兰经》中所提到的饮料全部是葡萄酒（距离麦加最近的葡萄园也有千里之遥，但在禁酒令公布之前，来自叙利亚或其他地方的葡萄酒就远销到这里了）。因此，他们认为椰枣酒是被允许的。但是，如果椰枣酒被允许，那么其他各种酒（包括葡萄酒）也都应如此，只要它不比椰枣酒更加醉人（即酒精度数不高过椰枣酒）。[48]毋庸置疑，这种解释实际上推翻了似乎毫不含糊的禁酒令，因此没有被所有的穆斯林学者接受。它无法回答这样的异议：即使喝酒并没有导致醉酒，也肯定是对虔诚思想的干扰。

长期以来，出现了许多穆斯林接受酒的生产和消费的例子。例如，在16世纪的奥斯曼克里米亚，葡萄酒的生产非常广泛，无论是占人口大多数的基督徒还是占少数的穆斯林，都有拥有葡萄园的。伊斯兰教国家从强加于这些活动的税收中获益匪浅，但为了维持穆斯林和醉人之物无关的假象，他们对基督教生产的葡萄酒征税，还对穆斯林生产的葡萄汁征税。[49]

后来的禁酒运动（如20世纪的俄罗斯和美国）可能会让我们以为，在伊斯兰教社会，最初的禁令遇到了一些抵制。只有最坚决的努力，加上对新信仰的接受，才有可能打破家庭式的私人造酒行为，并带来饮酒习惯的巨大变化。可是，一些穆斯林作家却声称所有人很快就放弃了饮酒："在几个小时的时间里，城市（麦地那）的所有居民都不再饮酒。人类发起的最成功的反对酒精依赖的运动就这样奇迹般地实现了。"[50]

在伊斯兰教诞生几十年后，一位名叫阿布·吉大·亚斯库里（Abu Jilda al-Yaskuri）的诗人写了一首忏悔诗：

> 我曾靠优良的葡萄酒发家致富，
> 我是贵族，是显赫的亚斯库尔（Yaskur）家族的成员之一。

> 那个时代的享乐已经成为过去,
> 我已经用它来换取恒久的敬重。[51]

西班牙的一些穆斯林似乎已经接受了饮酒的可能性,虽然他们的葡萄酒饮用量被认为少于基督徒。[52]穆斯林喝酒的场面会让人联想到希腊的会饮:晚餐后,男性会聚到一起,一边坐在毯子上休息,一边喝用水稀释过的葡萄酒。负责服务的男孩为他们倒上葡萄酒,所有的参与者高谈阔论,吟咏诗歌,还有女性歌手和舞者提供娱乐。在穆斯林统治下的西班牙的犹太人中,类似的场面非常多,由此产生了一种特殊的诗歌题材,专门用来歌颂葡萄酒能够驱逐忧愁、带来欢乐。[53]后期这种题材的诗歌包括莪默·伽亚谟(Omar Khayyam)的《鲁拜集》,这是一首歌颂酒和爱的长诗,其中包括这样的情感:"离开了闪闪发光的佳酿,我无法存活;没有酒,我无法承受身体的负担。"更加切题的是,他以嘲讽的方式暗示非法饮酒(和性关系)是很普遍的:

> 他们说让恋爱中的人和酒鬼都下地狱,
> 这是一个有争议的格言,难以让人接受;
> 如果恋爱中的人和酒鬼都下了地狱,
> 明天,天堂就会空荡荡。[54]

对伊斯兰教禁酒令的遵守肯定常常会打折扣。虽然宣布禁止酒精饮料的生产和消费很容易,但是用来生产酒精饮料的原材料却供应充足。用来酿造啤酒的谷物在制作面包时也需要用到,用来鲜食或制作葡萄干的葡萄也可以被压碎并发酵。虽然鲜食葡萄不是用来酿造葡萄酒的理想选择,但是仍然可以发酵。葡萄成为葡萄干之后,可以酿造出浓度更高的酒。虽然伊斯兰世界有禁酒令,虽然我们无从知道对禁酒政策的抵制有多么广泛,但可以肯定的是,酒精饮料的生产和消费一定在偷偷进行。

在很长一段时间里,伊斯兰教的禁酒令似乎非常成功,但是无论它有多么成功,都代表了对历史上盛行的对于饮酒问题态度的彻底决裂。虽然犹太教和基督教的少数教派也要求禁酒,但是主流的犹太教和基督教不仅对饮酒持宽容的态度,而且还出于营养、健康和宴乐的考虑鼓励人们饮酒。在谴责酗酒和醉酒方面,他们是一致的。同时,他们也都认为人类应该抵制酗酒的诱惑,对于那些意志力过于薄弱的人,他们制定了惩罚。但是,他们并没有考虑过要把这个诱惑从餐桌上移除,就像伊斯兰教的教义成功做到的那样。

为了明确表明基督教不能过度饮酒以至于喝醉,悔罪规则书(基督徒的悔罪指南)将醉酒包括在各种罪过和对上帝的不敬之中。对于这种罪过的惩罚一般比较轻,比如三天不能饮酒或吃肉。这算是很轻的惩罚了,要知道,在大醉一场之后,要想几天不喝葡萄酒和麦芽酒并不难,尤其是当这种大醉像是在一本悔罪规则中所说的那样时:"醉酒会让人头脑发昏,语无伦次,眼神涣散,醉酒者会头晕眼花,胃部胀气,随后还会有疼痛。"虽然悔罪规则书对于普通醉酒相对宽容,但是在有些情况下也会非常严厉。按照惯例,同一本悔罪规则书对于神职人员要比俗众严厉得多,因为对牧师有更高的行为准则。如果对俗人的惩罚是三天不能喝酒或吃面包,对牧师的惩罚会是七天,而到了修士那里是两周,执事是三周,长老需要四周,主教是五周。[55]

一本西班牙语的悔罪规则书做了进一步的区分。喝醉的神职人员要进行 20 天的忏悔,但如果他吐了,他的忏悔时间就要延长到 40 天;如果他把圣餐(圣餐仪式上的面包)吐出来了,罪过就加重了,还要再加上 20 天。在这些情况下,俗人的忏悔时间分别是 10 天、20 天和 40 天。[56]

悔罪规则书中经常会提到醉酒,这未必意味着在中世纪早期醉酒现象十分常见,但是的确表明了教会对这一现象的不满,这无疑是因为醉酒常常和其他被禁止的行为相联系,如非法的性活动和亵渎。从这个角度来看,很容易理解为什么悔罪规则书的作者认为神职人员的醉酒更加严重。这可能也是为什么在同时代关于醉酒的讲述中,神职人员的形象会那么突出。据说,图尔的主教"经常醉得人事不省,要四个人才能把他从酒桌上抬走"。据说,苏瓦松(Soissons)的主教"因为饮酒过度而精神错乱了近四年",以至于每当有王室成员来视察他的城市,都要把他给关起来。图尔的格雷戈里(Gregory of Tours)埋怨道,修士在酒馆里喝酒的时间常常比在祷告室祈祷的时间还要多。[57]或许是因为觉察到神职人员醉酒现象之广泛,847年,主教理事会命令修会里任何一位经常醉酒的修士 40 天不能吃肉,也不能喝啤酒和葡萄酒。为了表明自己的严厉,理事会将啤酒和葡萄酒都禁了,实际上让犯戒的修士在一个多月的时间里除了水之外不能喝其他任何饮料。

这种惩罚是宗教和世俗权威反对过量饮酒的持续战斗的一部分。但值得注意的是,直到 1914 年到 1935 年期间有几个国家的政府尝试禁酒政策,没有一个非伊斯兰教国家采取过全面禁酒的激进措施。基督教把葡萄酒抬高到了一个史无前例的地位,甚至可以这样认为:在这样做的过程中,教会也含蓄地认可了更广泛意义上的饮酒行为。当然,欧洲人在饮酒之前不需要获得教会的祝福,到了公元纪年第二个千年开始的时候,啤酒和葡萄酒成为他们饮食中越来越不可或缺的一部分。

【注释】

［1］ Max Nelson，*The Barbarian's Beverage：A History of Beer in Ancient Europe*（London：Rout-ledge，2005），75.

［2］ Genesis 14:18.

［3］ Ecclesiastes 9:7.

［4］ I Timothy 5:23.

［5］ Luke 10:34.

［6］ Luke 1:15.

［7］ Proverbs 23:20.

［8］ I Timothy 3:8.

［9］ Genesis 9:20—27.

［10］ Devora Steinmetz，"Vineyard，Farm，and Garden：The Drunkenness of Noah in the Context of Primeval History," *Journal of Biblical Literature* 113(1994):194—195.

［11］ Midrash Agadah on Genesis 9:21.

［12］ Genesis 19:32—35.

［13］ Deuteronomy 14:26.

［14］ Leviticus 23:13.

［15］ Psalms 104:15.

［16］ Isaiah 24:7，11.

［17］ Jeremiah 8:13.

［18］ Michael D. Horman，"Did the Ancient Israelites Drink Beer?," *Biblical Archaeological Review*，September—October 2010，23.

［19］ Proverbs 31:6—7.

［20］ Randall Heskett and Joel Butler，*Divine Vintage：Following the Wine Trail from Genesis to the Modern Age*（New York：Palgrave，2012），88—97.

［21］ Saint Augustine，*On Christian Doctrine*，bk.4，chap.21.

［22］ 休·约翰逊（Hugh Johnson）复制了这幅镶嵌画，*The Story of Wine*（London：Mitchell Beazley，1989），58。

［23］ John 2:1—11.

［24］ Nelson，*Barbarian's Beverage*，75—76.

［25］ Ibid.，79.

［26］ Ibid.，87.

［27］ Ibid.，89.

［28］ Edward Gibbon，*The History of the Decline and Fall of the Roman Empire*，ed. David Womersley（London：Penguin，1994），238.

［29］ Tim Unwin，"Continuity in Early Medieval Viticulture：Secular or Ecclesiastical Influences?," in *Viticulture in Geographical Perspective*，ed. Harm de Blij（Miami：Miami Geographical Society，1992），37.

［30］ Ann Hagen，*A Handbook of Anglo-Saxon Food*（Pinner，U.K.：Anglo-Saxon Books，1992），94.

［31］Kathy L.Pearson，"Nutrition and the Early-Medieval Diet，" *Speculum* 72(1997)：15.

［32］Richard W.Unger, *Beer in the Middle Ages and the Renaissance*(Philadelphia：University of Pennsylvania Press，2004)，26. 见第 15—36 页,总体上是关于中世纪早期的。

［33］Nelson, *Barbarian's Beverage*，104.

［34］Eigil, *Life of Sturm*，www.Fordham.edu/halsall/basis/sturm.html(访问于 2012 年 6 月 13 日)。

［35］Marcel Lachiver, *Vins*, *Vignes et Vignerons*：*Histoire du Vignoble Français*（Paris：Fayard，1988），46.

［36］Desmond Seward, *Monks and Wine*(New York：Crown Books, 1979), 25—35.

［37］Lachiver, *Vins*, *Vignes et Vignerons*, 45—46.

［38］Rod Phillips, *A Short History of Wine*(London：Penguin, 2000), 71.

［39］见 Seward, *Monks and Wine*, 25—35。

［40］Kathryn Kueny, *The Rhetoric of Sobriety*：*Wine in Early Islam*(Albany：State University of New York Press, 2001), 1.

［41］Qur'an 5：92.

［42］Kueny, *Rhetoric of Sobriety*, 43.

［43］Nurdeen Deuraseh, "Is Imbibing *Al-Khamr*(Intoxicating Drink) for Medical Purposes Permissible by Islamic Law?," *Arab Law Quarterly* 18(2003)：356—360.

［44］Ibid., 360—364.

［45］*Kitab Al-Ashriba*(*The Book of Drinks*), no.4977, http：//www.usc.edu/org/cmje/religious-texts/hadith/muslim/023-smt.php(访问于 2013 年 4 月 7 日)。

［46］Kueny, *Rhetoric of Sobriety*, 35—36.

［47］Lufti A.Khalil and Fatimi Mayyada al-Nammari, "Two Large Wine Presses at Khirbet Yajuz, Jordan," *Bulletin of the American Schools of Oriental Research* 318(2000)：41—57.

［48］Raymond P. Scheindlin, *Wine*, *Women and Death*：*Medieval Hebrew Poems on the Good Life*(Philadelphia：Jewish Publication Society, 1986), 28—29. 不清楚这一时期酒精含量是怎样衡量的。

［49］Oleksander Halenko, "Wine Production, Marketing and Consumption in the Ottoman Crimea, 1520—1542," *Journal of the Economic and Social History of the Orient* 47(2004)：507—547.

［50］M.B.Badri, *Islam and Alcoholism*(Plainfield, Ind.：American Trust Publications, 1976), 6.

［51］Philip F.Kennedy, *The Wine Song in Classical Arabic Poetry*：*Abu Nuwas and the Literary Tradition*(Oxford：Clarendon Press, 1997), 105.

［52］Thomas A.Glick, *Islamic and Christian Spain in the Early Middle Ages*(Princeton：Princeton University Press, 1979), 80.

［53］Scheindlin, *Wine*, *Women and Death*, 19—25.

［54］Omar Khayyam, *The Ruba'iyat of Omar Khayyam*, trans. Peter Avery and John Heath-Stubbs (London：Allen Lane, 1979), 68.

［55］John T.McNeill and Helena M.Gamer, *Medieval Handbooks of Penance*(New York：Octagon Books, 1965), 230.

［56］Ibid., 286.

［57］Itzhak Hen, *Culture and Religion in Merovingian Gaul*, *AD 481—751*(Leiden：Brill, 1995), 240.

第四章 中世纪(1000—1500年):一个产业的诞生

从大约公元1000年开始,欧洲政治、经济和文化的巨大变革给酒的社会地位和饮酒文化带来了重大的变化。随着东部的民族进入西欧以及罗马帝国解体,欧洲出现了四五个世纪的动荡不安,接着出现了一段相对和平与稳定的时期。两者都促进了经济和贸易的发展。欧洲的人口开始稳步增长,在公元1000年到1300年间,从约4 000万增长到8 000万。在北欧和意大利半岛的北部地区,城市化进程突飞猛进。这些城市(如安特卫普、布鲁日、佛罗伦萨和米兰)成为酒的新市场,并代表着一种新的酒文化。这些城市的商人、专业人士和工匠发明了新的做生意的方式,与酒有关的业务也不例外。这样的社会与经济发展,加上欧洲气候温暖期的到来,刺激了农业的发展,使北方地区的葡萄栽培成为可能,并对酒的饮用模式和酿酒业的组织产生了深刻而持久的影响。这么早提出"酿酒业"这个概念似乎不太合适,但是考虑到麦芽酒和葡萄酒生产与贸易的组织方式所发生的重大变化,这样做似乎是合理的。

在整个中世纪,麦芽酒是由农村地区的家庭酿造的,虽然这些地方可能也有一些商业化的生产。酿造麦芽酒需要时间和设备,将酿酒融入日常的农活中并非易事,尤其在农忙时节,于是就有很多农民通过购买或以物换物的方式获得麦芽酒。此外,一些农村地区的修道院酿造出的麦芽酒绰绰有余,修道士根本就喝不完,大地主们也酿造麦芽酒卖给他们的佃户。

从11世纪起,城市有了新的发展,而这种发展对于小规模的麦芽酒生产不利,却使得商业化酿造更加切实可行。最重要的一个发展就是出现了城市消费者的集中市场。自己种植、生产食物和饮料的城市居民越来越少,零售商也开始聚集在城市中心,如面包师、肉贩、卖生鲜和熟食的商贩。就酿酒业而言,由于大部分城市人口是穷人和工人,他们居住在狭小的房屋里,因此即便他们负担得起酿酒所需的设备和酒桶,也没有地方放置它们。这些城市人口大部分是从农村迁徙来的,他们的身份从麦芽酒的生产者兼消费者完全变成了消费者。

虽然城市和农村的大户人家依然在酿酒,以供给家人和仆人饮用,但是,越来越多的普通民众选择购买商业化酿酒厂生产的麦芽酒。在中世纪,这样的酒厂越来越多,规模也不断扩大。随着对麦芽酒的需求日益增加,这些酿酒厂应运而生。除了单纯的规模经济以外,许多其他因素也促进了酿酒厂的建立、发展和扩散。随着城市管理部门更加积极地对经济生活进行干预,他们也开始干预酿造业的很多方面。这一时期,火灾摧毁了许多城镇,危害很大,许多自治市便要求酿造者用木头生火的方式来替代传统的秸秆和麦茬,因为后者可能会产生危险的火花。为了进一步降低火灾危害,一些城市规定要用石头而不是木头建造酒厂。[1]在荷兰,市政府控制着苦味剂(用于增加麦芽酒苦味和口感的香草)的销售并以高价卖出。批量购买会有优惠,但只有商业化的酒厂才可以享受这个优惠。酿造高质量的麦芽酒还需要大量新鲜干净的水,然而酿酒商同时也在用生产垃圾污染水源,以至于英国一些城市(如伦敦、布里斯托尔和考文垂)禁止酿酒商使用公共饮用水源。[2]很多这样的规定大大增加了酿酒商的成本,使得小规模的家庭式酿酒商在中世纪城市里的生存日益艰难。

还有就是重大而昂贵的技术创新:用来煮沸麦芽汁的陶制容器逐渐被铜壶替代。[3]铜壶加热更有效,并被认为能够酿出更优质的麦芽酒,而且还可以制作成更大的规格。陶制容器的最大容量为 150 升,而到 13 世纪后期,铜壶的容量已经达到 1 000 升,并在 15 世纪达到了 4 000 升。毋庸置疑,这些新的铜壶也需要大量的投资成本,哪怕是容积较小的。随着时间的推移,这和其他因素一起将小规模的城市酿酒者挤出了商业舞台。

在这一趋势中,有的城市走在了前头,完全禁止家庭式的麦芽酒生产,例如乌得勒支早在 1493 年便这样做了,而其他城市逐渐出台了一系列规定,其复杂性扼杀了小规模酿酒厂。有些城市要求酿酒商要有营业执照,例如在汉堡,市政府早在 1381 年就建立了执照制度,这表明酿酒不是一种权利而是一种特权(一种需要明确允许的活动)。到了 15 世纪中期,汉堡(重要的酿酒业中心)实际上已经宣告家庭私人酿酒非法。其他的城市则制定了条例来管理酿酒的整个过程。从 14 世纪早期开始,纽伦堡的城市管理部门对麦芽酒的成分、酿造时间、地点、时长和供应量加以规定。在英格兰、奥地利和纽伦堡的很多地方,麦芽酒的价格被确定下来,先是在当地,后来是整个地区。[4]在英格兰,第一条全国性的规定可以追溯到 1267 年的《面包和麦芽酒法令》。根据这条法令,麦芽酒的价格在城市为每便士 2 加仑,在农村为每便士 3 加仑。如果谷物价格上涨,酒的价格也会随之上涨,但是由于农村地区靠近谷物来源地,商业成本比较低,所以啤酒总是会相对便宜些。即便酿酒商直接关注的往往不是麦芽酒的零售(虽然一些酒馆与啤酒厂有联系),但是销售的时长及其他情况也经常会受到市政府的管理。早在 1189 年,伦敦的酒馆就已经有了营业执照,在 14 世纪早期,对它们的营业时间就已经有了法律规定。

随着城市中心人口变得更加稠密,其组织更加复杂,通过这些不同方式,城市中啤酒生产的组织得以形成。对生产和销售的管理并不仅限于酿酒业,它们反映了在经济和社会很多方面市政调控的扩大和强化。中世纪大部分人口依然生活在农村,在这里,酿酒业往往会更加分散,生产和所有权的集中发展得更加缓慢,并且大一点的酿酒厂在规模上也比不上城市里的酿酒厂。在英格兰西南部的埃克塞特,在 1365—1393 年之间,有 75% 的家庭酿造并销售过麦芽酒至少一次,但只有 29% 的家庭超过十次。[5]满打满算,这些家庭中只有 1/4 可以被称为常规的酿酒商,因为他们平均每年三次制作和销售啤酒,但是对于"常规"这个词的定义来说,一年酿酒三次算是很少的。

向商业化酿酒转型的一个显著影响是女性参与度降低。当酿酒还是一项家务时,往往是由女性来完成的,她们被称为"酿酒娘"或者"酿酒女"。对她们而言,酿酒和烹饪、烘焙以及家务管理一样,是家庭职责中不可分割的一部分。在黑死病爆发前的几十年,在北安普敦郡布里格斯托克(Brigstock)的一个庄园里,超过 300 名妇女为了销售而酿造麦芽酒,占生活在那里的所有女性的 1/3。在 14 世纪早期,在牛津的大约 10 000 名居民中,大约有 115 名酿酒女,而在诺威奇,有 250 名酿酒女为这里的 17 000 名居民酿造麦芽酒。[6]大部分酿酒女已婚,很多只是偶尔酿酒,而并非把酿酒当作一项全职的工作。虽然大部分酿酒女酿造的产量有限,但她们中还是有一些以一种更加商业化的方式在做。在 1301—1302 年间,约克郡赫尔(Hull)的莫德·埃利亚斯(Maud Elias)将 100 加仑的麦芽酒卖给了国王爱德华一世。

虽然酿酒女生产的酒已经很多了,但是和商业化生产相比显得相形见绌,后者动辄以几万加仑计算。这样规模的酿造是由男性所主导的。随着酿酒厂数量增加,规模扩大,女性的参与度也相应降低。1311 年,牛津有 137 名酿酒女,但是这个数量不断下跌，到了 1348 年黑死病刚刚爆发时，只剩下 83 人。[7] 14 世纪 40 年代后期黑死病爆发之前，在整个英格兰，几乎所有的商业化酿酒都是由酿酒女来完成的，但是到了 16 世纪末，几乎没有一位女性还在从事这个，即便参与其中，大部分也是妻承夫业，因为如果丈夫去世，允许遗孀以其过世丈夫的名义继续从事这一职业。

黑死病似乎标志着英格兰麦芽酒生产和消费的一个突然转变。在最可怕的瘟疫过去之后，不仅参与生产的女性更少了，而且也有证据显示麦芽酒的饮用量上升了。更多的人开始喝更多的麦芽酒[8]，以至于瘟疫导致的人口减少并没有影响麦芽酒的需求。活跃的市场，再加上技术和商业的变革（以及后来啤酒花的使用），使得酿酒业的盈利越来越丰厚，而这也吸引了那些不想以小规模的生产赚取小利润的有钱人。他们对于城市商业、投资方法和销售系统更加熟悉。虽然没有法律将女性排除在外（但是英国的酿酒商行会拒绝赋予妇女以成员所拥有的一些特权），可是随着男性不断垄断酿酒业及其机构，女性逐渐被排挤出去。

朱迪思·本内特（Judith Bennett）是这一方面最权威的历史学家，她认为妇女之所以会几乎完全退出酿酒业，是各种形式的厌女文化的结果。[9] 也许其中最显著的是将酿酒女和麦芽酒联系在一起，而将男性酿酒者和啤酒联系在一起，前者是用苦味剂增加口感的传统饮料，而后者是用啤酒花制作的新式饮料（后文会有解释）。虽然麦芽酒仍然在生产（虽然啤酒和麦芽酒两个词之间有很强的流动性），但是在这一过渡时期，麦芽酒已经被认为是一种正在被淘汰的饮料。此外，女性酿酒者不诚实、不卫生、不道德的新形象开始出现。简而言之，在 15—16 世纪开始兴起一种男性商业化酿酒的新文化和新经济。16 世纪时，这一转变有了制度上的表现：各个机构纷纷开始全面禁止女性参与酿酒业，无论是以生产者的身份还是零售商的身份，女性都不能参与。结果是，无论是周围的文化压力还是明确的法律条文，都将女性挡在了新式的啤酒酿造业的大门之外。她们不能再将酿酒作为一种挣钱和提升社会地位的方式，但是她们仍然涉足一些别的行业，虽然这些行业在中世纪后期的经济中没有很高的声望。正如我们后面会提到的那样，从 16 世纪开始，曾出现了一段小规模蒸馏的时期，女性在其中的确占有一席之地。

为了在当地销售的啤酒的城市化生产是一方面，在这一时期也见证了大规模啤酒贸易的兴起，而这是整个成熟产业的另外一个方面。在中世纪的这个阶段之前，由于啤酒只能保质几天，最多是几周，这么短的保质期使其无法运输到远方的市场并以优良的品质出售，所以无论是在城市还是农村，啤酒（不同于葡萄酒）通常只能在当地市场出售。在相对比较近的地方,如英格兰和佛兰德斯之间,会有一些麦芽酒的贸易,但是规模并不大。随着啤酒花(从9世纪开始,一些修道院里偶尔用于制作啤酒的植物)替代了苦味剂,情况发生了变化。啤酒花是一种防腐剂,可以杀死某些细菌,延长啤酒的保质期,这使更长时间、更远距离的运输成为可能。在使用啤酒花之前,有时候要用高浓度的酒精来灭菌,所以啤酒花的引进意味着可以生产低度数的啤酒。和没有啤酒花的啤酒相比,用啤酒花酿造的啤酒没有那么甜,所以啤酒花的引进带来了啤酒风格和口感的变化,在有些市场上,这一变化比其他地方更受欢迎。

　　大约从1200年起,在德国北部,啤酒花开始被用于日常酿造,像汉堡这样的港口城市很快就成为繁荣的啤酒出口贸易中心。由于水运的成本要比陆运低很多,港口便主导了啤酒贸易(和其他贸易)。中世纪的道路很简陋,当运货的木轮车经过崎岖不平的地方时,啤酒很容易从酒桶中漏出来。此外,陆路运输的成本,加上在通过国境和地区边界时对货物所征收的税,大大提高了商品的价格,以至于这些啤酒到了目的地市场之后已经失去了竞争力。据估计,每100公里的陆路运输会使啤酒价格在原价格的基础上增加25%—70%。[10]沿海运输是一种更安全、更经济的交通方式,在13—14世纪期间,像不来梅、汉堡和维斯马(Wismar)这些德国的波罗的海港口与低地国家之间建立了利润丰厚的啤酒贸易。即使是更短距离的运输,水运仍占有价格上的优势。1308—1309年,葡萄酒从布里斯托尔运输到考文垂和利奇菲尔德的主教位于利奇菲尔德的处所,便利用了塞文河的水运和一条陆上路线。在水运这一部分,每桶酒每英里的花费是0.4便士,而陆运部分每英里则要花费2.5便士,是水运的六倍多。[11]

　　汉堡控制了欧洲北部沿海地区的啤酒出口贸易,这使得"汉堡啤酒"成为德国北部啤酒的通用名称。阿姆斯特丹从14世纪早期开始对汉堡啤酒增收进口税,但是这并没有降低啤酒的需求。到了14世纪60年代,平均每年的运输量超过500万升,约占汉堡啤酒总产量的1/5。[12]也是从这一时期开始,德国酿酒商开始在整个波罗的海地区扩大出口,并且进军斯堪的纳维亚。在所有这些出口市场,德国人都很成功,这并不是因为当地没有啤酒,而是因为当地的酿酒商技术不够先进。在此意义上,只要德国北部的酿酒商掌握了酿造技术上的优势,他们便能继续主导北欧的市场。到了15世纪末,这个差距显著缩小,尤其是在低地国家市场中。

　　和啤酒一样,在中世纪后期,葡萄酒的生产和流通模式也得到了发展。虽然关于这一时期葡萄酒产量的有用数据很少,但随着市场(特别是在北欧不断扩张的市场)的扩大,葡萄酒的生产显然也急剧增加。1000—1200 年,葡萄种植规模骤然扩大,这很大程度上是受到了人口增长的刺激,还有温暖的气候条件使更多的地区可以种植葡萄。法国的地主砍伐了森林、放干了湿地来种植葡萄,并且将不肥沃的耕地变成了葡萄种植园。在德国的莱茵兰、斯瓦比亚、弗兰克尼亚和图林根,葡萄种植业繁荣兴盛。到了 14 世纪早期,葡萄种植区域东达匈牙利的最远边界,包括之后生产出标志性甜葡萄酒的托卡伊地区(Tokay)。在英格兰,1086 年的农业普查书《末日审判书》仅仅列举了 42 个葡萄种植园,但是两个世纪之后,葡萄园的数量已经超过了 1 300 个。在有些地区,如意大利半岛北部,葡萄园增多,为附近迅速发展的城市如威尼斯、米兰、佛罗伦萨和热那亚供应葡萄酒。同样,巴黎的人口增长刺激了塞纳河、马恩河和约讷河沿岸地区的葡萄种植业。同时,那些附近没有充足的葡萄酒资源的扩大中的城市,如英国的伦敦,低地国家的根特、布鲁日和布鲁塞尔,以及波罗的海沿海城市,刺激了其葡萄酒进口地区葡萄种植区域的增长,尤其是德国的莱茵河谷和法国的西南部。

中世纪的欧洲建立了几条主要的葡萄酒贸易路线。其中一条以今天的波尔多为中心,这在很大程度上要归功于阿基坦(波尔多地区)的埃莉诺(Eleanor)和诺曼底公爵亨利(后来英格兰的亨利二世)之间的联姻,这次联姻加强了阿基坦与英格兰之间的联系。随着英格兰和阿基坦有了共同的统治者,葡萄酒开始从法国西南部运往相对富有的英国商贸城市的商人那里。到了 13 世纪,加斯科涅的葡萄酒已经占领了英国的市场,其中大部分来自今天波尔多的葡萄园的西南部。这些是浅龄酒,即今天所谓的"新酒",因为发酵完成后不久就被运走,距离葡萄收获只有几周的时间。每年 10 月,数百只船从波尔多起航,经过最少一周的航行就可以到达英格兰。小型船队会从南特和拉罗谢尔出发,带着法国西北部卢瓦尔河谷生产的葡萄酒。在葡萄酒不稳定、保质期不到一年的时候,这种新酒深受欢迎,能卖个好价钱。在天气允许的情况下,次年春天还可以继续运输,但是时间长一点的葡萄酒(虽然只有 6—8 个月)会被认为品质低劣,卖不到好价钱。这样的葡萄酒大部分是红色的(因为其浅红色,被称为"克拉雷"干红①),但有些是白色的。1460 年苏格兰的财政记录上有这样的记载:"五桶加斯科涅葡萄酒,其中一桶白色,四桶红色。"[13]

---

① "克雷拉"干红,原文为"claret",在英语中专指来自波尔多的颜色较淡的葡萄酒,该词似没有固定中文译法,故采取音译。——译者注

　　到了夏末,随着法国生产的葡萄酒开始越来越少,或者质量开始下降,或者两者皆有,地中海地区的葡萄酒开始抵达英国,它们来自塞浦路斯岛、科孚岛、希腊和意大利半岛。这些酒比法国葡萄酒更甜,度数更高,能够保存更长时间,经得起漫长的夏季旅程,横穿地中海,经直布罗陀海峡,直达英国的大西洋沿岸和北欧。这是一场让人筋疲力尽的航行,耗时长达三个月。有时是用帆船,有时是划桨船,商人们偶尔要亲自划桨。但是这一切努力都是值得的。这种带着香味的地中海葡萄酒批发价是加斯科涅葡萄酒的两倍,并且由于伦敦仅仅有三家酒馆被授权进行零售,更是刺激了其需求。

　　有限的地中海葡萄酒贸易服务的是英国的少数富人,但波尔多的出口量是巨大的,尤其是在14世纪早期。在1305年、1306年和1308年这三年中,平均每年出口98 000桶,合计超过9亿升。英国国王是常客,而且大部分都是忠诚的客户。仅在1243年,亨利三世就买了1 445桶加斯科涅葡萄酒,大约相当于140万升。当然,酒的生产总是受制于天气,这一年的产量只有前几年的一半左右。出口也会受到政治事件的影响。1324年英法之间爆发战争,14世纪30年代又爆发了百年战争,这些都使得出口贸易急剧下降。

　　波尔多的葡萄酒也出口到了北欧的其他重要城市以及波罗的海城市。这些人口中心还通过沿着莱茵河到北海的贸易路线获得葡萄酒。这条贸易路线还为德国北部、低地国家、英国、斯堪的纳维亚和波罗的海地区服务。在东欧,波兰城市克拉科夫曾是皇家首都和富商精英所在地,不仅成为葡萄酒的良好市场,还是一个理想的转运点。来自地中海很多地方的葡萄酒经常由意大利商人运输到这里,再转运到东欧、俄国和波罗的海附近的其他市场。[14]

　　和15世纪北欧出现的长距离啤酒贸易一样,葡萄酒贸易也是欧洲酒业发展的一个重要方面。随着葡萄酒商行会开始在很多城市占据重要地位,形成了各种制度和业务规则。早在13世纪的前几十年,超过1/3的伦敦市议员是葡萄酒商,1215年代表整个城市在《大宪章》上签字的市长也是葡萄酒商。在整个欧洲,君主、公侯和市政府等都对葡萄酒征税,要么是货币税,要么是实物税。英国的葡萄酒运输商不得不缴纳“输入酒税”,即国王有权从超过21桶载货量的货船中拿出两桶葡萄酒,从少于21箱载货量的货船中拿出一桶葡萄酒。巴黎市政府要求对通过其城门的葡萄酒征税,而克拉科夫市政府对本市商人销售的所有葡萄酒征税。[15]这样获得的收入是其受益者很不愿意放弃的。在14世纪40年代,以“输入酒税”的形式,英国国王获得了200多桶葡萄酒(相当于18万升)。同一时期,在佛兰德斯的布鲁日,88%的城市收入来自葡萄酒和啤酒的税收。[16]在1566—1648年间荷兰反抗西班牙的战争中,最大的一个资金来源是啤酒税,以至于有人主张"是啤酒创造了比利时"[17]。

即使假定葡萄酒商人经常可以成功逃避葡萄酒税,从公元1000年起,随着欧洲人口的增长以及其中富人饮酒者数量的上升,这项收入肯定稳步增长。更多的土地被用来种植葡萄,为了满足市场需求,葡萄酒的产量肯定也在稳步增加。教会和世俗地主对葡萄园的拥有权可能在很大程度上延续了下来,但是很多修道院所生产的葡萄酒只能满足自己的需求。不同的修会需求也会不同,但是饮用量可能很大。在勃艮第的克吕尼修道院,被称为"小餐"(mixtum)的早餐由面包和一杯葡萄酒组成。正餐(包括忏悔时的膳食)包括半品脱未加稀释的葡萄酒。每逢节日,会提供皮戈孟图(pigmentum),这是一种用蜂蜜、胡椒和肉桂皮来调味的温葡萄酒。[18]

如果很多修道院仅仅为自己饮用而生产葡萄酒,那么葡萄酒产量的整体增长肯定是私人葡萄酒庄的巨大贡献。然而,和中世纪早期一样,这一时期的很多世俗葡萄园主将葡萄园赠送给了教会,期望以此获得有形或无形的好处(参见图8)。从12世纪开始,十字军东征给修道院带来了很大的好处,因为很多骑士把土地捐赠给教会,这样万一他们死在异国他乡,可以有人为他们的灵魂祈祷。12世纪时,西多会是一个重要的修会,每一家修道院都收到过至少一个葡萄园。例如1157年,一个寡妇和她的六个儿子捐给西多会一家修道院4英亩的葡萄园,让修道士为她死去的丈夫、孩子们死去的父亲祷告。[19]

西多会的创始修道院位于勃艮第的西多(Cîteaux),它收到了几十个这样的捐赠,这意味着到了14世纪中期,这个修会已经累积了数百公顷的葡萄园,今天这一地区有些市镇依然享有盛名,如博讷(Beaune)、波马尔(Pommard)、沃奥村(Vosne)、努依(Nuits)和哥尔顿(Corton)。到了1336年,西多会在武若(Vougeot)拥有了50公顷葡萄园,是当时勃艮第面积最大的一个葡萄园。西多会修士对于葡萄园和酒窖工作的要求非常高,闻名遐迩,他们不仅获得了土地,还拥有声望和特权。1171年,教皇亚历山大三世免除了他们葡萄园的什一税,后来还威胁说谁敢对此提出质疑,就革除其教籍。由此可见,其他的葡萄酒生产者可能对西多会受到的特殊待遇表达了不满。同一年,勃艮第公爵免除了西多会修士的一切税赋,而在通常情况下,其产品的运输和销售都是要交税的。[20]

这种鼓励措施让西多会迅速扩张,修会在建立之后的50年里,已经成为一个拥有 400 家修道院的帝国。修士在修道院所在地种植葡萄园,虽然生产的很多葡萄酒只供应他们自己的圣餐仪式和饮用,但是有的修道院和创始西多的修道院一样,成了重要的商业化生产者。另外一个是莱茵地区的埃伯巴赫修道院(Kloster Eberbach),这家修道院是来自勃艮第的修士建立的,他们发现莱茵河谷的气候特别适宜白葡萄酒的生产。到了 1500 年,它已经拥有近 700 公顷葡萄园,是欧洲面积最大的酒庄。富有创业精神的修士们还拥有一支船队,把葡萄酒沿着莱茵河运到科隆。

像埃伯巴赫修道院这样进行大规模葡萄酒生产的行为很少见,但是它们反映了一种大趋势,即从公元 1000 年开始,葡萄酒的产量增加了。即便如此,这种增加并不稳定。从 1350 年到 1400 年,黑死病夺去了欧洲 1/3 的人口,葡萄酒的产量下降。见证了两三个世纪的人口增长之后,大城市的人口在几年的时间里经历了急剧的衰退,其居民或者丧生,或者逃亡。随着人口下降,葡萄酒市场也开始萎缩。在葡萄园里,熟练工人短缺。在瘟疫打击最严重的地区,很多葡萄园被遗弃。

到了中世纪,葡萄酒和啤酒是欧洲饮食的重要组成部分,但是也有其他的酒精饮料。在很多地区,蜂蜜酒也被少量饮用。在适宜种植苹果的地方,如诺曼底和布列塔尼,苹果酒也很受欢迎。诺曼人被认为早在 11 世纪就将苹果酒引入了英格兰,并在西南部建立了产业。从 13 世纪开始,通过蒸馏发酵饮料制作度数更高的酒精饮料的技术开始传播到欧洲各地。但是直到 16 世纪(详见第六章),在很大程度上,蒸馏技术(常用于从葡萄酒中提取白兰地)的使用仍然几乎仅限于修道院,而蒸馏酒也几乎仅限于医疗用途。

尽管啤酒与麦芽酒在当时供应充足,但肯定有很多穷人两者都买不起,他们只能喝水,而其中很多已被污染,饮用安全难以得到保证。这一情况(加上食物匮乏和不健康的饮食,以及糟糕的生活条件)肯定降低了这一时期人们的预期寿命。在黑死病流行期间,有这样一条指控,说犹太人在井水里下毒从而导致了这场致命瘟疫的爆发,这充分表明了饮水的影响。[21] 在德国和法国的部分地区,为了消除所谓的这些问题的根源,犹太人惨遭杀害。这些事件不仅表明中世纪欧洲反犹主义之恶劣,也表明了人们对水的一贯怀疑和对水的饮用情况。我们注意到,犹太人并未被指控在成桶的啤酒与葡萄酒里下毒。

在很大程度上,对于那些无家可归者、流浪汉甚至是有固定工作的穷人的饮食,我们不得而知,但是对于他们之上的社会阶层,偶尔可以找到零散的证据。在比利牛斯山脚下的蒙塔尤村,葡萄酒是农民日常饮食的一部分。这里的 250 名村民支撑着一位葡萄酒商,他挨家串户销售葡萄酒,而这些酒是他用骡子从塔拉斯孔

(Tarascon)和帕米耶(Pamiers)运来的。但是牧羊人只喝酸葡萄酒,每天喝一点奶,好的葡萄酒是留着过节时才喝的。[22]在更为遥远的东部与北部地区,在生产葡萄酒的洛林,家庭的葡萄酒消费可以像洛林公爵府那样奢侈,也可以像自给自足的农户家那样节俭。在15世纪末,公爵府一个月要喝掉7 000升葡萄酒,相当于每天大约300标准瓶,但我们并不知道到底有多少人饮用,也不知道这些酒是如何分配的。当这位公爵旅行时,他每天给每位随从2—3升酒。公爵的厨房也用酒来烹饪食物,仅1481年一年,就有468升酒被标记为"烹饪公爵的鱼专用"[23]。

英格兰与苏格兰的王室也推动了对葡萄酒的需求,特别是来自加斯科涅地区的葡萄酒。1243年,英格兰的亨利三世花了2 300多英镑,买了1 445桶葡萄酒,合30多万加仑。其中有些质量较差,但超过2/3都是高质量的,每桶的价格超过2英镑。在1251年亨利的女儿玛格利特和苏格兰的亚历山大三世结婚时,参加婚礼的宾客喝掉了25 000加仑葡萄酒。婚宴上一共吃掉了1 300头鹿、7 000只鸡、170头猪、6 000条鲱鱼和68 500条面包。[24]有一年,亚历山大三世不得不将贝里克港口一年的税收抵押给一位波尔多酒商,以此来偿还购买10万多升葡萄酒欠下的2 197英镑债务。[25]

中世纪的贵族也对酒类贸易做出了不小的贡献。诺森伯兰伯爵府一年能消耗27 500加仑麦芽酒和1 600加仑葡萄酒,虽然我们尚不能知晓伯爵府的人数。布吕讷的爱丽丝(Alice de Bryene)女爵士家族自家酿酒以供应自己的需求,在1419年喝掉了262加仑红葡萄酒和105加仑白葡萄酒。在神职人员方面,为了庆祝1464年约克大主教就职,人们喝掉了100桶葡萄酒。[26]

在社会更下层,人们把酒作为礼物,还作为工资和养老金的一部分。1499年,南锡的修女护士收到了1 874升红葡萄酒。1502年,方济各修道士收到了2 342升红葡萄酒"帮助他们生活"。洛林公爵将葡萄酒作为年金的一部分发放给府里的勤杂人员,包括男仆、驯鹰者、小号手和助产士。与此同时,包括石匠、木匠和车匠在内的各种工匠都会收到葡萄酒、啤酒和其他食品,作为他们薪酬的一部分。在其他地方,工人们在建造福雷地区邦留(Bonlieu-en-Forez)教堂的钟楼时,收到了鸡蛋、肉、黑麦面包、豆汤和"大量的葡萄酒"[27]。啤酒也是这样,在欧洲的许多地方,它被作为工资的一部分:水手们出海时,啤酒是他们日常卡路里的重要来源。[28]

麦芽酒通常是中世纪英格兰收割工人饮食的一部分,而且似乎随着时间的推移,他们收到的麦芽酒越来越多。1256—1326年,麦芽酒只占诺福克收割工人食物量的不到20%,但是到1341—1424年,这个比例从来没有少于20%,甚至高达

41%。如果按照人均计算,实际提供给收获者的麦芽酒量至少翻一番,从 1256 年的 2.83 品脱(1.61 升)增长到 1424 年的 6.36 品脱(3.61 升)。[29]和今天不同的是,工作与饮酒之间并不矛盾,因为大多数工人在一天中会定时饮酒,以补充水分。

同样,给值勤或战斗中的士兵供应酒似乎也没有问题。在描述 1066 年诺曼人征服英格兰的贝叶挂毯上,诺曼军队带来的军事装备和其他补给中,有一辆装着一桶葡萄酒的四轮马车,上面用拉丁语写着"马车和葡萄酒"。我们或许会认为这些葡萄酒肯定是供威廉公爵饮用的,或者更加具有嘲讽意味的是,它是用来鼓舞斗志的(就像第一次世界大战时英国军队中的朗姆酒一样)。我们还知道,在这一时期,法国和其他国家的军队都向士兵定期发放酒(葡萄酒和麦芽酒)。1406 年时,负责守卫屈斯蒂讷城堡(Château de Custines)的六个士兵每天都得到 2 升葡萄酒,对于主要工作是要高度警惕侵入者的人来说,这么多的酒也许会被认为是不合适的。1316 年时,英格兰的爱德华二世在其军队在苏格兰作战时,为他们订购了 4 000 桶葡萄酒。在 1327 年法国的一份作战计划中,要求给普通士兵每天提供大约 1/10 加仑的葡萄酒。[30]在军队行军和战斗过程中,如果水源被污染,就像在围攻时经常会发生的那样,酒会更加有用。在 1216 年围攻多佛城堡的 40 天里,1 000 名士兵喝掉了 600 加仑葡萄酒和超过 20 000 加仑的麦芽酒。[31]在水中加葡萄酒(另一种稀释酒的方法)是士兵用来杀死有害细菌、防止疾病的一种手段。例如,据说携带伤寒病毒的微生物被酒精浸泡后会死亡。[32]

在 1000—1500 年之间的整个欧洲,像这样饮用酒的例子俯拾皆是。这只能是印象式的,因为例子在时间和空间上过于分散,我们无法了解其格局和趋势。尽管如此,我们仍然可以认为上层社会和政治阶层的饮酒量要多于下层,男性要多于女性。有很多证据可以表明男性对于女性饮酒行为的焦虑,虽然这并不一定意味着女性喝酒确实比男性少,但我们可以这样合理假设:平均而言,女性确实喝得更少。

中世纪麦芽酒和葡萄酒的一般饮用量依然无法确定,尽管像在英格兰这样的地区,由于葡萄酒的价格和酒精含量都高于麦芽酒,所以麦芽酒的绝对饮用量一定多于葡萄酒。在 14 世纪的英格兰,麦芽酒的价格在城市为 1 便士 2 加仑,在农村是 1 便士 3 加仑。加斯科涅或西班牙葡萄酒的价格约为 6 便士 1 加仑,这使葡萄酒每单位容积的价格是麦芽酒的 12—24 倍[33],虽然就每种饮料所提供的纯酒精量而言,葡萄酒的价格只有啤酒的大约 4—8 倍。据估计,从 14 世纪末至 15 世纪末,北欧每年人均饮酒量约为 177—310 升,相当于每天 1/2 升到 2/3 升,并不过分。但作者的结论反映了这些数据的不确定性:"中世纪普通英国人每天饮用 4—5 升的估计是合理的,但也许太高了。更加合理、更加可能的估计是每人每天约 1.1 升。"他接着指出,富有农村家庭成员可能一天只饮用半升麦芽酒,而贵族家庭成员的饮酒量在 1.5—2 升之间。[34]

至于葡萄酒,根据一份对法国人均饮酒数据的汇编,其范围是从每年 183 升到 781 升,或者是从每天半升到 2 升多一点。最低值代表的是 14 世纪初修道士的饮酒量(每逢节日可以增加 1 升),最高值显示的是在屈斯蒂讷城堡站岗的六位士兵的量,虽然他们应该保持高度清醒和警惕,却依然收到了如此多的葡萄酒。在这份统计汇编的最高值和最低值之间,我们发现教皇学校的学生每年 220 升(相当于每天半升),韦尔尼内(Vernines)的女仆每年 365 升(相当于每天 1 升)。[35]很显然,在中世纪欧洲,并没有一般人均麦芽酒或葡萄酒饮用量这回事。即使个别情况下数据是正确的,但酒的饮用量变化幅度很大,并且似乎与性别、阶级、职业或背景并没有明显的相关性。虽然得出如此含糊的结论不免让人失望,即中世纪很多人喝很多酒,并且人均饮用量几乎肯定比今天高很多,但这也许是我们所能做的最好的了。[36]

中世纪人们的每日饮酒量可能是很大的,大多数为 1 升麦芽酒和/或相当于一两瓶的葡萄酒。但是饮酒量有时远低于用来补充水分的量,尤其是考虑到中世纪许多人做的是日出而作、日落而息的重体力劳动。这一发现也提出了一个问题,即他们从哪里可以获得额外的水?粥和汤肯定是他们摄取水分的重要来源,但是我们必须想到,对于相当多的欧洲人来说,在这一时期,他们喝水可能是因为除了酒之外,没有别的饮料。虽然他们担心水的安全性,但穷人别无选择。在英格兰,啤酒和麦芽酒的价格是由法律确定的。根据 1283 年的规定,作为两个成年人每日的合理饮用量,4 升麦芽酒会花费一个工匠每日工资的 1/3,普通劳动者每日工资的 2/3。女性的工资约为男性的 2/3,因此购买麦芽酒或啤酒的可能性要相应小许多。这是另一个我们需要仔细区分的情况,一方面是警告莫要喝水的社会风气,另一方面是反映了物质条件的做法。迫于这种物质条件,人们肯定别无选择。

上层阶级喝的酒可能更多,但他们喝的酒品质会更好吗?中世纪所形成的风尚之一便是鉴赏力,这意味着某些产品开始因其品质认知度获得某种程度上的文化声望。对于酒来说,这并不完全是新事物。正如前文所述,希腊和罗马的作家已经列出了他们认为卓尔不群的葡萄酒的名单。我们可能会认为,相对于啤酒,葡萄酒更早地产生了这种分化:直到中世纪后期,可供人们选择的啤酒种类有限,因为啤酒没有被长距离运输,当地人喝的都是当地酿造的。即使这样,人们依然会有所偏爱,尤其是在众多酿酒商互相竞争的大城市里。但长距离啤酒贸易的发展为许多市场带去了新的产品,正如我们所看到的,同低地国家和斯堪的纳维亚的部分地区出产的当地啤酒相比,从汉堡进口的啤酒更受欢迎。

伦敦、安特卫普和巴黎等主要市场上较富裕的葡萄酒饮用者更为幸运,因为他们可以在欧洲和地中海地区很多地方生产的葡萄酒中定期选购。在中世纪,葡萄酒的鉴赏似乎有了更加系统的评判标准。对于他们大量饮用的波尔多葡萄酒的品质和浅淡的色泽,英国消费者打了很高的分数。因为其色泽,他们称其为“克拉雷”干红,直到 20 世纪末,这个名字一直被用来指代波尔多生产的红色葡萄酒。在意大利,更加富有的葡萄酒饮用者会区分由普通葡萄酿的酒(他们称之为“拉丁葡萄酒”)和用新品种葡萄酿的酒[如用托斯卡纳圣吉米亚诺周围地区的维奈西卡(Vernaccia)葡萄酿造的白葡萄酒],以及来自欧洲其他地方的葡萄酒,来区别葡萄酒之间的质量。13 世纪末的诗人切克·安杰奥列里(Cecco Angiolieri)这样说:“我只想要希腊和维奈西卡葡萄酒,因为拉丁葡萄酒比唠叨不休的女人还要令人讨厌。”[37]

在法国,有一个由假想的“葡萄酒之战”得出的欧洲葡萄酒排名,这个排名是13—14 世纪两首诗的主题。两首诗都讲述了法国国王菲利普·奥古斯都(Philip Augustus)组织的一场品酒会,它本质上是今天的葡萄酒比赛的先驱。仿佛是为了强调葡萄酒与教会之间的联系,据说这位国王任命了一位英国牧师来评判葡萄酒。这位牧师穿上圣衣来品尝葡萄酒,这样他就能将任何他认为不可接受的葡萄酒“革除教籍”。被评判为最好的葡萄酒不是像今天一样被授予奖牌,而是会获得教皇和贵族之类的教会和世俗头衔。[38]

在比较早的那首诗中,葡萄酒主要是白色的,主要是法国的(特别是法国北部,那里的白葡萄酒比红葡萄酒更常见,过去如此,今天依然如此),尽管欧洲的其他地区和地中海地区也有一些有代表性的葡萄酒。在提到名称的 70 款葡萄酒中,只有两种来自波尔多地区,六种来自安茹和普瓦图地区,两种来自勃艮第,四种来自朗格多克。少数来自法国之外的葡萄酒产自阿尔萨斯、摩泽尔和西班牙,还有一种来自塞浦路斯,而被牧师评为最佳葡萄酒的就是它。诗中是这样说的:

> 国王对评价高的葡萄酒加以表彰,
>
> 每一种都获得了一个头衔,
>
> 他封塞浦路斯的葡萄酒为教皇,

因为它像星星一样在天上闪亮。[39]

一共有 20 种酒因其质量而获得殊荣。亚军被封为红衣主教，而其他的则被封为国王、伯爵和其他贵族。有八种葡萄酒被"革除教籍"，它们都来自法国北部。

随着葡萄酒与其产地之间的联系越来越密切，这方面有了更加严格的规定。有些规定是为了在生产环节控制质量，如勃艮第地区对葡萄树的修剪、护理和葡萄收获都做了规定。由城市代表和葡萄种植者组成的委员会还规定了勃艮第地区可以开始收获葡萄的日期，即开采日（ban de vendange），这项措施确保了葡萄成熟后才被采摘，也阻止了葡萄园主进入葡萄园偷窃不属于自己家的葡萄。其他的规定试图禁止批发商和零售商掺假。劣质的葡萄酒有时和优良的葡萄酒掺合在一起，来自多个产地的酒被混在一起，作为来自高价葡萄酒产地的葡萄酒出售。在《坎特伯雷故事集》中，杰弗雷·乔叟借赎罪券推销人之口提醒人们注意伦敦的造假葡萄酒：

> 听我说，远离葡萄酒，
>
> 无论是白的还是红的，
>
> 尤其是他们在费什街（Fish Street）和齐普赛街（Cheapside Street）卖的西班牙葡萄酒。
>
> 这种葡萄酒莫名其妙地和附近地区生产的葡萄酒混到了一起，
>
> 或者我们可以说这是自然发生的？[40]

乔叟很清楚他在说什么：他的家族已经有几代人从事葡萄酒和酒馆生意，而他就是在酒窖之上长大的。

除了造假酒，消费者还必须小心不要买"纠正"过的酒，即给已经变质的葡萄酒加上添加剂来遮掩变质后的气味和口感。由于葡萄酒被装在桶里，需要取出来出售，肯定会暴露在越来越多的空气中，因此葡萄酒肯定会经常被氧化。此外，中世纪时酒桶的卫生状态肯定意味着许多酒桶内会有酒香酵母，这种酵母会让葡萄酒产生一种很难闻的气味，今天被描述为"熏肉味""耗子味"，甚至"腐尸味"。由于带有令人厌恶的气味和味道的葡萄酒是相当普遍的，加上这一时期周围环境中也有很多难闻的气味，所以有许多建议如何"纠正"葡萄酒的书。在中世纪和近代早期，这种建议的出现频率很高，这表明没有几个人愿意扔掉变质的葡萄酒，而是想方设法使其重新变得美味可口。或许富人和味觉敏感的人会将其处理掉，如诺森伯兰伯爵让人将变质的葡萄酒做成了醋，但大多数人可能会在真正意义上最充分地利用它。

在 14 世纪后期广为流传的《巴黎持家大全》(Le Ménagier de Paris)可能出自为贝里公爵服务的一位骑士之手,旨在为一位年轻的妻子提供各种有用的建议,涵盖的主题包括服从丈夫、雇用仆人、训练狗和处理猎鹰身上的虱子。它还介绍了处理变质葡萄酒的几种方法:对于已经变酸的葡萄酒,可以加入一篮子新鲜葡萄,就可以再次饮用了;对于味道难闻的葡萄酒,可以加入接骨木和小豆蔻粉来改善;对于浑浊的葡萄酒,可以放入袋装的先煮后炸的蛋白,就能将其澄清;白葡萄酒中的颜色可以通过添加冬青叶来去除;苦味的葡萄酒可以通过添加煮过的热玉米来缓和,如果这一招不好使,可以加一篮从塞纳河取回的洗干净的沙。[41]这些方法有些可能有效,例如蛋白(生的,而不是烹饪过的)有时依然被用来澄清葡萄酒。至于其他的,其效果纯属猜测。

虽然个人或许会利用这些方法"纠正"他们的葡萄酒,但是零售商和批发商被禁止这样做。事实上,他们不能以任何形式对葡萄酒动手脚。在伦敦,酒馆的酒窖必须对顾客开放,让他们看到取酒的过程,尽管一些酒馆的老板把窗帘拉起来,以掩盖其非法活动。被用来"改善"葡萄酒气味和味道的添加剂包括沥青、蜡、树胶和月桂粉,而染匠油桐(一种紫色染料)被用来加深颜色。1306 年法兰克福的一条法规禁止添加蒸馏酒精,1371 年维尔茨堡的一条法律禁止在葡萄酒中加入烈性酒、明矾、玻璃粉、白垩粉和含铁废渣。[42]伦敦一位名叫约翰·彭罗斯(John Penrose)的酒馆老板被发现一些酒有掺假后,受到的惩罚是要喝掉一些掺假的葡萄酒,把剩下的扔掉,并在五年内不准销售葡萄酒。[43]1456 年,一位伦巴第葡萄酒商人被发现向甜葡萄酒中添加了物质,伦敦市长命令将他的 150 桶酒倒在街上。根据一份稍微有点模糊的记述,葡萄酒在街道上流淌,"在所有人看来,像雨水一样流淌,散发出令人作呕的气味"[44]。

麦芽酒和啤酒的质量也得到了管理。在 11 世纪的英国,有专门任命的"麦芽酒品鉴官"(ale-conners,字面上的意思是"了解麦芽酒的人")。但他们仍然会被啤酒制造者欺骗。一份 1369 年的法院记录指出,在布里斯托尔附近的索恩伯里,每一位酿酒者"在每次酿酒时,都会在品酒师到达之前,把最好的 1/3 存储在楼下的房间,仅用杯子出售给那些经常到这里来买酒喝的人,每加仑的价格至少 4 便士。其余的部分才卖到外面,每加仑的价格为 2.5 便士或 3 便士,给周围的居民造成了很大的危害"[45]。

尽管能买到的葡萄酒和麦芽酒的质量明显很差,掺假现象可能很常见,但欧洲人还是喝掉很多。从黑死病爆发后的 13 世纪后期开始，人们对醉酒的忧虑似乎有所增加。这可能表明评论者变得更加敏感了，但也可能反映了酗酒现象的确增加了，而这也许是人们对灾难性的大规模死亡的集体反应。关于人均饮酒量的有些统计数字表明，北欧的人均饮酒量有所增加，但是这样的数字具有不确定性。饮酒和醉酒之间的关系受许多因素的影响，包括饮酒量、酒精度数、饮酒者的身体状况以及饮酒模式，即是经常性的小酌，还是偶尔大醉一场。简而言之，我们不能简单地从人均饮酒量的增加推理出醉酒事件的增加。

虽然如此，醉酒趋势的评论者还是加剧了他们的批评，一位历史学家称其为针对"酗酒"的"说教的剧烈升级".[46]关于醉酒的一些评论和其他时期的并没有多少标新立异之处，而是重复了这样的观点，即醉酒是不好的，是一个糟糕的选择，对饮酒者个人和整个社会都有负面影响。在《坎特伯雷故事集》中，赎罪券推销人（有些评论者认为他在整个过程中都处于醉酒状态）对他的同行者说：

> 看一下《圣经》，对此最是明确，
>
> 醉酒而思淫欲。
>
> 看一看因醉酒而违背伦常的罗得，
>
> 他和自己的女儿同寝，虽然他对此一无所知。
>
> 他喝得烂醉如泥，不知做了什么……
>
> 但是说认真的，各位老爷，请听我讲！
>
> 我敢说，在《旧约》中，
>
> 每一个壮举，
>
> 和万能的上帝指引下所赢得的每一场胜利，
>
> 都是在没有喝酒的情况下成就的，
>
> 都是在祈祷中获得的。
>
> 到《圣经》中找一找，
>
> 你一定能找到。[47]

这或许是号召人们要彻底禁酒，但这种可能性不大，更可能是要警告人们不要喝醉，尤其是在做重大决定时不要喝醉。

赎罪券推销人的话很可能是针对其同为神职人员的同行的，因为在中世纪的醉酒讲述中，神职人员非常突出。在 13 世纪视察法国北方部分地区时，教会官员发现很多牧师违反了禁酒规定。据说圣雷米的牧师因为醉酒和经常光顾当地的酒馆而臭名昭著,有几次还和人打架;吉尔梅维尔(Gilemerville)的牧师有时会在酒馆里丢掉衣服(可能是赌博输掉,也可能是其他情况);皮埃尔庞特(Pierrepoint)的牧师常常喝醉;格朗库尔(Grandcourt)的牧师因为酗酒而声名狼藉;邦留的牧师不仅本人经常醉酒,还卖酒,常常让他教区的居民喝醉。[48]

这些例子表明,酒馆开始和醉酒事件联系起来(此时离拒绝卖酒给醉酒顾客的法律出台还有很长时间),我们看到对公共饮酒场所越来越多的谴责,称其为赌博、卖淫以及其他形式的低级行为的渊薮。这很容易强化历史上长期流行的认识,即饮酒引发了其他形式的不道德行为。作为回应,许多地方当局试图通过对饮酒行为进行管理来控制让人不可接受的行为。有的试图限制饮酒时间,如 1350 年的王室法令规定,在巴黎圣母院的钟楼敲响宵禁的钟声后,巴黎的店主不能允许新顾客进入他们的酒馆。

虽然有对于酗酒和醉酒的各种忧虑,但中世纪的医生还是继续赞美啤酒和葡萄酒的治疗和保健性能,并借鉴希腊和阿拉伯传统,用酒来治疗各种各样的疾病和不适。14 世纪法国外科医生亨利·德·蒙德维尔(Henri de Mondeville)强调葡萄酒对血液的好处。他指出,无论是浅色葡萄酒、白葡萄酒,还是玫瑰红葡萄酒,都应该选用最好的、味道和口感俱佳的。蒙德维尔写道,葡萄酒是造血的最好饮料,因为它直接进入血液循环,可以马上变成血液。这是从世俗的角度对基督教"圣餐变体论"的新表述。但他补充说,他还看到了喝葡萄酒和牛奶的好处:只喝葡萄酒的人脸色红润,而那些只喝牛奶的人面色苍白,如果均衡两种饮料,可使脸色白里透着几分红润。[49]

但是根据一些中世纪的建议,人们不能过早开始饮用葡萄酒。1493 年,德国一位医生建议儿童在 18 个月大时断掉葡萄酒(这本身就是一个很有趣的概念),只喝水或蜂蜜。但是如果乳母不能让他断掉,"她应该喂他白色的、充分稀释的低度葡萄酒"[50]。德国、意大利和法国的医生反驳了古典时代不要喂儿童葡萄酒的建议,但是,他们建议在给婴儿喂食母乳的同时喂葡萄酒,或者是将葡萄酒作为由面包、蜂蜜和牛奶组成的一种流质食物的一部分。[51]

在 1000—1500 年期间,随着城市管理部门的发展、教会权力的巩固和欧洲经济和商业结构的变化,酒在欧洲社会与文化中的地位也发生了许多重要的变化。其中最重要的变化是某一产业(我们完全可以称之为"酒精产业")的发端,啤酒和葡萄酒的酿造和长途贸易的所有权开始集中。总产量增加了,而对酗酒的评论可能会让我们以为葡萄酒的饮用量也增加了。虽然教会对神职人员和俗人酗酒的态度似乎更加严格，但是到了 16 世纪，它仍将会因为在这方面过于宽松和纵容而受到批评。

【注释】

［1］ Ian S. Hornsey, *A History of Beer and Brewing* (Cambridge: Royal Society of Chemistry, 2003), 290.

［2］ Richard W. Unger, *Beer in the Middle Ages and the Renaissance* (Philadelphia: University of Pennsylvania Press, 2004), 38—42.

［3］ Ibid., 42.

［4］ Ibid., 46—48.

［5］ Hornsey, *History of Beer and Brewing*, 293.

［6］ Judith M. Bennett, *Ale, Beer and Brewsters in England: Women's Work in a Changing World, 1300—1600* (New York: Oxford University Press, 1996), 18—19.

［7］ Ibid., 28, fig.2.3.

［8］ Ibid., 43—45.

［9］ Ibid., esp.145—157.

［10］ Unger, *Beer in the Middle Ages and the Renaissance*, 59.

［11］ Christopher Dyer, "The Consumer and the Market in the Later Middle Ages," *Economic History Review* 42(1989):309.

［12］ Unger, *Beer in the Middle Ages and the Renaissance*, 61.

［13］ *The Exchequer Rolls of Scotland*, ed. George Burnett(Edinburgh: H.M. General Register House, 1883), 6:644.

［14］ F. W. Carter, "Cracow's Wine Trade(Fourteenth to Eighteenth Centuries)," *Slavonic and East European Review* 65(1987):537—578.

［15］ Ibid.

［16］ Jan Craeybeckx, *Un Grand Commerce d'Importation: Les Vins de France aux Anciens Pays-Bas (XIIIe—XVIe Siècle)* (Paris: SEVPEN, 1958), 9.

［17］ Koen Deconinck and Johan Swinnen, "War, Taxes, and Borders: How Beer Created Belgium," *American Association of Wine Economists: Working Paper No.104 (Economics)*, April 2012.

［18］ Antoni Riera-Melis, "Society, Food and Feudalism," in *Food: A Culinary History from Antiquity to the Present*, ed. Jean-Louis Flandrin and Massimo Montanari (London: Penguin, 2000), 260—261.

［19］ Constance Hoffman, *Medieval Agriculture, the Southern French Countryside, and the Early Cistercians: A Study of Forty-Three Monasteries* (Philadelphia: American Philosophical Society, 1986), 93.

［20］ Béatrice Bourély, *Vignes et Vins de l'Abbaye de Cîteaux en Bourgogne* (Nuits-St-Georges: Editions du Tastevin, 1998), 101.

［21］ Philip Ziegler, *The Black Death* (New York: John Day, 1969), 96—109.

［22］ Emmanuel Le Roy Ladurie, *Montaillou: Cathars and Catholics in a French Village, 1234—1324* (London: Penguin, 1980), 9, 15.

［23］ Martine Maguin, *La Vigne et le Vin en Lorraine, XIV—XVe Siècle* (Nancy: Presses Universitaires de Nancy, 1982),199—215.

[24] P.W.Hammond, *Food and Feast in Medieval England*(Stroud:Allan Sutton, 1993), 13—14.

[25] Billy Kay and Caileen MacLean, *Knee-Deep in Claret:A Celebration of Wine and Scotland*(Edinburgh:Mainstream Publishing, 1983), 9.

[26] Patricia Labahn, "Feasting in the Fourteenth and Fifteenth Centuries:A Comparison of Manuscript Illumination to Contemporary Written Sources"(Ph.D. diss., St. Louis University, 1975), 60.

[27] Georges Duby, *Rural Economy and Country Life in the Medieval West* (London:Hutchinson, 1952), 65.

[28] Unger, *Beer in the Middle Ages and the Renaissance*, 129.

[29] Christopher Dyer, "Changes in Diet in the Late Middle Ages:The Case of Harvest Workers," *Agricultural Historical Review* 36(1988):26, table 2.

[30] Yuval Noah Harari, "Strategy and Supply in Fourteenth-Century Western European Invasion Campaigns," *Journal of Military History* 64(2000):302.

[31] Hornsey, *History of Beer and Brewing*, 291—292.

[32] Vernon L.Singleton, "An Enologist's Commentary on Ancient Wine," in *Origins and Ancient History of Wine*, ed. Patrick E.McGovern et al.(London:Routledge, 2004), 75.

[33] Hammond, *Food and Feast*, 54.

[34] Unger, *Beer in the Middle Ages and the Renaissance*, 127.

[35] A.Lynn Martin, *Alcohol, Violence and Disorder in Traditional Europe*(Kirksville, Mo.:Truman State University Press, 2009), 57, table 3.8.

[36] 对已知葡萄酒饮用数据的优秀总结,见 Susan Rose, *The Wine Trade in Medieval Europe*, *1000—1500*(London:Continuum, 2011), 113—132。

[37] 转引自 Emilio Sereni, *History of the Italian Agricultural Landscape*(Princeton:Princeton University Press, 1997), 98。

[38] 对"葡萄酒之战"的描述,见 Marcel Lachiver, *Vins, Vignes et Vignerons:Histoire du Vignoble Français*(Paris:Fayard, 1988), 102—105。

[39] Ibid., 104.

[40] Geoffrey Chaucer, *The Canterbury Tales*, trans. Nevill Coghill(Harmondsworth:Penguin, 1951), 271.

[41] Hammond, *Food and Feast*, 74.

[42] C.Anne Wilson, *Water of Life:A History of Wine-Distilling and Spirits, 500 BC—AD 2000*(Totnes, U.K.:Prospect Books, 2006), 147—148.

[43] Hammond, *Food and Feast*, 83.

[44] Ibid., 74.

[45] Hornsey, *History of Beer and Brewing*, 287.

[46] John M.Bowers, "'Dronkenesse is ful of stryvyng':Alcoholism and Ritual Violence in Chaucer's *Pardoner's Tale*," *English Literary History* 57(1990):760.

[47] Chaucer, *Canterbury Tales*, 269—271.

[48] James du Quesnay Adams, *Patterns of Medieval Society*(Englewood Cliffs, N.J.:Prentice Hall, 1969), 111.

[49] Jean Dupebe, "La Diététique et l'Alimentation des Pauvresselon Sylvius," in *Pratiques et Discours Alimentaires à la Renaissance*, ed. J.-C. Margolin and R. Sauzet(Paris:G.-P. Maisonneuve et Larose, 1982), 41—56.

[50] 转引自 Rose, *Wine Trade in Medieval Europe*, 138。

[51] Ibid.

第五章　近代早期的欧洲(1500—1700 年):酒、宗教和文化

从大约 1500 年至 18 世纪的近代早期,酒不仅在欧洲人的日常饮食中确立了牢固的地位,其种类也发生了巨大的变化。在欧洲,少量生产度数高得多的蒸馏酒并将其用于医疗已经有一个多世纪之久,但是在 16 世纪,它被越来越广泛地获得与饮用(这将是第六章的主题)。正如前文所述,啤酒酿造业已经发生了重要的组织与技术上的变革,例如,生产规模由小到大,啤酒花的使用使得啤酒保质期延长,从而能够被运输至更远的市场。在 16 世纪,保质期的问题也开始影响葡萄酒,因为它很容易变质。一些地区的生产商开始利用商业化生产出来的蒸馏酒,将白兰地作为一种保护剂。这些"强化葡萄酒"(尤其是雪莉酒和波特酒)比普通葡萄酒的酒精度高,酒劲也更持久,这使得它们很快就在英国及欧洲其他地方有了许多热情的消费者。

但是在烈性酒和强化葡萄酒开始对欧洲的饮酒模式产生影响之前,一场宗教的变革(新教改革)已经对酒在欧洲的历史产生了重要的影响。新教是一个适合在凉爽气候地区发展的宗教,因此它在北欧比南欧更为成功。新教与酒的地理分布大体上一致,比起更易酿造和更普遍饮用葡萄酒的南欧和地中海区域,它对喝啤酒(后来是喝烈性酒)的社会有更强的吸引力。这种照应是非常耐人寻味的。有人提出,在天主教文化中,葡萄酒在很大程度上象征了社会统一,因此任何对葡萄酒的威胁都会被看作是对社会的一种危害,并遭到抵制。[1]新教徒可能曾被视为近代的蛮族人,他们横扫天主教欧洲,倡导饮酒有度,对当时的饮酒方式持批判态度。但是,在欧洲的葡萄酒产区,新教不太成功,这似乎不过是一种巧合。一方面,法国南

部、德国北部以及瑞士的一些葡萄酒产地都支持新教;另一方面,关于信仰哪一种宗教的决定常常取决于国王和公爵这些政治领导人,而不是广大民众。[2]

新教徒真的对葡萄酒及其他酒精饮料造成了威胁吗? 对于罗马教会(天主教会)的教义和实践,像马丁·路德和约翰·加尔文这样的宗教改革者提出各种反对。他们指责罗马教会对各种不道德行为听之任之。然而,在对酒的立场方面,新教徒和天主教徒在本质上是相同的:出于饮食和健康目的的日常饮酒是可取的,但是超过这些需求之外的饮酒(当然包括醉酒)是有罪的,会危害社会,应该受到惩罚。虽然他们认同天主教徒的基本观点,但新教徒会争辩说罗马教会未能执行这些规定,对酗酒行为视若无睹,新教徒认为这一行为的广泛存在是折磨基督教世界的亵渎和罪恶行为的主要原因。他们常常将天主教牧师和修道士描述为懒惰而嗜酒的私通者,他们本该以身作则,却和罪孽深重的人一样罪恶。可见,在教义方面,新教徒对饮酒行为更加严格。值得注意的是,在 19—20 世纪的戒酒和禁酒运动中,新教徒比天主教徒要积极得多。

在 16 世纪,只有少数激进的新教徒号召完全戒酒。啤酒和葡萄酒是当时大部分成年人日常饮食中固有的一部分,并且被认为是比水要健康得多的替代物,因此,这样的号召是非同寻常的。德国的宗教改革者塞巴斯蒂安·弗兰克(Sebastian Franck)就是一位禁酒主义者,他谴责酒所导致的各种恶习,认为人类难以抵制它,呼吁全面禁酒。他写道,每一位饮酒的人都应该被驱逐出教会:"唉! 悲惨的生活! 我们并不只是饮酒而醉,而是因欺骗、错误和无知而醉……因为只要不禁酒,我认为就没有福音或基督徒共同体可言。不纯洁的因素必须从上帝的教会清除。"[3]

相对于这种观点,大多数新教领导者尝试了更加可行(但是依旧令人畏惧)的方法来禁止过度饮酒,而不是禁止酒本身。不同的新教教派制定了严格的规定,禁止不必要的饮酒。例如,约翰·加尔文禁止将人们聚集在酒馆的活动,而这就使作为社交场所的酒馆丧失了其吸引力。他在 1547 年的规定禁止任何人请他人喝酒,否则会罚款 3 个苏。万一喝醉,第一次会罚款 3 个苏,第二次罚款 5 个苏,第三次就会是 10 个苏,还要被关押一段时间。[4]这些规定并不仅仅是威胁,在德国一些信奉路德教派的城市里,也有与此类似的规定。在 16 世纪后半期荷兰信奉加尔文教派的埃姆登(Emden),醉酒罪占各种扰乱社会治安行为的 1/4。在这些被定罪的人中,男女比例为 5∶1。[5]

另外一位宗教改革者马丁·布塞尔(Martin Bucer)也实行了严格的禁酒政策。他认为基督徒应该注意饮食(以及着装和整个生活方式),以确保他们举止虔诚。

他反对公共饮酒场所的存在本身,尽管他承认对旅行者来说旅馆是必要的,但他坚持认为旅馆老板应该是有道德的正派之人,不但能够照顾客人的生理需要,还要考虑客人的精神幸福。[6] 布塞尔是英国清教徒中最有影响力的神学家之一,这些神学家中有些后来在美国定居。16 世纪时,英国清教徒反对酗酒的恶行,认为酒馆是主要问题所在。他们主张酒馆不仅是罪恶、不道德和亵渎神灵的地方,还是犯罪及社会混乱的场所。就像一个英国清教徒在 1631 年生动描述的那样,酒馆是"撒旦的巢穴,罪恶的渊薮"[7]。

新教徒的严格规定针对的是所有的酒,但是他们可能还特别关注不能滥用葡萄酒,和天主教徒一样,他们认为葡萄酒象征着基督的血液。新教徒强调基督徒需要经常领圣餐,而不像很多天主教徒那样一年只领一次。此外,他们强调领圣餐者要领面包和葡萄酒,而不是像罗马教会 12 世纪以来的做法那样只领面包。加尔文谴责罗马教会从人们那里"偷走"圣餐酒,并"将其作为特殊的财产送给几个刮过胡子、涂过油膏的人"。[8] 他一年收到七桶酒作为其薪水的一部分,由此可见他本人对葡萄酒的重视。[9]

对于政治和宗教权威来说,和前几个世纪一样,在 16 世纪控制饮酒依然是一个很大的挑战。在不工作的日子和宗教节日,或者是像婚礼这样的欢庆场合,饮酒主要是为了与其他社会成员一起宴乐。但是在工作日,啤酒和葡萄酒每天都被饮用。人们并没有要将工作和饮酒严格分开的观念,虽然工人可能仅仅是在休息间隙和吃饭时才饮酒。遵守固定的工作时间,在特定的时间进行休息,还要被密切监督,这种现代西方的工作模式要到 19 世纪才出现。近代早期的工人希望在工作时饮酒,这和现代工人希望在工作时可以喝水是一样的道理。

对于前工业化时期欧洲大众的饮酒模式,我们不得而知。大多数人生活在农村,从事家庭经济,所有的家庭成员都为集体的生存做出贡献。对于他们多久喝一次酒,每次喝多少,我们都无从知晓,因为他们留下的记录很少。对于劳动市场上一些工人的饮酒情况,我们有一些零星的信息。17 世纪荷兰商船上的水手冬天每天要喝 1.6 升啤酒,夏天每天喝 2 升,然而我们必须牢记一点,即在长距离的航行中,啤酒供应到其变质为止。[10] 布列塔尼和诺曼底的渔夫横渡大西洋到加拿大海岸去捕鳕鱼,船上为每人准备大约 240 升葡萄酒或苹果酒。[11] 但是,能在工作时饮酒的不只是在船上工作的人。在法国,仆人喝一种叫作"国产酒"(*vin de domestique*)的劣质葡萄酒,作为日常饮食的一部分。而建筑工人通常会收到啤酒或葡萄酒(取决于他们的工作地点是欧洲什么地方)作为其薪酬的一部分。从 18 世纪早期英国一家印刷厂学徒的日记中,我们可以窥见一斑:"我在印刷厂的同伴每天早饭前喝 1 品脱麦芽酒;在早饭时就着涂奶酪的面包再喝一杯;早餐与午餐之间 1 品脱;晚餐时 1 品脱;下午 6 点左右 1 品脱;最后,在完成一天工作后再来 1 品脱。"[12]这相当于一天要喝 6 品脱麦芽酒。

工作时喝酒最惊人的例子发生在威尼斯共和国,其海军力量是由阿森纳(Arsenal,意为兵工厂)造船厂支撑的,这是一个有着超过 2 000 个工人的巨大造船厂。[13]和当时的大多数工人一样,造船厂的工人希望在他们劳动时能够有啤酒或葡萄酒来补充水分和营养。由于他们地位很高,当局为他们提供了大量十分优质的葡萄酒。葡萄酒和水以 1∶2 的比例进行稀释,制成了一种被称为"贝万达"(bevanda)的饮品,其度数和今天很多啤酒相接近,为 4 度或 5 度。来自意大利北部的葡萄酒一旦稀释,往往会缺乏力道和口感。受到工人抱怨之后,造船厂的管理层转向在意大利南部气候温暖地区生产的度数更高的葡萄酒,每年经亚得里亚海运来大量的葡萄酒。造船厂的管理者十分照顾熟练劳动力的需求,为了让工人满意,他们愿意花高价购买葡萄酒。

到了威尼斯之后,葡萄酒会被贮存在巨大的容量为 2 000 升的桶里,员工每天都会根据需要将葡萄酒进行稀释,一般大约 6 000 升,用的是特地从布伦塔河里取来的淡水,而不是有时会被海水污染的当地井水。然后,会有 12 个人每天两次抬着桶里的贝万达,在 60 英亩大的造船厂来回走动,这样工人就可以随时喝到了。贝万达不仅可以解渴,更是一种兴奋剂,可以帮助工人度过漫长的、每天十小时的劳作。加班的工人可以喝到更多,如果未能及时送达,工头会派工人去取。

工人不仅有定量配给的葡萄酒作为他们常规福利的一部分,当一艘船完工下水时,他们还可以享受额外的葡萄酒:每个参与建造这艘船的工人和学徒都会得到大约 2 升未稀释的葡萄酒。葡萄酒不仅局限于工人,造船厂的高级管理者也会收到成桶的葡萄酒,相当于其工资的 1/3,而这也是另一个激发他们订购葡萄酒的原因。葡萄酒会被直接送到他们家里,根据不同的职位,一年的量在 450—1 800 升不等。葡萄酒的定量供应也被扩展到为国家服务的其他人那里。在屠宰场工作的屠夫会分到葡萄酒,在威尼斯舰艇和商船上工作的水手和划桨者也都会分到葡萄酒。

造船厂之所以会引起我们的注意,是因为那里的工人们对葡萄酒的需求量很惊人:他们一年喝掉超过 50 万升的葡萄酒。在造船厂的年度预算排行中,葡萄酒名列第二,仅次于造船所用的木材,比花费在其他造船必需品如焦油、帆布和绳索上的多得多。过了一段时间,威尼斯的元老院开始关注占共和国年度总预算 2%的造船厂葡萄酒的花费，并下令对其进行调查。结果发现葡萄酒的饮用量随着时间的流逝持续增加，从1615—1619年的每人每天平均3.2升增加到了17世纪30年代末期的每天5升。在16世纪中期，人均饮酒量为每天2.5升，可见在不到一个世纪的时间里，人均饮酒量已经翻倍。

在17世纪30年代中期，当局似乎刺激了这种增长，他们在一个开放的房间里建了一个葡萄酒"喷泉"，贝万达从三个铜管子里流出来。法国人赫伯·德·科特(Robert de Cotte)参观过造船厂，他将其描述为："一个盆子里有三个直径为1英寸的龙头，每一个龙头时刻都在流淌着葡萄酒，所有的工人都可以过去尽情饮用。"[14]据统计，这些龙头一分钟可以喷出10升，即每个工作日喷出6 000升。建造喷泉的意图我们并不清楚，人们似乎有些担心稀释桶里贝万达的质量，因为当工人去取酒时，会将手伸进酒桶里。如果喷泉的建造是出于卫生方面的考虑，那么它表明了一种惊人的洁癖，因为据我们所知，当时的人是没有洗手习惯的。喷泉本应该减少这种污染，但是贝万达的不断流淌不可能改进它固有的品质，因为持续的暴露必然会让葡萄酒氧化。赫伯·德·科特提到"这种葡萄酒不是最好的"[15]，但是身为法国人，他可能会认为所有的意大利葡萄酒都不过如此。

显然，造船厂的工人并没有那么挑剔，因为在喷泉建好后，饮用量增加了，但是对于饮用量增加的调查却忽视了喷泉的影响，而是提出了其他的原因。首先，在90分钟的午餐休息时间中，工人们待在造船厂里，因此在吃午饭时，他们喝的是国家提供的葡萄酒，而不是自己家的。第二，工人的亲戚朋友、流浪者以及各种各样的商业和政治代表团的成员，这些人在参观造船厂时都能免费畅饮喷泉里的葡萄酒。虽然威尼斯政府一直在想办法节俭，葡萄酒喷泉却依然被保留下来，这或许因为它是共和国财富与慷慨的强有力象征。[16]外国人多次提到这个喷泉，可见他们印象之深刻，显然，其他地方的工人很少能够有这样似乎可以无限畅饮的葡萄酒。

对于近代早期欧洲饮酒量的总体水平，我们依然很不确定。数据是不精确的，对人均饮酒量的估计无助于我们了解不同性别、阶层和年龄的饮酒情况。不同城市的数据常常差异很大，就像下面的人均啤酒饮用量所显示的那样：

鲁汶(1500年)	275升(仅限成人)
安特卫普(1526年)	369升
布鲁日(1550年)	263升
根特(1580年)	202升

维斯马(1600年)　　　　1 095升(医院的病号)[17]

安特卫普的数据表明每个居民每天喝1升啤酒,但是如果我们知道近代早期欧洲人口中有很多是儿童和青少年,那么饮酒最多的成年男性的饮酒量可能要远远高于这个平均值(大约多50%)。不过我们应该记住,在这个时期没有合法饮酒的最低年龄,还有就是成人和儿童之间的年龄划分和今天不同。青少年常常十多岁就开始全职工作,我们不知道这些年轻工人的饮酒量是否和二十多岁或年龄更大的工人一样。

根特的人均年饮酒量为202升,相当于每天半升多一点,这或许意味着成年男性每天喝3/4升或更多。另一方面,在维斯马医院的病号似乎每天可以有3升的啤酒。啤酒消费的其他数据包括:1641年,丹麦一家儿童教养院是每天2升;1558年,斯德哥尔摩城堡是每天4.5升,1577年,规定被调整,贵族每天5.2升,商人和工人每天3.9升。[18]

数据的变化很可能反映了现实的变化,没有必要认为这一时期饮酒量有一个标准水平,这和今天的情况一样。可是,我们一定要记住,这一时期大多数成年人一天至少需要2升水才能补充水分,考虑到体力劳动的需求,可能还要多1倍。一两升啤酒可能只能勉强应付,但是剩下的必须由食物中的水分、水本身或者是其他酒精饮料来补充。

我们只能想象很多穷人在喝水时的恐惧,如果他们知道(他们一定知道)那些针对喝水的可怕警告。尽管有些水(泉水或雨水)被认为没有其他的水(如河水和井水)危害那么大,但是通常并不建议将水作为饮料。根据盛行的医学观点,英国(我们可以认为还有北欧的其他地方)的气候寒冷潮湿,喝水被认为尤其危险,人们被建议摄入可以带来温暖干燥的食品和饮料。然而,一些医生也承认,穷人没有选择,只能喝水。

如果说穷人买不起啤酒,那么他们肯定买不起往往更昂贵的葡萄酒,但是在近代早期的欧洲,葡萄酒的饮用量和啤酒一样不确定。作为一种日常饮用的饮料,葡萄酒在欧洲南部更为常见,因为那里生产葡萄酒。统计数字所依据的常常是被征税的葡萄酒的量和对人口的估计,差别也很大。下面是法国一些城镇葡萄酒的人均年饮用量:

巴黎(法院的药剂师和助理,1555年)　680升

图勒(大教堂的工人,1580年)　　　　456升

米罗勒(建筑工人,1591 年)	365 升
圣日耳曼德佩(修道士,17 世纪)	438 升
巴黎(1637 年)	155 升
里昂(1680 年)	200 升
图卢兹(17 世纪末)	274 升[19]

我们可能会想到药剂师及其助理会比普通巴黎人喝更多的葡萄酒(可能烈性酒也同样),但也许不至于几乎是其五倍(一个是每天 1.9 升,一个是每天 0.4 升),尤其是越到后来,饮酒总量似乎下降了。此外,个人和人均饮酒的数据或许能表明什么,但很难看出究竟是什么,因为在葡萄酒饮用量的范围之内没有出现集中。

作为新教的叛徒和异端,休·拉蒂麦(Hugh Latimer)主教和托马斯·克兰麦(Thomas Cranmer)大主教分别于 1555 年和 1556 年遭受火刑。在受刑之前,他们被囚禁在牛津。从他们的饮食中可以管窥社会上层人物的饮酒情况。他们每餐都有酒喝(要么是麦芽酒,要么是葡萄酒,要么是两样都有),但是克兰麦的地位使他能喝到更多的酒。总的来说,克兰麦在午餐和晚餐时的面包和麦芽酒花费 1 先令(相当大的数目),而拉蒂默只花费 0.25 先令。在两顿饭之间,克兰麦还有价值 6 便士的葡萄酒,但拉蒂默在这方面的花费不到他的一半。克兰麦在两餐之间的酒精饮品花费 2 便士,而拉蒂默只花费了 1 便士。除了数量上的明显差距之外,酒的全部开支也是很惊人的:面包和麦芽酒(在预算中,二者是在一起的,这强化了这样一种认识,即麦芽酒被认为是液体面包)与葡萄酒一起,占他们在监牢中饮食(包括各种鱼、家禽肉、其他肉类和食物)总支出的 29%。[20]

总的来说,要想有把握地描述饮酒量是不可能的,因此也不能有把握地描述其趋势。统计资料比较分散,即使可靠,也无助于我们确定除特定人口、群体或个体的人均饮用量(用处不大)以外的任何东西。基于经济和人口状况的推论也未必总是有帮助。在 16 世纪,人口增长对资源形成压力,商品价格随之大幅上涨,我们可能会以为啤酒和葡萄酒的饮用量会减少。事实上,两种酒的生产似乎都在稳定增加,而这表明饮用量也在增加。另外,为了确保从产地到消费区域的可靠运输,特别是葡萄酒贸易变得更加复杂。[21]

尽管很难可靠地把握近代早期的饮酒模式,却有很多材料告诉我们各式各样的权威(主要是医学和宗教权威)对酒的认识。随着 15 世纪中期印刷术的发明,书开始大批量出现,而至少直到 17 世纪中期,食谱都是最流行的体裁之一。关于饮食及其与身心健康之关系的书成百上千,其中大多数是医生写的。研究这一题材的杰出历史学家肯·阿尔巴拉(Ken Albala)指出:"葡萄酒受到狂热的吹捧,常常被认为是必需的营养品。"[22]

虽然啤酒和葡萄酒被认为是有益的、富有营养的,但在整个近代早期,针对酗酒的警告一直没有中断。尤其是饮用过多的葡萄酒,被认为会蒙蔽人的头脑,使人的内心变得野蛮,激发对于感官享乐的渴望和其他激情。流行的谚语常常是表达和强化社会价值观的载体,它们宣扬的是节制。一句法语谚语如是说:"吃面包可以尽情,喝酒则需要节制。"另一句谚语说:"饮酒越多,智慧越少。"还有一些表达了男性对女性饮酒的常见焦虑:"女人喝醉,身不由己。"但是,谚语与其使用者一样,对葡萄酒本身并不敌视。一句16世纪的法国谚语说:"像国王一样饮酒,像公牛一样喝水。"这反映了葡萄酒和社会地位之间的联系。而另一句谚语对水的态度非常消极:"水会让你哭泣,酒会使你歌唱。"还有一句谚语表明了喝酒的社交性:"没有朋友喝酒就像生活没有见证人。"[23]

对于不同的阶层、性别和年龄,不仅饮酒量不同,酒的种类也不同。尤其在整个北欧,啤酒最便宜,被社会各层次的人所饮用,除了那些买不起啤酒的贫民之外。有些穷人在节日场合也许能喝到分发的啤酒,辅之以水来满足需求。在这个阶层之上,人们喝啤酒,尽量避免喝水。很多人开始在饮食中添加少量的白兰地和其他烈性酒。那些社会地位更高的中上层阶级喝很多种酒。但是在产葡萄酒的南欧地区,饮酒模式似乎有很大的差异。人们通常更少喝啤酒和烈性酒,并且不同阶层喝的葡萄酒也不一样。农民喝稀释的葡萄酒,或者是葡萄酒的副产品,如通过把生产葡萄酒剩下的残渣(主要是葡萄皮)浸泡在水里而获得的低度饮料。他们也会喝水作为补充,有时喝牛奶。富人则会喝葡萄酒,其品质和价格都随着饮用者地位的提高而上升。

虽然这一时期已经建立起蓬勃的国际长途啤酒贸易,但欧洲人饮用的大部分啤酒仍是当地生产的。谷物几乎到处都可以种植,当地的啤酒要比从远处运来的啤酒便宜。葡萄酒就不同了,因为北欧大部分地方(除了法国卢瓦尔河谷和德国的莱茵河流域之外)很少种植葡萄。南欧为北欧提供葡萄酒,英国、低地国家、德国及波罗的海区域的众多城市人口都位于北部。在近代早期,这些人口很乐于接纳物质生活各个方面的革新,包括饮食,他们实际上促成了几个葡萄酒产区和几种葡萄酒饮料的成功。1587年,威廉·哈里森(William Harrison)罗列了伦敦市场上的56种法国葡萄酒,以及来自意大利、希腊、西班牙和加那利群岛等地的另外30种葡萄酒,其中包括一些不太出名的品种,如"维那切(vernage)、蔻尔特(cute)、多香果葡萄酒(piment)、拉斯皮斯(raspis)、麝香葡萄酒(muscatel)、罗姆尼(rumney)、巴斯塔德(bastard)、泰尔(tyre)、奥西(osey)、卡佩斯(caprice)、克拉希(clary)和马姆齐(malmsey)"[24]①。如此之多的选择表明市场很大，可以支撑这么多的品种。

16世纪葡萄酒世界的成功案例之一就是在1519年，西班牙(通过王朝联姻)成为哈布斯堡王朝的一部分。这就让西班牙与荷兰之间建立了友好关系，不久安特卫普就成为西班牙葡萄酒的主要目的地，这些酒既可以在这里销售，也可以从这里被重新出口到整个北欧及北欧以外的地区。从17世纪初开始，西班牙葡萄酒在波兰尤其受欢迎。[25]由于西班牙葡萄酒生产商在欧洲的成功，他们把王国在中美洲和南美洲的新殖民地视为额外的市场，不断给国王施加压力，让他停止大西洋另一边的葡萄酒生产，这并不奇怪。但这是不可能的，因为事实证明南美洲很多地区都很适宜种植葡萄，并且从欧洲运到美洲的葡萄酒很少是完好无损的。但即使没有美洲的市场，在整个16世纪，西班牙的葡萄园和葡萄酒生产仍一直在不断发展，当局甚至开始担心可耕土地被变成葡萄种植园。1597年，国王菲利普二世出台规定，一方面确保其宫廷的高质量葡萄酒供应，另一方面减少他认为会引起广泛醉酒现象的低质量葡萄酒生产。其中有些规定禁止把红葡萄酒和白葡萄酒混在一起，禁止使用有害的添加剂，还要求巴利亚多利德(王室所在地)的造酒者获得营业执照。[26]

在英国人于1453年失去了加斯科涅后，西班牙的葡萄酒(无论是来自本土的，还是加那利群岛的)在英国变得尤为受欢迎。在长达三个世纪的时间里，两国之间的政治联系使得英国人很容易得到波尔多葡萄酒。随着对英国出口的增长，尤其引人注目的西班牙葡萄酒之一是一种强化葡萄酒——雪莉酒，它产自西班牙南部，当时常被称为"白葡萄酒"(sack)或"雪莉白葡萄酒"(sherry-sack)。几个世纪以来，雪莉酒一直是典型的英国(以及西班牙)饮品，并通过威廉·莎士比亚的作品进入了英国的文化词汇。在《亨利四世》第二幕中，福斯塔夫把亨利王子(这里称为哈利)的美德归因于白葡萄酒。他声称雪莉酒可以驱逐愚昧和迟钝，让才智更加敏锐。它让人热血沸腾，让懦夫变得勇敢。"哈利亲王很勇敢；因为他从父亲身上遗传来的天生的冷血，像一块贫瘠的不毛之地，已经被他以极大的努力，喝了很多很好的雪莉酒，作为灌溉的肥料，把它精耕细垦，所以他才会变得热烈而勇敢。倘若

---

① 除了多香果葡萄酒和麝香葡萄酒之外，其他大部分查不到中文相应的表达，特统一采用音译，并在括号中保留英文原文。——译者注

我有 1 000 个儿子,我要教给他们的第一条原则,就是要戒绝一切寡淡无味的淡酒,把白葡萄酒作为终生的嗜好。"[27]

在整个 17 世纪及之后,英国人一直保持着对西班牙葡萄酒的热爱。在 16 世纪 90 年代,平均每年有 640 桶加那利葡萄酒被运到伦敦,但是到了 17 世纪 30 年代,增加到了 5 000 多桶,到 17 世纪 90 年代则达到了 6 500 桶。[28]到了 1634 年,作家詹姆斯·豪威尔(James Howell)宣称:"我认为,运到英国的加那利葡萄酒比运到世界上其他地方的总和还要多。白葡萄酒和加加利葡萄酒刚传到这里时,人们像喝烈性酒一样一次只喝一点点。以前人们认为只有那些把腿拿在手里、眼睛长在鼻子上的怪物才喝这种酒,但是现在人人都在喝,无论是老人还是小孩,就像喝牛奶一样。"[29]一位匿名诗人写了一首赞美西班牙葡萄酒的打油诗:

> 听我说,
> 如果你愁绪满怀,
> 西班牙人有一种饮料,
> 可以让你开心起来,
> 优质的葡萄酒,
> 可以把你的烦恼解开,
> 可以让你心跳加快。
> 即使一个人半死不活,
> 它也会让他重焕神采。[30]

近代早期出现的另外一种酒精饮料是起泡葡萄酒(即汽酒),最初是通过让葡萄酒在密封的瓶子里发酵而形成的,今天制造这种酒的方法有很多,包括直接把二氧化碳注入葡萄酒里。随着葡萄汁发酵成为葡萄酒,它会产生酒精和二氧化碳,前者会被保留下来,而后者会逸散。但是如果在一个密封的瓶子里发酵,那么二氧化碳就无法逃逸出去,而是会溶解在液体里,在葡萄酒被打开时,二氧化碳会慢慢地以气泡的形式逸散出去。在 19 世纪开始被广泛使用的"香槟法"中,人们在原酒中加入酵母和白糖,然后加以密封,进行第二次密封发酵,也可以产生气泡。

起泡葡萄酒的起源备受争议,但是英国科学家克里斯托弗·梅里特(Christopher Merret)提出了一个可信的说法。在 17 世纪 60 年代,他向伦敦的王家学会提交了一篇关于酒的论文,其中讲道,如果在一瓶葡萄酒中加入糖,并将其密封起来,就会发生二次发酵,当酒瓶再次打开时,就会产生气泡。梅里特的科学研究和成果所涉及的领域包括玻璃制造（因此与酒瓶有关）和树皮加工（与软木塞有关），他的发现有可能纯属偶然。在17世纪，食糖刚在富裕的欧洲人中间流行开来，他们给什么都加上糖，包括咖啡、茶和巧克力，而这些在欧洲之外最初被饮用的地方都是不加糖的。英国人也开始向葡萄酒里加糖，就像费因斯·莫里森（Fynes Moryson）在1617年指出的那样："绅士们只喝葡萄酒，其中很多都加了糖……因为英国人的口味偏甜，所以为了使绅士们开心，酒馆的葡萄酒（我说的不是酒商或绅士的酒窖）通常会加糖，使其更加可口。"[31]

可能绅士们不像喝茶和咖啡时那样，是在每一杯葡萄酒里放一茶匙的糖，而是在从葡萄酒商那里带回家的瓶子中加入糖，然后将其封存起来，留着以后再喝。也许当他们再次打开瓶子时，发现里面的葡萄酒没有了甜味，而且有了气泡。可能早期的起泡葡萄酒（也许是最早用"香槟法"制成的）不是在法国北部神秘而浪漫的修道院酒窖中制成的，而是在伦敦绅士的酒窖里偶然形成的，他们本来仅仅是为了增加葡萄酒的甜度以满足当时的喜好。最初的起泡葡萄酒（包括香槟）很可能比今天最流行的干型葡萄酒更甜；"无糖"香槟最早是在19世纪末为英国市场而生产的。

法国修道士唐·皮耶尔·培里侬（Dom Pierre Pérignon）曾被认为是起泡葡萄酒的发明者，但与他有关的虚构因素太多，这一说法已经不再可信。培里侬是17世纪60年代埃皮奈附近奥维耶（Hautvilliers）修道院的一位酿酒者，据说他是一位盲人，偶然把气泡加到了葡萄酒里。在品尝第一口后，他感动而泣，说："我正在品饮繁星！"但是这个故事同大多数关于他的故事一样，都是在19世纪初形成的，目的是恢复法国大革命后教会的声望。[32]其他声称最早发明汽酒的地方还有法国的利穆（Limoux）和意大利的弗朗齐亚柯达（Franciacorta），今天两地都以盛产起泡葡萄酒而闻名。与13世纪的波尔多葡萄酒和16世纪的雪莉酒一样，起泡葡萄酒最初的成功要归功于相对繁荣的英国市场。

波特酒是另一种因为在英国消费者中深受欢迎而获得最初成功的葡萄酒。和雪莉酒一样，波特酒也是用白兰地加强过的葡萄酒，不同之处在于波特酒是在发酵过程中加入白兰地，此时葡萄汁中的糖分还没有完全转化成酒精，而雪莉酒是在发酵之后加入白兰地。添加白兰地提高了酒精含量，导致酵母菌被杀死，这样一来，剩余的糖分就不能转化成酒精，因此波特酒度数较高并稍带甜味。具有波特风格的葡萄酒似乎最早出现于17世纪70年代。当时常见的做法是在即将被运往英国的酒桶中加入白兰地，作为稳定剂和防腐剂，波特酒可能就是这样产生的。在和法国之间的贸易关系出现中断时，英国酒商不得不将目光转向葡萄牙，以弥补葡萄酒供应的不足。英国从葡萄牙进口的大部分葡萄酒来自杜罗河谷(Douro Valley,现在是波特酒的唯一原产地),运输途中会经过一个名叫"波尔图"(Porto)的港口,而这种酒也以此而得名。在法语中,至今还在用这个名称来指代波特酒。

另外一种 16 世纪时出现的葡萄酒也吸引了爱吃甜食的欧洲人,即托卡伊贵腐酒(Tokaji aszu),这是一种来自匈牙利托卡伊地区的甜白葡萄酒。这种酒最早出现于 1570 年前后,在通常的葡萄收获期不采摘,直到葡萄在藤上变得干瘪萎缩("aszu"意为"干的"),这样一来,随着其水分流失,糖分比例就会增加。经过几个月的发酵,这样的葡萄酿造出的葡萄酒口感更加醇厚,有甜味,也更加昂贵,深受上层人士的欢迎。1562 年,庇护四世宣布托卡伊贵腐酒为适宜教皇饮用的葡萄酒,法国国王路易十五宣布它为"葡萄酒之王、王之葡萄酒"[33]。19 世纪期间,托卡伊贵腐酒广受欧洲王室的喜爱,为了确保其质量,到了 1730 年,已经形成了一种葡萄园分类系统。到了 18 世纪末,又出现了关于产区和生产方法(分级制度的先驱)的其他规定。

正如我们所看到的那样,在这一时期,很多不同风格的葡萄酒在欧洲中上层阶级中成为时尚,尤其是在英国。在 18 世纪,英国较低阶级的人曾经饮用金酒,但是在此之前,他们饮食中的酒精饮料一直是麦芽酒和啤酒,虽然在 1530—1552 年间,啤酒一度沦为宗教改革的牺牲品。虽然(用啤酒花做的)啤酒已经在英国广受欢迎,啤酒酿造者也建立了属于自己的行会,但是在 1530 年,国王亨利八世禁止用啤酒花来制造啤酒,这意味着只有(用苦味剂做的)麦芽酒才是合法的。这也许反映了亨利八世的个人喜好,但是这里也有宗教方面的因素,因为英国用来酿造啤酒的啤酒花大部分是从信仰新教的低地国家进口的。在 1530 年,亨利八世和罗马教会之间的关系还没有破裂,他被罗马教皇称为"信仰捍卫者"。亨利八世有可能把含有啤酒花的啤酒看作新教才有的东西,有一个事实也强化了这一印象,即欧洲主要啤酒生产区都已经改信新教,这可能就是他把啤酒从英国社会驱逐出去的原因。

强化这一禁令的还有这样一个说法,即麦芽酒是唯一一种适宜英国人饮用的酿造饮料。一位名叫安德鲁·布尔德(Andrew Boorde)的英国医生在 1542 年(禁止用啤酒花生产啤酒期间)写道:"麦芽酒是用麦芽和水做成的……对英国人来说,麦芽酒是一种天然饮料……啤酒是用麦芽、啤酒花和水做成的,对荷兰人来说,它是一种天然饮料。而现在,英国人大量喝啤酒,这对他们造成了很大的伤害,尤其是那些被疝气和结石折磨的人……因为这种酒是一种冷饮,它还能让人变胖,使他们像充了气一样变得大腹便便,这从荷兰人的脸上和身上就可以看出来。"[34]尽管如此，这一时期的英国也种有少量的啤酒花，而且用啤酒花做成的啤酒显然是有销路的。1552年，国王爱德华六世解除了禁止使用啤酒花的禁令，英国的啤酒制造者重新开始生产啤酒。

亨利八世本人经常被描绘为一位豪饮者，他最终和罗马教会关系破裂并且解散了英国的修道院，这确实对英国的啤酒制造业产生了一定的影响。在很长一段时间里，修道院一直是蒸馏和酿造酒精饮料的中心。修道院的消失使得烈性酒和麦芽酒生产完全落入个人业主的手中，而其中很多是以前的修道士，他们把自己的技能应用于修道院之外的世界。像牛津和剑桥这样的大学也制作麦芽酒，两者都有自己的造酒厂。家庭作坊式的麦芽酒生产走到了尽头，酿酒女这一职业很快消失了。她们在行会的活动受到限制，截至1521年，尽管女性可以在作为啤酒酿造者的丈夫去世后妻承夫业，但是如果她再婚，那就必须马上放弃这一权利。[35]

正如我们所看到的那样，从麦芽酒到啤酒的转变对啤酒制造业和酿酒女产生了重要的影响，因为啤酒的保质期更长，这使它成为出口以及供给像军队这类重要顾客的首选饮料。早在1418年，伦敦人曾经将麦芽酒和啤酒送给他们围攻法国鲁昂的士兵，但是到了16世纪早期，英国的军队只喝啤酒。在亨利八世当政的前几年，即大约1512—1515年，一个大型酿酒厂在朴次茅斯建成，它只有一个目的，那就是给英国舰队供应啤酒。[36]既要给现代早期的陆军和海军供应啤酒，又要满足不断增长的啤酒贸易的需求，这都需要庞大的生产规模，结果就是，妇女很快被驱逐出了这个酿造业最赚钱的部门。她们没有所需要的资本，而且已婚妇女不能行使自己签订合约的权利，因此不能够缔结商业上的合作关系。在16世纪整个北欧地区发展起来的小规模蒸馏厂中，很多妇女变得活跃起来，可是在更加广泛的啤酒酿造业中，她们几乎消失了。

对于欧洲的有钱人来说，一些酒精饮料被日益视为有文化价值的商品，而不仅是作为供应水分和保障健康的生活必需品。富有的中上阶层可以用啤酒和葡萄酒来解渴，还可以享受能带给他们口感和刺激的烈性酒，但这些通常都不是一般的饮料。正如我们已经看到的，到了16世纪晚期，根据产地或者风格来分类的一百多种葡萄酒被进口到英国，所有的酒类都经历了这种今天所谓的品牌差异化。从1504年坎特伯雷大主教就职时所预订的酒水中，我们可以看到一种转变：六桶（一桶装535升）红葡萄酒，四桶"克拉雷"干红葡萄酒，一桶精选的白葡萄酒，一桶奥西葡萄酒，一桶（573升）马姆齐甜酒，中号桶莱茵河葡萄酒两桶，四大桶（一大桶可以装1 146升）伦敦麦芽酒，六大桶肯特麦芽酒，还有20大桶英国啤酒。[37]在这些描述中,除了常见的酒,如红葡萄酒,或者是相对常见的,如精选白葡萄酒,其他的都明确注明了产地。如果没有品种上的差异性,为什么订单上不仅仅是十大桶麦芽酒,而是六大桶来自肯特的麦芽酒和四大桶来自伦敦的麦芽酒呢？此外,这一时期的品种还没有根据不同酿造者来划分。

然而,到了 17 世纪晚期,当奥比安(Haut-Brion)酒庄的主人贵族阿诺特·德·彭塔克(Arnaud de Pontac,波尔多市议会的议长)开始在有钱而又重视身份的伦敦市场上出售其葡萄酒时,葡萄酒开始根据其酿造者来分类了。英国的日记作家塞缪尔·佩皮斯(Samuel Pepys)就是一位十分重视身份的人,他记录了自己的一次皇家橡树酒馆之行,在那里他"喝了一种名为'奥布莱恩'(Ho Brian)的法国葡萄酒,这种酒的味道很好,与众不同,是我从来没有品尝过的"[38]。我们很想知道这种葡萄酒到底是什么味道,既然佩皮斯如此来描述,它肯定与当时伦敦能够喝到的其他红葡萄酒大相径庭。

在欧陆旅游的英国人开始对他们遇到的葡萄酒进行批判性的鉴赏。约翰·雷蒙德(John Raymond)这样评论罗马附近的阿尔巴诺："它很值得一游,即使不是为了欣赏这里的古迹,而是为了品鉴这里的好酒,这是意大利最好的酒之一。"理查德·拉塞尔(Richard Lassel)在卡帕罗拉(Caparola)溪流和喷泉旅游指南中写道："在这些园林中漫步之后,你应该多喝水,还有一些葡萄酒。在房子前面大平台下方的酒窖里,葡萄酒是少不了的,你或许会觉得这里的葡萄酒和这里的水一样好喝。"理查德·弗莱克诺(Richard Fleckno)对罗马的葡萄酒赞不绝口,虽然没有称赞其酿造者："这里酒好肉好,水果也好……但这都是气候的功劳,和人无关。"[39]

由于啤酒和麦芽酒都是装在大桶里储存和运输,个体饮酒者不大可能储存很多随时取用,但是随着玻璃制造技术的发展,富有的饮酒者可以购买玻璃酒瓶,从葡萄酒商和小酒馆里装满葡萄酒。塞缪尔·佩皮斯记录了他在 1663 年前往米特雷(The Mitre)酒馆的经历,看着葡萄酒被倒进他新购置的瓶子里,他的内心充满了喜悦。每个瓶子上都有他个人风格的顶饰。佩皮斯对葡萄酒很着迷,他曾这样描述伦敦商人兼政客托马斯·波维(Thomas Povey)的酒窖："在几个架子上,放着装有各种葡萄酒的瓶子,有新有旧,每个瓶子上都贴着一个标签,数量众多,并且排列得井然有序,我在书店里看到的图书也没有如此之多、如此之整齐。"当他再次来到这里时,佩皮斯注意到酒窖里有一口冷藏葡萄酒的井。相比之下,佩皮斯自己家的酒窖里似乎都是小木桶和其他容器,他没有提到瓶子,尽管他拥有一些："我有两桶'克拉雷'干红葡萄酒,两个 1/4 桶的加那利白葡萄酒,一个更小容器的白葡萄酒,一个容器里是西班牙红葡萄酒，另外一个是马拉加（Malaga）葡萄酒，还有一个是白葡萄酒，这些都在我的酒窖里。"佩皮斯对他的收藏（相当于今天的750多瓶葡萄酒）感到非常自豪："我相信，我在世的朋友中未曾有人同时拥有过这么多。"[40]这句话不仅表明当时拥有自己的酒窖是件新鲜事，也表明了一种身份意识。

随着人们更加关注葡萄酒在审美上的差异（后来才是对葡萄品种的总体鉴赏），也有更多的注意力被放到它有益健康的特点上。由于当时人们在饮用葡萄酒之前会先将其加热，有一些关于应该在何种温度下饮用葡萄酒的讨论。按照弗朗索瓦一世的医生布瑞恩·尚皮耶（Bruyerin Champier）的说法，许多人或者用火加热葡萄酒，或者通过添加温水使葡萄酒升温，还有的将加热后的铁片放进葡萄酒里，而穷人则以一种不太优雅的方法实现了同样的目的，他们从火上取下燃烧的木棍，直接放进葡萄酒里。尚皮耶不赞成所有这些方法，但是他也反对直接饮用从冰冷的酒窖里拿出来的葡萄酒。他这样写道：这种温度的葡萄酒对人的嗓子、胸、肺和肠胃有害，还会破坏肝脏，导致不治之症，有时甚至会让人猝死。他建议人们在饮用从冰冷的地窖里拿出来的酒之前，最好先让它的温度上升到和周围环境一样，而这就是"室温"饮用葡萄酒这一概念的早期表达。[41]围绕啤酒也发生了相似的讨论，但是相对于葡萄酒，温啤酒的做法更让人吃惊。

在温葡萄酒的问题上，人们并没有达成共识，尤其是因为这里所考虑的不是喝酒时的感受，而是对身体的影响。在尚皮耶建议人们不要喝冷葡萄酒的几十年后，另一位医生劳伦特·若贝尔（Laurent Jaubert）建议人们在饮用葡萄酒和其他饮料之前先冷却一下，尤其是那些血液偏热的年轻人。[42]有的医生从体液说的角度来谈葡萄酒的温度，而不是温度计测量出来的温度。意大利医生巴尔达萨雷·皮萨内利（Baldassare Pisanelli）建议老年人在饮食中添加葡萄酒，因为"随着他们自然体温的不断下降，需要补充温度，以克服随老年而来的寒冷"。另一方面，皮萨内利接着说，未成年人不应该喝葡萄酒，因为"未成年人喝酒犹如火上浇油，会让他们内心更加躁动"。同样，年轻人"拥有温暖炽热的体质"，因此当他们喝葡萄酒时，"可能会变得精神上充满激情、身体上躁动不安"，这可能是在警告葡萄酒会激发性欲。[43]这似乎已经成为一种公认的观点。红衣主教西尔维奥·安东尼亚诺（Cardinal Silvio Antoniano）在1584年写道，儿童（尤其是女孩）只能喝一点点葡萄酒，或者滴酒不沾，并且应该吃简单的、干湿均衡的食物。[44]这种建议和通常的认识背道而驰，因为史料似乎常常表明儿童和年轻人经常饮酒（啤酒和葡萄酒）。这就提出一个问题（皮萨内利和安东尼亚诺都没有回答这个问题）：如果不喝葡萄酒，那他们到底应该喝什么呢?

当时盛行的观点是不同的阶层有不同的生物学特征,有些医生把古代的生物学模型和这一观点结合起来,形成了某种葡萄酒更适宜某些阶层的观念。奥利维埃·德·塞尔斯(Olivier de Serres)是一位专攻葡萄栽培的土壤科学家,他在 1605 年提出了这样的观点:"品种优良、味道浓郁的红葡萄酒和黑葡萄酒适合劳动者饮用……且深受他们追捧,就像有闲阶层热衷于白葡萄酒和干红葡萄酒一样。"("红葡萄酒"和"黑葡萄酒"之间的区别可能是红色的深浅不同)农学家让·李耶博特(Jean Liebault)同时也是一位医生,他在几年以后解释了原因:"红葡萄酒比白葡萄酒和'克拉雷'干红葡萄酒更加有营养,更适合那些辛勤劳作的人;因为劳作和剧烈的锻炼可以中和红葡萄酒的任何一种缺点。"至于黑葡萄酒(紫红色),"它最适合葡萄种植者和农民,因为它可以提供更多更好的营养,使他们在劳动时更加强壮"[45]。

李耶博特指出,深红色的葡萄酒会对饮用者产生不良影响,使他们的血液"厚重,黏稠,流动缓慢",但是体力劳动者不用担心这一点,因为他们以粗犷、厚重和缓慢著称。但是同样的葡萄酒会对贵族、资本家和牧师产生很糟糕的影响,因为他们的工作更加偏重思想方面,需要头脑活跃。他们可能会出现肝脏和脾脏受损、食欲下降和肠胃不适等症状。这种理论实际上将葡萄酒人格化了,即通过假定的物理和性格特征的相似性,将其与饮用者联系起来。

当时一般的医学观点认为,无论酒精饮料(尤其是葡萄酒)拥有什么其他的性能,它们都是有益健康的,而上述论点是对这种观点的改良。英国医生安德鲁·布尔德写道,葡萄酒"确实让人浑身舒泰,也更加健壮;它确实可以改善血液,也滋养大脑和全身"。外科医生将麦芽酒卖给他们的病人,妇女喝更多的啤酒来帮助她们产乳。在英国第一本妇科指南中,有 43 个配方要用到酒。[46]

在法国很多地方,葡萄酒显然成为了人们饮食中的重要组成部分,要么是为了医学的用途,要么是为了供应身体所需的水分和享受。有些医生建议法国北部那些喝不起葡萄酒的农民用啤酒或者苹果酒来代替,但也有一些人反对,他们认为啤酒太粗糙了,还不如稀释过的葡萄酒。在 16 世纪,苹果酒被指控为导致了诺曼底广泛流行的麻风病的罪魁祸首。当时这个地方因盛产苹果酒而著名,后来是因为卡尔瓦多斯酒(calvados,一种以苹果为基础的蒸馏酒)而著名。受到这一指控的刺激,一位名叫朱利安·勒·波尔米耶(Julien le Paulmier)的新教徒医生(他名字的发音和法语中"苹果树"一词"*pommier*"特别接近)跳出来为苹果酒辩护,说苹果酒治愈了他在 1572 年的圣巴托洛缪大屠杀之后患上的心悸。他争论说，葡萄酒是一种危险的药物，因此应该由专人严格管控，而不能交给病人，因为他们不知道饮用哪种葡萄酒，怎样加以稀释，怎样让它适应气候、季节或个人的需求。而苹果酒对消化和血液都有好处，温和而适中，并且葡萄酒所有的好处它基本上都有，却没有一点葡萄酒的缺点。他写道，总之，"喝苹果酒的人比喝葡萄酒的人更长寿"[47]。

尽管有勒·波尔米耶的苛评，葡萄酒还是成为治病救人永不可缺的东西。1676 年，当路易斯十四建立著名的军事医院荣军院(Les Invalides)时，他免除了每年医院为病人购买的前 55 000 升葡萄酒的税。这家医院在葡萄酒上的花费很大（这让人想起威尼斯的阿森纳造船厂），到了 30 年之后的 1705 年，免税的数量已经上升了 15 倍，高达每年 80 万升。在荣军院休养的军官每天有 1.25 升的葡萄酒供应，每天早上 0.25 升，午饭和晚饭时各 0.5 升。军士分到的葡萄酒要少一点。在特定的节日，傍晚的葡萄酒供应会翻倍。葡萄酒如此重要，以至于当军官从荣军院被送到另一处康复中心接受治疗时，他们会带着葡萄酒过去，以防那里没有葡萄酒。同时，剥夺葡萄酒供应是对以下这些行为的惩罚：在医院的墙上写污秽的话语；将垃圾、小便或者水从窗户扔出去；不遵守关于保持清洁的规定；在夜晚熄灯的钟声敲响后点火和蜡烛。[48]

在像荣军院这样的机构之外，人们在不断增加的公共饮酒场所喝酒。当然，对于这些场所，每一种语言里都有属于自己的表达，例如英国的"taverns"和"inns"，法国的"cabarets"和"guingettes"，德国的"Gaststätten"。但是根据所提供的酒的种类，会有一些普通的分类，例如在英国有供应麦芽酒的"alehouses"和供应金酒的"dramshops"，而不管它们是否提供饭菜（酒馆），以及除了吃的和喝的以外是否给饮酒者提供住处（旅馆）。不同的管辖机构对饮酒场所进行了精确的定义，并规定了每一种场所可以向顾客提供什么。这里我们用一般的术语"酒馆"来取代所有这些场所。虽然酒馆的历史可以追溯到几千年以前，但是仅仅到了 16 世纪，它们才成为欧洲城市和乡村的固定存在，成为普通人经常聚集的地方，而这种聚集很可能要归因于新教改革。在整个中世纪，对社会生活来说，最重要的中心就是教堂及其附近的地方，这里是集会、游戏和庆祝活动的首选地点，如"church-ales"，即教区为了救济贫民而售卖捐赠的食物和麦芽酒来筹募善款的活动。新教改革者在很大程度上将教堂的使用仅限于神圣的活动，在很多情况下，他们还试图压制像跳舞、游戏和聚众饮酒的活动，于是人们便将世俗的活动转移到了当地的酒馆。[49]

在 1577 年，每 142 个居民有一个酒馆，而 50 年以后，每 100 个人就有一个酒馆。[50]这表明在英国到处都是酒馆。在城市和大的乡镇,酒馆比在乡下更加密集,如果我们知道英国人口有一半小于 18 岁,就可以看到,总的来说,英国给成年人提供了足够的饮酒场所。在伦敦,每 16 户人家就有一个酒馆,在更加贫穷的地区,每六七户人家就有一个酒馆。[51]这些数字也表明了家庭酿造业的衰落,因为只有当大部分成年人频繁光顾时,这么多的酒馆才能生存下去。在英国的乡下,酒馆为不断增多的流浪者和流动工人提供便宜的饮料、食物和住处,甚至在某种程度上为他们提供了另外一个社会和家庭(参见图 5)。[52]

在整个欧洲,关于这些酒馆的规定有很大的差异,但是在很多新教地区,当局试图压制吸引人们的酒馆活动,其中包括社交性的饮酒和游戏,有时还有跳舞。在天主教地区,为了维护公共秩序,酒馆同样受到严格的管理。在法国,1677 年的一条治安法令规定,从 11 月 1 日到来年的 5 月底,白兰地出售者要在下午 4 点之后关门,以防止不法分子醉酒后在漫长黑夜的掩护下惹是生非。后来的其他法律条例要求巴黎的酒馆老板向警察局报告任何骚乱(如打架),禁止在酒馆赌博,不准为那些不良分子(如流浪汉和妓女)服务。[53]

酒馆和犯罪之间的关系并不确定,虽然当局坚信酒馆是罪犯出没之地。事实或许如此,但酒馆同样也是那些不从事犯罪活动或不道德活动的人聚集的场所。然而,在 1660 年英国国王查理二世颁布的《反堕落宣言》(Proclamation against Debauchery)中,酒馆被单独挑了出来。这一时期的作家动辄把饮酒和其他不道德行为联系起来。有一部作品聚焦于醉酒行为,认为是它致使一个擅离职守的士兵射杀了另一名被派来寻找他的士兵:"他能为自己所做的辩解就是,他这样做的时候喝醉了。"[54]还有一部作品中写道:"懒惰和酗酒有关,而醉酒和通奸有关,通奸和谋杀有关。"[55]在莎士比亚的悲剧中,很多谋杀都与饮酒有关:《麦克白》中邓肯及其随从、《奥德赛》中苔丝狄蒙娜和罗德里戈的遇害都是这方面的例子,同时代的戏剧观众或许能很好地理解这一点。[56]

但是专门把酒馆与犯罪联系起来更加困难,虽然一些研究表明 1/4 的暴力犯罪和酒馆有某种联系。[57]当然,酒馆里的争吵和斗殴似乎很常见,并且酒馆可能给罪犯提供了很多犯罪机会,例如扒窃以及其他形式的偷盗。1674 年,一个妇女因为在伦敦的酒吧偷了一个银质的酒杯被判有罪。她点了一杯麦芽酒,喝了一会儿,在店主去给她拿夜壶时,这位妇女已经带着酒杯离开了。[58]

尽管近代早期酒馆的顾客中经常有妇女,但是女性顾客很少享有和男性一样的权利。在 16 世纪德国的奥格斯堡,只有在女性已婚并且其丈夫也在这家酒馆喝酒的情况下，她才可以在酒馆里毫无顾虑地喝酒。[59]其他的女性或许可以在酒馆里稍作停留，或出售货物，或购买葡萄酒和啤酒带回家，或进行其他商业活动。但是这种机会很少，大部分情况下，如果单身和已婚女性单独进入酒馆，简直是在拿她们的名声冒险。她们会被称为"公有的""无耻的"，被认为不守贞洁，卖身为娼。不用说，这样的嫌疑暴露了酒馆男性顾客的道德水平。因此，如果已婚妇女来酒馆接丈夫回家，她们会站在酒馆的门口叫他们，而不会踏进酒馆一步。

对男人们来说，酒馆也是有问题的。在奥格斯堡（乃至整个欧洲），男性荣誉准则所固有的一点就是既能喝酒，又能照顾家庭。在西方社会的整个酒文化史上，一个始终不断的埋怨就是太多的男人无法将两者平衡。当不得不做出选择时，他们选择了喝酒，而不是家庭责任。（在19—20世纪的禁酒运动时期，这个问题也很突出。）人们认为，从16世纪中叶开始，醉酒现象变得更加严重，就是因为这一点。这种认识或许是因为人们对醉酒问题更加敏感了。新教权威打击饮酒，因为这样做是正确的。天主教权威也做了同样的事情，因为在反对宗教改革的过程中，天主教对道德的要求更加严格。在1552年的英国，醉酒是一种民事违法行为（而不是由教会法庭来审判）。次年，人们就开始限制酒馆的数量。到了1583年，英国道德家菲利普·斯塔布斯（Philip Stubbs）义愤填膺地写道："我认为这是一种可怕的恶习，而且在英国十分肆虐。在每一个郡和城市，在每一个乡镇和村庄，还有其他一切地方，都充斥着大量的啤酒屋、酒馆和旅馆，这些地方酒徒云集，不分昼夜。他们坐在那里，从早到晚地喝葡萄酒和好的麦芽酒，当然，夜里也是如此，通宵达旦，有时甚至一坐就是整整一周，只要兜里还有点钱。他们夜以继日地痛饮狂欢，直到没有一个人还可以说出句完整的话。"[60]英国的教会也叫停了为救济贫民而售卖捐赠物的活动，因为这往往会使大家集体醉酒。

很多时期都有这样的认识：现在的酗酒现象比以前任何时代都要糟糕。这和一个历史久远的认识很相似，即家庭濒临消亡。这些认识都是怀旧文化的不同表达，而这种文化最终会受到进步观念的挑战。在千篇一律、不绝于耳的警告醉酒的声音之上，我们必须寻找不同时期和阶层之间的差异。就近代早期的欧洲而言，醉酒现象有两个原因很有特色。就像我们所看到的那样，一个原因是酒馆数量的增加，这被认为给欧洲人尤其是欧洲男性提供了越来越多的酗酒机会；另一个原因是蒸馏酒进入了主流的饮酒文化，这是下一章要讲的内容。

【注释】

[1] Mack P.Holt，"Wine, Community and Reformation," *Past and Present* 138(1993):58—93.

[2] Mack P.Holt，"Europe Divided: Wine, Beer and Reformation in Sixteenth-Century Europe," in *Alcohol: A Social and Cultural History*, ed. Mack P.Holt(Oxford: Berg, 2006), 26—30.

[3] Ibid., 33.

[4] John Calvin, *Theological Treatises*, ed. J.K.S.Reid(London: SCM Press, 1954), 81.

[5] Heinz Schilling, *Civic Calvinism in Northwestern Germany and the Netherlands: Sixteenth to Nineteenth Centuries*(Kirksville: Sixteenth Century Journal Publishers, 1991), 47, 57.

[6] Holt, "Europe Divided," 34.

[7] Ibid., 35.

[8] Jean Calvin, *Institutes of the Christian Religion*, ed. J.T.McNeill(London: SCM Press, 1961), 2:1425.

[9] Jim West, "*A Sober Assessment of Reformational Drinking*," *Modern Reformation* 9(2000): 38—42.

[10] Richard W.Unger, *Beer in the Middle Ages and the Renaissance*(Philadelphia: University of Pennsylvania Press, 2004), 130.

[11] Rod Phillips, *A Short History of Wine*(London: Penguin, 2000), 133.

[12] *Benjamin Franklin's Autobiography: A Norton Critical Edition*, ed. J.A.Leo Lemay and P.M.Zall (New York: Norton, 1986), 58.

[13] 下文关于阿森纳的内容主要基于 Robert C.Davis, "Venetian Shipbuilders and the Fountain of Wine," *Past and Present* 156(1997):55—86。

[14] Ibid., 75.

[15] Ibid.

[16] Ibid., 84.

[17] From Unger, *Beer in the Middle Ages and the Renaissance*, 128, table 4.

[18] Ibid., 127—129.

[19] A.Lynn Martin, *Alcohol, Violence and Disorder in Traditional Europe*(Kirksville, Mo.: Truman State University Press, 2009), 55, table 3.5, and 57, table 3.8.

[20] Carl I.Hammer, "A Hearty Meal? The Prison Diets of Cranmer and Latimer," *Sixteenth Century Journal* 30(1999):653—680.

[21] 见 Thomas Brennan, "The Anatomy of Inter-Regional Markets in the Early Modern Wine Trade," *Journal of European Economic History* 23(1994):581—607; H. F. Kearney, "The Irish Wine Trade, 1614—1615," *Irish Historical Studies* 36(1955):400—442;以及 George F.Steckley, "The Wine Economy of Tenerife in the Seventeenth Century: Anglo-Spanish Partnership in a Luxury Trade," *Economic History Review* 33(1980):335—350。

[22] Ken Albala, *Eating Right in the Renaissance*(Berkeley: University of California Press, 2002)，8.

[23] Daniel Rivière, "Le Thème Alimentaire dans le Discours Proverbial de la Renaissance Française," in *Pratiques et Discours Alimentaires à la Renaissance*, ed. J.-C. Margolin and R.Sauzet(Paris: G.-P. Maisonneuve et Larose, 1982), 201—218.

[24] William Harrison, *The Description of England*，转引自 William T.Harper, *Origins and Rise of the British Distillery*(Lewiston: Edwin Mellon, 1999), 38。

[25] F.W.Carter, "Cracow's Wine Trade(Fourteenth to Eighteenth Centuries)," *Slavonic and East European Review* 65(1987):568—569.

[26] Tim Unwin, *Wine and the Vine: An Historical Geography of Viticulture and the Wine Trade* (London: Routledge, 1996), 223—224.

［27］William Shakespeare，*Henry IV，Part II*，act 4，pt.3.

［28］Steckley，"Wine Economy of Tenerife," 342，fig.3.

［29］转引自 ibid.，342。

［30］*Englands Triumph；or，The subjects joy*(London，1675)，1.

［31］Fynes Moryson，*An Itinerary Containing his Ten Yeeres Travel through the Twelve Dominions of Germany，Bohmerland，Sweitzerland，Netherland，Denmarke，Poland，Italy，Turky，France，England，Scotland，Ireland*(Glasgow：James MacLehose，1908)，43.

［32］Phillips，*Short History of Wine*，138，245—246.

［33］Carter，"Cracow's Wine Trade," 555.

［34］转引自 Ian S.Hornsey，*A History of Beer and Brewing*(Cambridge：Royal Society of Chemistry，2003)，324。

［35］Judith M.Bennett，*Ale，Beer and Brewsters in England：Women's Work in a Changing World，1300—1600*(New York：Oxford University Press，1996)，117.

［36］Ibid.，93.

［37］Hornsey，*History of Beer and Brewing*，334. 在不同地区，用来让葡萄酒老化的大酒桶(葡萄牙桶)大小不同，但是标准的用来运输的酒桶能够容纳 535 升。

［38］Mendelsohn，*Drinking with Pepys*(London：St.Martin's Press，1963)，51.

［39］Chloe Chard，"The Intensification of Italy：Food, Wine and the Foreign in Seventeenth-Century Travel Writing," in *Food，Culture and History I*，ed. Gerald Mars and Valerie Mars(London：London Food Seminar，1993)，96.

［40］Mendelsohn，*Drinking with Pepys*，47.

［41］Jean-Louis Flandrin，"Médicine et Habitudes Alimentaires Anciennes," in Margolin and Sauzet，*Pratiques et Discours Alimentaires*，86—87.

［42］Ibid.，87.

［43］Piero Camporesi，*The Anatomy of the Senses：National Symbols in Medieval and Early Modern Italy*(Cambridge：Polity Press，1994)，80.

［44］Rudolph M.Bell，*How to Do It：A Guide to Good Living for Renaissance Italians*(Chicago：University of Chicago Press，1999)，162.

［45］Flandrin，"Médicine et Habitudes," 85.

［46］Sarah Hand Meacham，"'They Will Be Adjudged by Their Drink, What Kind of Housewives They Are'：Gender, Technology, and Household Cidering in England and the Chesapeake, 1690 to 1760," *Virginia Magazine of History and Biography* 111(2003)：120—121. 亦可参见 Louise Hill Curth，"The Medicinal Value of Wine in Early Modern England," *Social History of Alcohol and Drugs* 18(2003)：35—50。

［47］Michel Reulos，"Le Premier Traité sur le Cidre：Julien le Paulmier, De Vino et Pomace, traduit par Jacques de Cahaignes(1589)," in Margolin and Sauzet，*Pratiques et Discours Alimentaires*，97—103.

［48］Henri deButtet，"Le Vin des Invalides au Temps de Louis XIV," in Les Boissons：*Production et Consommation aux XIXe et XXe Siècles*(Paris：Comité des Travaux Historiques et Scientifiques，1984)，39—51.

［49］Holt，"Europe Divided," 35—36.

［50］Peter Clark，*The English Alehouse：A Social History，1200—1830*(London：Longman，1983)，32—34，40—44.

［51］Ibid.，49.

［52］Patricia Funnerton，"Not Home：Alehouses, Ballads, and the Vagrant Husband in Early Modern England," *Journal of Medieval and Early Modern Studies* 32(2002)：493—518.

[53] Thomas E.Brennan, ed., *Public Drinking in the Early Modern World*: *Voices from the Tavern*, *1500—1800*(London: Pickering & Chatto, 2011), 1:51.

[54] *A Dreadful Warning for Drunkards*(London, 1678), A2.

[55] John Taylor, *The Unnatural Father*(London, 1621), 1.

[56] Buckner B.Trawick, *Shakespeare and Alcohol*(Amsterdam: Editions Rodopi, 1978).

[57] Beat Kumin, "The Devil's Altar? Crime and the Early Modern Public House," *History Compass* 2 (2005), http://wrap.warwick.ac.uk/289/1/WRAP_Kumin_Devils_altar_History_Compass.pdf(访问于 2013 年 5 月 27 日)。

[58] Old Bailey records online, April 29, 1674, Oldbaileyonline.org(访问于 2012 年 1 月 14 日)。这个以及其他参考文献是我以前的学生基根·恩(Keegan On)搜集的。

[59] 以下记叙来源于 Beverly Ann Tlusty, "Gender and Alcohol Use in Early Modern Augsburg," in *The Changing Face of Drink*: *Substance*, *Imagery and Behaviour*, ed. Jack S.Blocker Jr. and Cheryl Krasnick Warsh(Ottawa: Publications Histoire Sociale/Social History, 1977), 21—42。

[60] Hornsey, *History of Beer and Brewing*, 343.

第六章　蒸馏酒(1500—1750年)：对社会秩序的威胁

　　直到中世纪末,欧洲的酒精饮料完全通过发酵来生产。尽管蜂蜜酒、苹果酒以及其他水果酒也在其产地被饮用,但当时最重要的酒精饮料依然是啤酒和葡萄酒。到了12世纪,欧洲出现了蒸馏制成的酒精饮料,但是直至1500年,其产量仍十分有限,并且几乎全部被用于医疗。然而到了16世纪末,蒸馏酒就已经进入欧美酒文化的主流,成为人们生活的一部分。最早的蒸馏酒是白兰地,是从葡萄酒中蒸馏而来的。不久之后,其他由谷物蒸馏而来的饮料(尤其是威士忌、金酒和伏特加)也应运而生。到了17世纪,开始从蔗糖生产的副产品糖浆中蒸馏朗姆酒。由于这些新型酒精饮料的度数要比啤酒和葡萄酒高很多,并且又缺少后两者的文化传统,它们的出现对酒的饮用和管理模式产生了或长期或短期的影响,使得1500—1750年成为酒文化史上的一个关键时期。

　　蒸馏酒是通过加热含酒精的液体来获得的,这种液体通常既可以从葡萄或谷物中提取,也可从其他水果和蔬菜(如土豆)中提取。由于酒精的沸点比水低,在混合液体中它可以比水先蒸发出来,蒸汽经收集、冷却后,就可以凝结成浓缩的液态酒精。现代烈性酒的生产要经过一次或两次蒸馏,有时是三次,每次蒸馏出来的液体酒精浓度都会比上一次更高。虽然蒸馏工艺的起源不明,但在4世纪早期希腊的炼金术士帕诺波利斯的佐西莫斯(Zosimos of Panopolis)的作品中,有一个设备一眼就可以看出是蒸馏用的。[1]但这并不意味着蒸馏酒是在那个时候出现的,因为蒸馏能用来分离任何挥发性不同的物质,所以最早的蒸馏工艺很有可能是用来提纯水银、水和各种油类的,还有就是实现炼金术士将基本金属变成黄金的最终目标,而不是为了制造出一种酒精度更高的饮料。此外,尽管古典文本中多次提到发酵饮料的生产及饮用,但一次也没有提到过蒸馏酒。后来的阿拉伯科学家将希腊炼金术士的工作向前推进,他们很可能蒸馏过酒精。因此,许多与蒸馏过程有关的词语都源自阿拉伯语,如表示"酒精"的"alcohol",还有"alembic",指能够加热液体并冷却蒸汽的设备。但也有一种观点认为蒸馏工艺始于今天巴基斯坦和印度的交界处。[2]

欧洲人何时掌握并运用生产蒸馏酒的工艺,我们不得而知(参见图 6)。有人提出,最早的蒸馏酒是 1100 年由意大利南部城市萨勒诺一所权威的医学院生产的[3],如果是这样的话,蒸馏酒就是经过了相当长一段时间才流行开来的。虽然在 12 世纪的其他时间都有提到蒸馏工艺的文献,有的是为了净化水,却没有关于蒸馏酒精的记录。为数不多的几个酒精蒸馏的例子仅仅是出于好奇,或者是由于蒸馏出来的东西味道不佳,蒸馏者没有多喝,因而没能感受到其效果和潜力。

第一个明确涉及蒸馏酒可作为一种饮料的文献要追溯到 13 世纪。在西班牙的加泰罗尼亚地区,研究穆斯林科学的学者拉蒙·勒尔(Ramon Lull)表示很喜欢蒸馏酒的气味和味道,并且很有先见之明地提出,对于即将上战场的士兵来说,蒸馏酒或许可以作为一种极好的振奋剂。[4]他的同行、瓦伦西亚的阿诺杜斯·德·维拉诺瓦(Arnaldus de Villa Nova)提倡饮用蒸馏酒,认为它能使人永葆青春,这比同为西班牙人的庞塞·德·莱昂(Ponce de Leon)在新大陆寻找"不老泉水"早了两个世纪。在阿诺杜斯所关注的科学研究中,有一项是要找到能够永葆青春或者重获青春的法宝。他的众多推荐中包括喝藏红花、芦荟和毒蛇汁的混合液,保持心情愉悦,避免性爱和剧烈运动。[5]或许这也并不令人感到惊讶,阿诺德认为自己已在蒸馏酒中找到另一种有效的物质。他兴奋地说道:"酒精能治百病,无论是因为炎症,还是因为衰老,它可以让人返老还童。"[6]到了 13 世纪晚期的意大利,许多学者都推荐饮用蒸馏酒。它被认为具有药用价值,既可以直接饮用,也可以涂于患处,因此在当时被称作"生命之水"(aqua vitae)。

然而,在获得人们的接受和尊重之前,蒸馏酒就沦为了反炼金术运动的牺牲品。14 世纪时,炼金术被宣布违背自然规律,类似于巫术,因此遭到了教会和世俗权威的一致谴责。14 世纪 20 年代早期,教皇约翰二十二世宣布炼金术理论在很多方面都有异教的因素。1326 年,西班牙阿拉贡的大宗教审判官发起了一场镇压炼金术的运动。在英格兰、威尼斯等地,炼金术都被禁止。1380 年,法国查理五世国王宣布只要拥有蒸馏装置就是死罪,因为它与炼金术有广泛的联系。[7]

　　这样的大环境不利于蒸馏酒的生产，但一些科学家和学者坚持了下来。在整个 15 世纪，随着对炼金术的镇压逐渐缓和，确实有一些关于蒸馏酒生产的记录，尽管这种记录是偶然为之的，很稀少。菲拉拉（Ferrara）的宫廷医生米歇尔·萨沃纳罗拉（Michele Savonarola）出版了一本讨论蒸馏的《论燃烧之水》（De Aqua Ardente，这里的"燃烧之水"是指用来加热基液的火），本书强调了蒸馏酒的治疗效果和应对瘟疫的功效，对欧洲许多地方都产生了持久的影响。列奥纳多·达·芬奇设计了一个改良过的蒸馏器，可以用来从麦芽酒或葡萄酒中蒸馏出酒精，但只能用作溶剂或者制造军用的燃烧弹，他警告人们不要饮用这种蒸馏酒。

　　到了 15 世纪末，以医疗为目的的蒸馏酒技术已经与炼金术有了很大区别，虽然两者使用的是相同的装置。医生和药剂师都使用蒸馏酒精，在很多国家，他们被授权蒸馏酒精，并将其作为处方药进行销售。有时候酒精馏出物会被直接饮用，有时候它可以和花、药草、香料放在一起蒸馏，每一种针对的是不同的病情。1498 年，苏格兰的高级司库记录了一笔给"理发师"（当时的理发师可以作为外科医生）的 9 先令支出："这笔钱是按照敦提（Dundee）国王的命令用来购买'生命之水'的。"[8] 同样，修道院也在生产烈性酒，这里的修道士和修女有时会制作药用"液体"。在最早提到蒸馏酒的苏格兰文献中，有一份 1494 年的订单，上面记录着"给修士约翰·柯尔（John Cor）8 斗粮食用来酿造'生命之水'"，这位约翰就是修道会的一员。[9]

　　它们被统称为"生命之水"，可见人们认为它们有很高的保健价值，这是很有嘲讽意义的，因为蒸馏过程不过是把酒精从基液中分离出来而已。其他的语言重复了这个名称，例如在法语中是"eau-de-vie"，在斯堪的纳维亚语中是"aquavit"，在盖尔语中是"uisge beatha"或"usquebaugh"，在 18 世纪演变成"usky""uiskie"和"whis-kie"。"白兰地"（brandy）一词出现于 17 世纪，意思是"烧酒"，源自荷兰语中的"brandewijn"。关于烈性酒，最早的印刷书籍于 1476 年在德国出版，书中推荐每天早晨喝半勺白兰地，以预防关节炎和口臭等疾病。也有其他医生提到白兰地的治疗效果（可以治愈头痛、心脏病、痛风和耳聋），有助于改善外表（丰胸、抑制头发变白），还能治疗情绪问题（如消除抑郁、改善健忘症）。[10] 和年老有关的耳聋、健忘和头发变白等问题也被包括进来，这表明人们认为喝白兰地能够帮助人永葆青春，也就意味着它能延年益寿。

　　人们认为白兰地和其他烈性酒的本质特征是热量。烈性酒又被称为"燃烧之水"（aqua ardens）和"热水"，因为它是通过加热和蒸发含酒精的液体而获得的。蒸馏工人也常常被称为"烧水人"。由于高浓度酒精会在口腔、咽喉中产生烧灼感，所以人们认为蒸馏酒吸收了蒸馏过程中所用的火的热量。当时占主导地位的医学理论认为,健康是指人体内共存的各个属性(冷热和干湿)能达到平衡。因此,作为热性饮品,烈性酒在医疗中发挥着重要的作用。烈性酒可以用来抵御严寒,因此体寒的老人很适合饮用白兰地。而年老的寡妇被认为身体干燥,如果接触如此烈性的饮料,有可能会燃烧起来,因此不宜饮用。同样,也不建议年轻人饮用白兰地,因为他们本来就是热性体质,饮用"热水"会使他们的身体过热。然而,从整体来看,作为最早被用于医疗的蒸馏酒,白兰地对于身体的好处似乎是毋庸置疑的。医生们很乐意开此类药,病人也很愿意服用。白兰地被当作普通的补药流行起来。一些富有的人养成了清早喝蒸馏酒来补充热量和能量的习惯,在欧洲的一些地区,这一传统一直沿袭至今。

1545年,德国医生沃尔特·莱福(Walter Ryff)详细解释了白兰地的医疗价值。他写道,白兰地不应当作为饮料,而更应当被看作一种"十分有效的药物"。莱福首次描述了葡萄酒的所有疗效,尤其是"淳厚的红葡萄酒",能够增进血液供给。他接着指出,由于白兰地是葡萄酒的精华,所以具有更多的药用价值。他写道:"生命之水对治疗寒冷潮湿的头脑特别有效,它能够缓解轻度和重度的中风、瘫痪、水肿、癫痫、四肢颤抖等症状,所以当四肢因为寒冷而变得麻木无力、失去知觉时,可以用它来擦拭皮肤或者适量饮用。"[11]

由于酒精浓度高,白兰地和其他一些烈性酒也存在问题。在这一时期,酒精浓度还无法测量,即使烈性酒中常常含有各种添加剂,并且通常在饮用前会经过稀释,很多酒的酒精含量可能依然会超过40度,而这个浓度是现在通常所允许的最高度数。白兰地是通过蒸馏葡萄酒获得的,因此其酒精含量要比葡萄酒高出很多。仅此一点并不意味着烈性酒更容易让人醉酒,因为这取决于摄入量,而不仅是酒自身的度数。在蒸馏酒刚进入市场时,人们有可能就像饮用葡萄酒和啤酒一样畅饮,这带来了糟糕的后果。但是,他们更可能只是少量饮用。

既然过多饮用啤酒和葡萄酒这类发酵饮料会引起人们的关注,并在历史上一直受到约束和惩罚,我们很容易理解为什么对蒸馏酒生产和消费的限制更加严格,因为它更容易导致醉酒、人身危害和社会混乱。由于人们还没有认识到酒精是烈性酒、啤酒和葡萄酒所共有的物质,烈性酒最初被单独视为一种饮料,并成为首批受到严格管制的物质。到了18世纪早期,镇压炼金术的运动再次开启,有人呼吁全面禁止烈性酒。向欧洲人提供白兰地(之后是金酒、伏特加和朗姆酒)的烈性酒生产者引发了一场关于酒、健康与社会秩序的辩论,这场辩论时而和缓,时而激烈,持续了好几个世纪。

一个根本的问题是,要想把白兰地的使用仅限于医学上是不可能的,虽然这是它最初被认为的适当用处。实际上,要确定适用白兰地的具体情况也是不可能的,所以无法确定何时是合理的使用,何时是滥用。和葡萄酒一样,白兰地不仅仅是针对某些疾病的处方药,还被允许作为普遍的补药限量使用,每天饮用以保持身心健康。1532年德国一本关于蒸馏的书一针见血地概括了这种含糊性,以及因此产生的对白兰地的矛盾心理。作者写道:"白兰地对缓解悲伤和忧郁有好处……它能使人恢复体力、精神饱满、心情愉悦。"[12]我们很难区分医学上定义的身心疾病和日常生活中一般性的忧虑和烦恼,同样,也很难划分医疗性饮用和娱乐性饮用之间的界线。

虽然直到20世纪,烈性酒一直和医疗有很强的联系,但是在16世纪早期,它们就开始和医学相脱离。到了1506年,科尔马(Colmar)已经批准蒸馏酒的生产并对其征税。[13]在很多地方,生产蒸馏酒的权利扩展到了生产食物和饮料的行业,如粮食供应者和造醋者。在法国,这些行会在16世纪30年代就已经被授予生产蒸馏酒的特权。[14]而在英国,蒸馏酒的生产一直处于医生的监管之下。在16世纪50年代,皇家医学院(Royal College of Physicians)建立了一个专门的委员会,负责监督蒸馏酒的生产。英国的蒸馏酒垄断直到1601年才结束。伊丽莎白一世宣布她的臣民应当"拥有他们想要的便宜烈性酒来温暖寒冷的胃"[15]。

随着医生们开始失去对烈性酒的控制,修道会也是如此,自16世纪30年代开始,在新教占据支配地位的大部分地区,宗教改革者解散了修道院。许多原来的修士和修女在还俗后继续生产蒸馏酒,妇女在这一领域仍起着非常重要的作用。1564年,慕尼黑的30个蒸馏酒生产者中有一半是女性。据说在英国、匈牙利、不伦瑞克等地,女性在这一行业的表现十分突出。英国的烈性酒生产大部分掌握在女性手中。在这一时期,蒸馏酒的生产以小规模的家庭作坊为主。女性蒸馏者的出现和从事麦芽酒生产的酿酒女相呼应,而到了16世纪,后者已经几乎销声匿迹。1546年,行将就木的亨利八世任命一名女官负责管理汉普顿宫的两个花园,用来"制造和蒸馏各种……药草、香水和其他必需品"供他使用。[16]

蒸馏酒不仅仅来源于葡萄酒,有的也来源于谷物发酵的液体(主要是麦芽酒),这对欧洲北部地区意义重大。由于那里的气候不宜栽培葡萄,特别是从16世纪开始,一段酷寒气候使边缘地区的很多葡萄园毁于一旦。谷物烈性酒给买不起进口葡萄酒的人提供了喝当地酒的机会,这种酒的酒精浓度比啤酒更高。或许是因为烈性酒能让人暖和,在寒冷的北欧地区,烈性酒尤其受到欢迎。到了 1600 年,爱尔兰、苏格兰、德国、斯堪的纳维亚等地也都开始用粮食生产蒸馏酒。饮酒者可能太热情了,在苏格兰,蒸馏酒消耗的大麦占据了总产量的很大份额。1579 年,因为预料到粮食会歉收,苏格兰议会宣布禁止除伯爵、领主、贵族和绅士以外的人生产蒸馏酒。议会宣布"整个国家消耗了大量的粮食来制作烈性酒,这是导致饥荒的重要原因"[17]。

随着饮用烈性酒的人越来越多,加上人均饮酒量可能也增加了,于是就有了针对酗酒的警告。在神圣罗马帝国,1530 年的一条治安条例指出敬酒行为(已经被禁止)是醉酒情况加剧的原因:"举杯敬酒之风四处蔓延,日益泛滥,引起亵渎、谋杀、误杀、通奸与其他诸如此类的恶行。"[18]到了 1550 年,荷兰医生列维努斯·莱姆尼乌斯(Levinus Lemnius)注意到,将烈性酒当作饮料的现象已经十分普遍,德国西部和佛兰德斯地区的人们过度饮用,对他们的健康造成很大损害。[19]这些警告部分反映了新教教会想要遏制各种不道德行为的愿望,他们声称罗马教会容忍甚至是鼓励这些不道德行为。在瑞士,约翰·加尔文(John Calvin)制定了严格的法令,不仅惩罚醉酒行为,还对在酒馆中以喝酒为主的社交活动加以限制。诸如此类的禁令涉及所有的酒精饮料。但是相对于发酵饮料,烈性酒被认为有更多潜在的危害,无论是对人们的健康,还是对于社会秩序。

尽管喝酒有利于健康的说法依然盛行,但这些说法常常会有所保留。1572 年,纽伦堡的医生们警告说:"白兰地比其他饮料更具危害,尤其是对于孕妇和年轻的劳动者而言,会导致很多破坏性的疾病。"[20]欧洲各地当局开始尽力规范烈性酒的生产、销售和饮用。从有利于公共健康的角度出发,德国城市纽伦堡在 1567 年规定,只能用"品质优良的、合适的葡萄酒或葡萄酒渣来酿造白兰地"[21]。早在 1472 年,奥格斯堡就开始对白兰地征税。各个自治市也开始禁止在周日或礼拜仪式期间销售白兰地。纽伦堡在 1496 年颁布了这一规定(在 16 世纪又颁布了几次,这表明其执行并不到位),慕尼黑在 1506 年、奥格斯堡在 1529 年也相继颁布了这一规定。在纽伦堡,在非禁售的日子里,白兰地只能在集市货摊上销售,而在奥格斯堡,可以从杂货店主那里购买,或者是直接从生产者家中购买。[22]

在这些以及其他的德国城市中,白兰地受到许多限制,以免它变得像葡萄酒或啤酒那样每逢社交场合都要饮用。法律禁止市民在购买白兰地的地方坐着饮用,而是只能站着饮用,或者是带回家私下享用。[23]如果要在销售地点饮用,也不准敬酒,而且最多只能喝 1 芬尼(相当于 1 便士)的量。[24]由于饮用一杯白兰地来开启新的一天变成了一种流行趋势,德国的一些州规定只能在工作日的早上销售白兰地,而不像葡萄酒和啤酒那样,可以全天销售和饮用。

显然,官方急于限制对烈性酒的饮用,他们不断提醒饮酒者,烈性酒本质上是一种医疗保健用品,而不是一种消遣饮料。但是官方也受到越来越多要求放松限制的压力。在德国的每一个城市,蒸馏酒生产者和零售商都声称,他们面对着来自乡村的不法生产者和销售商的不公平竞争;对于白兰地这种对身体有益的饮品,政府应该鼓励,让人们有更多的获得渠道,而不是增加其获取难度;由于16世纪的通货膨胀,1芬尼能买到的白兰地微乎其微。作为回应,奥格斯堡市议会在1580年将白兰地的限额提高到2芬尼的量,到了1614年又调到了4芬尼;允许顾客坐下来喝白兰地,却不允许他们边喝酒边吃东西。1614年发布的一条警告说:"白兰地不应被过度饮用,而只应该为了增强体力或用于医疗目的。"由此可见,白兰地一直享有特殊的地位。[25]

然而,事实表明蒸馏酒仅限于医疗上少量使用的努力是徒劳的,蒸馏酒的生产迅速传遍整个欧洲。蒸馏业和宗教一样,是印刷术发明后的第一批受益者。古登堡(Gutenberg)的神奇发明印刷出来的很多书籍都介绍了蒸馏工艺,并赞美了烈性酒的价值。到了1525年,关于蒸馏的书(尤其是关于白兰地的书)以各种语言被出版,包括法语、德语、荷兰语、意大利语和英语。蒸馏酒厂遍地开花,毫无疑问,对蒸馏酒的饮用也是同步增长的,但是关于两者的有用数据都付之阙如,因为对烈性酒的征税只是偶尔为之,并且其生产者似乎经常逃税。

到了17世纪,烈性酒在欧洲酒文化中的地位已经牢牢确立,并且越来越规范化,到了17世纪中叶,其生产和销售的有关政策已经与啤酒和葡萄酒相类似了。蒸馏酒生产者行会已经成立,他们的产品也被征收关税。在奥格斯堡,最后一起非法生产出售烈性酒(在这个案件中是蒸馏黑麦)的诉讼案发生在1643年,但是在这起诉讼之后,这条法律的文本又保留了几十年。英国的蒸馏业蓬勃发展,到了1621年伦敦蒸馏酒生产者公会(London Company of Distillers)成立时,大约200个蒸馏酒商在生产"'生命之水''混合之水'(Aqua Composita)和其他烈性酒"。其他的蒸馏酒商用各种各样的物质来制造烈性酒,如葡萄果渣(可酿成一种早期的格拉巴酒)、啤酒渣和腐烂的水果。[26]

在蒸馏酒的历史上,最重要的发展之一就是其产地在法国西南部的集中。最早的集中地是14世纪开始发展起来的阿马尼亚克(Armagnac),其次是位于波尔多北部的夏朗德(Charente)地区,而在商业上,后者却重要得多。夏朗德地区至今依然是法国白兰地的生产中心,这一地区包括干邑(Cognac)在内,而该地优质的葡萄酒也以"干邑"命名。夏朗德地区拥有两个重要的资源优势:能够生产大量白葡萄酒的葡萄园和提供蒸馏所需燃料的森林。荷兰企业家在17世纪20年代开始建立蒸馏厂,不久之后他们就开始生产数量空前的白兰地。在17世纪40年代中期,英国每年都会从夏朗德地区进口约20万加仑的白兰地。到了1675年,进口量增加到100万加仑,而到了1689年又翻了一番。[27]

这些数据表明,在17世纪的欧洲市场上,蒸馏酒的量肯定有显著增长。1677年,巴黎警方声称"骗子、流浪汉和一些其他恶人"都在借助白兰地犯下"恶行",通过盗窃和其他罪行来支撑他们"放荡而堕落"的生活。"每到黄昏时分,他们就会聚集到白兰地售卖处,饮用大量白兰地,然后大声吵闹着离开,也不管晚上什么时间,扰乱社会治安,妨碍公共安全。"从10月1日到5月底这段时间,昼短夜长,警方禁止卖白兰地和烈性酒的商贩在下午4点以后招待客人。[28]

和谷物酒在17世纪早期开始进入欧洲主流饮酒文化时所引发的焦虑相比,对于白兰地的保留态度相形见绌。谷物酒包括金酒和威士忌,前者源自荷兰,用谷物蒸馏而成,加上杜松子提味,而后者用大麦制成。[29]这两种酒之所以会引起人们的猜疑,是因为虽然它们是用当时人们已经熟悉的蒸馏过程制成的,却是一系列商业饮料中的后来者,其优点和缺点还不为人所知。1609年,苏格兰国王詹姆斯六世将南方诸岛的叛乱归罪于威士忌和葡萄酒:"他们对烈性红酒和白兰地的热爱毫无节制,这正是造成这些岛屿极端贫穷的主要原因,也是他们在战斗过程中所表现出来的残忍和野蛮的主要原因。"[30]很明显,威士忌造成的问题更大,詹姆斯虽然允许他们自行生产各自家庭所需的威士忌,却禁止他们进口更多的威士忌(领主和"富裕的绅士"享有豁免权)。

尽管谷物烈性酒和白兰地大不相同,但是在管理方面,1500—1700年期间,两者却走过了相似的道路。它们一开始均被定义为处方药。例如,在1505年,苏格兰威士忌的贸易由爱丁堡皇家外科医师学会来管理。[31]接着开始在限制条件下被零售,而这基于这样一种认识,即它有益健康,但如果只是纯粹为了享受而饮用,则要加以控制。最终,随着蒸馏酒进入娱乐性消费的世界,限制性的规定被废除,或者直接被废弃不用,当局意识到如果对其进行征税,会获益更多。荷兰在17世纪早期就对蒸馏酒征税,英格兰随之在1643年开始征税,一年后苏格兰也效仿之。1707年,苏格兰和英格兰合并,共同的消费税税率是每加仑收取1便士。[32]

朗姆酒有着不同的历史。朗姆酒是用发酵的糖浆和制糖的废弃物蒸馏而成的,最早出现在 17 世纪早期加勒比海地区的英法殖民地,虽然早在 1552 年就有模糊的相关记载(这方面更早的例子是中国和印度的发酵甘蔗汁)。[33] 在加勒比海地区,朗姆酒很快就在欧洲殖民者和当地人中间成为流行饮品。它被赋予各种药效,比如通过"以火驱火"来降温,并且因为其高热量而受到人们的青睐。[34] 与此同时,它还在欧洲海军和商船队找到了市场。朗姆酒被当作防腐剂加在桶装水中,而在大西洋另一侧的美洲,朗姆酒也成为唯一一种可以被带上船的酒。英国皇家海军早在 1655 年就开始每天提供一定量的朗姆酒给士兵(这种做法一直持续到 1970年),不久朗姆酒就被视为海军士兵的特供饮料。虽然朗姆酒被少量进口到英国(深受这里港口城市水手们的欢迎),但它依然是微不足道的,因为在通常情况下,横跨大西洋的运输成本使得它比白兰地和当地生产的烈性酒贵很多。尽管如此,到了 17—18 世纪,朗姆酒依然成为北美酒文化的重要组成部分,在美洲殖民地建立了许多朗姆酒厂(原料来自加勒比地区进口的糖浆)。

另一种主要的蒸馏酒是伏特加,最早的生产地十分广阔,涵盖了今天的俄罗斯、波兰、白俄罗斯和乌克兰。第一批生产者可能是修道士,和在欧洲其他地区一样,他们蒸馏基于谷类(通常是黑麦)的液体供医疗使用,既可以被病人直接饮用,也可以外用。到了 16 世纪,包括添加调味品(如蜂蜜、香料和香草)在内的改进使得伏特加成为很受欢迎的饮品。关于伏特加的发源地到底是波兰还是俄国,一直存在争议,"vodka"的含义是"水",有可能源自俄语,也有可能源自波兰语。在 11 世纪的波兰文献中就提到了蒸馏酒(名为"*gorzalka*",源自波兰语中表示"燃烧"的一个词),但不能确定这就是伏特加。[35] 无论波兰是不是伏特加的发源地,波兰的伏特加产业在 17 世纪末就已经步入正轨。到了 1620 年,许多城市都颁发生产许可证,仅仅格但斯克(Gdansk)就颁发了 68 个。1693 年,克拉科夫的生产者公布了伏特加的配方,表明生产伏特加既可以使用谷物,也可以使用土豆。

在俄国,沙皇最早于 15 世纪 70 年代就确立了对伏特加的国家垄断,将其作为税收来源以及政治和社会控制的一种手段。[36] 在 16 世纪,伊凡四世建立了一个新的特权等级,规定只有这个等级的成员才能饮用伏特加,以此换取他们的忠诚。彼得大帝将伏特加赏赐给其拥护者,并用它来操控外交官和外宾。1695 年,他创立了"愚人与弄臣的滑稽醉酒宗教会议"(Drunken Council of Fools and Jesters),他本人也名列其中,要求其成员"天天喝得酩酊大醉"[37]。早期这种国家参与伏特加生产的做法奠定了此后几百年的基调,使得接连几个帝国政府和他们的继承者苏维埃政权都依赖于征收酒税。

17 世纪欧洲对蒸馏酒精饮料的接纳引发了一系列对其各自优点的讨论，不仅对各种蒸馏酒进行比较，也将其与历史悠久的发酵饮料啤酒和葡萄酒进行比较。在此背景之下，评论家还讨论了茶、咖啡和巧克力这些在 17 世纪进入欧洲上层社会的日常饮食，但值得注意的是，他们没有在酒精饮料与不含酒精的饮料之间做出明显的区分。尽管人们还没有咖啡因这个概念，没有意识到它是这些新型热饮中的活跃成分，却已经认识到这些热饮的刺激作用与酒精并无二致。如今，作为饮料，茶、葡萄酒、咖啡和啤酒似乎不那么容易被混为一谈。17 世纪的一些作家认为，由于茶拥有葡萄酒的所有益处，却不会导致醉酒和宿醉，所以比葡萄酒更适合饮用。他们觉得这种认识并没有什么不妥。至于咖啡，许多作者严厉谴责对这种饮品的饮用，就像他们抨击对酒的滥用那样猛烈。一位法国医生指出，咖啡和巧克力"在起初还苦涩的时候，仅被当作药物使用，但是自从加糖变得美味之后，它们就变成了毒药"。他指出咖啡会导致失眠和食欲不振，阻碍未成年人的发育，"降低两性的生育力"。关于最后一条，他提到一位妇女在看到一匹马被阉割时说："只要让它吃点咖啡，降低它对母马的情欲就可以了。"[38]

关于酒精饮料与非酒精饮料的讨论涵盖了最广为使用的饮料：水。关于水自身的价值以及相对于其他饮料的价值，意见并不一致。一位法国医生宣称，水是"所有饮料中最有益健康的……可以抑制我们身上过多的热量"，并声称"通常情况下，那些只喝水的人比喝葡萄酒的人更加健康长寿。第一个喝葡萄酒的人是诺亚，从此以后，人类的生命就变得更加短暂，并且比以前更容易生病"。[39]

这一少数派的声音被其他大多数人的声音所淹没，后者包括 17 世纪英国的著名医生理查德·肖特(Richard Short)。肖特先生认为，对于居住在炎热气候地区(如"非洲")的人们来说，水是适合饮用的，但是他坚称，对于居住在英国这种凉爽气候国家的居民而言，水是危险的。在这里，"水已经危害了许多人，许多人因为饮用水而失去了生命"。水破坏了人体的自然热量，导致各种疾病，特别是对那些手脚冰冷、需要热量的老年人。肖特医生对"饮水的新模式"表示担心，并将饭后饮水的现象说成"日益增长的现象"。

肖特的评论可能对这种趋势有所夸大，但是它表明，在 17 世纪的餐桌上，人们很可能更频繁地将水掺入各种各样的饮料。尽管几乎可以肯定，穷人只能喝水，并且毫无疑问，其中许多为劣质水，但肖特先生似乎更加关注中上阶层。他承认，在用餐阶段，人们在饮葡萄酒后可以喝少许水，其作用仅仅是为了稀释葡萄酒，但是他却称喝完啤酒后再喝水是一种"愚蠢的举动"。

肖特并不认为烈性酒是最好的酒，而是推荐葡萄酒（"绝对比水好"）和啤酒（"香甜、健康且是买得起的优质滋补品"）。虽然他给出了合理的医学解释，来说明为什么葡萄酒和啤酒更健康、更容易消化，却通过诉诸饮食传统来强烈反对饮用水："在我们国家，人们不习惯喝水……我们不应该改变这一旧有的习惯……一个全民共有的饮食习惯是合乎理性的。"肖特向他的读者明确表达了他对饮水的看法："在我们国家，如果让人们饮用水，那不妨直接给予他们麻醉品，例如鸦片和罂粟这样让人神志不清的东西。"[40]

这场关于水的争论提醒我们，相较于可得到的水而言，酒通常是更安全的饮料。虽然肖特提到井水比河水更加糟糕，但他并没有讨论污染的话题，而与他同时代的人的确表达了对于饮用水的忧虑。17世纪一个为伦敦供应"优质净水"的提议指出，目前供给的水肮脏而污浊，"用途有限"，呼吁建立一个封闭式输水管道，为城市提供"适于多种用途的优质水源，不论是用来给肉调味，还是用来清洗、烘焙、沏茶或是饮用"。[41]在这份净水的用途清单上，"饮用"被放到了最后，这是意味深长的。

就在这一时期，人们也提出了淡化海水（去除海水中的盐分）的建议，这对海军和商船船员来说有很大的价值。随着欧洲人不断探索世界上其他的地方，他们在美洲、非洲和亚洲建立了殖民地，在远离欧洲的纽芬兰沿海富含鳕鱼的海域捕鱼，海上远航逐渐变得更加普遍。这样的航行要求携带足够的饮用水供全体船员饮用，并确保装在木桶里的水不会变质。随着烈性酒变得更加普及，它们经常被添加到桶装水中，以减缓水的变质速度，但人们更青睐于将海水淡化。

其中一种发明在17世纪被广泛宣传，宣称每24小时可以从海水中生产出90加仑的淡水。它的支持者认为这将不仅仅是水手们的福音，而且对"沿海地区缺少优质水源或以苦盐水为主的"社区来说，也是一种极大的帮助。淡化海水的提议得到了23位医生的支持，其中包括理查德·肖特，我们之前已经提及他对于饮用水的批判。或许对于英国的水手来说，虽然英国的水是危险的，但是当他们航行于气候更温暖的非洲和西印度群岛沿海时，水是可以放心饮用的。支持海水淡化处理的医生们指出："沿海地区的苦咸水和海上饮用的变质水可能会让很多人生病，今后若有了健康的饮用水，病人的数量可能会减少。"[42]

像这样为提供安全饮用水而设计的方案在提醒我们，认为欧洲人只喝酒精饮料的想法是错误的。如果说水的品质让人忧虑，那么更让人忧虑的是大量的酒精饮料被购买和饮用。据说在17世纪末期和18世纪早期的英国，醉酒现象已是屡见不鲜。这个时期英国的啤酒生产似乎达到了顶峰，一位评论者曾预言说不用多久，整个王国都将会"只剩下啤酒厂和蒸馏酒厂，而这里的居民也都将沦为酒鬼"[43]。

烈性酒不仅让很多饮用者头疼，也让那些因注意到烈性酒饮用量逐日递增而担忧的人深感头疼。据说金酒的度数比白兰地还要高，因此是一种更"热"的饮料，会使其饮用者变得"过热"。如果说在早晨过度饮用白兰地会导致下午对葡萄酒和啤酒的滥饮，那么饮用谷物蒸馏酒的话，风险则大得多。在 18 世纪早期，由于几次道德恐慌的发生，对于烈性酒潜在危险的警告似乎合情合理。在这些道德恐慌中，最具有戏剧性、记录最完整的是 1700—1750 年间发生于英国部分地区的"金酒热"。金酒曾经是各种蒸馏酒的通称，这里提到的不仅仅是指杜松子口味的烈性酒，而是指所有的谷物酒。

在考察这种现象时，我们很难从当时的激烈言辞中分辨出事实。[44]可能它远没有同时代人和后来一些历史学家耸人听闻的描述那么严重。1925 年，历史学家多萝西·乔治(Dorothy George)指出，"对于 1720—1751 年间因滥饮烈性酒所造成的累积性灾难性影响，怎样夸大也不过分"，而这本身似乎就是一种夸张。[45]当时对于因为饮用金酒而导致的大规模破坏和死亡的描述有很多，它们无疑表明了人们的道德恐慌，而这种恐慌建立在对可证实事件的牵强解释之上。即便如此，在 18 世纪前半期英国的部分地区(尤其是伦敦)，烈性酒的生产和消费显然急剧增长，这必然对许多人的健康和幸福乃至整个社会秩序有所影响。然而，今天很难去衡量这种现象的范围和产生的结果，也很难理解为什么它会引发一场道德恐慌。

金酒在英国的盛行是因为白兰地的短缺(参见图 3)。17 世纪晚期，英国从法国进口了大量白兰地，到 17 世纪 80 年代，每年进口 200 万加仑。1688 年，来自荷兰的新教徒王子奥兰治的威廉成为英国国王，这种进口中断，导致了英国与法国狂热的天主教国王路易十四之间关系破裂。在许多年里，法国白兰地的进口量减少(进口过来的也要被征收惩罚性的关税)，而威廉的继位推广了起源于荷兰的金酒。起初，金酒是从荷兰进口的，但不久以后，英国的蒸馏酒制造者就开始大量生产金酒，或者对其进行掺假。

1690 年到 18 世纪 20 年代之间，英国议会鼓励蒸馏酒的生产，不是因为它本身的好处，而是为了减少对来自天主教法国的葡萄酒和白兰地的需求。实际上，金酒变成了彰显爱国精神的酒，虽然它并没有取代啤酒成为英国的国酒。议会几乎允许任何人用商业化的方式生产蒸馏酒，只要他们支付相应的税额，即 1 加仑 2 便士。如此低的税率一直持续到 1710 年都未曾改变，而啤酒的税额则增加了一倍。在 18

世纪 20 年代之前，尽管偶尔会对蒸馏酒的生产加以限制，但这反映了对谷物短缺问题的关注，旨在确保酒的生产不会危及粮食供给。实际情况是，从 1715 年到 1755 年，连年丰收（其间仅有三年收成不好），因此用于蒸馏的谷物数量庞大，相对便宜。

到了 1736 年，对蒸馏酒生产的管制被解除，仅在伦敦及其周围就建立了大约 1 500 个蒸馏酒厂。其中大多数（大概 3/4）是小规模生产者，其设备价值不到 100 英镑，可能只有 1/6 生产者拥有价值超过 1 000 英镑的设备。[46] 因此，蒸馏酒业和啤酒业有显著的不同。到了 18 世纪早期，为数不多的几家大型公司逐渐控制了啤酒业。

对蒸馏酒生产所征收的税额低于啤酒，不仅如此，出售蒸馏酒还有其他好处。蒸馏酒的零售商都不必办理营业执照，因为他们并没有销售食物和提供住宿，和酒馆老板相比，他们所需要的营业场所面积更小。1720 年又有了另一个诱因，任何从事蒸馏酒生产和零售的人均可免除为军队提供住处的义务，这一令人嫌恶的负担被强加于旅馆老板、马厩管理员和其他人身上。在这些有利的商业条件和活跃的市场环境下，出售蒸馏酒的小型酒馆数量大幅增加。根据当时的记录（或许准确，或许不准确），到了 1725 年，伦敦有超过 8 500 家酒馆，相当于每十一户人家就有一个。[47] 在较贫穷的地区，如威斯敏斯特和圣吉尔斯（St.Giles），据说是每四户人家有一个酒馆。这样的密集程度令人难以置信，有可能是酒馆的数量被夸大了。如果每个零售商只供应十户人家，他是难以为继的，三户人家就更不用说了。

这些数据在被收集起来的同时也被公之于众，不管精确与否，它们只会加剧这样一种焦虑，即人们对烈性酒的嗜好已经到了不知餍足的程度。被征税金酒的产量从 1688 年的 50 万加仑增加到了 1720 年的 250 万加仑[48]，此外还要加上没有记录在税收记录中的、非法生产的烈性酒，其数量不得而知。但是，即使征税，其税率也很低，而对于饮酒者来说，一个极其重要的考虑因素就是成本和酒精度数之间的比例，因此作为麦芽酒和啤酒的补充或替代，烈性酒依然很有吸引力。蒸馏酒的口感可能增加了其魅力。大多数蒸馏酒是以玉米为原料制造的，但是通常都添加了调味品，有时是杜松子（如最初的荷兰金酒），有时通过添加芫荽、硫磺酸和松节油来增加口感，并且经常加入糖来增加甜度。甜味被认为能增强金酒的吸引力，特别是对女性而言。随着 17 世纪时糖在欧洲的推广，人们更偏爱甜味，男士们也经常用糖来增加葡萄酒的甜度。

18 世纪早期的形势对英国的蒸馏酒产业是有利的，但其成功本身也造成了困扰，因为到了 18 世纪 20 年代，蒸馏酒的饮用量以及它对健康和社会秩序所产生的影响，都给社会中上层敲响了警钟。1720年合法生产的蒸馏酒多达250万加仑，这足够给每一个伦敦人提供每年3加仑，相当于今天的15瓶，足以保证伦敦每个人每天1盎司的量，不分男女老少。[49]但是就像我们前面提到过的那样，在表达西方社会人均饮酒量时，"男女老少"这个抽象化的表达是具有误导性的，因为从历史上来说，未成年人的饮酒量远远少于成年人，而女性的饮酒量也低于男性。

　　然而在18世纪英国"金酒热"的背景之下，"男女老少"这个表达特别能够引起人们的共鸣，因为大多数的焦虑基于这样一种认识，即滥用金酒的不仅仅是传统意义上喜欢纵酒的男性，还有女性和未成年人。金酒被称作"金酒母亲"，这名字将其与女性和儿童联系起来。据说狂饮金酒的母亲会给她们较大的孩子饮用金酒，让他们不再因为饥饿而抱怨，同时还通过哺乳间接将金酒喂给婴儿。威廉·贺加斯(William Hogarth)的蚀刻画《金酒街》(Gin Lane)是最著名的描绘"金酒热"的作品，画面的正前方是一位袒露胸部、正在哺乳的妇女。她懒散地躺在台阶上，醉得不省人事，甚至没有意识到她的婴儿已经从她怀里滑落，头朝下摔到下面的街道上。

　　贺加斯的《金酒街》创作于1751年，此时"金酒热"已经进入尾声，他肯定受到了这一时期很多文学作品的启发，这些作品生动描绘了金酒对妇女及其家庭所造成的影响。一位作家指出，如果"怀孕的妇女习惯性饮用高度数的烈性酒，她腹中的胎儿肯定也会喝到"，而这会让他们"在能称呼其名甚至是看到烈性酒之前，就已经形成对烈性酒的热爱"。[50]他还指出许多母亲和保姆喂孩子金酒，他们对母乳的需求量已经下降。另一位作家这样描述那些嗜饮金酒的母亲的孩子："一个是罗圈腿，一个是驼背，一个是鱼突眼，另一个是猴腮脸。从他们身上，都可以看到他们母亲的愚蠢所留下的痕迹。"[51]

　　尽管这些孩子如此畸形，但他们至少活了下来。许多反对烈性酒的作家指出，这些致命的酒会导致出生率下降、死亡率上升。在贺加斯对于金酒破坏性影响的描绘中，有许多死亡的画面。这里表达的对于死亡率和未成年人健康的忧虑不仅局限于英国，因为出于政治、经济和军事的目的，每一个欧洲国家都对促进强劲的人口增长很感兴趣。这位作家生动描述的出现在儿童身上的问题后来被称为"胎儿酒精综合征"，他充满讽刺地将这些儿童说成"充满希望的后代，而他们的后代将成为这个国家的爱国者和守护者，以及他们的祖先在海洋和陆地所获得的英国荣耀的捍卫者"[52]。

　　其他反对饮用烈性酒的观点还有很多，不一而足。其中一个指出饮用金酒会让人对高营养食物失去胃口，尽管这里让人担忧的似乎并不是营养不良的贫困阶层,而是食品生产者和商人利润的下降。根据这一时期的一些讲述,因为没有人愿意买肉,屠夫们只好把肉扔掉,或者拿去喂狗。还有一些其他的报道说,奶农将卖不掉的牛奶倒入下水道。据说金酒会严重降低食欲,降低了18世纪工人阶层对面包这样的主食的需求。一本政治小册子的作者指出,议会应该介入,提高金酒的价格,以便让贫困人口恢复正常饮食,重新喜欢上"面包、肉和啤酒的天然味道"[53]。在最普通的意义上,金酒也会引起社会不安。它不仅影响了家庭的和谐安定、社会的繁荣兴旺和人民的健康,还诱发了各种犯罪活动和伤风败俗的行为。据说男性和女性会为了维持其饮酒习惯而去偷窃、卖淫和谋杀。"因此就有了孤注一掷的攻击事件和公路及街道上的抢劫,有时还有最残酷的、前所未闻的谋杀。"[54]

一边是主张阻止或限制烈性酒的生产和销售,另一边是更加温和的建议,认为社会崩溃被夸大其词。持这一观点的作家可能在金酒产业有自己的利益,他们坚持认为啤酒饮用者和金酒饮用者一样难以控制;至于伤风败俗的行为,和出售麦芽酒的酒馆里各种过分行为相比,供应烈性酒的酒馆相形见绌。他们争论道,蒸馏业促进了粮食种植者的兴旺,而其他行业的人也会因此而受益,其中包括生产工具制造者、车夫和负责将粮食运输到伦敦的水手。此外,政府也可以从中受益:据估计,到了1730年,1/4的英国税收来自各种酒类。

对于饮用金酒及其社会影响的成见从18世纪20年代一直持续到18世纪50年代,并产生了一系列试图用各种方式来应对这一问题的法令。这方面的第一条法令于1729年通过,打击的对象是零售商,因为它将对蒸馏酒的税收提高了30倍,从2便士增加到了5先令。此外,他们还要每年缴纳20英镑的营业税,并对在街头吆喝贩卖金酒的行为设定了高达10英镑的罚款。但是这个由伦敦的法官和医生游说而产生的法令只延续了四年就被废除了,因为逃税行为泛滥,当局根本无力阻止。合法生产的蒸馏酒产量持续增长,从1720年的250万加仑增加到了1730年的380万加仑。1729年这条法令被废除之后,蒸馏酒的产量马上开始猛增,在1735年达到了640万加仑。除了这些被征税的蒸馏酒之外,还有数量未知的非法烈性酒。

在1729年这条法令被废除后不久,又兴起了一场由法官和宗教组织领导的运动,他们声称醉酒和犯罪行为正在与日俱增,而罪魁祸首就是烈性酒。根据米德尔塞斯郡大陪审团的报告,穷人"整天醉醺醺的,在我们的街区里,时常看到喝醉酒的穷人,对于理性的人来说,这样的场面令人憎恶……因此,无论是对于他们自己还是对于社会,他们都百无一用"[55]。这样的陈述促使了1736年一条法令的通过,规定每年向零售商征收50英镑的营业税。此时捍卫金酒的人再次作出反应,伦敦街头出现了骚乱。

这条法令和 1729 年的那条一样行不通，在三年后就被废止了。因此，烈性酒的生产、销售和饮用实际上处于一种不受约束的状态。1743 年，烈性酒的消费似乎达到了顶峰，被征税的就多达 820 万加仑。对于英国的全部人口而言，这相当于人均超过 1 加仑的酒，但是如果我们把下列因素考虑进来，就会发现成年男性每年的饮酒量肯定超过 10 加仑，如果用今天的标准瓶来计算，相当于每周一瓶。这些因素包括：非法生产的量；不同性别和年龄的人在饮酒上的差异；蒸馏酒的饮用主要集中在伦敦，在较小的程度上，还有其他几个港口和工业中心。显然，对于众多占人口少数的成年男性来说，有足够多的蒸馏酒供他们定期大量饮用。

但是从 18 世纪 40 年代中叶开始，蒸馏酒的产量开始下降，在 1751 年又一条法令被通过时，这场所谓的"金酒热"已经在衰退。1751 年的法令禁止蒸馏酒商生产销售他们自己生产的酒，对零售商征收适当的营业税，即 2 英镑。相对于去理解为什么蒸馏酒会失去其吸引力，更容易的是去理解为什么当初它们会如此诱人。一系列的法令虽然不太有效，却扰乱了蒸馏酒的生产，使供应变得不稳定。或许饮酒者重新喝起了啤酒，尤其是新型的、度数更高的波特啤酒。在 18 世纪 50 年代后半期，持续了 30 年的好收成也戛然而止；1757 年、1759 年和 1760 年，庄稼歉收，为了保证食物供应，蒸馏酒的生产被全面禁止。在此之前，蒸馏酒的产量已经在下降，这条禁令不过是加强了已有的趋势。

金酒所引发的恐慌暴露了酒与权力之间的关系。这是欧洲国家第一次试图利用国家全部力量去控制酒的饮用。和英国议会要将一种畅销的酒精饮料赶出市场的目标相比，16 世纪那些针对坐着饮酒或敬酒和请人喝酒的条例相形见绌。如此规模的管控是没有先例可循的，因此犯了一些错误。1729 年的第一条法令提高了零售商营业执照的费用，目的可能是要让许多零售商失业，同时迫使幸存下来的零售商将营业执照的花费转嫁到顾客身上，以此来打击需求。后来，议会将矛头指向了生产而不是零售。即使如此，政府并没有全心全意地执行这一法令。考虑到合法经营的酒水产业所能提供的税收，政府并不希望看到蒸馏酒的生产和销售被驱赶到地下。

对金酒的斗争也是一场阶级斗争与性别斗争。在中上阶层的描述中，维系这个产业的主要是危险的、不守规矩的广大穷人。出售金酒的商店被描述为肮脏的巢穴，出入那里的都是社会渣滓，酒贩子说好听点是无所事事之徒，说难听点就是罪犯。烈性酒和道德之间的联系也被按照阶层仔细划分，富裕的市民被描述为能负责任地享受啤酒、葡萄酒、白兰地和风味烈性酒,而下层阶级则被说成要么因为购买粗劣的蒸馏酒导致家庭一贫如洗,甚至家破人亡,要么滥饮无度,走上道德败坏和犯罪的道路。对女性饮酒之弊的强调反映了这一时代这样一种认识,那就是女性生来注定是要做母亲的,因此她们对家庭负有特别的责任,女性过度饮酒不仅仅是糟糕的,而且也是违背自然的。

对于许多伦敦工人而言,价低质劣的金酒肯定很有吸引力,他们将此作为生活中难得的乐事。许多贫困工人刚刚从农村来到城市,他们过去经常参加各种饮酒庆祝活动,而这些活动有一种非正规的社会机制加以约束,但是在城市里,这种机制要么不存在,要么不太有效。富人很可能将广泛存在的公共醉酒行为视为社会混乱或崩溃的证据,而关键的一点可能是工人阶级饮酒行为的公共性。在历史上,法律惩罚的都是公共场合的醉酒行为,而不是在家里喝醉的行为。那些批评伦敦穷人饮用金酒的人绝非饮酒有度之人,但是在自己家里,他们即使喝到不省人事也不会有问题。这一时期的一首诗就表明了这种双重标准:

> 现在的大人物贪得无厌,
>
> 他们压榨下层人,
>
> 大肆挥霍,坏事做遍,
>
> 而穷人却必须满足于有节制的康健。[56]

尽管很多注意力都集中在出售蒸馏酒的酒馆,视其为混乱和犯罪的渊薮,但是大部分蒸馏酒零售商似乎和其他的食物和饮料零售商属于同一个社会群体,他们的经营场所与其他小商人没有什么差别。[57]但是在有些方面,金酒贸易与其他商品的贸易不大相同,而这依然与女性有关。首先,在英国,出售金酒的似乎多被认为是女性,正如在整个欧洲的蒸馏酒产业,女性的地位十分突出。在持有售酒许可证的销售者中,大约有 1/4 是女性,而在无证卖酒者中,大概有 1/3 是女性。另一方面,在 1738—1739 年间被关入监狱的金酒销售者中,却有 3/4 的女性,这是很不成比例的,而这是因为她们付不起 10 英镑的罚款。虽然当局可能把矛头指向了女性商人,但这些数字表明相对于其他行业而言,如食品销售业(女性的比例在 10%—15% 之间),金酒贸易中女性的比例更高,在社会底层尤其如此,如那些在街头摊点或用手推车兜售金酒的人[58],而这可能强化了金酒恐慌的女性化色彩。

还有一种可能是,和出售麦芽酒的酒馆相比,女性更多光顾出售蒸馏酒的酒馆。女性很少光顾麦芽酒酒馆,到这里来的常常是清一色的男性,但是他们也完全可能到女性经营的蒸馏酒酒馆里喝酒。金酒经常被认为是女性喝的酒,特别是在加了甜度之后。由于出售蒸馏酒的很多是女性,可能让蒸馏酒酒馆成为女性社会交往的新场所,而在过去,这里曾是男性焦虑的来源。在反对蒸馏酒的运动中,金酒总是和女性联系起来,这可能反映了对女性在公共场所抛头露面的敌意,也反映了对下层阶级饮酒所带来的社会影响的敌意。

从社会下层来看,对金酒的管制会让其价格更昂贵,更难以获得,这样的尝试把饮用金酒这件事变成了一种文化上的抵抗。一些地方行政官和税务官似乎也站在穷人这一边,对于违背有关法令的行为,他们睁一只眼闭一只眼,有时甚至会退还已缴纳的罚款。[59]蒸馏酒生产者将生产的酒命名为"议会白兰地"和"议会金酒",以此嘲笑那些无效的法令。每当针对金酒的法令出台,总是会发生骚乱。在1736 年那条特别严苛的法令通过时,伦敦出现了许多模拟葬礼,以纪念"金酒夫人"之死。对金酒的压制很可能反而增加了其吸引力,从而使金酒成为阶级冲突的战场。

在漫长的酒文化史上,"金酒热"只是一个短暂的时期,但是它却生动地揭示了在表面之下酝酿的问题。在这一时期,最值得注意的一个方面是对上层阶级眼中危险的酒精滥用的严格管控,因为它威胁到了社会秩序。金酒法令试图通过迫使贫穷的零售商倒闭、抬高金酒的价格来减少饮酒,其规模是史无前例的。这些法令之所以会失败,是因为公众的抵抗和执行机制的缺乏,还因为政府一方面依赖于来自酒水的税收,另一方面也心存顾虑,即如果严格执行这些法令,切断便宜金酒的来源,可能会爆发社会骚乱。金酒法令并不是要禁酒,而是与 20 世纪一些旨在减少酒的生产和消耗的法律相类似。

18 世纪对酒的管控集中在蒸馏酒身上,这绝非偶然。16 世纪早期,它们进入主流市场,当时已经引发了人们的焦虑并催生了一系列专门的法规。即使它们在大多数地区变得常规化,因为它们与啤酒和葡萄酒一样,受到同样或者是相类似的法规的约束,但它们依然是社会焦虑的源头。在 19 世纪禁酒运动出现时,针对的主要是蒸馏酒。这提醒我们,当我们谈论酒文化史时,需要牢记一点,即不同的酒精饮料通常有着截然不同的历史遭遇。

【注释】

［1］有些学者认为蒸馏（如果不是酒精蒸馏的话）的历史比这要早很多。见 C. Anne Wilson, *Water of Life：A History of Wine-Distilling and Spirits, 500 BC—AD 2000*（Totnes, U. K.：Prospect Books, 2006），17—34。

［2］F. R. Allchin, "India：The Ancient Home of Distillation?," *Man* 14(1979)：55—63.

［3］Fernand Braudel, *Civilisation and Capitalism, 15th—18th Centuries*（New York：Harper & Row, 1985），1：241.

［4］William T. Harper, *Origins and Rise of the British Distillery*（Lewiston：Edwin Mellen, 1999），11.

［5］Allison P. Coudert, "The Sulzbach Jubilee：Old Age in Early Modern Europe and America," in *Old Age in the Middle Ages and the Renaissance：Interdisciplinary Approaches*, ed. Albrecht Classen（Berlin：de Gruyter, 2005），534.

［6］转引自 Harper, *British Distillery*, 11。

［7］Ibid., 13—17.

［8］Wilson, *Water of Life*, 149—150.

［9］*The Exchequer Rolls of Scotland*, ed. George Burnett(Edinburgh：H.M. General Register House, 1883），10：487.

［10］B. Ann Tlusty, "Water of Life, Water of Death：The Controversy over Brandy and Gin in Early Modern Augsburg," *Central European History* 31, no.1—2(1999)：8—11.

［11］Walter Ryff, *The New Large Book of Distilling*（1545），转引自 *Public Drinking in the Early Modern World：Voices from the Tavern, 1500—1800*, ed. Thomas E. Brennan(London：Pickering & Chatto, 2011），2：423。

［12］Brunschwig Hieronymus, *Das Buch zu Distilieren*(Strasburg, 1532), fol. 39.

［13］Harper, *British Distillery*, 26.

［14］Rod Phillips, *A Short History of Wine*(London：Penguin, 2000），124.

［15］Lord Cecil, 转引自 Harper, *British Distillery*, 42。

［16］Ibid., 26—30.

［17］Charles MacLean, *Scotch Whisky：A Liquid History*(London：Cassell, 2003），20(本人翻译)。

［18］Brennan, *Public Drinking in the Early Modern World*, 2：7.

［19］Harper, *British Distillery*, 27.

［20］Brennan, *Public Drinking in the Early Modern World*, 2：173.

［21］Ibid., 2：172.

［22］Tlusty, "Water of Life," 17.

［23］Ibid., 15.

［24］Brennan, *Public Drinking in the Early Modern World*, 2：162.

［25］Tlusty, "Water of Life," 18.

［26］John Burnett, *Liquid Pleasures：A Social History of Drinks in Modern Britain*(London：Routledge, 1999），161.

［27］A. D. Francis, *The Wine Trade*(London：A & C Black, 1972），74.

［28］Brennan, *Public Drinking in the Early Modern World*, 1：51.

［29］"gin"（金酒）源自"*eau de genièvre*"（刺柏水），后来被英国士兵讹误为"geneva"，之后又简化为"gin"。

［30］MacLean, *Scotch Whisky*, 29.

［31］Burnett, *Liquid Pleasures*, 160—161.

［32］MacLean, *Scotch Whisky*, 33, 35.

［33］Richard Foss，*Rum：A Global History*（London：Reaktion，2012），27.

［34］Frederick H.Smith，*Caribbean Rum：A Social and Economic History*（Gainesville：University Press of Florida，2005），26.

［35］Patricia Herlihy，*Vodka：A Global History*（London：Reaktion，2012），38—40.

［36］William Pokhlebkin，*A History of Vodka*（London：Verso，1992），172—174.

［37］Herlihy，*Vodka*，46—47.

［38］Dr.Duncan of the Faculty of Montpellier，*Wholesome Advice Against the Abuse of Hot Liquors，Particularly of Coffee，Chocolate，Tea，Brandy，and Strong-Waters*（London，1706），12，16—17，55.

［39］Ibid.，16—17.

［40］Richard Short，*Of Drinking Water，Against our Novelists，that Prescribed it in England*（London，1656），17—87 passim.

［41］*A Proposition for the Serving and Supplying of London，and other Places adjoyning，with a Sufficient Quantity of Good and Cleare Strong Water*［London，(1675)］，n.p.

［42］*Salt-Water Sweetened；or，A True Account of the Great Advantages of this New Invention both by Sea and Land*（London，1683），5—10.

［43］*A Dissertation upon Drunkenness … Shewing to What an Intolerable Pitch that Vice is arriv'd at in this Kingdom*（London，1708），2.

［44］杰茜卡·沃纳(Jessica Warner)对统计上的问题进行了探讨："Faith in Numbers：Quantifying Gin and Sin in Eighteenth-Century England," *Journal of British Studies* 50(2011)：76—99。

［45］M.Dorothy George，*London Life in the Eighteenth Century*（London，1925），51.

［46］*An Impartial Inquiry into the Present State of the British Distillery*（London，1736），7.

［47］Jessica Warner，Minghao Her，and Jürgen Rehm，"Can Legislation Prevent Debauchery? Mother Gin and Public Health in 18th-Century England," *American Journal of Public Health* 91 (2001)：378.

［48］Peter Clark，"The 'Mother Gin' Controversy in the Early Eighteenth Century," *Transactions of the Royal Historical Society*，5th ser.，38(1988)：64.

［49］在 18 世纪早期,1 加仑相当于 3.76 升。在 1824 年,被统一为 4.5 升。

［50］*Distilled Spirituous Liquors the Bane of the Nation*（London，1736），35—36.

［51］*A Dissertation on Mr.Hogarth's Six Prints Lately Publish'd*（London，1751），14.

［52］Ibid.

［53］转引自 Jonathan White，"The 'Slow but Sure Poyson'：The Representation of Gin and Its Drinkers，1736—1751," *Journal of British Studies* 42(2003)：44。

［54］转引自 ibid.。

［55］转引自 ibid.，41。

［56］转引自 ibid.，51。

［57］Clark，"'Mother Gin' Controversy," 68—70.

［58］Ibid.，70.

［59］Warner，Her，and Rehm，"Can Legislation Prevent Debauchery?," 381—382.

第七章 欧洲酒文化的传播(1500—1700年):欧洲之外的世界

　　酒精饮料并非起源于欧洲,但是在 1500 年之前的 1 000 年里,它已经在欧洲民众和精英文化中扎下根来,其地位不仅是史无前例的,在同一时期的其他任何地方也是绝无仅有的。虽然大量欧洲人出于经济上的考虑,每天只能喝水,但是到了 1500 年,啤酒和葡萄酒已经在欧洲被广泛饮用,我们必须将其视为欧洲人饮食的重要组成部分。在 16—17 世纪,当欧洲人开始系统地对美洲、非洲和亚洲的部分地区进行接触、征服和殖民时,酒已经成为他们物质、社会和文化生活中不可或缺的一部分,生活中没有了酒就好像没有面包一样无法想象。

　　在欧洲人长途跋涉去美洲、非洲和亚洲时,要经历几周甚至几个月的航程,他们把酒作为生活必需品携带着。早期的探险家把这些酒同他们遇到的原住民分享,就像他们在欧洲用酒来招待客人一样。后来,随着他们和特定地区的接触变得更加频繁,并且建立了欧洲人的殖民定居点以后,商人和殖民者开始定期向各个地区(如秘鲁、新英格兰和印度)的本地居民介绍他们的酒。他们把酒当作交换媒介去购买一切东西,从北美的河狸毛皮、南亚的香料到西非的奴隶,当然,他们还到处以酒换取性服务。最终,在欧洲人建立永久定居点时,他们也建立了葡萄园和啤酒厂,后来又建了蒸馏酒厂,这使得他们在欧洲之外的许多地方都可以做到自给自足。

　　然而,背井离乡、远离故土的欧洲人并没有简单照搬欧洲的饮酒模式。在历史上,酒的饮用反映了更加广泛的社会和文化状况,而殖民地的社会和文化与欧洲有很大的不同。殖民地人口通常主要由成年男子组成(在殖民的早期阶段尤其如此),而他们是欧洲饮酒最多的那部分人。这意味着殖民地的人均饮酒量要高于欧洲,因为在欧洲有饮酒量要少很多的妇女和未成年人来拉低饮酒量。随着殖民地的原住民开始饮用欧洲殖民者的酒,并且开创了他们自己的饮用方式,两种酒文化相互影响,给它们之间的关系带来了一些问题。

但是在这些关系形成之前,欧洲人先要到达遥远的目的地,也就是他们最终要殖民的地方。酒在长距离航行中的重要性广为人知。船员希望能够定期喝到酒,即使是一点点,而在海上,酒的保质期比其他饮料要长。在装到船上的物质供应中,通常会有成桶的啤酒、葡萄酒和白兰地,以满足船员们动辄几周乃至几个月的航程所需。1630年,当"阿尔贝拉"号(Arbella)载着清教徒从英格兰来到马萨诸塞州的时候,船上装有1万加仑葡萄酒、42吨啤酒、14吨水和12加仑白兰地。和横跨大西洋的航程相比,在更加漫长的、沿着海岸线航行的航程中,船只可以中途靠岸,以补充食物和淡水,但是补酒的机会很少。长距离的航行需要更多酒。据估计,1500年葡萄牙人前往印度的探险队携带了超过25万升的葡萄酒,这意味着探险队的1 200人每天大约喝1.2升葡萄酒。葡萄酒不仅仅是船员饮食的重要组成部分,同时也有助于水手克服对未知海域航行的恐惧。此外,酒还可以作为船的压舱物,虽然其效果会随着酒的消耗而降低。[1]

让食物保持可以食用的状态通常是很难的,而保持饮用水的安全也并非易事。储存在木桶里的水会在几周内变质,不仅会发出臭味,喝起来也很糟糕。17世纪后期已经有建造船载海水淡化厂的工程,这样可以将海水转化为饮用水,足以供船员饮用。但是有效并且高效的海水淡化厂要很久以后才能出现,有一种可以维持水质的方法就是在水桶里添加白兰地。高浓度的酒即使稀释了也能杀死一些细菌,即使不能完全杀死细菌,也可以减缓水质恶化的速度。啤酒和葡萄酒也经常被带上船,通常是在稀释之后供给船员饮用,但是如果时间久了,它们也会变质,尤其是当船行驶到热带气候区域的时候。在这样的航程中,只有蒸馏酒可以保持良好的品质。

非常漫长的航程(如从欧洲绕过非洲到达亚洲)会带来一些特殊的问题。在17世纪,当荷兰人和荷属东印度群岛(印度尼西亚)建立利润丰厚的香料贸易时,他们的船只每趟在海上航行的时间超过六个月。如此漫长的航程对船上的供应构成很大的挑战,虽然可以在非洲和印度的海岸停靠以补充食物和水,但是酒的供应会很短缺。荷兰人在今天开普敦附近的殖民地种植葡萄,目的很明确,那就是要在这个半路停靠点为他们的船只供应葡萄酒,而南非重要的葡萄酒产业也就此发端。

1658 年，一位名叫扬·范·里贝克(Jan van Riebeeck)的医生建立了第一个葡萄园，并在第二年酿出了第一批葡萄酒。这里生产的葡萄酒不仅供当地殖民者饮用，被装上船供船员饮用，还被运到亚洲的荷兰殖民地，供那里的殖民者饮用，虽然这些殖民者埋怨说其质量要远逊于他们得到的欧洲葡萄酒。[2]

对于欧洲人在 16—17 世纪接触到的大部分民族来说，酒绝对算不上新事物。在撒哈拉沙漠以南的非洲地区，范·里贝克可能是第一个用葡萄酿造葡萄酒的人，但是非洲许多地区的民族长期以来一直在制造低度酒，只不过他们用的是发酵谷物、蜂蜜、水果、棕榈油和牛奶。[3]这些低度酒被用于各种仪式，如婚礼，也被用作社会和经济交易的标志，还被用于祖先崇拜。此外，它们也被用作热情好客的标志。1491 年，当第一位葡萄牙使者拜访刚果王国时，他得到的礼物就是棕榈酒。[4]后来葡萄牙游客可能偶尔会把葡萄酒作为回礼，在 16—17 世纪，当葡萄牙探险家和商人把葡萄酒当作商业交换的媒介时，欧洲的酒开始源源不断地到达非洲南部的居民那里。在这段时期，葡萄酒是葡萄牙的重要出口产品，虽然非洲人有他们自己的发酵饮料，但是因为葡萄酒的酒精含量要高出很多，所以它对非洲人是很有价值的。当地生产的谷物酒可能含有大约 2％的酒精，棕榈酒为 5％，但是从葡萄牙进口的葡萄酒很可能含有 10％的酒精，甚至更多，因此比当地生产的酒更加强劲。

当然，更加强劲的是蒸馏酒，在 18 世纪，朗姆酒和谷物酒开始流入非洲地区，酒和火器成为最受欢迎的交换商品。很多谷物酒来自欧洲第二大港口城市、仅次于伦敦的汉堡。一些朗姆酒从新英格兰被运到非洲西海岸，在英国港口利物浦建立了蒸馏酒厂，专门生产出口到非洲的金酒。[5]

从 16 世纪中期开始，葡萄牙的葡萄酒在从安哥拉到巴西的奴隶贸易中发挥了重要作用，其中很多经过加纳利群岛转运。罗安达(Luanda)位于葡萄牙奴隶贸易的中心位置，这里的原住民和葡萄牙奴隶贩子之间暴力冲突频发，促使总督禁止把酒运到内陆的奴隶市场。但此时葡萄酒作为有价值的交换媒介的地位已经确立下来，有时甚至成为购买奴隶的主要支付方式。在 17 世纪 40 年代荷兰人占领罗安达的几年里，葡萄酒的重要性得以凸显。虽然他们弄到了将近 70 000 升葡萄酒，但很快就将其喝掉或交易掉。荷兰人发现，如果交易时没有葡萄酒作为支付方式，当地的奴隶贩子是不愿意卖奴隶的，于是他们只好从西班牙订购葡萄酒。[6]

荷兰人在加勒比海地区也很活跃，来自小安的列斯群岛(南美洲附近区域)的加勒比人用木薯根来酿造一种发酵饮料。[7]这种饮料有不同的名称，或者是"oüicou"，或者是"perino"。在制作过程中，加勒比妇女先将木薯磨碎，加水浸泡，直到它变成黏稠的棕色浓汁,然后再过滤,湿漉漉的木薯粉会形成饼状,然后烘烤。接着,妇女们再将其嚼碎,吐到一个容器里,它就会发酵,成为一种饮料,其度数和啤酒相类似。[8]

咀嚼使唾液中的酶发挥作用,将木薯中的淀粉转化成为糖,从而引起发酵,这一过程令欧洲人既惊奇,又厌恶,尤其是因为他们知道木薯是有剧毒的,在接触人类的消化系统时会产生氰化物。在 17 世纪中期有一段源自巴巴多斯的记述,描述了一种"用木薯制造的饮品,我跟你说,木薯这东西有剧毒,他们让牙齿几乎掉光的老妇人咀嚼,然后再吐进水里……在三四小时之内,这种液体将发酵,在此过程中毒性会消失"。一些欧洲人讲述了品尝这种饮料的感觉,一些人认为"口感很好""清淡可口",至少有一个人提到其味道掩盖了生产时"糟糕的准备过程"。[9]查尔斯·达尔文称火地群岛的这种做法"令人作呕"[10]。但是对于加勒比人用红薯酿成的名为"mobbie"(或"mabi")的饮料,欧洲人并没有这样的顾虑,这种饮品直到 18 世纪一直深受欧洲人的喜爱。[11]

在西班牙侵略者入侵中美洲和南美洲时,他们带来了葡萄酒,并不断获得补充,但是他们很快就开始种植葡萄,以便从西班牙的酒供应中独立出来,因为从西班牙运来的酒在到达时经常已经状况不佳。他们遇到的原住民已经会制造多种酒精饮料,而这些都是利用当地很容易获得的原材料酿造的。在被征服之前的玛雅社会,人们在公共仪式上会饮用一种名为"巴尔曲"(balche)的饮料,通过发酵蜂蜜和树皮酿造而成,具有强烈的宗教色彩。它的酒精浓度很低,所以要喝很多才会醉。[12]但是公共醉酒还是会发生,而且其后常常会发生仪式性的暴力,据说这可以强化而不是扰乱社会秩序。[13]

在安第斯山脉的许多地区,人们将用玉米(还有丝兰和水果)酿造的啤酒作为其日常饮食的一部分。这种酒被称为"吉开酒"(chicha),在西班牙人到来时,他们可能已经饮用了超过千年的时间。这种玉米啤酒是印加人饮食的一部分,他们也把这种酒用在各种仪式场合,例如在葬礼上,人们会把吉开酒献给去世的人。吉开酒是由印加帝国各个地区的妇女酿造的,但总是在中央控制之下,而且国家很关注将其分配给参与大规模公共项目(如道路、运河和建筑)建设的人。最初,西班牙人对吉开酒怀有敌意,所以禁止其生产,但是作为一种交换媒介,吉开酒已经深深植根于印加社会,所以西班牙人很快就放弃了早期的禁令。[14]

在墨西哥也是一样,在西班牙人到来之前,这里的原住民早已开始饮用各种发酵饮料,长达千年之久。其中最著名的是"布尔盖"(pulque),这是一种乳白色饮料,其酒精含量约为 5%，是用发酵的龙舌兰汁液酿造而成的，但所使用的龙舌兰植物和用来制造龙舌兰酒（tequila）的不同。一株大的龙舌兰每天可以产生 4—7 升汁液，枯萎前可以生产多达 1 000 升的布尔盖酒。因此，一个种植园可以生产大量的布尔盖酒。布尔盖酒对饮食和健康有益处（富含维生素 B1），而且还可能降低痢疾和其他疾病的发病率。在水源被污染时，它可以作为一种更加安全的饮品，而在水供应稀少的地方，它也是一种水分来源。[15]虽然如此，布尔盖酒一定要在酿好后一两天内喝完，因为它很容易变质，变质后会散发出一种强烈刺鼻的味道。根据西班牙人 1552 年的一份记录，这个味道比死狗身上散发出来的恶臭还要难闻。[16]

布尔盖酒并非墨西哥人日常饮食的一部分，而是被用于宗教庆典上。墨西哥人对布尔盖酒的使用，与古代中东和中国对酒的使用在文化上有相通之处。墨西哥原住民有许多位酒神，而这些神灵被统称为"欧梅托奇特里"（Ometochtli，意为"两只兔子"）。关于布尔盖酒的起源，瓦斯特克人（Huaxtec，即阿兹特克人）的说法是一位妇女发现了如何利用龙舌兰的汁液，这和巴比伦河其他古老文明一样，都强调了女性在酒的发明过程中的作用。据传说，在第一个布尔盖酒宴会上，每一位赴宴者都只能喝四杯，以免有人喝醉，只有一位瓦斯特克人的首领喝了五杯。据说这位首领喝醉了，脱下了他的衣服，而这个行为冒犯了其他人，他们决定惩罚他。这个故事让人想起《圣经》中喝醉酒之后赤身裸体的诺亚。[17]

虽然西班牙人在 16 世纪建立的葡萄酒生产遍布整个拉丁美洲，尤其是在智利和秘鲁取得了巨大成功，但是在墨西哥却失败了。布尔盖酒依然是墨西哥的重要饮品，事实上，它不仅"幸存"了下来，在 20 世纪上半叶更是成为墨西哥的国酒。随着布尔盖酒产量的增加，因为其价格比葡萄酒要低很多，所以它不仅成为原住民，而且也成为贫穷的西班牙殖民者的日常饮品，早期的西班牙殖民当局开始担心起来。他们认为白色的纯布尔盖酒没有问题，但是当它和草药、树根以及其他成分混到一起时，其作用会很大，接近于所谓的致幻剂。殖民当局努力寻找里面到底添加了什么，最终却列出一份庞大的清单，里面包括橘子皮、各种树根、胡椒、肉类和动物粪便。[18]早在 1529 年，即西班牙开始殖民的十年之后，反对将布尔盖酒与其他物质混合的相关法令就已经被颁布，但是没有任何添加的纯布尔盖酒却可以任意生产、销售和饮用。到 16 世纪后期，教会和世俗当局表达了对其饮用量增加的关注。[19]1608 年，西班牙总督将布尔盖酒的管辖权交给了当地领导者。1648 年，建立了一个专门的委员会，对其加强管理。[20]

1650 年，殖民政府获准对其征税，很快他们就意识到这样做可以带来可观的税收：根据 1663 年发到西班牙的汇报，布尔盖酒每年可以带来多达 15 万比索的税收。这让当局对布尔盖酒持一种更加宽容的态度。在这样的经济利益面前，他们开始对这种饮料有了新的认识。一份给西班牙王室的报告强调了其"保健和医疗"的效果，提出即使有人滥用，有问题的也是饮用者，而不是这种酒本身。这份报告指出，如果过度饮用可以作为取缔布尔盖酒的理由，那么葡萄酒也应该被禁止。尽管如此，仍然有一些人担心布尔盖酒对原住民的影响，墨西哥总督被要求汇报它是否会"比葡萄酒更容易让他们喝醉"，并致使他们做出"公共罪行和其他亵渎上帝的行为"。[21]

西班牙政府希望通过对布尔盖酒征税获得收益，而在墨西哥的西班牙总督看来，吸引大量饮酒者的布尔盖酒摊点就是堕落和犯罪的渊薮，两者之间还是有矛盾的。1692 年 6 月，墨西哥城发生暴力叛乱，王室宫殿和政府建筑遭到破坏，虽然这次叛乱反映了人们对粮食短缺的不满，但是殖民当局却指责布尔盖酒助长了暴力。西班牙总督立即禁止了在墨西哥城饮用布尔盖酒，十天之后，他又把禁令扩展到了整个殖民地。然而两周之后，布尔盖酒再次被宣布合法，但要求是纯布尔盖酒，不能混合树根和药草。一位历史学家指出，一边是"好的、健康的"布尔盖酒(纯布尔盖酒)，一边是"不好的、危险的"布尔盖酒(混合布尔盖酒)，这种二元对立表明西班牙政府想要阻止殖民地种族群体的混合。在这次叛乱三周之后，这位总督提议将墨西哥城划分为西班牙区和原住民区，而这正是最初的方案。可见，混合布尔盖酒的危险成为混合种族群体的危险的一个隐喻。[22]

当西班牙人第一次征服美洲时，他们对布尔盖酒远不如对促进葡萄酒生产那么感兴趣。到了 16 世纪早期，当西班牙人将他们的帝国扩展到南美洲西海岸的时候，西班牙各个阶层的人都已经开始饮用葡萄酒了。对穆斯林的驱逐为恢复西班牙的葡萄种植和葡萄酒生产扫清了道路，人们对葡萄酒的饮用量上升。大部分西班牙人习惯于每天喝葡萄酒，所以当他们在美洲定居时，首先要做的事情之一就是建立葡萄园，这并不奇怪。1519 年，王室命令开往新世界的每一艘船上都要有葡萄树枝条和根茎，尤其是对于饮用水稀缺的地区。[23]葡萄酒还被用于宗教场合，葡萄栽培和耶稣会及遍布拉丁美洲的其他传教团紧密联系在一起。虽然如此，只有牧师在圣餐仪式时才喝葡萄酒，所以葡萄酒在宗教仪式上的需求量是很少的。然而，西班牙在美洲的殖民地很快就开始生产大量的葡萄酒，而教会的特定需求并不能解释这一点。显然，葡萄酒更是一种世俗的商品，而不仅是宗教用品。

虽然葡萄酒可能一度是从西班牙运到新世界的，但这样做不仅代价高昂，而且风险很大,因为葡萄酒本身不稳定,在到达大西洋的另一端时,通常已经变质。即使如此,西班牙生产者仍把殖民地看作利润丰厚的潜在市场,他们企图限制当地的葡萄酒生产。1595年,在西班牙生产者的压力之下,菲利普二世禁止美洲殖民地种植更多的葡萄树,而耶稣会传教团不在被禁之列。但是他的禁令在很大程度上被忽视。总之,到那时,西班牙殖民者和传教团所建立的葡萄园已经在整个地区牢牢确立。拉丁美洲最早的葡萄园出现于16世纪20年代早期的墨西哥,接着是秘鲁,出现于1540年前后,智利是40年代,阿根廷是50年代,玻利维亚和哥伦比亚是60年代。简而言之,在西班牙开始在美洲殖民的50年里,葡萄种植扩展到了这个大陆的很多地方(现在其中很多以生产优质葡萄酒而出名)。葡萄种植从美索不达米亚传到埃及,后来又到了希腊,用了几千年之久,与之相比,简直是蜗步。

在促进葡萄种植的推广这一方面,教会起到了先驱性的作用。在确定适合种植葡萄的地点时,耶稣会士和奥古斯丁会士的知识十分重要。但是当局也鼓励俗人参与葡萄酒生产。1524年,新西班牙的指挥官埃尔南·科尔特斯(Hernán Cortes)命令殖民者在今天墨西哥城所在的地区种植葡萄。每一位已经被授予土地的殖民者和原住民劳动者,都要为他拥有的每100个原住民种植1 000株上好葡萄。但是在该地区酿造葡萄酒的尝试是徒劳的,因为这里的天气不合适。墨西哥北部是另外一种情况,到了16世纪末期,在今天的得克萨斯州边境附近已经开始酿造葡萄酒了。1597年在菲利普二世授予的土地上建立一个酒厂,至今依然在经营。靠近太平洋的下加利福尼亚现在是墨西哥主要的葡萄酒生产地,在这里,第一批葡萄树一个多世纪之后(即18世纪早期)才被种植。

维持和扩大葡萄种植面积仍然是早期殖民当局的当务之急,很快秘鲁就变成了拉丁美洲的葡萄酒主产区。这里的葡萄种植始于1540年前后,1567年,一位参观秘鲁南部的官员主张,要在提提喀喀湖附近的一个葡萄园种植更多的葡萄树。其目标是要保证当地的葡萄酒供应,以便让殖民者摆脱对从西班牙进口的葡萄酒的依赖,这一目标很快就实现了。秘鲁一些河谷的生长条件特别适宜,到了16世纪60年代,在第一批葡萄种植仅仅20年之后,就有了4万公顷的葡萄园。秘鲁南部的莫克瓜流域(the Moquegua Valley)是其中最重要的一个地区,也得益于靠近银矿区的地理位置,因为这为其提供了重要的市场。[24]秘鲁的葡萄酒以及后来的白兰地不仅供应当地市场,还是和拉丁美洲其他地区进行交易的重要商品,对于秘鲁的经济发展来说,其重要性仅次于白银。[25]

随着对葡萄酒需求的增长,在16世纪后期,秘鲁葡萄酒产业达到了一个繁荣时期,葡萄酒庄的数量迅速增加。可能是因为其增加得太快了,导致17世纪早期葡萄酒供大于求,价格下跌。加上一些自然灾害(1600年的火山爆发和1604年的地震)的影响,价格下跌导致产业收缩。到了18世纪,由于白兰地越来越受欢迎,重新刺激了对葡萄的需求,这个产业再一次扩张。到了18世纪末,葡萄种植的狂热导致在肥沃的莫克瓜流域,葡萄取代了其他作物,居民们以前种植的豆子、玉米、小麦和土豆现在只能去购买。此时该地区生产大量的葡萄酒,用来蒸馏白兰地,以供出口。1786年,将近700万升的葡萄酒是为此目的而生产的。[26]

在后来的一个世纪里,当英国人开始在北美洲进行殖民时,16世纪拉丁美洲西属殖民地的葡萄种植和葡萄酒生产为他们提供了灵感和样板。英国人显然没有意识到(或者是忽视了)北美洲和南美洲在气候和其他方面的巨大差异,他们打算在北美洲的东部沿海地区种植葡萄,以此来摆脱对法国葡萄酒和白兰地供应的依赖。英国人在北美的第一个永久定居点是1607年建立的詹姆斯敦,位于弗吉尼亚州,在定居后的两年里,这里的居民就开始尝试种植葡萄,虽然总是失败,却要不断面对当局要求他们酿造葡萄酒的压力。1619年,每个户主都被要求每年种植十株葡萄,还要学习葡萄种植技术。结果肯定不太理想,因为三年之后,在国王的命令之下,每家都收到了一本种植葡萄和酿造葡萄酒的指南。一位从没到过美洲的法国作家推荐用当地的葡萄,他乐观地指出,只要采纳他的建议,"很快就可以在弗吉尼亚州喝到葡萄酒"[27]。

到了1623年和1624年,又先后颁布了要求在弗吉尼亚种植葡萄的法令,但是和一个世纪之前西班牙让墨西哥城的定居者种植葡萄的尝试一样,由于气候和其他原因,官方的政策失败了。因为不适应这里冬天的寒冷或者是因为疾病,从欧洲进口到弗吉尼亚的葡萄树死掉了。与此同时,用当地葡萄酿造的葡萄酒因为口味不佳而不受欢迎。一些人声称已经用本地葡萄酿出了极好的葡萄酒。1622年,一些桶装的弗吉尼亚葡萄酒被运到伦敦,以此来证明殖民地的潜力。但是这些酒在运输途中变质,对于一个要成为葡萄酒产区的殖民地来说,这可能弊大于利。只有当烟草成为弗吉尼亚州一种成功作物时,英国人才对在此酿造葡萄酒失去兴趣。

事实证明,对于北美洲其他国家的殖民者来说,生产葡萄酒同样很难。在17世纪40年代,荷兰殖民者在纽约附近种植葡萄,瑞典殖民者也在德拉瓦尔河沿岸种植葡萄,而德国殖民者曾尝试在宾夕法尼亚州建立葡萄园。[28]后来,在17世纪80年代,威廉·佩恩(William Penn,宾夕法尼亚州就是以他的名字命名的)大力支持葡萄种植,他还表达了这样的希望,即他的土地将很快生产出"可以和同纬度的任何一个欧洲国家相媲美的葡萄酒"[29]。他在宾夕法尼亚州东部种植了西班牙和法国的葡萄树，但是我们并没有看到关于他成功酿造葡萄酒的记录，却可以看到他从进口商那里购买法国、西班牙和葡萄牙葡萄酒的记录，这或许足以表明他自己的葡萄园并不成功。

弗吉尼亚州的殖民者最终转向用当地生产的玉米酿造啤酒，但人们通常认为，美洲最早的欧洲风味啤酒出自新阿姆斯特丹的荷兰殖民者之手，时间是1613年。在17世纪，啤酒成为在北美洲的欧洲人的主要酒类，因为葡萄酒的生产似乎是一个不可逾越的挑战，而在大部分移民的故乡北欧，葡萄酒是上层人士的不二之选。当一群英国清教徒移民在1621年乘坐"五月花"号到达普利茅斯湾时，他们称"到处都能看到葡萄树"。在当时的弗吉尼亚州，这些当地的葡萄树不能酿造出能让人接受的葡萄酒，但是它们吸引了清教徒的眼球，这些清教徒无疑想象到了源源不断的葡萄酒，而且不仅仅是将其用于圣餐仪式。

清教徒们也看到了到处都有的河流和溪流，但是他们在英国的经验使他们怀疑当地的水是不能喝的。在喝光了啤酒之后，第一批普利茅斯定居者只能喝一段时间的水，但是他们很不情愿这样做，是不得已而为之。具有嘲讽意味的是，这些殖民者发现，和英国的大部分水不同，这里的水饮用起来很安全。1635年，威廉·伍德（William Wood）写道："世上没有比这更好喝的水了，但是和好的啤酒相比，我还是不敢像有些人所做的那样选择喝水，然而和不好的啤酒、乳清或酪浆相比，任何人都会优先选择水。那些喝水的人和喝啤酒的人一样健康而精力充沛。"[30]生活在马萨诸塞州的清教徒似乎比他们在弗吉尼亚州的同胞们更幸运。早在1625年，弗吉尼亚州的水就被描述为"涨潮时会很咸，退潮时会很脏，很多人因为喝了这样的水而丧生"[31]。弗吉尼亚州的很多水井不仅被盐所污染，在天气温暖的时候，还会滋生细菌，而这导致了1657—1659年以及17世纪八九十年代很长一段时间的疫情。

虽然喝水违反了当时英国几乎所有的医学建议，但很多清教徒显然这么做了，并且可能经常如此。但是因为文化可能还有审美和感官上的原因，他们更喜欢酒，尤其是啤酒。他们的船上会装很多酒。"五月花"号上有啤酒和白兰地。1628年来到美洲的"塔尔伯特"号（Talbot）运来了45大桶（大约10 000加仑）的啤酒。在1630年"阿尔贝拉"号载着清教徒来到波士顿时，带来了几千加仑的酒，包括葡萄酒、啤酒和白兰地。在17世纪30年代，来到马萨诸塞州的移民人数显著增长，他们被建议带来大麦、啤酒花的根和铜壶，这些都是生产啤酒所必需的。同样是在这十年里,他们还种植了黑麦、大麦和小麦,到了17世纪30年代中期,马萨诸塞州的许多居民在啤酒上已经可以自给自足了。[32]

大部分的酿造都是由妇女在各自的厨房中完成的,这和一两个世纪之前的英国一样。1656年,切萨皮克地区的妇女因为懒得酿酒而受到这样的批评:"的确,有些地方的人常喝啤酒,有些地方的人只喝水,或者是兑水的牛奶,或者是其他饮料;这就是这些好妻子们(如果我可以这样称呼她们的话)疏忽和懈怠的地方,因为这里并不缺少用来做麦芽酒的玉米(因为这里盛产玉米),而是因为她们的懒惰和粗心。"[33]在这方面,和同一时期的欧洲相比,美国仍处于酿造业组织的一个早期阶段,因为在欧洲,以妇女为主导的家庭酿造已经被以男性为主导的商业化酿造所取代。但是根据1637年颁布的一条法令,酿造啤酒出售需要获得许可证,要缴纳100英镑,而大多数妇女交不出这么多钱,这表明在美洲殖民地,酿酒业也在朝着和欧洲同样的方向发展。此外还有一些控制啤酒价格和酒精含量的规定,虽然这些规定在两年之内就因为行不通而被废除,但它们确定了后来英属北美地区与酒有关的复杂规定的基调。

在1637年的规定被废除之后的一段时间里,马萨诸塞州的酿酒业处于一种不受管制的状态,从事酿造的依然是家庭酿酒者(女性),她们可能每四五天生产一批啤酒。大部分供家庭内部饮用,但是有些会被出售,或者是用来交换其他各种物品,如鱼和磨石。除了在酿造者家里饮用之外,还可以在一些公共场合饮用,比如在喜庆的节日、葬礼或者是在建筑竣工时。认识到啤酒的营养价值之后,女性会在怀孕和分娩期间购买啤酒饮用,而老年人则会在生病时饮用。总体说来,这一时期的酿酒业并不规范,也缺少组织。啤酒只有在被需要时才酿造。

在清教徒看来,啤酒是一种健康的饮料。一般来说,"清教主义"已经与对饮酒和性爱的多种表达的憎恶联系在一起。17世纪的清教徒确实反对赌博、游戏和跳舞等活动,但是他们并不反对为了营养用途而适量饮酒。每天饮酒就像每天吃面包一样可以接受。在可以得到的多种酒类中,清教徒承认葡萄酒具有特定的文化和宗教价值。但是葡萄酒经不起横跨大西洋的运输,并且用当地葡萄酿造葡萄酒的一些尝试也以失败告终。一位名叫英克里斯·马瑟(Increase Mather)的著名牧师称葡萄酒为"上帝所赐的宝物",但同时也警告说要"点到为止,不能伤害身体"。[34]16世纪中期,约翰·加尔文在日内瓦推行严格的饮酒规定,那些乘船逃离英国国教的清教徒大部分是他的追随者。加尔文赞成适度饮酒,但是他对其加以明确界定。无论什么酒,如果仅仅沦为一种社会性的享乐行为,喝酒者就很容易因为饮酒过度而喝醉，这是不应该的。

醉酒行为本身就足够罪恶了，当它导致渎神、不道德和暴力的时候，就更加糟糕了。对于所有的基督教教派来说，这是一种主流态度，17 世纪英国在美洲的所有殖民地的饮酒政策都反映了这样一种态度。但是在执行这一政策方面，马萨诸塞州的清教徒领袖最为努力。他们认为，在英国，天主教和英国国教教会一直疏于执行上帝的律法，放任酒破坏道德和社会秩序。他们决心防止同样的事情在马萨诸塞州发生。因此，在整个 17 世纪，为了反对过度饮酒，他们打了一场持久战。

他们的许多规定都把矛头指向酒的提供者：酒馆、客栈和一种美洲版的啤酒馆。这种啤酒馆通常开在私人住宅里，邻居们可以在此喝到这家人自制的啤酒。大部分啤酒馆非常简陋，或许只能为店主们带来一点次要收入，但有些会布置得高级一些，比如在桌上铺上桌布，摆上蜡烛，在椅子上放上坐垫。根据一份来自马萨诸塞州埃塞克斯县的账单，从 1657 年 6 月到 1658 年 9 月，在托马斯·克拉克（Thomas Clark）家的啤酒馆里，一个叫萨缪尔·贝内特（Samuel Bennett）的客人共光顾 19 次，每次喝下 3 夸脱的啤酒（每夸脱的价格是 2 便士）。他每三周去喝一次酒，因此并不算是常客，而且他在 15 个月内支出的 9 先令 6 便士也并不能使托马斯·克拉克发家致富。殖民地的其他公共饮酒场所提供的服务各不相同，如酒馆和客栈，有些提供食物，有些提供住宿，并且根据现行的规定，还会提供啤酒、葡萄酒、苹果酒和烈性酒。

在一定程度上，所有这些都有明文规定。17 世纪 30 年代，法律还详细规定了店里餐饮和啤酒的价格，客人可以在一家客栈住几晚，甚至还有每位顾客在酒馆喝酒的时间，如"不得超过半个小时"[35]。早在 1637 年，马萨诸塞州议会就对在饮酒场所发生的行为表示震惊："针对多起控诉，本议会发现在本辖区的酒店和客栈里，多次发生醉酒行为，既浪费了上帝所赐的宝物，也浪费了人们宝贵的时间，此外还有其他一些混乱频繁发生。这不仅让上帝蒙羞，有辱宗教界，还让共同体的福利受到很大的损害。"[36]地方法官的解决办法是把所有酒的价格限定为每夸脱 1 便士，这有效地将销售仅限于啤酒。治安官被敦促调查和处理所有涉嫌酒精犯罪的事件。

这些法律针对的都是发生在酒馆里的饮酒行为，而殖民地的很多饮酒行为都发生在酿酒地（尤其是啤酒和苹果酒，但也有蒸馏酒），即家里。在 1636 年和 1654 年，马萨诸塞州的法律规定酿酒户自家酿造的酒只能供其家庭成员饮用（陌生人不可以），并且不可以过度。1675 年，马萨诸塞州设立了十户区区长这一职位，一个区长管理 10—12 个家庭,其职责是举报那些违反饮酒法的殖民地家庭。[37]由于这些"清醒而谨慎"的人是在公开会议上被任命的,在其监督下的所有人都认识他们,因此可能并不会太有效,但是他们的存在本身就很可能对过度饮酒的人造成一定的威慑。

马萨诸塞州的法律也对啤酒生产进行了管制,法律规定星期天不允许酿酒。1651 年,酿酒者被要求使用大麦而不是便宜的玉米来酿造啤酒。法律还规定啤酒的价格要根据麦芽的用量来定,用量越多,价格就越高。17 世纪 70 年代,当酒精含量更高的饮料开始普及时,更严厉的措施也随之而来。1672 年,波士顿 3/4 的啤酒馆只能出售啤酒,但是到了 1679 年,所有的啤酒馆开始出售啤酒和苹果酒,其中有 2/3 也出售葡萄酒,有一半出售蒸馏酒。烈性酒的零售商数量也稳步增长,远远超过了啤酒馆。随着酒越来越容易获得,1680 年,马萨诸塞州的法律限制了每个城镇饮酒场所的数量。当时的波士顿有 4 500 人,按照规定只能有 16 个饮酒场所(10 个酒店和 6 个葡萄酒馆),再加上"8 个户外的葡萄酒和烈性酒零售商",数量几乎减少了一半。[38]其他的大城镇被允许保留 2—6 个饮酒场所,而较小的城镇则只有一个。这导致小规模的酿酒厂开始减少,一些大规模的商业性啤酒厂开始兴起,而且每一个啤酒厂都和啤酒馆有联系。

就像现代许多政府对每天最大酒精摄入量做出规定一样,马萨诸塞州也规定了可以接受的饮酒量。1645 年,马萨诸塞州议会宣布"一个人一次性饮用半品脱以上的葡萄酒就会被视为过量",对于"无所事事,连续饮酒超过半小时的人",将处以 2 先令 6 便士的罚款。[39]后来的法律规定,对于"在不合时宜的时间"或是晚上 9 点以后喝酒的人,将罚款 5 先令。同时也有针对卖酒者的规定,如果他们允许客人饮酒超过半小时或者在深夜饮酒,也会受到惩罚。毋庸置疑,酒馆里禁止赌博、游戏和跳舞。这样做的结果是出现了许多和酒的生产、销售及饮用有关的规定,而所有这些都是为了阻止酗酒,因为马萨诸塞州的领导人认为酗酒会有损宗教、道德和社会秩序。

为了惩罚醉酒而一次又一次出台规定,可见服从度并不高。对于惯犯的惩罚力度不断加强。在 17 世纪七八十年代,过量饮酒者会被罚款 3 先令 4 便士,而醉酒者则会被罚款 10 先令。那些屡禁不止的人会被处以两至三倍的罚款,倘若无力支付,就要接受十鞭的鞭刑,并被拘留三小时。被判过量饮酒或者是醉酒四次的人会被关押入狱,直到有两个担保人保释为止。[40]

在早期的美洲殖民地,虽然有对于过量饮酒的担忧,但更重要的问题显然是如何弄到酒，因此 1733 年佐治亚州建立时，每个新移民分到了 44 加仑的啤酒。[41] 就算一个人每天喝酒 2 夸脱，也够喝三个月的了（如果这些啤酒保质期足够长的话），这段时间足够他们自己酿酒以自给自足了。这个政策本来是为了鼓励移民们多喝啤酒，但是总督的过度慷慨却适得其反，因为他还给移民提供 65 加仑的糖浆，这正好是酿造朗姆酒的原料。于是他们很快就将糖浆发酵、蒸馏，酿造出一种更浓烈的酒。在佐治亚州的气候条件下，这种酒的保质期要比啤酒长很多。

在欧洲和北美洲的港口城镇，一些船员经常上岸休假，朗姆酒在这些城镇的酒馆里流行起来。虽然在英国和欧洲内陆的主要人口中心，它占有的市场份额并不大，但是在整个北美，朗姆酒成为一种非常受欢迎的饮料。从 17 世纪中叶开始，朗姆酒、糖浆和蔗糖成为从加勒比地区到北美殖民地的主要出口商品。糖浆被用于食物的增甜，在更加靠近美国殖民地市场的酿酒厂里，则被用于朗姆酒的生产。加勒比地区的糖生产商很乐意向北美地区出口原料，因为这样既能节约酿造朗姆酒的成本，还能减少运输风险。到了 17 世纪末，英国殖民地已经建立了许多朗姆酒酿酒厂，特别是在马萨诸塞和罗得岛。

甚至在美国人开始使用玉米酿造威士忌之后，朗姆酒仍是烈性酒的首选和啤酒的主要替代品，直到美国独立战争中断了加勒比地区与英国殖民者的蔗糖贸易。在此意义上，欧洲（尤其是英国）殖民者在北美洲建立了与大西洋另一边不同的饮酒模式。啤酒是英国及其广大殖民地人民喝得最多的酒，但是在北美，以朗姆酒为主的蒸馏酒更受欢迎，因为它的制作原料易于获得，并且由于酒精度相对较高，也更容易运输。当酒类需要通过陆地运输到北美内陆越来越偏远的地区时，朗姆酒易于运输的优势就体现出来了。

北美洲的欧洲殖民者不仅偏离了欧洲原有的饮酒模式，他们还把酒介绍给当地的原住民。在欧洲人到来之前的北美洲，虽然偶尔有提到原住民用桦树皮酿造啤酒，但是一般认为他们并没有掌握发酵技术，即使是为了有限的宗教用途。不过美国西南部有几个部落是例外，为了宗教目的，他们会通过发酵仙人掌汁来酿酒。在北美洲的其他地区，还有一些含咖啡因的刺激性饮料。尽管这种影响是由饮酒造成的，但是在与欧洲人接触之前，他们并没有体验过酒带给人的一系列奇特影响，例如情绪高涨、更加敢于冒险。美洲原住民没有用来描述酒、饮酒以及所产生的感官效果的表达，于是表达这些概念的一些新词语进入了他们的语言之中。[42]

早期的欧洲探险者将葡萄酒和白兰地（还有食物、枪支和其他物品）提供给美洲原住民,这样做的原因有很多,有时是作为见面礼,有时是作为交易品,有时是为了其他用途。据说欧洲人把美洲原住民灌醉是为了让他们同意一些交易,因为在清醒的时候,他们是不会同意这种交易的。[43]在 17 世纪早期,英国探险家亨利·哈德逊(Henry Hudson)把酒送给他遇到的人,以此来"检验他们是否有背叛之心",也就是说在酒精的作用下,他们会泄露攻击哈德逊人马的计划。这次探险的记录者提到,当其中一位原住民喝醉时,"他们感到很奇怪,因为他们不明白怎么回事"。这就证实了这样一种观点,即他们还不知道酒为何物。[44]

17 世纪上半叶,欧洲人和美洲原住民之间酒的交易似乎越来越常见。随着欧洲殖民地向北美东部沿海和内陆地区延伸,本地生产的啤酒和朗姆酒供应越来越充足,原住民也很容易得到酒。这些酒是由偏远贸易站的探险者和商人提供的。到了 17 世纪 30 年代,酒和海狸皮之间的兑换率已经确定下来。在缅因州,4 磅海狸皮可以兑换 7 加仑白兰地和香料,而 2 磅海狸皮可以换取 6 加仑蜂蜜酒。[45]在欧洲殖民地中心地带,原住民也能得到酒。有的直接从酿酒者那里购买,比如在自己家中酿造啤酒的妇女;有的在欧洲人那里工作,酒就是他们的报酬;还有的偶尔和欧洲人一起在镇上的酒馆里喝酒。[46]

这种交易日益频繁,引起了殖民当局的担心。从 17 世纪中叶开始,这些殖民地先后颁布法令,禁止向美洲原住民出售酒类。1643 年,新尼德兰的荷兰人也颁布了同样的法令,康涅狄格州也在 1687 年如法炮制。[47]有一种普遍的观点认为,印第安人不能很好地控制酒量,他们经常会喝到酒精中毒,而且经常会为了买醉而喝酒,他们的醉酒行为影响了社会秩序。1684 年,一个妇女被指控卖酒给一个印第安女子。她为自己辩护道,她的丈夫出海了,她要独自抚养年幼的孩子,"那个印第安人愿意出 6 便士来买我的酒。因为缺钱,为了自己和孩子们的生计,哪怕是得到一分钱也好,这才违反了法律"[48]。

很显然,无论欧洲人从这些交易中获得了什么好处,原住民都会认为他们得到的酒是一种有价值的商品。在殖民时期的美洲,酒并不是印第安人日常饮食的一部分,因为可以饮用的水很容易获得,而只有在宗教仪式上他才喝其他的饮料。西南地区的印第安人会在仪式上喝一种"黑茶",这是一种用代茶冬青树叶制成的茶,其中含有咖啡因和可可碱。[49]这种仪式中会有呕吐的环节,要么自行催吐,要么在空腹时喝大量黑茶引起呕吐。在酒进入印第安人社会之后,饮酒就不仅是为了享乐,还融入了接待、婚庆、仪式性舞蹈和葬礼之中。[50]总之,印第安人和欧洲人一样,在各种场合都会饮酒。

我们应该注意，如果说酒是早期欧洲殖民者日常饮食的一部分，这不再是因为饮酒比饮用污染的水更加安全，至少在殖民时期，北美洲还是拥有大量可饮用水的。其实，欧洲人饮酒是出于文化上的原因：酒已经融入了他们的日常饮食和从欧洲带来的社交关系之中，并且酒给他们带来了快乐。因此，在功能层面上，欧洲人和印第安人喝酒基本上是为了同样的目的：它能带给人快乐，它代表各种各样的文化交流，并且可以成为社会内部及民族之间的社交媒介。也有人认为东北部的印第安人喝酒是因为它能使人产生幻觉，即一种具有宗教意义的精神状态，但是对于这一说法还存在争议。[51]两者之间饮酒方式的主要区别在于，酒不是印第安人日常饮食中不可或缺的一部分，而在欧洲却是如此。

虽然印第安人喝酒的场合多种多样，但是关于他们的饮酒方式，同时代欧洲人的描述很多集中在醉酒和因酒而起的混乱和暴力上。至少有一些证据表明，在易洛魁人当中，在喝醉时犯下的罪行是不会受到处罚的，醉酒被认为是脱罪的理由。一位历史学家写道，易洛魁人喝酒不是为了享乐，而是为了买醉，因此只有在有足够的酒能够确保喝醉的情况下，他们才会喝酒。一旦喝醉，他们就会做出破坏财产、伤人和杀人等行为。显然，起码这些行为是被认为有问题的，因为易洛魁人的酋长要求商人和当局停止出售酒给他的族人。与此同时，"只要是醉酒情况下犯的罪，不管多可怕的罪行，易洛魁社会都会选择原谅"[52]。

在和欧洲人接触的早期，在对印第安人饮酒行为的描述中，反复出现的主题是醉酒和酒后暴力。17世纪30年代，在圣劳伦斯流域活动的耶稣会传教士保罗·勒热讷（Paul Le Jeune）评论道："这些野蛮人总是很贪吃，但是自从欧洲人到来之后，他们变成了酒鬼。他们无法抵抗酒的诱惑，以喝醉为荣，以让其他人醉酒为荣。"[53]在新法兰西（魁北克），据说原住民因为喝白兰地而"酩酊大醉"，他们打架斗殴并谋杀殖民者。到了17世纪60年代，魁北克的主教下令，任何向当地原住民出售酒的商人都将被逐出教会。[54]传教士提到的与酒有关的问题之一是，它使得印第安人更难以皈依基督教。新法兰西一位耶稣会会士写道："在这里，醉酒造成的最严重后果是，它让这些野蛮人完全远离了基督教。"[55]

有关原住民醉酒的这种描述导致了"醉酒的印第安人"这一形象的诞生，其言外之意是"印第安人天生酗酒，这就是他们与欧洲人之间的区别"，"和殖民者相比，醉酒行为在印第安人中更为普遍"。确实，有的印第安人会喝醉，有的会在醉酒后变得暴力，但是我们无法知道这些描述在多大程度上是真实可靠的。即使这些被说成是目击者的描述，也无从知道暴力在多大程度上和饮酒有关。鉴于这些证据的轶事性和偶发性,我们很难评估印第安人的行为,正如很难统计当时有多少欧洲人经常喝醉。许多因酒而起的伤亡的说法之所以会产生,或许是为了迎合当时欧洲人的想象,就像许多关于其他地方的原住民同类相食的说法那样。[56]

在接受印第安人普遍酗酒的前提下,一些学者提出了一种基因上的解释:印第安人的身体对酒的消化吸收与欧洲人有所不同,但是他们并没有能够证实这种差异的证据。印第安人多种多样的饮酒模式可以推翻了这一观点,而欧洲人酗酒和长期饮酒的行为同样也可以推翻这一观点。[57]有些历史学家提出了一个文化上的解释:印第安人是从卖酒给他们的商人那里沾染了酗酒的恶习。当然,这种观点建立在这些商人自己也酗酒、醉酒的假设之上。也许他们普遍都是如此。这些成年男性来到偏远的地方,远离原来所处地区的监管和社会约束。在 18 世纪中叶,在密西西比河流域旅行的法国人让·博苏(Jean Bossu)写道:"即使对于法国人来说,想要解决醉酒问题也很困难。印第安人很容易模仿他们,并说是白人教他们喝'燃烧的水'(白兰地)的。"[58]

还有很重要的一点要记住:欧洲酒文化的发展已经有数千年的历史。起初,可以得到的酒数量有限。随着饮酒行为变得越来越普遍,饮酒的规范得以形成,人们开始认识到酗酒的后果,虽然并没有一直注意这一点。有人会违背这些规范,有人会因此受到惩罚。相比之下,在欧洲人把朗姆酒和其他酒类带来之前,北美原住民并没有饮酒的传统。在他们的社会,酒并没有经历渐进的、长达几个世纪之久的演变过程。在与欧洲人由于皮草贸易而接触的数十年里,一些原住民对酒已经深陷其中,不可自拔。不知道他们是不是从欧洲商人那里沾染了不好的习气,总之在缺乏有效社会约束的情况下,酗酒可能很快就会成为他们的酒文化。

我们知道,在欧洲殖民者中酗酒和醉酒并非罕见。正如我们所看到的那样,早在 1637 年,马萨诸塞州议会就采取措施,抑制越来越普遍的醉酒现象。醉酒者的定义是"说话口齿不清,走路摇摇晃晃,路边随地呕吐,意识模糊不清"[59],或者是"通过交谈或手势,发现他理解能力丧失"[60]。被判醉酒的殖民者有时会受到鞭笞,因为醉汉和牲畜没有区别,就该像牲畜一样被鞭打。

尽管醉酒的后果可能会相当严重,但是在早期殖民时期,醉酒行为似乎变得更加普遍,因为不仅有进口的酒,还有了当地生产的酒。一位名叫约翰·温斯罗普(John Winthrop)的清教徒领袖指出,当时的年轻人普遍"无节制地饮用烈性酒"[61]。早在 1622 年,弗吉尼亚公司就曾呼吁殖民地的总督采取措施,控制酗酒现象,这个消息"已经传播到了每一个听说过弗吉尼亚的人耳朵里"[62]。尽管当局努力减少醉酒的发生率,但是所有美洲殖民地的法庭记录都有很多关于醉酒的指控。在这方面,青少年和流动人口经常被认为问题最严重,但尚不清楚在那些因醉酒而被判刑的人中间,是否有某个群体的比例过高。旅店老板和酒零售商有时会受到指控,比如因为放任客人醉酒,或者是在打烊时间过后还卖酒给客人,但他们属于不同的群体。

还有一个根本的问题:美洲原住民和欧洲人在醉酒的频率和范围上是否存在显著差异。欧洲评论者坚持认为,殖民地本土的醉酒现象随处可见,这不禁让人想起中产阶级对于欧洲穷人和工人阶级饮酒行为的评论,以及某些群体对于其他群体饮酒过量而扰乱社会秩序的指控。美洲的殖民当局显然认为这两种饮酒文化是不同的,因为他们对每个群体采取了不同的政策。正如我们所看到的那样,他们试图调控殖民地城镇的酒水分配,限制殖民地居民的饮酒场所,但其目的很明显是限制殖民地居民的饮酒量。另一方面,针对印第安人的政策试图禁止他们接触酒类。

这种政策上的差异很可能建立在当局对不同人群适度饮酒能力的假设:印第安人是不可能有节制的,而殖民者通常可以做到适可而止。另一方面,不同的政策可能反映了当局更加务实的判断:终止对印第安人酒的供应是可以做到的,因为对于他们来说,酒仍然是一个新事物。但是对欧洲人,这样做是不可想象的,因为对于他们来说,酒在营养和文化上都是必需品。在 17 世纪(及其后),那些试图对印第安人实施禁酒政策的人本身也是饮酒者,他们并不打算剥夺自己和其他殖民者的饮酒权。直到三个世纪后,禁酒令才成为不仅仅针对某些种族,而是面向每一个人的禁令。

17 世纪是印第安人、欧洲人和酒之间复杂关系的开始。几乎从一开始,欧洲人就认为印第安人有一种病态的饮酒行为,并把印第安人偶发的醉酒事件编造成"醉酒的印第安人"的叙述,说他们无法抵制酒的诱惑,总是喝到不省人事或者发生酒后暴力。事实证明,这是对于印第安人由来已久的一种刻板印象,美国和加拿大的政府对原住民所实行的政策就建立在这种刻板印象之上,这样的情况一直持续到 20 世纪。和大多数的刻板印象一样,它不加批判地加以概括。在这一情况下,它将印第安人看作毫无差异的整体,而没有意识到不同地区、不同人群之间饮酒习惯是不同的。正如我们所见,许多印第安人被剥夺了土地和文化,他们被迫放弃自己的家庭和社会网络,被迫接受欧洲人的宗教。和其他社会和社会阶层中的被剥夺者一样,一些原住民群体开始对酒精和其他让人麻醉的东西产生依赖。可见,酒的引入是印第安人生活发生剧变的一个方面。对于世界上其他地方的原住民来说，情况也是如此，但是只有在北美洲，才形成了这样一种特定而持久的刻板印象。

【注释】

［1］José C.Curto, *Enslaving Spirits：The Portuguese-Brazilian Alcohol Trade at Luanda and Its Hinterland*, *c. 1550—1830*（Leiden：Brill, 2004）, 45.

［2］Rod Phillips, *A Short History of Wine*（London：Penguin, 2000）, 173—177.

［3］B.S.Platt, "Some Traditional Alcoholic Beverages and Their Importance to Indigenous African Communities," *Proceedings of the Nutrition Society* 14（1955）：115.

［4］Curto, *Enslaving Spirits*, 33.

［5］Susan Diduk, "European Alcohol, History, and the State in Cameroon," *African Studies Review* 36（1993）：2—3.

［6］Curto, *Enslaving Spirits*, 60—61.

［7］Emma Sánchez Montañés, "Las Bebidas Alcohólicas en la América Indígina：Una Visión General," in *El Vino de Jerez y Otras Bebidas Espirituosas en la Historia de España y América*（Madrid：Servicio de Publicaciones del Ayuntamiento de Jerez, 2004）, 424.

［8］Frederick H.Smith, "European Impressions of the Island Carib's Use of Alcohol in the Early Colonial Period," *Ethnohistory* 53（2006）：545.

［9］Ibid., 545—546.

［10］Michael Owen Jones, "What's Disgusting, Why, and What Does It Matter?," *Journal of Folklore Research* 37, no.1（2000）：53—71.

［11］Smith, "European Impressions," 547—548.

［12］Sánchez Montañés, "Las Bebidas Alcohólicas en la América Indígina," 426—428.

［13］Peter C.Mancall, *Deadly Medicine：Indians and Alcohol in Early America*（Ithaca：Cornell University Press, 1997）, 134.

［14］Lidio M.Valdez, "Maize Beer Production in Middle Horizon Peru," *Journal of Anthropological Research* 62（2006）：53—80.

［15］Henry J.Bruman, *Alcohol in Ancient Mexico*（Salt Lake City：University of Utah Press, 2000）, 71—72.

［16］Ibid., 71.

［17］Ibid., 63.

［18］Daniel Nemser, "'To Avoid This Mixture'：Rethinking *Pulque* in Colonial Mexico City," *Food and Foodways* 19（2011）：102.

［19］José Jesús Hernández Palomo, "El Pulque：Usos Indígenas y Abusos Criollos," in *El Vino de Jerez y Otras Bebidas*, 246.

［20］Juan Pedro Viqueira Albán, *Propriety and Permissiveness in Bourbon Mexico*（Wilmington, N.C.：Scholarly Resources, 1999）, 131.

［21］Ibid., 132.

［22］Nemser, "'To Avoid This Mixture.'"

［23］Rick Hendricks, "Viticulture in El Paso del Norte during the Colonial Period," *Agricultural History* 78（2004）：191.

[24] Phillips, *Short History of Wine*, 156—158.

[25] Ibid., 157—158.

[26] Prudence M.Rice, "Wine and Brandy Production in Colonial Peru: A Historical and Archaeological Investigation," *Journal of Interdisciplinary History* 27(1997):465.

[27] Thomas Pinney, *A History of Wine in America: From the Beginnings to Prohibition*(Berkeley: University of California Press, 1989), 17.

[28] Ibid., 31.

[29] Robert C.Fuller, *Religion and Wine: A Cultural History of Wine Drinking in the United States* (Knoxville: University of Tennessee Press, 1996), 12.

[30] William Wood, *New England's Prospect*(Boston: Prince Society, 1865), 1:16.

[31] George Percy, 转引自 Sarah Hand Meacham, "'They Will Be Adjudged by Their Drink, What Kinde of Housewives They Are': Gender, Technology, and Household Cidering in England and the Chesapeake, 1690 to 1760," *Virginia Magazine of History and Biography* 111(2003):123。

[32] James E. McWilliams, "Brewing Beer in Massachusetts Bay, 1640—1690," *New England Quarterly* 71, no.4(1998):544.

[33] Meacham, "'They Will Be Adjudged by Their Drink,'" 117.

[34] Phillips, *Short History of Wine*, 163.

[35] Thomas E.Brennan, ed., *Public Drinking in the Early Modern World: Voices from the Tavern, 1500—1800*(London: Pickering & Chatto, 2011), 4:80.

[36] Ibid., 4:82.

[37] Mark Lender, "Drunkenness as an Offense in Early New England: A Study of 'Puritan' Attitudes," *Quarterly Journal of Studies on Alcohol* 34(1973):359—361.

[38] Brennan, *Public Drinking in the Early Modern World*, 4:94.

[39] Ibid., 4:84.

[40] Ibid., 4:100.

[41] Gregg Smith, *Beer in America: The Early Years, 1587—1840*(Boulder: Siris Books, 1998), 23.

[42] Mancall, *Deadly Medicine*, 64.

[43] Mark Edward Lender and James Kirby Martin, *Drinking in America: A History*(New York: Free Press, 1987), 24.

[44] 转引自 Mancall, *Deadly Medicine*, 43。

[45] Dean Albertson, "Puritan Liquor in the Planting of New England," *New England Quarterly* 23, no.4(1950):483.

[46] Ibid., 484.

[47] Mancall, *Deadly Medicine*, 44.

[48] Brennan, *Public Drinking in the Early Modern World*, 4:297.

[49] Mancall, *Deadly Medicine*, 67.

[50] Ibid., 67—68.

[51] Maia Conrad, "Disorderly Drinking: Reconsidering Seventeenth-Century Iroquois Alcohol Abuse," *American Indian Quarterly* 23, no.3 & 4(1999):1—11.

[52] Ibid., 7.

[53] Mancall, *Deadly Medicine*, 68.

[54] Ibid., 139—140.

[55] D.C.Dailey, "The Role of Alcohol among North American Indian Tribes as Reported in the Jesuit Relations," *Anthropologica* 10(1968):54.

[56] Gananath Obeyesekere, *Cannibal Talk: The Man-Eating Myth and Human Sacrifice in the South Seas* (Berkeley: University of California Press, 2005). 关于食人族的讲述有时将其与酒的饮用联系起来。

［57］Mancall，*Deadly Medicine*，6—8.

［58］转引自 ibid.，2。

［59］转引自 Albertson，"Puritan Liquor," 485。

［60］Brennan，*Public Drinking in the Early Modern World*，4:98.

［61］转引自 Albertson，"Puritan Liquor," 486。

［62］C.C. Pearson and J.Edwin Hendricks，*Liquor and Anti-Liquor in Virginia*，*1619—1919*(Durham，N.C.：Duke University Press，1967)，6.

第八章　欧洲和美洲(1700—1800 年):酒、启蒙与革命

　　本杰明·拉什(Benjamin Rush)是一位医生、葡萄园主和禁酒倡导者,同时还是美国《独立宣言》的签署者。1797 年,他发表了一篇文章,名为"道德与身体的温度计:从节制到放纵的发展兼论各种酒类及其影响"(A Moral and Physical Thermometer:A Scale of the Progress of Temperance and Intemperance——Liquors with Effects in Their Usual Order,简称《道德与身体的温度计》)。这篇文章已经成为美国酒文化史上最著名的文献之一。它将饮料分为两种,一种让人产生"节制",另一种促使人"放纵",并且列举了人们饮用后的效果。在"节制"这一类中,拉什首先列举了能够给人带来"健康和财富"的水,然后是牛奶和水(一起喝)以及"淡啤酒",它们都会给人带来"心灵的宁静、良好的声名、长寿和幸福"。接着就是苹果酒、梨酒、葡萄酒、波特酒和"高浓度啤酒",如果"在用餐时少量饮用,会让人愉快而强壮,可以提供滋养"。

　　在谈论和放纵有关的饮料时,这些积极特征发生了很大的变化。就连伤害最小的潘趣酒也被描述为会导致懒惰、赌博、疾病和债务。其他大多数的酒类,如"棕榈酒和蛋奶酒""白兰地和水混合而成的格罗格酒"以及"早上饮用的金酒、白兰地和朗姆酒",都会造成像吵架、斗殴、赛马、撒谎、咒骂、作伪证、入室抢劫和谋杀这样的恶行,会引发一些疾病,如早上手发抖、呕吐、眼睛发炎、腿脚酸痛肿胀、狂躁或者抑郁,还会导致其他一些严重后果,包括身陷囹圄,或衣衫褴褛、穷困潦倒,或疾病缠身,或被打得鼻青脸肿,或沦落于济贫院,甚至是被判终身监禁,或被处以绞刑。[1]

这篇文章描绘了一幅引人注目的画面,比以前更加清楚地表明了好酒和坏酒之间的差异,以及它们的积极与消极作用。尽管其语言可能会让我们觉得很奇怪,并且对于喝烈性酒的后果的一些概括性描述也似乎十分牵强,但它反映了一个普遍的观点,即醉酒常常是一系列恶行和犯罪行为的第一环。17 世纪晚期,在《对酒鬼的警告》中,欧文·斯托克顿(Owen Stockton)曾经称醉酒为"万恶之源,百善之患","会让人犯下滔天的罪行",从亵渎神明到谋害他人。[2] 这种认为大多数病态行为都可以追溯到酒精的观点一直盛行到 20 世纪,19 世纪节制饮酒和禁酒的政策都建立在这一观点之上。

拉什提出了一些有趣的概念,并且做出了一个重要的区分,即一种是节制型的酒(苹果酒、葡萄酒和啤酒),另一种是放纵型的酒(蒸馏酒)。前者在用餐时少量饮用对身体有益,但是就威士忌或朗姆酒而言,即使适量饮用,也不太建议。拉什的言外之意是人们可以适度饮用葡萄酒、苹果酒和啤酒,但是烈性酒却不行。在其他人看来,拉什所列举的这些饮酒带来的后果(犯罪及其相应的惩罚)应该归因于醉酒,这表明在拉什的头脑中,抿一小口酒会不可避免地让人想要更多,直到喝醉。虽然"节制"和"放纵"指的是人们的饮酒行为,拉什却把这些表达用在不同的酒类上(尽管当时人们还没有认识到所有这些饮料都含有酒精)。显然,拉什认为金酒、白兰地、朗姆酒和其他蒸馏酒自身含有让人上瘾的因素,因为它们让人无法有节制地饮用。换句话说,醉酒(即后来所说的"酗酒")的原因不仅仅在饮酒者身上,也与酒精饮料本身的性质有关。

本杰明·拉什出生于 18 世纪 40 年代中期,创作于 18 世纪 90 年代,因此他了解 18 世纪大部分时间的社会风貌。我们可以认为,他这部作品的灵感全部来自他作为医生和公众人物的切身经验。显然,他对美国革命前后酒的饮用范围和模式十分关注。我们很难确定当时美国或其他地方酒的饮用情况到底如何。除了几个时期(如第六章讨论过的英国一些城市饮用金酒的时期)之外,并没有确凿的证据能够表明,18 世纪酒的饮用量究竟增加了还是下降了(或者两者都有)。这一时期出现了几个主题,有时把饮酒行为与社会精英们联系在一起,而不是像 19 世纪(第九章会对此展开讨论)那样主要聚焦在工人阶级身上。

在 18 世纪英国和美国的上层阶级中,两种来自葡萄牙的强化葡萄酒(加入了白兰地或葡萄蒸馏酒)变得流行起来。一种是马德拉酒(madeira),产自大西洋上的葡属群岛,并以此命名。马德拉酒是一种与有些雪莉酒风格相似的甜葡萄酒,事实上是在 18 世纪发明的。在 18 世纪初,它只是一种普通的平价佐餐酒,但是在 100

年之内，它摇身一变成了一种昂贵的强化饮料，只有富人才喝得起。

马德拉酒最初的吸引力是战略上的，而不是感官上的。在从欧洲到非洲、印度、加勒比地区和美洲的大西洋航线上，马德拉群岛是一个很受欢迎的停靠港。在16世纪期间，岛上生产的葡萄酒被成桶装上船，主要是作为货物，同时也供船员在航行过程中饮用。直到18世纪早期，马德拉酒通常是用白葡萄制成的，然后再加上黑葡萄的果汁，使其呈现出各种粉红和红色。但是，在夏日高温和海上颠簸的影响之下，这种葡萄酒常常会变质。到了18世纪中期，一些酿酒师开始在酒里添加蒸馏过的葡萄酒（从而使其得到强化）作为稳定剂。有一次，几桶这种强化葡萄酒被原封未动地运回了马德拉群岛，生产商发现，经过了航程的颠簸，这些酒不但没有变质，反而更好喝了。18世纪中期之后，一些生产商开始在出售之前，先把酒从大西洋甚至远到印度的地方运一个来回，然后贴上"*vinha da roda*"（已经被往返运输过的葡萄酒）的标签，这样的葡萄酒可以卖出更高的价格。最后，生产商在他们的酿酒厂建了储藏室或者是专门的温室，在这种温度下，马德拉酒可以更好地熟成。酒桶在运输过程中被来回摇晃，后来人们使用蒸汽动力机器，以模仿波浪的运动。

马德拉酒有很多种风味，每一种风味都是根据特定市场的喜好而定制的，就像19世纪时香槟酒的销售那样。出口到加勒比地区种植园主手中的马德拉酒有时是未经强化的，但是要配上未发酵的红葡萄汁和白兰地，以便买家可以根据自己的喜好上色、调味和强化。美国南卡罗来纳州和弗吉尼亚州的顾客偏爱不带甜味的、白色的、高度强化的马德拉酒；费城人更喜欢一种偏甜的、颜色金黄的马德拉酒，里面添加的白兰地没有那么多；纽约人则更喜欢一种微红色的马德拉酒，里面的白兰地更少，味道更甜。[3]

随着马德拉酒的逐渐流行，它被作为一种有钱人的饮品来销售，特别是那种在木桶里老化成熟的马德拉酒，成为18世纪的奢侈品。大约从1780年开始，生产商在销售时把陈年的（十年以上）葡萄酒定义为特别适合"聪明的"消费者，正如一位历史学家所说的那样："酒越陈，喝的人就越高贵。"[4]与其奢侈品的地位相照应，马德拉酒的价格也在不断增长。在18世纪初，在出口岛屿上，一大桶（大约435公升）马德拉酒大约可以卖到5英镑，但是到了18世纪20年代，已经涨到了8英镑，到了40年代又涨到了22英镑，到了19世纪早期，更是高达43英镑。如果把通货膨胀的因素也考虑进来，相当于在100年的时间里，马德拉酒的价格增至原来的三倍，而在此期间，在金斯敦（牙买加）、波士顿和伦敦的市场上，它也从最便宜的葡萄酒变成了最昂贵的葡萄酒。[5]能够证明其地位的一个标志是普遍的造假现象，有些市场上充斥着味道与其很相似的假马德拉酒。

虽然马德拉酒在整个不列颠和大英帝国都很受欢迎,但是它最大的成功还是在北美洲和加勒比地区,在这里,它成为富有殖民者的首选。根据一份记录,18 世纪末期一位巴巴多斯甘蔗种植园主的早餐饮料包括:"一盏茶,一杯咖啡,一杯红葡萄酒,再一杯霍克尼加斯酒(hock negus),然后是马德拉酒和桑加里酒。"[6]由于马德拉酒享有盛誉,在 1775 年的第一次大陆会议上,它被用来祝酒。在 1797 年美国最早的海军护卫舰之一"宪法"号下水时,用来庆祝的也是马德拉酒。

18 世纪另一种深受欢迎的强化葡萄酒——波特酒也产自葡萄牙,不过是来自本土。它最早出现在 17 世纪,人们把烈性酒加入产自杜罗河谷的红葡萄酒中,使其在海上运输过程中保持稳定。然而,烈性酒并不是加在成品酒里,而是在发酵过程中加入,这样就提高了酒精度,而酵母菌会被杀死,提前停止发酵。剩下的、未发酵的糖分增加了葡萄酒的甜味,而加进来的烈性酒则提高了其酒精度,从而形成了现代波特酒的风味,即一种酒精含量高于未强化葡萄酒的甜葡萄酒。

18 世纪时,还没有衡量酒精含量的标准,随着时间的推移,加到葡萄酒里的烈性酒的量也在增加。在 18 世纪早期,生产商在每桶 435 公升的葡萄酒里加入 10—15 升的白兰地(约 3%),但是到了 18 世纪后期,这个比例增加到了 10%,后来又增加到了 17%。到了 1820 年,就一直稳定在 22%。[7]现代的波特酒生产商,如泰勒酒庄(Taylor Fladgate),在每桶 435 升的葡萄酒里加大约 115 升的烈性酒(占 26%),这表明在 18 世纪大部分时间里,波特酒的酒精度数比现在(通常是 20%)要低。

1703 年,英国和葡萄牙之间签署了《梅休因条约》(Methuen Treaty),降低了对波特酒进口的关税,以补偿对法国葡萄酒和白兰地进口量的减少,因为当时法国和英国正处于战争状态。英国对波特酒的进口迅速增加,到了 1728 年,大约 1 160 万升的葡萄酒(相当于 1 500 万标准瓶)流入了这个国家。如此巨大的需求引发了供应的问题,因为波特酒只产自杜罗河谷的部分地区,所以产量有限。就像在马德拉岛一样,杜罗河谷一些"有魄力"的生产商开始用其他地区的葡萄酒来制造波特酒。然后,他们对这些葡萄酒加以"改进",使其达到英国市场所期望的口感与品质,把差的葡萄酒和好的葡萄酒混合在一起,加入糖和更多的烈性酒,以增加甜度,加入接骨木莓汁来增色,加入肉桂、胡椒和姜等调味料来提升口感。

这种情况很快就被英国的进口商和消费者发现,他们指责这有害健康。需求很快就跌落下来,进口量从 1728 年的 1 160 万升降到了 1744 年的 870 万升,再到

1756 年的 540 万升。波特酒在伦敦市场上的价格也跌到了谷底：18 世纪 30 年代末一桶能卖到 16 英镑，到了 1756 年只要 2 英镑就可以买到。面对这一灾难，葡萄牙政府颁布了世界上最早的综合性葡萄酒法律之一，以规范波特酒的生产。这部法律规定了杜罗河谷哪些地方可以生产波特酒，使这里成为世界上最早被官方划定的葡萄酒产区之一，同时还规范了酿酒的过程。法律禁止添加物质给酒增色调味。为了防止制造商经受不住诱惑，政府命令把杜罗河谷周围所有的接骨木丛全部拔除。[8]

尽管不可能确保再无欺骗行为，但这些果断的做法让英国市场对其恢复了信心，进口量和价格都有所回升。到了 18 世纪 70 年代，每年都会有 1 600 万到 1 800 万升的波特酒进入英国。1799 年，进口量达到了 4 400 万升，相当于大约 6 000 万标准瓶。当时英国的人口数量大约是 900 万，这相当于当年足以为每一个英国人提供六瓶酒，不分男女老少。

未成年人是不喝波特酒的，尽管在文化上它被认为是男性饮料（从而把女性从消费市场中排除），大部分男性是喝不起的。显然，那些喝得起波特酒的人每年的饮用量肯定会超过六瓶，还有很多人可能一周就喝掉六瓶，因此这个世纪的"三瓶男"特别出名，他们可以一次喝掉三瓶。在 18 世纪英国上层阶级的男性圈子中，现在被谴责的"狂饮"会受到人们的赞美。在当时，喝大量波特酒的能力是男子气概的特征之一。那些可以喝更多的"六瓶男"包括剧作家理查德·谢里丹（Richard Sheridan）和首相威廉·皮特（William Pitt）。据说牛津大学的古典学者约翰·波特（John Porter）可以一口气喝掉 13 瓶波特酒，而这里的"一口气"应该也是这一非凡成就的一部分。[9]

在 18 世纪后期英国上层阶级的男士中间，大量饮酒似乎成为一种流行文化，而支撑这种文化的就是波特酒。与其说这是一种新现象，可能不如说它是一种延续，不过是随着 18 世纪饮酒和上层社会的男子气概的联系在一起，人们可以更加公开地讨论而已。苏格兰作家詹姆斯·鲍斯韦尔（James Boswell）的饮酒生涯是众所周知的，鲍斯韦尔"嗜好波特酒"和其他酒类，这可能对他的生活产生了很大的影响，以至于他差点无法完成其大作《约翰逊传》（*Life of Samuel Johnson*）。[10] 上层男士与大量饮酒之间的联系如此密切，以至于英语里形容一个人酩酊大醉的表达"drunk as a lord"（醉得像领主一样），完全可以从字面上去理解。1770 年，《绅士杂志》（*Gentleman's Magazine*）列举了 99 种表达男士醉酒的方式，其中有文雅一点的"啜饮阿多尼斯的灵魂"，也有粗鲁一点的"剥光我的衣服"。

然而,波特酒并不是绅士的唯一饮料,他们也并不一定都会喝醉。1799年,牛津大学基督教堂学院的院长西里尔·杰克逊(Cyril Jackson)曾这样感谢送给他一些法国白兰地的葡萄酒商:"对我本人来说,我坦白告诉你,这是我尝过的所有东西中最好的,我从来都是爱若至宝地把它存起来,以备疾病之需。"[11]杰克逊院长可能的确认为好的口感意味着更健康的饮料,但有趣的是,他觉得有必要让他的葡萄酒商知道,他并不打算像很多同时代人那样狂饮。

杰克逊院长所饮用的很可能是18世纪生产的高质量白兰地。在这个世纪早期,法国很多地方都生产白兰地,靠近波尔多北部大西洋沿岸的夏朗德地区在这一时期开始迅速发展起来。在18世纪早期,每年从这里运出去的白兰地不超过7 000桶,但是到了1727年,增加到了27 000桶,1780年有50 000桶,到了1791年则高达87 000桶,在一个世纪的时间里增加到了原来的12倍。像马德拉酒一样,白兰地也经历了一个从一文不名到身价倍增的发展过程。尽管最初它只是一种水手、士兵和穷人都买得起的酒,是从最差的过剩葡萄酒里蒸馏出来的,但它很快就吸引了上层阶级的目光,并且开始出现各种等级。到了18世纪20年代,夏朗德干邑地区的白兰地售价比其他地区的高出25%。[12]与马德拉酒和波特酒一样,成功就会导致造假。1791年,夏朗德地区的白兰地生产商成立了一个协会,以规范这一产业,确保白兰地的产地和品质,特别是专门为有钱的消费者供应的高端白兰地。

18世纪另外一个突然获得极大成功的酒类产业是苏格兰的威士忌蒸馏业。这是苏格兰高地的一种家庭产业,在18世纪80年代之前,苏格兰低地地区几乎对其闻所未闻。然而,80年代这里建立了许多大型蒸馏酒厂,其中有一个位于基尔巴吉(Kilbagie),仅建造厂房和购买设备就花费了4万英镑巨款,雇用了300名工人,蒸馏后剩下的酒糟养活了7 000头牛和2 000头猪。[13]出口到英格兰的苏格兰威士忌以惊人的速度在增长,1777年只有2 000加仑,到了18世纪80年代中期,已经超过了40万加仑。和波特酒一样,威士忌也经常被与酗酒联系在一起。[14]

在此期间,上层男性开始炫耀他们的酒窖。伏尔泰在他费尔内(Ferney)的庄园里举办奢华的晚宴,购买了大量的博若莱红葡萄酒(他的最爱)、勃艮第葡萄酒(他用来把博若莱红酒的桶加满)以及马拉加(Malaga)生产的西班牙葡萄酒。特万尼(Tavanes)公爵的酒窖里主要是成百上千瓶来自博恩(Beaune)和梅多克(Médoc)的葡萄酒,也有来自塞浦路斯和匈牙利的酒。第戎高等法院(王室法院)的第一任院长似乎对自己所属的地方特别忠诚:他的大部分精品都是来自香贝坦(Chambertin)、武若(Vougeot)、梦拉榭(Montrachet)等地的勃艮第葡萄酒。

随着时间的推移,在这个世纪里,他们喝的葡萄酒质量很可能也提高了,就像白兰地一样,因为法国很多地区都对提高葡萄酒质量越来越感兴趣。波尔多学院和第戎(勃艮第葡萄酒的代表地区)学院赞助了几场关于葡萄酒酿造技术的论文比赛。葡萄酒生产商开始更加注意他们使用的葡萄种类、成熟度以及葡萄酒发酵和老化的过程。到了这个世纪中叶,波尔多一些大庄园(还没有被称为"酒庄")生产的葡萄酒就已经很出名了,如奥比安庄园(Haut-Brion)、拉菲庄园(Lafite)、拉图尔庄园(Latour)以及马尔戈庄园(Margaux)。来自勃艮第大庄园的葡萄酒享有盛誉,如罗曼尼(Romanée)和梦拉榭葡萄酒总能卖到最高的价格,这即使不能表明其品质,最少能够表明其声望。

现代酿酒师所熟知的一些新技术被发明出来。一种就是在发酵之前往葡萄汁中加糖,目的是增加成品酒的酒精含量。这个步骤现在被称为"加糖",在英语里的表达是"chaptalization",源自化学家让-安托万-克劳德·沙普塔尔(Jean-Antoine-Claude Chaptal)的名字,他后来成为拿破仑政府的一位部长。在1801年出版的一部作品中,他倡导过这一步骤。但是在此之前,把糖加入未发酵葡萄汁的做法已经被长期使用。1765年出版的《百科全书》关于葡萄酒的文章建议使用糖,一个接一个的法国科学家也推荐加糖、蜂蜜或糖浆,以尽可能加速发酵过程。化学家皮埃尔-约瑟夫·马凯(Pierre-Joseph Macquer)做过一个试验,他把糖加到1776年收获的因为没有完全成熟而有酸味的葡萄汁中,宣称这样制作出来的葡萄酒尝起来和成熟的葡萄酿造出来的味道一样,一点也不甜,根本感觉不出果汁已经加了糖。[15]

对葡萄酒的大量研究都是为了改进其质量,许多领域的科学家参与其中,最后的成果被总结成一本书,即《利用沙普塔尔的方法酿造葡萄酒的艺术》(*The Art of Making Wine according to the Method of Chaptal*)。1803年,拿破仑政府将这本书发放给法国每一位葡萄种植者。(在经历了革命时期的挫折后,这成为刺激法国经济和出口的尝试的一部分。)这本书不仅借鉴了科学研究的成果,也借鉴了一些葡萄种植者的经验,因为沙普塔尔向主要生产商发放了调查问卷。它总结了当时人们对土壤(指出了波尔多葡萄酒最佳产地的光照和疏松土壤的好处)、气候和酿酒技术的了解。如果这些方法与实践在18世纪的法国被广泛采用的话,顶级葡萄酒的总体质量应该会得到稳步的提升。

毋庸置疑,法国社会底层的人所喝的葡萄酒品质并没有得到提升。他们中的很多人别无选择,只要是能够饮用的,有什么就喝什么。伏尔泰可能很享受他的博若莱红葡萄酒和勃艮第葡萄酒,但他本人也有葡萄园,给仆人喝自制的葡萄酒,他称之为"我自己的劣质酒,但绝对是健康的"[16]。难怪(伏尔泰也抱怨过这一点)他的仆人会时不时地偷他的好酒。占法国人口1/3或更多的穷人所喝的酒一定寡淡无味,甚至会有酸味。1794年,巴黎当局对68家餐厅及酒吧的酒进行抽查,声称其中只有八家的酒可以被合理地称为葡萄酒。虽然法国大革命确实带来了特殊的挑战和困难,但大部分在大革命之前流通的葡萄酒可能也同样可疑。葡萄酒历来就有很多种类和品质等级(不管是怎样判断的),但随着18世纪酿酒技术的改进,最好的和最坏的葡萄酒之间的差距可能比以前任何时候都要大。

在18世纪的不同社会阶层和性别之间,葡萄酒和其他酒精饮料的文化内涵可能有所不同,但是酒一直保持着广泛的吸引力(参见图4)。不论是为了追求感官上的愉悦而小口品尝,还是通过狂饮来麻醉神经,以对抗恶劣的生活和工作条件(这只是两种模式化的饮酒行为和动机),特别是18世纪的男性沉迷于喝酒,醉酒现象似乎无所不在。正如我们看到的那样,在俱乐部这样的社交场合,大量饮酒而不醉的能力是上层阶级男性气概的标志。约翰逊博士的一句名言浓缩了这一点:"波尔多红葡萄酒是男孩喝的酒,波特酒是男人喝的酒,如果谁想做英雄,那就要喝白兰地。"[17]虽然这里没有提及究竟需要喝多少白兰地才是英雄行为,但不太可能是小酌。这种态度让很多评论者很担心,如本杰明·拉什,他认为放纵型的饮酒会导致一连串的罪恶,如不守安息日、亵渎神明,还有盗窃和杀人等犯罪行为。

在18世纪,至少在英国,上层阶级的评论者开始指出富人和穷人之间醉酒的区别。这种根据阶级而划分的区别标志着一种转变,即不再不加区别地谴责醉酒行为是罪过,是走向不道德和犯罪生涯的第一步。到了18世纪中叶,上层社会的醉酒行为往往会被认为是一种私人恶习,不会造成什么社会影响(因此社会和法律可以将其忽略),而那些贫穷工人(有些根本就喝不起酒,更别说喝醉了)的酗酒行为总是被与犯罪和社会动乱联系在一起。[18]

这个观点源自一场围绕醉酒的法律后果而产生的激烈辩论,这场辩论和18世纪上半叶所谓的"金酒热"同时发生。人们对可能驱使人饮酒的情况有了一定认识,即使并不心存同情。荷兰哲学家伯纳德·曼德维尔(Bernard Mandeville)是这样描绘那些穷人的,说他们"借酒消愁,因为要面对嗷嗷待哺的孩子、严冬的霜冻、家徒四壁的房子,所有这些都会让他发愁"。像当时大部分其他评论者一样,曼德维尔也将注意力明确聚焦在更贫困的社会阶层。作家亨利·菲尔丁(Henry Fielding)同时也是一位地方法官,这个工作让他对伦敦的犯罪行为有一种别人所不及的独特认识,他把"社会渣滓"犯罪率上升的现象归因于饮酒。[19]

　　很多评论者欣然承认醉酒现象在富人中是广泛存在的，但是他们认为富人醉酒会有不同的影响。如果穷人喝醉了，就会扰乱社会秩序，因此有关部门应该进行干预，但是富人醉酒是一种道德上的弱点，无论多么严重，都在法律的管辖范围之外。这里直接的问题不在于犯罪是否已经发生（因为不管犯罪的是喝醉的勋爵还是喝醉的工人，谋杀就是谋杀），而在于被附加于醉酒的意义。富人的酗酒行为可能在道德上是有问题的，但这仅仅是私人问题。穷人的酗酒行为是一种可以被确定的社会威胁：醉酒的男性会忽视他们的工作以及对家庭的责任，而女性（被认为特别容易喝醉）则会忽视她们的家庭和孩子。显然，这种论调在18世纪早期至中期的"金酒热"期间就已经出现，而当时所针对的是妇女和未成年人（见第六章）。

　　犯罪问题也很重要，法学家们曾围绕醉酒后犯罪的刑事责任展开过辩论。这里的问题是这两者之间的张力：一方面，是要承认醉酒会让人丧失理智，从而使他（她）失态；另一方面，是要相信即使是喝醉的人也要为自己的行为负责。在英国的法律中，没有一项正式的条款规定，如果一个人犯了罪，醉酒可以作为减罪的条件，但是一些被告却试图以这种方式为自己的行为开脱。法律权威普遍认为，法院应该拒绝这样的请求：马修·黑尔（Matthew Hale）认为被告"不能因为自愿变得疯狂而享有特权"，而18世纪最伟大的法学家威廉·布莱克斯通（William Blackstone）称其为"站不住脚的借口"。约翰·洛克认为只有精神病才能免除一个人的责任，因为法官和陪审团无法核实醉酒者在犯罪时的精神状况。[20]

　　实际上，很少有被告会声称醉酒来减轻罪责。从1680年到1750年，在伦敦中央刑事法庭，只有不到2%的被告人这样做了，而只有在几起案件中，醉酒辩护似乎发挥了作用，嫌疑人要么被判无罪，要么被减罪。[21] 随着时间的推移，一些被告更喜欢声称酒改变了他们正常的性格，而他们在犯罪时并没有任何恶意。在酒馆斗殴事件中，朋友之间的凶杀就是使用这种借口的典型案例。还有些被告把醉酒与精神病混为一谈，例如，有一个名叫伊丽莎白·劳勒（Elizabeth Lawler）的妇女被控告偷了一只羊，她"辩护称自己头脑错乱，精神失常，不知道做了什么"[22]。

　　在18世纪90年代法国的一些离婚案件中，被告人也辩称对于醉酒之后的行为，责任应该减轻。有一个人告诉法庭"他承认虐待了自己的妻子，他对妻子并没有什么不满，对她的虐待、辱骂和威胁常常是醉酒之后的行为"[23]。原告女性抱怨说丈夫喝醉回到家就开始殴打她们，许多女性把最严重的虐待与宗教节日联系在一起，例如复活节和五旬节，因为在此期间男人们会喝一整天的酒。另一方面，法国鲁昂的一位妇女在向法院申请离婚时说"她的丈夫每天都会喝醉，然后借着酒劲对她实施虐待"。在涉及已婚女性醉酒的案件时，她们的丈夫埋怨的不是暴力，而是私生活的淫乱。据说一个妇女"酒后乱性，放纵于最伤风败俗的行为"。

如果说醉酒对人的影响通常在家里表现出来，那么军队就是一个等级森严的特殊饮酒场所。在军队里，酗酒不仅会带来不道德行为、暴力和犯罪，还会导致不服管教、纪律涣散和效率低下等军队所特有的问题。难怪人们会特别关注英国军队里的酗酒现象，毕竟从武器供应商、酒馆甚至是他们的军官那里，普通士兵只要买得起，想买多少酒就能买到多少。在走上战场之前和胜利之后，以及一些特殊的场合，如王室成员的生日或其他纪念日，他们还可以得到更多的酒，通常是朗姆酒。[24]18世纪时，官方供酒量呈上升趋势。到美国独立战争时，朗姆酒已经不再留到特殊场合才供应了，其配给量基本上达到了每天1吉尔(约5盎司)，差不多就是每月1加仑。但配给量似乎也不是一成不变的，似乎有一位军官每天分给士兵半品脱朗姆酒。[25]因为朗姆酒在北美相当便宜，所以成为人们的首选，而在其他地方，其他的酒精饮料也很受欢迎：在英国，是威士忌和金酒，还有啤酒和麦芽酒(取决于成本)；在印度，是亚力酒，这种酒是从各种水果和谷物或者是发酵的椰子花中蒸馏提取出来的，比啤酒便宜很多。

和海上的水手相比，英国士兵分到的酒相形见绌。水手通常的日配给量是1品脱葡萄酒或者半品脱白兰地或朗姆酒(配水)，如果航程较短，则是1加仑啤酒。虽然这些酒的量多于发放给士兵的，但是水手在航海时没有机会购买额外的酒(尽管他们会偷偷把更多的酒带到船上)，并且船上会一直有人监视着他们。而士兵却很少受到严格的监视，虽然他们可能会长时间参加战斗，但大部分时间他们都在驻守城堡或要塞，很少住在兵营里。士兵往往被安排住在谷仓、民宅和酒馆，远离军官的监视，他们就可以尽情畅饮。

对于18世纪时英国军队里的酗酒和醉酒现象，我们只能加以猜测。酒的供应一般不受限制，主要的限制条件是买酒的钱。普通士兵现金很少，但他们会偷酒喝，或者是用他们(有时是战友的)多余的供应和私人物品换酒喝。在西印度群岛，士兵用分配到的陈年朗姆酒换取更多、更烈的新朗姆酒。[26]有些人可能会出于责任感而减少饮酒，有些识字的士兵可能是受到了18世纪广泛分发给士兵的《士兵准则》(*The Soldier's Monitor*)的影响。其作者约西亚·伍德沃德(Josiah Woodward)是英国圣公会的一名社会改革家，他向士兵警示了喝酒的危害。他写道："酗酒会剥夺一个勇敢的士兵所有美好而崇高的品质，让他力量比不过一个小孩子，论判断力就像一个傻子。"[27]

大量报道显示英国士兵经常喝得烂醉如泥。一位军医助手在 1744 年写道，在佛兰德斯战役中，士兵"喝了在布鲁日得到的金酒和白兰地等，醉得步履蹒跚"。一些人比较了英国士兵和爱尔兰士兵之间的醉酒问题。卡斯尔雷(Castlereagh)勋爵认为英国士兵更多会滥用威士忌，但一位军医指出，爱尔兰士兵因为酗酒而腿部溃烂的可能性要比英国士兵高得多。[28]

士兵酗酒带来了健康、道德、犯罪和军事效率等问题。军医告诫士兵酗酒有害健康，甚至警告他们新的朗姆酒(不同于军队分发的陈年朗姆酒)可能会致命，这是有可能的，因为许多新的朗姆酒被铅污染了。1762 年，马提尼克岛上的一位军官汇报说："自从我来到这里，就发现士兵都体弱多病，还有许多士兵死去，并且患病的人逐日增多，这都要怪他们从岸上弄到的劣质朗姆酒。"[29]同样让人担心的是酒所造成的军纪涣散问题。1758 年，沃尔夫(Wolfe)将军指出："太多的朗姆酒必然会影响军纪。我们有明显的证据可以表明其不良后果。军士在值勤时喝酒，两个哨兵也在喝酒，其他人都已经醉倒在地。"[30]

在 18 世纪，酒似乎对所有的军队都构成了威胁。在加拿大布雷顿角岛上的路易斯堡垒，最初驻守在那里的士兵可以获得无限量供应的葡萄酒和白兰地。但是由于疾病和军纪问题不断扩散，加上 1717 年总督关于"酒馆老板们正在彻底毁掉这个殖民地"的报告，使得当局重新考虑他们的政策。[31]直到殖民统治的最后时期，即 18 世纪 50 年代，政府仍在不断努力，要让士兵远离酒。有些规定禁止在工作日向士兵出售酒，有些规定限制殖民地饮酒场所的数量，而还有一些则针对士兵本身，例如禁止他们和水手用衣服换酒喝。

虽然没有限制士兵酗酒的总体政策，但各个指挥官采用了不同的局部解决方案。有的试图完全阻断酒的获取渠道，有的只是禁止士兵站岗时喝酒，还有的采取了更严厉的措施，试图阻止士兵获得除了军队配给的酒以外的任何酒类，虽然这实际上意味着要将士兵的活动范围限制在营房里。1759 年，魁北克的英军指挥官废除了所有向士兵销售酒的执照，并规定任何一个被发现醉酒的士兵每天要接受 20 下鞭刑，直到他说出是从哪儿弄到的酒，此外，他会有六周得不到本应分给他的朗姆酒。在英国军队里，只要喝醉就要受到惩罚，即使并没有导致不服管教或其他违纪行为。惩罚一般是额外的工作或训练，但是一旦违反了纪律或是在醉酒时有了其他的过错，就会受到更严厉的惩罚。在驻扎在美洲的士兵中，这类事件似乎更常见，因为他们很容易获得廉价的朗姆酒。

这些政策几乎专门针对像朗姆酒、金酒和白兰地这样的蒸馏酒，很少是针对啤酒和麦芽酒的,针对葡萄酒的更是少之又少,虽然所有这些酒类只要喝得足够多,都能让人喝醉。一位名叫约翰·贝尔(John Bell)的军医一向反对给士兵供应烈性酒,他甚至怀疑葡萄酒具有特定治疗作用这样的正统医学观点,却支持把葡萄酒和啤酒作为日常饮品。他认为,葡萄酒有促进健康的作用,所以应定期供应给士兵,而啤酒是"一种让人精力充沛、有杀菌功效,又富含营养的饮料"。至于烈性酒,贝尔认为只可以提供给那些寒冷或疲惫的士兵。[32]

士兵肯定会通过啤酒或水来补充水分(他们无法只靠烈性酒生存下去)。值得注意的是,每当提到英国军队中的醉酒现象时,人们都想当然地认为是烈性酒,而不是因为过度饮用啤酒。不过,18 世纪的士兵喝的水很有可能比历史学家们普遍认为的要多。赫克托·麦克林(Hector McLean)是西印度群岛的一名军医,他建议军官应该为了健康而适度喝葡萄酒,却建议工作辛苦的士兵只喝水或柠檬水。[33] 1780 年,查尔斯顿(Charleston)的皇家炮兵司令收到一些士兵的请愿书,他们抱怨说应该分给他们的朗姆酒没有了。他们写道:"依我们的拙见,对于在这种湿热难耐的气候条件下劳动的人来说,朗姆酒是一种极其必要的保健品……从早上 6 点勤奋地工作到晚上 6 点,我们绝不可能只依靠这里水质极差的水。"[34] 据说有一位名医治好了几个人经常性醉酒的毛病,他逐步稀释他们喝的酒,直到最后让他们喝白水。[35]

在《道德与身体的温度计》一文中,本杰明·拉什就建议人们饮水,这比政府开始建造能为公民提供源源不断的饮用水系统早了几十年。但是在其他地方,拉什警告人们不要在炎热的条件下喝冷水,也不要喝太多水。他指出:"费城几乎每个夏天都会有许多人因为喝冷水而生病。在有些季节,一天之内会有四五个人因此突然死亡。"这些死亡通常发生在"社会上的劳动人口"中,他们会从公共水泵喝水,"要么因为缺乏耐心,要么因为无知,没有采取必要的预防措施来避免冷水的不良甚至是致命影响"。[36] 拉什写道,过冷的水会对温暖的身体产生不良的影响,引起视线模糊、走路不稳和昏倒、呼吸困难、喉咙不适和四肢冰冷等症状,在四五分钟之内,人就会死掉。在不太严重的情况下,人如果在身体温暖的时候喝了特别冷的水,会出现胸部和胃部痉挛。

但是,在拉什看来,问题不在水本身,而是水和饮用者身体的相对温度以及饮水量。他指出,如果这些情况下喝了潘趣酒或啤酒,也会出现同样的问题。拉什提到的"预防措施"就是减轻冷水的刺激。如果是用杯子或碗喝水,那么喝水的人应该用手捧一会儿,把水温一温。如果是直接从溪流或水泵喝水,那么应该在喝之前把冷水泼在手上或脸上，让身体适应一下水温。[37]和同时代的许多人不同，他并不反对人们喝水。

尽管喝水是一种有效的补充水分的方式，但是酒文化已经根深蒂固，因此要想让士兵不要喝酒，和让平民不要喝酒一样困难。1791年，一位驻扎在牙买加的军医指出，如果一天不发放朗姆酒，"士兵就会立刻表现出不满。如果长时间不发放朗姆酒，不满情绪有时可能会升级为叛乱，会有很多逃兵"[38]。实际上，除了一些军官偶尔试图这样做，几乎没有人对剥夺士兵饮酒的权利感兴趣。和在士兵中间一样，饮酒文化也同样深深植根于军官队伍中。而且，酒被认为有保健价值，也有利于士兵面对严寒酷暑和艰难的环境。

虽然因喝酒而未能完成任务或不服管教的士兵会受到处分，但喝酒本身（即使是酗酒）都能被容忍，因为几乎没有其他的选择。从这个角度来看，军队确实和平民社会有所不同。到了18世纪中期，上层社会就已经开始认为工人阶层普遍的喝酒行为是道德问题，而在军队中，军官往往会默许士兵喝酒，只有在喝酒影响到军纪和效率时才会采取措施。

18世纪的两次伟大革命对酒文化产生了截然不同的影响，但在美国和法国，税收发挥了中介性的影响。刚成立的美国面临的主要挑战之一是偿还它在独立战争中欠下的债务。和之前和之后的许多政治家一样，第一任财政部长亚历山大·汉密尔顿把酒税视作一种丰厚而永久的收入来源。虽然我们不能完全可靠地确定饮酒量，但所有的记载都表明当时酗酒已经成为常态。一份常被引用的资料显示，在1790—1800年之间，达到饮酒年龄的美国人人均摄入了超过6加仑的纯酒精，这些酒精有可能是来自烈性酒，也有可能来自葡萄酒和啤酒。同一份资料显示，100年后的摄入量大约是其1/3（19世纪90年代是2.2加仑）[39]，略少于在这之后50年的摄入量（2003—2005年是2.5加仑）。[40]如果这些数字是正确的，那么汉密尔顿把目光转向美国人的饮酒习惯，想以此来增加国库收入，也就不足为奇了。和英国政府试图征收茶税相比，征收酒税似乎不那么容易引发人们的抵触情绪，并且汉密尔顿和其他人可能受到了禁酒观念的影响。

与此同时，汉密尔顿可能注意到了英国政府在美国独立战争中财力耗竭，试图提高酒税时面临的问题。众所周知，广泛的走私和其他形式的逃税使得税收减少，首相威廉·皮特试图对从苏格兰源不断进入英格兰的威士忌征收新税。他们尝试了各种方法，包括简单地发放营业执照和对酿酒厂用来蒸馏的发酵液体进行征税，但这些方法却使苏格兰低地地区的酿酒厂反对苏格兰高地地区的酿酒厂，并让两者都反对伦敦的酿酒厂,因为伦敦的酿酒厂不想让苏格兰威士忌进入英格兰,这还牵扯出了英格兰与苏格兰的宪法关系的问题。[41]

1791年3月,美国国会通过了一项允许联邦政府对蒸馏酒征税的法律。在美国生产的用进口原料制成的烈性酒(如用从加勒比地区进口的糖浆制成的朗姆酒)税率低于直接进口的烈性酒(如法国的白兰地),在美国用当地的原材料生产的烈性酒税率更低。大型和小型酿酒厂也被区别对待。有几个州已经在征收这样的酒税(一些针对零售而不是生产),虽然这种征收时断时续。大部分威士忌(蒸馏酒的主要形式)是由边远的边境地区种植玉米的农民小批量生产的。这些农民远离人口中心,为了使陆上运输更高效、更便宜,他们将谷物酿成威士忌在当地销售,并将此作为一种交易方式来购买自己使用的商品。1791年的征税不仅针对了为了这些商业用途而生产的威士忌,甚至还针对农民生产了供自己饮用的威士忌。此外,这种税不是对销售威士忌所得到的收入而征收的,而是能够提前征收;农村生产者不得不根据他们的蒸馏能力支付年费,或每蒸馏1加仑威士忌就支付9美分。这意味着生产者(其中许多是收入微薄的农民)要为他们生产的一切交税,即使有些因为在运输过程中的损失(泄漏或溢出)而导致销售收入下降。[42]

美国政府认为税收是必要的、公平的,认为本国税收远低于其他国家的同类税收。同时,对完全在美国生产的酒的税率远低于对进口酒的税率,这让当地的酿造商更有竞争优势。但农民把酿酒作为一种生活方式,而不是一种商业行为,他们认为新的税收极其不公平。它针对的只是想要努力生存下去的农民,同时它很可能耗尽边境地区本来就供不应求的硬通货。逃税势必使人们进一步陷入困境,因为任何一个被指控逃税的人都要到远离家乡的费城受审。总而言之,东部强加给西部的酒税让人想起以前英国人强加给殖民地居民的税。[43]

起初,反对纳税的人给报纸写信并递交请愿书,但在1791年秋(虽然政府做出了让步,将税率从每加仑9美分减少到每加仑7美分),抗议行动升级成为众所周知的威士忌暴乱。拒绝纳税的呼声蔓延开来,叛乱者最初的做法是威胁和殴打到农民家中收税的官员,甚至把他们浑身涂满柏油插上羽毛。从1792年起,针对征税人的行动开始加剧,特别是在宾夕法尼亚州西部,当然在其他州也是如此。1794年,政府派出一位执法官和一位将军率领士兵,传唤几个拒绝纳税的酿酒商,联邦士兵和当地民兵之间爆发冲突,导致双方各有伤亡。政府给了反对税收者一个放弃反抗并宣布忠诚于美国政府和法律的机会,遭到他们的拒绝,总统乔治·华盛顿组织了一支由13 000人组成的民兵部队。在汉密尔顿和华盛顿本人的率领下,士兵进入了反对威士忌税呼声最强烈的地区，一面对武装部队，暴乱分子马上溃不成军。数十人被捕，有两人因谋反罪被判处死刑，但华盛顿赦免了他们。

威士忌暴乱不仅突出了早期美国地区和阶级之间的冲突，还表明了酿酒在当时的重要性。前面提到过一份文献，说 1800 年前后达到饮酒年龄的美国人每年摄入纯酒精超过 6 加仑，这份文献还表明这些纯酒精有一半来自蒸馏酒。啤酒位居第二，而葡萄酒屈居第三位。例如，在 1800 年这 6.6 加仑的纯酒精中，有 3.3 加仑来自烈性酒，3.2 加仑来自啤酒，只有 0.1 加仑来自葡萄酒。[44] 亚历山大·汉密尔顿认为 1791 年的威士忌税在一定程度上遏制了酗酒现象，因为生产商可以将税转嫁到消费者头上，而更高的价格可能会降低酒的消费。汉密尔顿指出，喝烈性酒似乎"更多地取决于节制或放纵的相对习惯，而不是其他任何原因"[45]。

可以说，汉密尔顿的威士忌税体现了一种紧张关系：他希望有足够的资金来帮助美国财政部，但是这一希望建立在他所谴责的酗酒之上。最后，虽然酒税让各种酒的价格都上涨了，无论是进口的，还是国内生产的，但是对酒的需求仍在继续增长。在位于暴乱中心的宾夕法尼亚州，对威士忌的税收从 1794—1795 年的 66 401 美元增加到了 1797—1798 年的 123 491 美元，翻了一倍还要多。[46] 虽然部分增长可能是因为有了更有效的征税方式，但也可能是因为需求和消费的增长。

在法国，引起改革者注意的不是烈性酒而是葡萄酒。1789 年的法国大革命对葡萄酒产生了深远的影响，并为现代法国葡萄酒产业的发展奠定了基础，尤其是通过废除旧制度之下的许多葡萄酒税，刺激了对葡萄酒的消费。从 1789 年大革命以前所列举的不满中可以看出人们对各种苛捐杂税的普遍憎恶，其中包括对消费品（如葡萄酒）所征的税。在卢瓦尔河谷默讷图（Menetou）地区，人们抱怨说，葡萄酒税"可能对所有人有百害又对国王无一利"，还有人指出，就连慈善人士送一瓶葡萄酒给那些"不幸之人"，也会有好事的官员试图对其征税。据说这些税导致了各种形式的犯罪行为："这个国家有多少地下葡萄酒商店呀！它们往往是那些因酗酒而丧失理智的人的避难所，他们的智商已经下降到动物之下……这里会滋生斗殴、暴力、疾病、变态和对正派人士的蔑视。"[47]

对葡萄酒征收的入境税是最沉重的税收之一。巴黎 50 万居民是法国最大的城市消费者市场，葡萄酒在通过城门和塞纳河港口时都要交关税。虽然最初的税额相当低，但是一直在增长，到了 1789 年，关税实际上已经让葡萄酒的成本翻了两番。此外，因为酒税是按桶征收的，而不管葡萄酒的品质和价格，所以那些购买价格低廉、质量低劣的葡萄酒的消费者最终却补贴了富有者的饮用偏好。由于城市里酒的价格更高,巴黎人会定期去城外的酒馆和酒吧,尤其是在周日和节假日,因为在这里他们可以喝到免税酒。"皇家乐鼓"(Le Tambour Royal)是受欢迎的小酒馆之一,据说每年售出约 130 万升葡萄酒。

巴黎人民想尽各种办法来减轻城市里的税收对他们的影响。商人把高浓度葡萄酒运进城市,然后再将其稀释并卖出去,这样可以少交关税。葡萄酒被藏在货车上其他货物的下面,被偷运到城里。这些酒的量可能很大,但我们无法确切知道到底有多少。女走私者会把少量的白兰地藏在肥大的裙子里。然后还有凿穿城墙而建的隧道和通道,边上衬以木头、钢铁、皮革或铅。1784 年,当局决定将城墙向外挪,把现有城墙外不断增长的人口包括进来。然而这项举措并没有获得人们的支持,尤其是因为它会使城外便宜的小酒馆更加远离市中心。到了 1788 年,官员们发现并封闭了 80 条穿过新城墙的葡萄酒走私通道。

在 18 世纪 80 年代后期的法国,随着物价持续上涨,就业率下降,大量人口遭受日益增加的压力,反对葡萄酒和其他商品关税的呼声越来越高。到了 80 年代末,由于政治、经济和社会危机的加重,巴黎爆发动乱。在 1789 年 7 月 12 日晚至 13 日,城门的大部分关税壁垒被愤怒的群众砸坏或烧毁。这并非肆意和随机的暴乱,而是专门针对那些威胁普通公民生活水平、葡萄种植者和商人生计的机构。虽然人们通常把 7 月 14 日攻占巴士底狱作为法国大革命的开端,但毁坏关税壁垒也完全可以作为其开端。巴士底狱是一座皇家监狱,和它庞大的身躯一样,它是一个巨大的象征。毁坏关税壁垒代表了普通巴黎人民为摧毁旧制度而做的斗争,正是这些机构使他们变得日益贫困。

革命最初几年让巴黎和其他地方的葡萄酒饮用者感到失望。巴黎需要从葡萄酒收取关税,并在 1790 年建好了新的城墙,全国性的税收被保留,直到新的税法出台。在 1791 年,革命政府废除了所有的间接税,包括对葡萄酒的税。5 月 1 日午夜,政策刚一生效,就有数以百计的载有 200 万升葡萄酒的车队进入巴黎。满怀爱国热情的巴黎人整夜喝酒狂欢,毕竟那些酒 1 品脱才卖 3 个苏。大量的白兰地也以同样的方式被出售,类似的场景在法国随处可见。虽然在 18 世纪 90 年代,很大程度上由于收成不佳,导致酒价上涨,虽然贫穷的政府在 1798 年重新开始征收间接税,但在革命期间,葡萄酒仍然比以前便宜。[48]

革命期间葡萄酒饮用量之所以会上升,可能不仅是因为价格较低,还因为葡萄种植面积和葡萄酒产量都增加了。统计数字并不确定,但根据一份估计,饮用量从革命之前的 2 720 万升增加到了 1805—1812 年期间的平均 3 680 万升,相当于在 20

年里增长了 1/3。这肯定是因为葡萄园增多了,产量也提高了,或者两者兼有。而且,其增长速度要比人口增长快得多,这意味着人均葡萄酒饮用量一定上升了。此时,葡萄酒的出口量很小,因为法国大部分时间都在与其出口市场国家交战。

整体而言,18 世纪出现了明确界定的以阶级为基础的饮酒文化,精英阶层和平民阶层在饮酒文化上的差异更为明显。无论是在北美和英国,还是在欧洲大陆,上层人不仅喝波特酒、马德拉酒和标志着社会声望的葡萄酒,他们也更明确地将自己的饮酒文化同普通百姓的饮酒文化区别开来。上层人士强调的不是喝多少,而是喝什么以及如何喝,这让人想起几个世纪之前希腊人和罗马人对酒的认识,他们谴责喝啤酒的民族是"野蛮人",而社会下层的人则努力捍卫他们认为属于自己的、以公平的价格喝酒的权利。在此意义上,我们不妨认为,1789 年 7 月巴黎焚烧关税壁垒的行为和五年后美国的威士忌叛乱,其导火索是一样的。

【注释】

［1］《道德与身体的温度计》在几本书上被重印,如 Mark Edward Lender and James Kirby Martin, *Drinking in America*:*A History*(New York:Free Press, 1987), 39。

［2］转引自 Dana Rabin, "Drunkenness and Responsibility for Crime in the Eighteenth Century," *Journal of British Studies* 44(2005):459。

［3］David Hancock, "Commerce and Conversation in the Eighteenth-Century Atlantic:The Invention of Madeira Wine," *Journal of Interdisciplinary History* 29(1998):207.

［4］Ibid., 215.

［5］Ibid.

［6］Andrea Stuart, *Sugar in the Blood*:*A Family's Story of Slavery and Empire* (New York:Knopf, 2013), 转引自 *New York Times Book Review*, March 31, 2013, 11.

［7］Rod Phillips, *A Short History of Wine*(London:Penguin, 2000), 188.

［8］Ibid., 188—189.

［9］Hugh Johnson, *The Story of Wine*(London:Mitchell Beazley, 1989), 293—304.

［10］Thomas B.Gilmore, "James Boswell's Drinking," *Eighteenth-Century Studies* 24(1991):340—341.

［11］*Oxford Today* 11, no.2(Hilary Term, 1999):63.

［12］Phillips, *Short History of Wine*, 191—192.

［13］Vivien E.Dietz, "The Politics of Whisky:Scottish Distillers, the Excise, and the Pittite State," *Journal of British Studies* 36(1997):45.

［14］Charles MacLean, *Scotch Whisky*:*A Liquid History*(London:Cassell, 2003), 61—65.

［15］J.B.Gough, "Winecraft and Chemistry in Eighteenth-Century France:Chaptal and the Invention of Chaptalization," *Technology and Culture* 39(1998):96—97.

［16］Barbara Ketcham Wheaton, *Savoring the Past*:*The French Kitchen and Table from 1300 to 1789* (New York:Touchstone, 1983), 215.

[17] 转引自 Charles Ludongton，"'Claret is the liquor for boys；port for men'：How Port Became the 'Englishman's Wine,' 1750s to 1800," *Journal of British Studies* 48(2009):364—390。

[18] Rabin, "Drunkenness and Responsibility," 457—477.

[19] 转引自 ibid.，463。

[20] Ibid.，458 n 3.

[21] 这个数据来自我以前的学生基根·恩的研究。

[22] Rabin, "Drunkenness and Responsibility," 473.

[23] Roderick Phillips, *Family Breakdown in Late Eighteenth-Century France*：*Divorces in Rouen*，*1792—1804* (Oxford：Clarendon Press, 1980)，116—117. 这一部分的其他引用就来自这本书。

[24] 关于这一问题，见 Paul E.Kopperman, "'The Cheapest Pay'：Alcohol Abuse in the Eighteenth-Century British Army," *Journal of Military History* 60(1996):445—470。

[25] Ibid.，447—448.

[26] Ibid.，450.

[27] Ibid.，452.

[28] Ibid.，450.

[29] Ibid.，453.

[30] Ibid.，454.

[31] A.J.B. Johnston, "Alcohol Consumption in Eighteenth-Century Louisbourg and the Vain Attempts to Control It," *French Colonial History* 2(2002):64.

[32] Kopperman, "'Cheapest Pay,'" 464.

[33] Ibid.，463.

[34] Ibid.，467.

[35] Ibid.，460.

[36] Benjamin Rush, "An Account of the Disorder occasioned by Drinking Cold Water in Warm Weather, and the Method of Curing it," in Benjamin Rush, *Medical Inquiries and Observations*，2nd ed. (Philadelphia：Thomas Dobson, 1794)，1:183.

[37] Ibid.，186—187.

[38] Kopperman, "'Cheapest Pay,'" 467.

[39] Lender and Martin, *Drinking in America*，205—206.

[40] *Global Status Report on Alcohol and Health* (Geneva：World Health Organization, 2011)，140.

[41] 见 Dietz, "Politics of Whisky"。

[42] David O. Whitten, "An Economic Inquiry into the Whiskey Rebellion of 1794," *Agricultural History* 49(1975):495—496.

[43] Ibid.，493—494.

[44] 可以和 1985 年比较一下，当时 2.58 加仑的纯酒精有 1.34 加仑来自啤酒，0.9 加仑来自烈性酒，0.34 加仑来自葡萄酒。见 Lender and Martin, *Drinking in America*，205。

[45] 转引自 Whitten, "Economic Inquiry," 497。

[46] Ibid.，501.

[47] Denis Jeanson, ed., *Cahiers de Doléances*，*Région Centre：Loire-et-Cher*，2 vols. (Tours：Denis Jeanson, 1989)，2:480.

[48] Phillips, *Short History of Wine*，208—211.

第九章 酒与城市(1800—1900 年):阶级与社会秩序

在 19 世纪期间,整个西方社会并没有形成饮酒的总体模式,而是部分国家呈上升趋势,其他国家则处于下降状态,并且不同地区和人口之间也存在差异;但是在整个欧洲和北美,跟饮酒有关的话语有一点是共通的:人们总是把酗酒和日益增多的工人阶级联系在一起。酒成为众多忧虑的焦点,无论这种忧虑是与社会和经济变化有关,还是与人们的价值和行为变化有关。酒被认为会导致饮酒者生病或丧生,会破坏其家庭,还会导致卖淫、自杀、精神错乱和犯罪等各种行为。正如我们所看到的那样,在历史上,酒一直被认为是许多社会问题的元凶,到了 19 世纪(见第十章),这一认识变得更加根深蒂固,许多批评者打消了将适当饮酒作为解决方案的想法,而是支持彻底戒酒,无论是自愿还是强制。支撑这一政策转变的创新之一就是城市居民有了安全的饮用水。驱动这一技术和物质发展的,是对公众健康和个人及社会卫生与道德问题的关心,这一发展成为 19 世纪激进的禁酒运动的基础之一。

19 世纪一场统计学革命让西方国家拥有了大量更加可靠的数据,进而传入历史学家手中。在此之前,我们对酒的生产和消费的了解仅仅停留在感觉层面,但是从 19 世纪中期开始(在一些地方甚至还要早一点),我们有了相当可靠的关于生产和税收的数据,可以由此推断出整体消费水平。从这些数据可以看出,整体来说,欧洲和北美并没有一个共同的模式。在最广泛的意义上,如果不考虑地域差异,在 19 世纪期间,英国的酒的饮用量稳步上升;在美国,酒的饮用量从 19 世纪 40 年代开始下降;而在德国,从 19 世纪 50 年代开始上升,20 年后又开始下降。在德国,最受欢迎的酒类是啤酒和白兰地。从 19 世纪 70 年代开始,许多法国人从喝葡萄酒转而开始喝烈性酒。而在英国,啤酒和烈性酒平分秋色。把所有这些变化统一起来的,是评论者所发出的共同话语,即无论酒的饮用量是否在上升,即使是在下降,城市工人阶级(这里强调的是男性工人,而不是女工)都喝得太多了,必须要对其进行干预。

这种观点反映了 19 世纪中上阶层对于社会与经济变化速度和规模的焦虑。随着经济工业化的发展,大多数国家人口快速增长,并且大城市的数量也在以惊人的速度增长。这些城市生活着数以万计的工人,他们的公共生活和常常是以酒为媒介的社会交往使上层阶级感到不安。另一方面,这些上层阶级则可以在一些私人化的场所(如家中、俱乐部或其他一些聚集地)有节制地酗酒喧哗,甚至是醉得不省人事。虽然并没有可靠的数据表明乡村和城市之间饮酒行为有什么区别,但是以工人为主的城市居民饮酒频率更高。酒馆和酒吧肯定在城市里更加普遍,男人们一般在下班后或周末聚集于此。这会让人想起一幅喧闹无序的饮酒画面,但是酒确实给这些辛苦工作的人提供了一个"避难所"。同样生活得很艰辛,甚至比男性更为艰辛的女性却普遍被禁止出入这些饮酒场所,她们只能偷偷地在自己家里喝酒。值得注意的是,尽管在 1830 年之前,禁酒运动的倡导者常常会讨论女性酗酒的问题,但逐渐增强的家庭生活观念似乎已经导致妇女饮酒问题在文化上被人们所忽视。从 19 世纪 30 年代开始,禁酒运动倡导者坚定不移地专注于男性工人的饮酒问题。[1]一位评论者指出,英国贵族"已经大大改善了他们的饮酒习惯",有关饮酒的问题主要集中于"堕落的阶级",即下层阶级。[2]

人们普遍认为工人阶级深受酗酒之害,这从那些澳大利亚雇主们的担忧中就可以看出来,他们希望招募的移民都是"品行端正""人格高尚"的人。南澳大利亚招募移民的一则广告明确指出:"我们不需要游手好闲之辈,不需要酒鬼。我们欢迎稳重而清醒、靠辛勤劳动谋生的人。"准备移民的人必须填写申请表,上面必须要有两位"德高望重的人"为申请者的人品做担保,但是申请表上明确规定:"酒馆老板或啤酒及烈性酒经销商不能签字。"为了让移民能够有一个好的开始,一些将移民从英国运送到澳大利亚(一次长达四个月艰苦航程)的轮船上通常不带任何酒,这些船被称为"戒酒船"。而其他类型的船则可以向乘客售酒,无论乘客是一等舱、二等舱还是三等舱的。一位在 1835 年乘坐一等舱旅行的银行家这样描述他同船的乘客:"都是些酗酒成性的醉鬼,只适合发配到罪犯流放地。"[3]尽管我们不清楚他具体指的是哪一种乘客,但是这种言辞(以及有关犯罪的暗示)反映了当时上层阶级对工人阶级饮酒的态度。

饮酒量的大幅增长在很大程度上可以归因于蒸馏酒。在19世纪，"天然酒"和"工业酒"之间的区分已经很普遍，前者包括葡萄酒和啤酒，后者如蒸馏酒。这种区分很难自圆其说，让法国及其他地方的禁酒运动倡导者能够一边谴责烈性酒，一边却为葡萄酒辩护（正如本杰明·拉什在18世纪末所做的那样）。对他们来说，葡萄酒显然是一种天然产品，它是在乡下制作的，葡萄种植又是农业的一种，葡萄酒酿造者所要做的仅仅是压榨葡萄，之后便任其自然发酵。（在19世纪的德国，围绕通过加白糖到葡萄汁中来提升酒精度数的做法，曾发生过一场争论。反对这一做法的人开始称没有加糖的葡萄酒为"天然的"。[4]）而烈性酒是在看起来像工厂一样的城市酿酒厂里生产出来的，浓烟从烟囱里冒出，马车来回运送着原料（谷物）和成品。虽然烈性酒在工业革命之前很久就有了，但依然被看作工业制度下的大批量产物，因此许多产业工人都饮这种酒的现象似乎合情合理。

虽然法国工人所摄入的酒精主要来自葡萄酒，但烈性酒所占比重越来越高。如果按人均计算，在19世纪早期，巴黎人的纯酒精摄入量约为2.9升，但是在19世纪40年代，增至5.1升，到了19世纪末，增加到了7.3升。[5]在19世纪早期，英国工人阶级肯定已经接受了烈性酒（一般称作"金酒"）。如果说英国有所谓"国酒"的话，那非啤酒莫属，但是在19世纪的前30年里，啤酒的产量几乎没有发生变化，虽然在此期间英国人口增长了近1/3。另一方面，烈性酒的饮用量几乎翻了一番，从19世纪20年代前半期的每年370万—470万加仑到20年代后半期的每年超过740万加仑。[6]此时政府开始留意并收集有关数据，这一发展趋势让他们忧心忡忡。1830年，英国议会通过了《啤酒法案》，目的是要引导工人回归到更加营养的民族饮料，部分上是为了安抚经济困难时期工人们的情绪，部分上是为了削弱当时英国12家大啤酒厂的垄断（占总产量的85%）。[7]根据《啤酒法案》，任何一户人家只要缴纳2基尼（比2英镑稍微多一点），就可以酿造啤酒并在自己的经营场所出售。唯一的限制就是必须在晚上10点关门，而不是像酒馆那样，除了教堂礼拜，其他任何时刻均可营业。

在六个月内，英格兰和威尔士出现了24 000家这样的啤酒吧，在其后的一年里又多了几千家。因此，几乎是每个街区都有一家酒吧，酒似乎从未如此容易获得。《啤酒法案》还废除了292种对高度数啤酒与苹果酒的税收，这一举措使啤酒立刻降价几乎1/5。在此情况之下，其饮用量可能出现了上升，虽然其产量难以计算，因为很多生产不受管制，也不纳税。但毫无疑问的是，稳重的中上阶层认为酒的饮用量增加了。《啤酒法案》刚一生效，马上就有了对工人阶级因为喝啤酒而纵酒无度、无所事事、违法犯罪等问题的抱怨。按照西德尼·史密斯(Sydney Smith)牧师的说法：“人人皆醉，不是醉酒而歌就是醉倒在地，那些平时一本正经的人也变得像野兽一样。”[8]很快，其他人也开始描述《啤酒法案》给家庭带来的破坏，并把出售啤酒的地方描述成妓女、罪犯与激进分子的庇护所，这让人想起一个世纪之前针对金酒和烈性酒吧的指控。

到了 19 世纪 30 年代末，英格兰和威尔士已有超过 40 000 家啤酒吧获得经营许可，数量几乎赶上了多达 56 000 家在营业的酒馆。考虑到开一家啤酒吧所需要的成本之少，这可能在人们的预料之内。如果这些措施的意图之一是让饮酒者从烈性酒转向啤酒的话，这只取得了部分成功。这些啤酒吧只有最基本的陈设，只提供啤酒。面对来自啤酒吧的竞争压力，许多酒馆对营业场所进行翻修，并开始既供应啤酒，也供应烈性酒。凭借其舒适的陈设和不时的音乐演出，它们开始以“豪华酒馆”闻名，据说又掀起了一场饮用金酒的热潮。

当时社会的注意力完全集中在工人阶级身上，正如议会委员会明确指出的那样：“多年以来，醉酒恶习在社会中上阶层中已经减少了，但是在同一时期的劳动阶层中反而变得更加严重。”[9]结果，《啤酒法案》在 1834 年被修改，将办理营业执照的费用提高了 50％，并赋予警察搜查啤酒吧的权力，要求营业者必须有一个“品德优良”的证明，并把啤酒吧分成了两类：一类销售的啤酒就地饮用，另一类销售的啤酒到别处饮用。前者要张贴这样的说明：“在店内饮用”(To be drunk on the premises)，而在英语里，这句话还有“在店内喝醉”的意思。1869 年，啤酒吧的营业执照开始受到当地地方法官的控制，其数量稳步下降。

在更为广泛的关于 19 世纪英国工人阶级状况的讨论中，啤酒吧成为核心问题。卡尔·马克思的合作者弗里德里希·恩格斯责怪政府和雇主，他们创造的生活和工作条件如此糟糕，致使工人阶级通过纵欲与酗酒来寻求解脱，在此意义上，这些行为是可以原谅的。即便如此，不论讨论的参与者对工人的态度是敌对还是同情，所有人都一致认为工人饮酒量很大，并且经常醉酒。统计数据表明酒的销售量确实超过了人口的增长：从 1824 年到 1874 年，英国人口增长了 88％，而啤酒的销售量却增长了 92％，英国本地蒸馏的烈性酒增长了 237％，外国生产的烈性酒增长了 152％，葡萄酒增长了 250％。

虽然工人阶级代表着英国人口的绝大多数，并且肯定对烈性酒与葡萄酒饮用量的增长做出了很大贡献，但是这些数据并不能表明工人阶级饮酒量的增长要高于中上阶层。到了 19 世纪中期,葡萄酒和烈性酒与茶一起成为富人的常见饮品。根据一位法国医生的说法,酗酒现象存在于法国社会每一个阶层,但其模式与情况在每个阶级中各不相同。工人们的饮食通常很糟糕,他们往往会定期饮用大量的酒,同时也会在周期性的狂欢聚会上狂饮白兰地。而上层阶级中的酗酒者营养更好,他们往往会避免狂饮。他发现工人阶级的饮酒模式很容易诱发肝脏疾病。[10]将工人们过多地与某些疾病联系起来,这可能强化了一个流行的观点,即工人们通常比上层阶级饮酒更多。1872 年发表的一部颇具影响力的著作宣称,过度饮酒的人群主要是乞丐、流量汉、罪犯和工人。[11]

在法国,还有另外一个影响人们饮酒模式的因素:从 19 世纪 60 年代开始,一种名为葡萄根瘤蚜的黄色小蚜虫破坏了全国的葡萄园,导致法国葡萄酒大幅减产数十年。葡萄根瘤蚜是北美的本土物种,因此北美本土的葡萄树对其有抵抗性。19 世纪五六十年代,它们随着那些为了实验用途而带到法国的美国葡萄树一起来到法国,很快便转移到了欧洲那些对它们没有抵抗力的葡萄树上。19 世纪 60 年代早期,最早在法国南部发现了这些枯萎垂死的葡萄树,到了 19 世纪 90 年代,葡萄根瘤蚜已经毁坏了法国主要葡萄酒产区的葡萄园,包括波尔多、勃艮第和罗纳河谷。这种疾病从法国蔓延到欧洲其他地方的每一个葡萄园;在 1873 年到达西班牙,19 世纪 80 年代到达意大利,然后(通过进口的葡萄树)扩散到遥远的加利福尼亚、秘鲁和澳大利亚。由于不能将其彻底根除,法国科学家最终研究出一种应对葡萄根瘤蚜的办法,即把欧洲的葡萄藤嫁接到美洲葡萄树之上。但此时欧洲的葡萄酒产业已经遭受重创,虽然这只是暂时的。

法国的葡萄酒产业遭受的打击比欧洲其他任何国家都要大,因为后者很快采用了法国科学家耗费多年时间才摸索出来的嫁接方法。在整个法国,葡萄种植面积减少了大约 1/3,一些地区甚至丧失了多达 4/5 的葡萄园。从 19 世纪 60 年代至 80 年代,法国葡萄酒的产量减少了一半,直到 20 世纪初期仍然没有完全恢复过来。结果就是长达 20 年的葡萄酒短缺,虽然在法国的北非殖民地阿尔及利亚,葡萄酒生产被成功扩大,并且对葡萄酒进行掺假和稀释的现象非常普遍。1890 年,用进口的葡萄干制作,然后与来自法国南部的红酒混合的葡萄酒占据了法国市场的 1/10。

对于法国的葡萄酒产业来说,葡萄根瘤蚜也算得上是一种因祸得福。它们确实造成了短时期的破坏,但也促进了对葡萄园更加合理的重新选址和移植。同时,为了重建法国的葡萄酒市场,并让国内外消费者放心,他们购买的是货真价实的葡萄酒,而不是一些葡萄根瘤蚜肆虐时期的调和葡萄酒,于是就采用了一套较早的

"原产地名称管制"(Appellation Origine Controlee)制度,旨在保证葡萄酒的产地与质量。[12]就短期而言,法国葡萄酒的消费者转向了其他饮料,即其他的酒精饮料,因为并没有证据表明有很多人抓住这一机会转而去喝水。在英国,法国葡萄酒的短缺刺激了苏格兰威士忌的生产。在美国,加利福尼亚州的葡萄酒产业在法国葡萄树开始枯萎之际突然兴起。此外,横跨美洲大陆的铁路完工,使得美国东部城市的葡萄酒饮用者开始用加利福尼亚州的葡萄酒代替法国的。

在法国国内,酒精摄入量在这个世纪稳步上升。在19世纪40年代,每个成年人通过饮用各种酒(如葡萄酒、啤酒和蒸馏酒)平均摄入19升酒精,在19世纪70年代增加到了25升,在1900年达到了35升。在接下来的50年里,人均酒精摄入量一直保持稳定,使19世纪成为酒精摄入量显著增长的一个时期。即便如此,这些总体数据仍然掩盖了一些重要的差异,尤其是性别,因为男性比女性摄入的酒精量要高很多。此外,还有重要的地域性差异,即产酒区域人们的酒精摄入量要高于平均值,如生产啤酒和蒸馏酒的东北部、生产葡萄酒的南部和西南部。[13]

在法国,葡萄酒是酒精摄入的一个重要来源,但它在南方的地位尤为突出,因为大部分葡萄酒产自这里,摄入大部分酒精的地方也是这里。而在法国的北半部,啤酒和烈性酒扮演着更加重要的角色。市场上葡萄酒的量处在不停变动之中,有时不同年份之间会有很大的差异,而这主要取决于葡萄的收成。从1805年到1840年,葡萄酒的年平均产量约为3 700万升,在1852—1862年增加到了4 800万升,到了19世纪70年代又增加到了5 200万升,接着就受到了葡萄根瘤蚜的影响。在19世纪80年代,每年的产量只有3 000万升,仅仅是70年代产量的60%,在19世纪90年代,产量增加到了3 600万升。从那时起,产量开始回到葡萄根瘤蚜病害之前的水平。[14]

面对葡萄酒短缺,许多法国葡萄酒饮用者转向啤酒和蒸馏酒。1870—1890年,用谷物、甜菜和糖浆制作的蒸馏酒产量翻了一番。这些烈性酒之一是苦艾酒,这是第一种在许多国家被彻底禁止的酒精饮品。在制作苦艾酒的过程中,要先把苦艾植物的叶子与顶部在蒸馏酒中浸渍,辅之以一些其他原料,如茴芹和小茴香,然后再将这种混合物进行二次蒸馏。最受欢迎的苦艾酒饮用方式是在翠绿色的苦艾酒中加入水,使其变成乳黄色之后饮用,而水通常要先淋在一块放在特制沟槽匙里的方糖上,再流入苦艾酒中。

苦艾酒最早进入法国是在19世纪40年代,是从阿尔及利亚征服战争返回的士兵用背包背回来的。在阿尔及利亚,苦艾酒被用来治疗痢疾、发烧和疟疾。在19世纪六七十年代巴黎的小酒馆和酒吧中,它开始流行开来。在这里,下午 5 点被称为"绿色时光"(*l'heure verte*),因为这是人们下班后饮用苦艾酒的时间。很快,它就和一些文化名人联系到了一起,如文森特·梵高、爱德华·马奈、保尔·魏尔伦、居伊·德·莫泊桑和埃德加·德加,这些都是备受瞩目的饮用者。苦艾酒在 19 世纪晚期的许多法国油画中被歌颂,特别是亨利·图卢兹-罗特列克(Henri Toulouse-Lautrec)的卡巴莱歌舞厅油画。

让苦艾酒享有如此盛名(或声名狼藉)的是这样一种认识,即它不仅是一种强有力的致醉物质(因为其酒精含量常常超过 40％),还是一种致幻剂。苦艾酒的有效成分是苦艾的衍生物侧柏酮,饮用苦艾酒的作用被描述得更像是可卡因这样的毒品,而不是其他的酒精饮料。它被认为能够激发艺术灵感,这一特性似乎就是它深受艺术家、小说家和诗人喜爱的原因,虽然其致幻效果无疑被夸大了。苦艾酒的酒精含量普遍偏高,而侧柏酮的含量又很低,大多数饮用者还未感受到侧柏酮的影响就因酒精作用而醉倒了。

苦艾酒的批评者将饮用苦艾酒的人描述为和吸毒者没什么两样,并指出其令人上瘾以及其他一些有害特性。在 1890 年出版的一部名为《苦艾》(*Wormwood*)的小说中,主人公就是一位苦艾酒酒徒。他这样总结自己的一生:"我比那些爬行在巴黎街道只为乞求 1 苏(法国旧时的铜币,20 苏相当于 1 法郎)的最卑微的乞丐还要悲惨!我拖着笨重的步伐,人不人,鬼不鬼。我面容鄙陋,神志不清,目光凶残。……每到夜晚,我便活跃起来,同巴黎的其他下流淫秽之物一起,偷偷溜出来。我的存在本身让空气中的道德毒瘴更加污浊。"[15]据说苦艾酒上瘾者都有一些共同的特征,即嗓音嘶哑刺耳,目光呆滞无神,双手湿冷(参见图 11)。

葡萄酒是法国酒吧、咖啡馆和小酒馆的主要支柱之一,其产量因为葡萄根瘤蚜的迅速传播开始下降,而法国人的饮酒量却得到了一次推动。在整个 19 世纪 50 年代至 60 年代,皇帝拿破仑三世的政策一直是要减少酒吧的数量,因为人们经常会聚集于此,讨论政治问题。仅仅在 1851—1855 年之间,法国酒吧和小酒馆的数量就从 35 万家减少到不足 30 万家,但是到了 19 世纪 60 年代末,由于地方行政官没能有效执行这一政策,其数量又反弹至 36 万家。在 19 世纪 80 年代,正当葡萄酒的供应量下降之际,第三共和国的自由主义政府使开酒吧变得更容易了,到了 19 世纪 90 年代早期,饮酒场所的数量已经猛增至 45 万处,相当于每 67 个法国人就有一家酒吧。行业竞争促使商家在大多数酒吧都提供的基础服务之外增加了更多服务内容。他们安装了镀锌的吧台,提供更多种类的酒,甚至专门招聘女性来提供服务。

葡萄酒供不应求之际，苦艾酒产量上升，很快成为巴黎和法国其他主要城市工人们的首选。苦艾酒饮用量的增长是惊人的，从 1874 年的 70 万升上涨至 1910 年的 3 600 万升，但是此后没过几年，法国政府就禁止了其生产。这同当时已经下降的葡萄酒产量相比甚至都算是少的，但是因为苦艾酒的酒精含量比葡萄酒多得多，并且苦艾酒也被认为要危险得多，其产量和饮用量的增长一直受到社会批评家、医疗界和牧师的强烈谴责。根据一些记录，从 1850 年至 1890 年，法国人均纯酒精摄入量翻了两倍，其中很大一部分源自白兰地、苦艾酒与金酒饮用量的上升。[16]

没过多久，禁止苦艾酒的运动升级到了以前任何一种酒类都没有遇到过的程度，甚至包括 18 世纪早期英国的金酒。医学界的一些声音坚称苦艾酒或许可以用来治疗抑郁症和"神经过敏"，但占据主导地位的观点是显而易见的，即苦艾酒不仅对个人的道德与身体健康有很大的危害，对社会也是一种威胁。在戒酒集会上，被喂了纯苦艾酒的豚鼠和兔子都在一阵抽搐后死掉了。1901 年，闪电击中了法国绿茴香酒公司的一处苦艾酒工厂，导致一个大桶爆炸，燃烧着的酒精流了出来，大火持续了几天之久，生动展示了这种酒的高酒精含量。

真正刺激这场取缔苦艾酒运动的还是四年后发生在瑞士的一件事。让·兰弗雷(Jean Lanfray)是一位出生在法国的农民，他是众所周知的酒鬼，似乎仅仅因为妻子没有给他的靴子上蜡就杀害了他怀孕的妻子以及两个女儿。虽然兰弗雷经常一天喝六瓶葡萄酒，但人们的注意力都集中在他对苦艾酒的嗜好上。在兰弗雷接受审判时，他的律师辩解说他是在"因饮用苦艾酒而神志不清"的情况下，射杀自己妻子和孩子的。他饮用葡萄酒而摄入的大量酒精被认为无关紧要，因为葡萄酒本身是温和的。在被判处终身监禁之后，兰弗雷选择了自杀，但此时这个案子已经上升到了政治层面。当地的压力迫使瑞士政府在 1907 年就苦艾酒举行了一场全民公投，尽管参加的人并不算多，但仍有 23 000 人支持禁止苦艾酒，16 000 人投了反对票。苦艾酒在瑞士被禁止销售，这鼓舞了其他地方取缔苦艾酒运动的参与者。[17]

1914 年第一次世界大战的爆发提供了取缔苦艾酒的政治条件。战争的头几年出现了对于各种酒的很多限制。为了减少工人的醉酒现象以便维持战时生产力，啤酒的酒精含量被降低。同时，酒的产量被减少，以便有足够的谷物来制作面包，而不是生产啤酒或烈性酒。战争环境也让政府能够颁布一些他们在和平年代犹豫不决而无法执行的政策。法国政府在战争早期(1915 年 3 月)颁布的法令之一便是禁止苦艾酒的生产，尽管当时它仍是深受工人阶级欢迎的饮品。

正如我们所看到的那样，在 19 世纪，把饮酒过度和工人阶级联系起来，这种情况绝不局限于欧洲。在美国，就人均饮酒量而言，1790—1830 年被认为是美国历史上任何一个时期都无法超越的：据估计，这一时期，每个超过 15 岁的美国人至少摄入 6.5 加仑的纯酒精，而到了 1850 年至 20 世纪早期，这个数字减少了一半还要多（2—3 加仑之间）。[18] 如果说的这些估计大体上是正确的，那么有两个转变需要解释一下：一个是一直持续到 1830 年的饮酒量居高不下，另一个是饮酒量的突然下降以及此后 80 年的稳定状态。

1790—1830 年对酒精的高摄入量大体上可归因于美国威士忌的广泛传播。在 17—18 世纪的大部分时间，朗姆酒一直是人们的首选，但是在美国独立战争期间，英国切断了对加勒比地区殖民地朗姆酒和糖浆的供应。美国人开始转向用本地生产的玉米与黑麦制作的威士忌，很快威士忌就被视为一种爱国饮品，就如 1688 年威廉四世就职之后金酒在英国的地位一样。仿佛是为了彰显威士忌的地位，美国第一任总统乔治·华盛顿在弗农山庄园有五台玉米威士忌蒸馏器。玉米威士忌尤其吸引人，因为美国中西部的定居者生产出了大量的玉米，只需要 5 美分就能买到相当于今天一个标准瓶的 1/5 加仑威士忌。

虽然美国人也喝苹果酒和啤酒（还有一点葡萄酒），但是在建国早期，威士忌是人们的首选，并且也引起了一些道德和社会改革者的注意。他们把犯罪、贫穷和家庭暴力的责任归咎于威士忌。雇主们指出工人醉醺醺地来上班，会破坏昂贵的设备。1829 年，战争部长约翰·伊顿（John Eaton）为军队里纵酒过度的风气感到悲哀，他指出："习惯性的酗酒在这个国家太普遍了，可以说在劳动阶层，每四个人里根本找不出一个每天喝酒少于 1 吉尔（大约 4 盎司）的，而我们的军队就是从这些阶层征募的。"[19]

新兵在参军之前很可能已经是好酒之徒，但是军队并没有设法去改变他们的这种行为。英国每天给陆海军提供一定量的酒，借鉴英国的这种做法，在美国独立战争之初，大陆会议准许给士兵提供啤酒配给。1782 年，取而代之以 1 吉尔的威士忌。作为一位蒸馏酒厂主，华盛顿争论说："每个国家的军队都感受到了适当饮用烈性酒的好处，这是毋庸置疑的。"[20] 每个士兵每年分到的酒总计达到 13.6 加仑（大约有 4.5 加仑纯酒精），而据估计，同一时期美国人每年摄入的纯酒精量为 6.5 加仑，这就意味着军队的配给量大约是其 2/3。这并没有包括额外的威士忌配给，如提供给辛苦岗位的，以及在恶劣天气提供给士兵的，也没有包括士兵从民间商人那里买的酒。之后政府几次用啤酒和葡萄酒来代替威士忌，但都失败了，因为士兵都强烈反对，所以威士忌供应一直持续到了 1832 年。

但是在 19 世纪 20 年代,政府采取了多种措施来遏制军队里的醉酒现象,包括劝说(禁酒运动倡导者鼓励士兵发誓戒酒)、军事审判,甚至还有鞭挞。在一些军队,威士忌的配给被分成两波,早饭前给一半,晚饭后给一半,而不是早饭前就全部分发出去,并且只容许他们在随军的商家那里每天买 1 吉尔。即便如此,军队里还是不断发生大面积醉酒的情况,酒被认为是导致士兵擅离职守、违抗命令、染上疾病甚至死亡的罪魁祸首。在一堆杂乱无章的提议中,一项新的政策于 1832 年出台了:除了那些在辛苦岗位和在医院里工作的人还能分到酒之外,威士忌的配给都被咖啡和茶所取代,并且禁止平民卖酒给士兵。对于这项新政策的影响,大家有不同看法。有人说纪律得到了整治,但有人称商人违法向士兵售出更多的酒,以至于酗酒现象比以前还要严重。但无论如何,1832 年的政策打造了西方世界第一个官方意义上的无酒军队。

其他国家的军队(如英国、俄国、法国和德国)继续向士兵定期供应酒,但他们的政策并不是没有人反对。围绕酒精对军队效率(第十二章中会对其展开谈论)和士兵健康的影响,曾有过一场激烈的争论。一些海军每天发放的酒有时会多于陆军,因为水兵获得额外酒的机会较少。在皇家海军,首选的是一种被称为"格罗格"的稀释了的朗姆酒。从 18 世纪中叶开始,酒的配给一直是半品脱朗姆酒掺进 1 夸脱水(相当于 1:4 的比例),每天分两次发放到士兵手中。这种配给方式传到了美国海军那里,在 1794 年被改为要么提供半品脱威士忌,要么是 1 夸脱啤酒,但啤酒很快就被放弃了(大概是因为船上空间问题)。到了 1805 年,海军每年喝掉 45 000 加仑烈性酒。这么多酒本身不会构成什么问题,但是批判者争论道,这样会让士兵渴望得到更多的酒,会偷偷把酒带到船上。[21]

根据来自不同军港的报告,皇家海军有一小部分人出现了震颤性谵妄病(精神错乱的一种,经常与戒酒相联系)。1858—1872 年,在 75 万皇家海军中共有 2 033 个此类案例,其中有 112 人死去。最高的死亡率发生在西印度群岛、百慕大群岛、加拿大和南美洲的军港,但相对于海军的数量来说,即使这些地方的比例也不算高。此外,1858—1888 年期间死亡率下降了。[22]一位历史学家得出这样的结论:"虽然他们有'醉酒的水兵'这样的名声,但当时水兵中震颤性谵妄疾病的发生率似乎很低。"[23]

减少美国陆海军酒使用量的政策是时代的产物,因为在平民社会,限制性的政策也在出台。19 世纪 20 年代开始实施戒酒措施(在第十章中将对其详细探讨),并且早期似乎取得了成功。一些在戒酒行动中比较突出的团体以身作则:据说到了

1840 年，纽约州 80％的新教牧师和一半的医生已经戒酒。如果的确如此（这种说法无法证实），那么它代表着酒类饮用巨大变化的开端。根据记录，到了 1850 年，纽约州小镇和乡下的一半人口已经戒酒。如果事实的确如此，那可真是一个惊天动地的巨大转变，毕竟早在 17 世纪早期，酒就已经成为美国社会生活不可或缺的一部分，而且在其他任何地方都没有发生类似的情况。我们可以确定的是，第一个全州范围的禁酒政策是缅因州在 1851 年颁布的，可见 19 世纪上半叶的禁酒思想是多么强大。

禁酒思想被如此迅速地广为接受，这就提出了另外一个问题，即戒酒之后，美国人喝什么来补充水分？这里要记住的是，美国的酒文化和其他几乎每一个地方都不同，因为在美国，占主导地位的酒精饮料是蒸馏酒：在殖民时期是朗姆酒，在建国之后则是威士忌。即使在加水稀释之后，蒸馏酒的补水功能或效果也没有啤酒、苹果酒和葡萄酒那么好。虽然烈性酒大部分是水，但是酒精含量高，这意味着要想靠它补足身体所需的水分，很快就会醉倒。当然，如果加入足够多的水来稀释，它在某种程度上可以起到净化水的作用（取决于威士忌酒和水的比率），成为一种更加有效的补水饮料，虽然作为酒精饮料不太令人满意。

美国的农村可能有足够的纯净饮用水供人们安全饮用。虽然农村和小城镇的一半人口已经快速戒酒的说法不大可能属实，但如果能够获得安全的饮用水，我们可以这样认为，和没有安全饮用水的城市居民相比，他们更容易戒酒。城市里的水问题更大，城市工人（和其他人口）肯定更不愿意戒酒。此外，人们还饮用越来越多不含酒精的饮料，如咖啡和茶，而这些都是安全的补水方式。

本书第十章会讨论禁酒运动对 19 世纪美国饮酒模式的影响，但是这里值得一提的是，这一时期的美国经历了几次移民潮，而这可能推动了对酒的饮用。在 19 世纪 20 年代，许多德国人开始抵达美国，而他们带来了他们的啤酒文化。30 年后，为了逃离家乡的饥荒，一大波爱喝啤酒和威士忌的爱尔兰移民又来到这里。尽管在当时的德国和爱尔兰，酒的消费肯定高于美国，并且移民很可能会比当地人消费得更多，然而他们的人口数量远不足以影响美国酒消费的整体水平。这两波移民对美国酒文化的影响体现在其他方面。从 19 世纪 50 年代开始，德国移民开始创办啤酒厂，其中有些成为美国最大的啤酒厂，包括康胜（Coors）、米勒、安海斯-布希（Anheuser-Busch）、帕布斯特（Pabst）和雪来兹（Schlitz）。爱尔兰移民贡献给美国文化的是爱尔兰主题酒吧和圣帕特里克节，这是一个为爱尔兰人和非爱尔兰人共同庆祝的、以酒为中心的节日。

就像英国、法国和美国的例子所表明的那样,酒在 19 世纪被广为饮用,但是批评者主要关注的是城市和工人阶级的饮酒现象。甚至在更加广泛的意义上也是如此。在德国,工业化兴起于 19 世纪五六十年代,到了 70 年代中期,1/6 的工人在工厂上班。随着在工业化发展早期实际工资的提高,酒的饮用量也在增加:在 1855—1873 年期间,蒸馏酒的饮用量增长了 50%,而啤酒的销售额几乎翻了一番,这种增速远超过人口增长。人均饮用量在 19 世纪 70 年代早期达到顶峰,当时每个成年人平均摄入 10.2 升纯酒精,啤酒和烈性酒平分秋色。但是在这个时期,德国经济进入一个工业衰落阶段,白兰地的价格大大超出工人们的支付能力。虽然啤酒的销售额在整个 20 世纪早期稳定增长,但是烈性酒的饮用量急剧下降,拉低了纯酒精的人均摄入量。[24]

在这个世纪中期的德国,工人在上班期间会定期饮酒。雇主给他们的工人提供酒,直到他们意识到酒会对劳动纪律和生产率产生不良影响。虽然人均饮用量相对来说并不是很高,但是酒被不断饮用,再加上城市工业生活的新颖性,都引起了中产阶级人士的焦虑。这并不是说像在英国那样,工人被视为醉酒和堕落的,而是像一位禁酒运动领导者所说的那样,饮酒让他们变得“懒惰、不可靠、更容易制造麻烦而且心怀不满”[25]。到了 1885 年一份调查显示,2/3 的工厂已经禁止工人在工作场所喝酒,但是其中有一半反映说遭到了工人的抵抗,他们偷偷把酒带进工厂。[26]

19 世纪社会关注的焦点牢牢集中于新兴的城市工人阶级身上。在工业国家,这个阶级无所不在,其发展是史无前例的,并且经常具有威胁性。在小城镇、乡村和偏远的农场,酒同样被饮用,但是远没有在城市里那样引人注意。小型社区和乡村的饮酒场所被认为是农业工人社交的地方。由于小城镇和农村社会的压力和传统,这些饮酒场所可能会保持相对有序的状态。而城市里出现了大量的饮酒场所,无论是法国的卡巴莱歌舞厅、英国的啤酒吧和德国的啤酒窖,还是美国的沙龙,都被描绘成滋生堕落和犯罪的地方。城市社会并不像农村社会那样自我管理,并且在 19 世纪也没有足够的治安力量让中上阶层安心。到了 19 世纪,差别很大的社会阶层在酒吧发生接触的概念消失了(如果曾经有过的话),因为面对越来越多难以控制的工人,中上阶层退回自己家里和私人俱乐部。如果酒本身被视为有问题的,那么城市工人手中的酒则被认为是一种对社会和道德秩序的直接威胁。

大型工业城市的数量在增加,1800 年欧洲拥有 22 个人口超过 10 万的城市,到了 1900 年,这样的城市增加到了 77 个,而且它们仅仅是众多人口聚集城市中最大的几个。城市不仅意味着更多的人拥挤在一起,还意味着社会秩序和健康问题。中上阶层谴责那种他们认为是"危险阶层"(工人和穷人)的行为,因为这些阶层的生活方式、人际关系、卫生和社会行为都有太多不尽人意之处。正如一个法国评论者所说的那样:"只有野蛮人才会像最堕落的贫困阶层那样嗜酒如命,就像非洲沿海的黑人,他们会为了一瓶酒就把自己和孩子卖掉。对他们来说,喝得酩酊大醉是最快乐的事情;对于大城市里的贫民而言,这是一种不可抗拒的激情,一种让他们无法自拔的放纵。"[27]

什么才是治愈城市这些顽疾的良药呢?是淡水,是清洁而安全的饮用水。

水是生命之源,但19世纪城市里的水常常被污染,城市居民处理生活和工业垃圾的方式使得河流和其他水体不适合饮用。水污染问题早在19世纪前很早就出现了,只是在当时达到了一个临界点。历史学家彼得·马赛厄斯(Peter Mathias)称在19世纪初期"喝水是最危险的习惯"[28]。到了19世纪中期,皇家海军从泰晤士河取水装在舰艇上,以供长途航行的水兵饮用,有人这样形容水质:"为其辩护的人称水可以自行净化,在某种程度上是这样的,但是净化的过程非常缓慢,在此期间它会呈现出各种变质的迹象和各种颜色,因为有些桶里的水可能主要来自煤气厂或下水道。"[29]

伦敦绝不是唯一有水污染的地方。根据一份19世纪30年代关于马萨诸塞州波士顿的记录,为城市供水的水井有1/4是不干净的,其余的也很不让人满意。"许多人在喝了波士顿的井水之后感到很不适,会肚子疼,大多数人出现便秘和其他许多病状。人们渴望能够有干净的水供应到波士顿,供应给每一户、每一个人。"[30]很多地方都有这样的需求。在更加贫穷的英格兰北部的利兹地区,居民住所0.25英里之内没有水源,少数人甚至连取水的容器都没有。[31]在19世纪三四十年代,比利时布鲁塞尔的饮用水被描述为有一股"令人恶心的味道","臭不可闻","有一种极其难闻的烂木头的味道","尝起来令人作呕"。1844年对于巴黎的一项调查得出结论,从公共喷泉取来的水仅有10%可以饮用。[32]

从19世纪中期开始,中央和城市政府开始解决水的问题,建立了往城市运输清洁用水的管道系统。驱使他们这样做的有如下几个因素:第一,是几波水传播疾病的暴发,如19世纪30年代至50年代的霍乱和伤寒。1854年,伦敦苏活区暴发霍乱,在10天里500多人丧生。[33]第二,统治阶级认为城市居民需要保持自己和环境的清洁和卫生,而这意味着要为其提供适合洗涤的水和排走废物的排污系统。第三,水的存在本身有时就被认为具有改进道德的作用。波士顿和其他地方的城市规划者把喷泉放在他们的设计里,因为水景和水声能够缓解城市居民的躁动,给混乱和堕落的城市带来秩序和庄严。第四,安全的饮用水可以用来代替酒,因为社会和道德的混乱被越来越多地归咎于酒。可见,水可以净化城市和芸芸众生,净化他们许多人身体和道德上的疾病。正如 1859 年伦敦布道所的约翰·盖伍德(John Garwood)牧师所言,水可以扭转酗酒问题:"在伦敦许多贫困地区,很难喝到纯净的水,很多醉酒问题都与此有关。"[34]

到盖伍德发现这一联系时,英格兰、苏格兰和威尔士的几十个自治市已经开始建设管道,把过滤过的水运输到城市里,有时到公共喷泉,有时到私人住宅。这些主要公共工程花了几十年的时间才完成,不仅要修建管道系统,还要修建水库。到了 19 世纪,许多城市人口逐渐有了适合饮用、做饭和清洗的水供应。从 19 世纪 40 年代到 19 世纪末,英国大约 180 个城镇建立了净水供应系统,到了 1911 年,伦敦 96％的住宅实现了与供水系统的连接。这个比例远高于巴黎,巴黎的大部分水被输送到公共取水点而不是个人住宅。[35]在荷兰,管道运输的水在 1854 年最早被引到阿姆斯特丹,在 19 世纪 60 年代延伸到鹿特丹和海牙,又在七八十年代延伸到莱顿、乌得勒支和阿纳姆。到了 19 世纪末,约 40％的荷兰人能够喝到管道运输的饮用水。[36]

欧洲人开发出来的技术很快被推广到世界各地。一位英国工程师在 1887 年指导完成了横滨的供水系统,在接下来的几年中,他又为日本其他城市的供水系统提供咨询,包括东京、大阪和神户。其他欧洲人也积极参与到亚洲国家和城市供水工程的建设,其中包括孟买、香港、科伦坡、卡拉奇和新加坡。[37]这些项目是为殖民利益服务的。亨利·科尼比尔(Henry Conybeare)是一位积极参与水利改革的英国工程师,他写道,净水可以减少脏水造成的疾病,"每去世一个人,至少有 14 人生病,而在此期间,病人不仅本人无法从事生产,而且会连累其他劳动力"[38]。

在美国,净水供应工作发展更快。纽约尝试了各种方法,到了 19 世纪 30 年代,城市用水的质和量都进入了一个关键阶段。1830 年,纽约领先的科学机构纽约博物学园(Lyceum of Natural History)的一份报告得出结论,这座城市的河流和水井根本无法提供"足够优质健康的水"。纽约的地质构造不适宜凿井,尽管从水池渗进水井的尿液可以软化硬井水,但是博物学园的科学家注意到:"那些有洁癖的人可能不会饮用以这种方式变甜的水。"[39]仅水质可能已经足以表明建立新供水系统的必要性,禁酒主义者认为这样的供水系统可以取代酒。具有讽刺意味的是,他们发现自己与城市的酿酒商站到了同一边,后者认为纽约人正在转向费城制造的啤酒,因为当地的水让当地的啤酒有一种不好的味道。酿酒业的游说还是很有影响的。1835 年,纽约有 3 万户人家,城市范围内有 2 646 家酒馆(相当于每 12 户人家就有一家酒馆)、63 个蒸馏酒厂和 12 个啤酒厂。

但是和在其他地方一样,促使纽约政府采取行动的,部分上是一场疾病的暴发,这次仍然是霍乱,它暴发于 1832 年,夺去了数千人的生命。三年之后,一场因为水不够而无法被扑灭的灾难性大火更加增强了这种紧迫感。即便如此,直到 1842 年才有一条输水道竣工,把水从距离曼哈顿 30 英里远的一条河引进来。这种水被认为是"一种健康的禁酒饮料"。为了纪念新鲜洁净的水的到来,人们举行了各种庆祝和游行活动,这些活动有一种明确的禁酒基调,"禁酒协会的表演深受人们好评,他们演示了一个水龙头追赶朗姆酒酒桶的情景,还有一面旗帜,上面是一把倒置的酒壶和'正面朝上'的字样①"[40]。

在波士顿,经过改革者和普通市民的多年争论,第一个市政供水系统在 1848 年竣工。[41] 提供水作为酒的替代品只是一个考虑,干净、新鲜、适于饮用的免费水源被认为是公民的权利,被认为有益于健康、道德和社会秩序。毫无疑问,波士顿的供水被过度利用,并且水质不佳。1834 年的一份调查显示,饮用者认为在该市近 3 000 口水井中,有 30 口井的水是不能喝的,其他很多口井的水有不好的味道,有的水污染太严重,用来洗衣都会让衣服变色。

降低饮酒量仅仅是要给波士顿人提供优质饮用水的部分原因,但这是一条很突出的原因。有人指出人们把烈性酒加入劣质的水中,使其可以饮用。一位工匠说"他曾经把烈性酒和水混在一起,因为水质太差,不加酒的话,我就喝不下去"。还有一位费城人的话可以作为证据,这里已经有了供水系统,他说:"我以前每天都要喝酒,很少喝不添加酒的水,但是自从有了新鲜的水,我几乎不再喝酒,我不想喝酒了。"难怪禁酒运动的支持者会支持供水工程。他们赞美水为纯洁的饮料,是大自然的一部分,并将其与人造的、混合的酒精饮料进行比较。作为大自然的一部分,水是神赐的,就像一位作家生动描绘的那样:"没有烟熏火燎,没有毒气缭绕,没有臭气扑鼻,我们的天父为我们准备了珍贵的生命之琼浆,那就是纯净清凉的水。"[42]

还有更多的实例可以用来证明这一趋势。在 19 世纪的整个欧洲和北美(还有其他地方),越来越多的城市人口能够获得可靠而干净的新鲜饮用水,道德改革家

---

① 意思是酒壶可以倒空了。——译者注

希望这种水可以成为酒的替代品。相较于欧洲人,美国人开始将更多的水应用于各种广泛的用途(包括洗涤和饮用)。到了 20 世纪初,欧洲大城市(包括伦敦、巴黎和柏林)的人口每天用水量为 86 升。在美国的主要城市,这个数字为 341 升,是欧洲人均用水量的四倍。[43]对于小城市和农村地区的状况我们不太清楚,他们可能继续使用质量不一的当地泉水、河水或自流井水。

在有些地方,如波士顿,禁酒运动和供水工程的游说团体联合起来,明确指出改进水的供应不仅本身是可取的,也会加速无酒社会的到来,从而对社会有益。即使这样,把禁酒作为供水改革论据的做法也不乏反对者。一个小册子的作者谴责了波士顿供水运动倡导者的"冒失",说他们不应该搭乘戒酒运动的便车,"胡扯什么纯净水,都不知道自己在说出每一个字时都混着白兰地和烟草的臭味"。他怀疑水不能完全取代白兰地:"对于有白兰地瘾的人来说,水质的影响太微不足道了!他会把水质当成一个借口,当城市花费数以百万计的巨款消除了这个借口时,他又会找出另一个借口。"[44]

他认为很少饮酒者会仅仅因为干净的饮用水随手可得而戒酒,或者是快速戒酒。在这一点上,他是正确的。1870 年,《英国医学杂志》(*British Medical Journal*)感叹道,"近 40 年来,支持饮水的社会运动一直在稳步推进",但无论是医院和监狱,还是"周六夜晚任何一个贫穷的街区",一切都表明"在人类苦难的各种根源中,饮酒是最突出的一个"。[45]

然而,大城市里饮用水的供应对酒文化的历史产生了很大的影响。在全世界的许多地区,尤其是那些酗酒被认为非常严重的工业城市,喝酒是为了补充水分的说法已经站不住脚了(参见图 10)。因此,酒几乎完全可以被视为一种消遣性的、可以自由支配的饮料,就算是放弃也不会造成不良的后果。事实上,长达几个世纪之久的酒精优于水的说法可能会被推翻:从 19 世纪开始,水就被视为是安全的,而酒却被认为是有害的。水曾被认为对健康有害,而酒却被认为对社会和道德有害。因此,安全饮用水的供应是人们对酒的态度发生真正转变的条件之一,它为 19 世纪禁酒思想的兴起奠定了基础。

【注释】

[1] Scott C.Martin, "Violence, Gender, and Intemperance in Early National Connecticut," *Journal of*

Social History 34(2000):318—319.

［2］James Samuelson, *A History of Drink: A Review, Social, Scientific, and Political* (London, 1880), 170—175, 192—193.

［3］引自 Daryl Adair, "Respectable, Sober and Industrious? Attitudes to Alcohol in Early Colonial Adelaide," *Labour History* 70(1996):131—134。

［4］Kevin D.Goldberg, "Acidity and Power: The Politics of Natural Wine in Nineteenth-Century Germany," *Food and Foodways* 19(2011):294—313.

［5］Thomas Brennan, "Towards a Cultural History of Alcohol in France," *Journal of Social History* 23(1989):76.

［6］Brian Harrison, *Drink and the Victorians: The Temperance Question in England, 1815—1872* (Pittsburgh: University of Pittsburgh Press, 1971), 66—67.

［7］关于1830年法案及其影响,见 Nicholas Mason, "'The Sovereign People Are in a Beastly State': The Beer Act of 1830 and Victorian Discourses on Working-Class Drunkenness," *Victorian Literature and Culture* 29(2001):109—127。

［8］转引自 ibid., 115。

［9］转引自 ibid., 118。

［10］"Alcoholism in the Upper Classes," *British Medical Journal* 2, no.716(September 19, 1874):373.

［11］Edmond Bertrand, *Essai sur l'Intempérance* (Paris: Guillaumin, 1872), 81.

［12］关于葡萄根瘤蚜,见 Rod Phillips, *A Short History of Wine* (London: Penguin, 2000), 281—287。

［13］Patricia E.Prestwich, *Drink and the Politics of Social Reform: Antialcoholism in France since 1870* (Palo Alto: Society for the Promotion of Science and Scholarship, 1988), 24—26.

［14］Marcel Lachiver, *Vins, Vignes et Vignerons: Histoire du Vignoble Français* (Paris: Fayard, 1988), 617—618.

［15］转引自 Doris Lander, *Absinthe: The Cocaine of the Nineteenth Century* (Jefferson, N.C.: McFarland, 1995), 15。

［16］*British Medical Journal* 2, no.1665(November 26, 1892), 1187. 亦可参见 Michael Marrus, "Social Drinking in the Belle Epoque," *Journal of Social History* 7(1974):115—141。

［17］关于这一事件,见 Jad Adams, *Hideous Absinthe: A History of the Devil in a Bottle* (London: Tauris Parke, 2008), 205—207。

［18］这依据的是一个广为复制的美国酒精摄入表,见 Mark Edward Lender and James Kirby Martin, *Drinking in America: A History* (New York: Free Press, 1987), 205—206。

［19］Mark A.Vargas, "The Progressive Agent of Mischief: The Whiskey Ration and Temperance in the United States Army," *Historian* 67(2005):201—202.

［20］Ibid., 204.

［21］Harold D.Langley, *Social Reform in the United States Navy, 1798—1862* (Urbana: University of Illinois Press, 1967), 211—212.

［22］D.H.Marjot, "Delirium Tremens in the Royal Navy and British Army in the 19th Century," *Journal of Studies on Alcohol* 38(1977):1619, table I.

［23］Ibid., 1618.

［24］James S.Roberts, *Drink, Temperance and the Working Class in Nineteenth-Century Germany* (Boston: Allen & Unwin, 1984), 43—45.

［25］Ibid., 48.

［26］James S.Roberts, "Drink and Industrial Work Discipline in 19th-Century Germany," *Journal of Social History* 15(1981):28.

［27］Louis Chevalier, *Labouring Classes and Dangerous Classes in Paris during the First Half of the Nineteenth Century* (London: Routledge & Kegan Paul, 1973), 360.

[28] Peter Mathias, "The Brewing Industry, Temperance, and Politics," *Historical Journal* 1 (1958):106.

[29] *A Transport Voyage to Mauritius and Back*(London:John Murray, 1851), 24.

[30] Loammi Baldwin, *Report on the Subject of Introducing Pure Water into the City of Boston*(Boston:John H.Eastburn, 1834), 74.

[31] Henry R.Abraham, *A Few Plain but Important Statements upon the Subject of the Scheme for Supplying Leeds with Water*(London:C.Whiting, 1838), 4.

[32] Jean-Pierre Goubert, *The Conquest of Water* (Princeton:Princeton University Press, 1986), 41—42.

[33] James Salzman, *Drinking Water:A History*(New York:Overlook Duckworth, 2012), 87.

[34] John Broich, "Engineering the Empire:British Water Supply Systems and Colonial Societies, 1850—1900," *Journal of British Studies* 46(2007):350—351.

[35] Goubert, *Conquest of Water*, 196.

[36] Theo Engelen, John R.Shepherd, and Yang Wen-shan, eds., *Death at the Opposite Ends of the Eurasian Continent:Mortality Trends in Taiwan and the Netherlands, 1850—1945*(Amsterdam:Aksant, 2011), 158—159.

[37] Broich, "Engineering the Empire," 356—361.

[38] Ibid., 357.

[39] 关于纽约的这部分大量借鉴了 Gerard T.Koeppel, *Water for Gotham*(Princeton:Princeton University Press, 2000), 141。

[40] Ibid., 282.

[41] 关于波士顿的这部分借鉴了 Michael Rawson, "The Nature of Water:Reform and the Antebellum Crusade for Municipal Water in Boston," *Environmental History* 9(July 2004):411—435。

[42] 转引自 ibid., 420—421。

[43] Goubert, *Conquest of Water*, 196.

[44] *Thoughts about Water*(n.p., n.d.), 15.

[45] *British Medical Journal* 1, no.492(June 4, 1870):580.

第十章　酒的敌人（1830—1914 年）：禁酒运动

千百年来，对于酒对人类健康和社会秩序的危害，人们早已表达出忧虑，但是与 19 世纪轰轰烈烈的批判相比，这些忧虑不过是发发牢骚。戒酒协会最早出现于 19 世纪 30 年代，50 年后，群众组织致力于限制酒的流通，减少对酒精饮料的饮用，甚至将其彻底消灭。很多强大的禁酒运动有宗教上的联系，得到了世界各地的广泛支持，特别是在美国、加拿大、英国和斯堪的纳维亚半岛。他们在地方和国家层面开展工作，还在国际层面进行合作，通过印发报纸、小册子和书籍，以及开展演讲和讲座来宣传他们的理念。许多人走上街头，向政府施压，要求对酒精行业加以控制或者是将其彻底取缔。这是有史以来最大的平民动员，集中了大量的人力和物力来完成一个政策目标。结果，在第一次世界大战期间和战后不久，许多国家出台了禁酒和类似于禁酒的政策。

历史学家十分关注这些禁酒组织及其领导人，总的说来，他们关注的是 19 世纪与酒有关的政治[1]，对于当时的社会、文化和物质条件却关注很少，而正是这些使禁酒运动对政治文化和酒政策产生了如此巨大的影响。其中包括伴随 19 世纪城市化和工业化而来的广泛变化，以及更加具体的现象，如基督教改革运动和性别政治的兴起。在物质层面，对无酒精饮料的推广和饮用得到了提升，特别是饮用水，还有茶和咖啡，它们对酒的文化内涵产生了重要影响，并且使饮酒行为更容易受到有组织的禁酒运动的抨击。

虽然这些成立于 19 世纪的组织对酒有着共同的敌意，但是他们的长期战略和短期目标往往大相径庭。第一个重大的分歧体现在有人主张饮酒有度，有人呼吁饮酒者自愿戒酒，还有人希望通过法律完全禁止酒的生产、销售和饮用。有人最关注的是酒对健康的危害,有人强调酒会导致社会秩序混乱,还有一些人关注的是酒对国家人口增长和人民生活的影响,由于适逢欧洲的民族主义意识兴起之际,这是一个十分重要的考虑。有宗教背景的组织借助《圣经》来证明自己的立场是对的,而其他组织则从世俗和功利主义的角度来捍卫自己的立场。妇女禁酒组织则倾向于关注酗酒男性对妇女、未成年人以及对性道德和家庭稳定的危害。

总体而言,禁酒运动的中期成就令人印象深刻,但是和禁酒运动本身一样,各地的成就也不尽相同。尽管俄国、墨西哥、加拿大、比利时和芬兰也出台了不同程度的禁酒政策(见第十三章),但最著名的成功例子是美国的全国禁酒令。其他一些国家并没有实行如此严格的禁酒政策,而是对酒的销售做出了更加严格的规定,比如在英格兰和苏格兰。我们应该注意到,许多这样的政策是在第一次世界大战爆发后出台的(见第十二章),因为战时经济的需求使得政府可以实行他们在和平时期犹豫不决的政策。即便如此,第一次世界大战爆发前禁酒运动的成果也是不可否认的。

依据现有的法律、政策制定机构和饮酒文化,各个组织采取了不同的策略。在美国,首先面对压力的是州政府,酒吧受到格外的关注,因为这里是发生饮酒问题的主要场所。在法国和德国,禁酒运动倡导者向国家有关部门施压,要求禁止蒸馏酒。但它们之间也有一些共同特点。到处都是各种各样的组织,其中占主导地位的却只有一两个。那些主张适度饮酒者和坚持完全禁酒的人之间存在分歧,而那些主张自愿戒酒者和主张通过强制性政策来禁酒者之间也有分歧。和天主教会相比,新教教会普遍更加热情地拥护禁酒事业,而且妇女是大多数运动的突出参与者,有时作为领导者,有时作为成员。

所有这些特征都可以从19世纪早期美国兴起的广泛禁酒运动中找到。利用中产阶级对于酒影响社会稳定性的忧虑,在世纪之交过后不久,一些州的禁酒社团纷纷成立。许多社团并不主张自愿的完全戒酒或者禁酒,而是把目标定得很低,如成立于1813年的马萨诸塞州禁酒协会(Massachusetts Society for the Suppression of Intemperance),主要反对饮用烈性酒,而这是当时美国人饮用的主要酒类。但到了19世纪30年代,一些组织已开始坚持要求其成员完全戒酒,而另一些组织开始要求实行禁酒令,切断酒的一切来源,以此强制每一个人戒酒。来自这些组织的压力促使一些州出台了严格的禁酒政策。1838年,马萨诸塞州禁止销售少于15加仑的烈性酒(这实际上结束了个人饮用用途的烈性酒的零售),到了19世纪40年代,其他州也开始限制销售烈性酒。1847年,针对从法律上对这些限制的挑战,美国最高法院裁定,州政府有权不批准烈性酒的销售许可证。

在缅因州,立法者针对酒类展开的斗争更加深入。早在 1837 年,缅因州议会的一个委员会决定,控制饮酒最有效的方法是完全禁止出售酒精饮料,经过一些过渡性的立法后,1851 年缅因州成为第一个在其境内禁止生产和销售酒精饮料的州。州政府官员有权(如果有三个公民对任何一位个体提出控诉)搜查出售酒的私人处所,如果有人三次被证明违反了禁酒法令,就要被关进监狱。[2]然而,缅因州的法律并没有禁止饮酒,也没有禁止对个人饮用的酒的进口。这意味着只要有邻近的州有酒可以买,缅因州的许多公民就有办法获取酒。到了 1855 年,就像纽约以及其他一些州和地区一样,新英格兰所有的州都通过了禁酒法令。第一波州级的禁酒法令于 19 世纪 50 年代达到顶峰,然后开始消退。1856 年,缅因州的立法者废除了1851 年的法律,在 1858 年的全民公投后重新出台,最终于 1884 年将该禁令写在州宪法中。但是到了 19 世纪 60 年代末,其他许多州废除了 19 世纪 50 年代颁布的禁酒法令。

19 世纪 70 年代,随着美国内战的爆发,第二波禁酒浪潮开始兴起。其中最重要的一个组织是 1874 年由来自十六个州的女性代表组成的基督教妇女禁酒联合会(Woman's Christian Temperance Union)。[3]其成员仅限于女性,她们被期望完全戒酒。该组织最初的任务就是要反对酒吧这一罪恶的场所,并游说国会调查酒的贸易。基督教妇女禁酒联合会为妇女参与政治生活进行辩护,认为妇女对于保卫家庭不受酒类蹂躏有着特殊的兴趣,后来(1881 年),它运用同样的论据将妇女选举权的问题纳入了议程。基督教妇女禁酒联合会赢得了广泛的支持,到 1890 年,它在美国大约拥有 15 万名成员,并且它给许多妇女提供了第一次参政的经历,但是它却没能像期望中的那样对国家政治产生影响。

基督教妇女禁酒联合会以新教徒妇女为主。犹太妇女往往会与其保持距离,这部分上是因为她们反对其基督教倾向(或"基督教妇女禁酒联合会"这个名称),但更多的是因为她们在安息日晚餐和社交聚会上要喝酒,并且犹太社会并不认为饮酒有什么问题。[4]天主教徒也在很大程度上避而远之,因为虽然基督教妇女禁酒联合会明确表示对成员没有"宗教信条测试",很多禁酒倡导者却抵制移民,尤其是来自爱尔兰的天主教移民。弗朗西斯·威拉德(Frances Willard)是基督教妇女禁酒联合会最卓越的领导者,她在 1892 年呼吁国会"在教育好那些已经来到这里的旧世界的渣滓之前,要禁止更多的渣滓涌入这里"[5]。一些信奉天主教的爱尔兰裔美国人受爱尔兰的西奥博尔德·马修(Theobald Mathew)(马修神父)禁酒工作的启发,开始独立从事这一事业。其主要组织是天主教戒酒联盟(Catholic Total Absti-nence Union),它成立于1872年(比基督教妇女禁酒联合会还要早),到了20世纪初,该联盟及其分支机构已经有了9万名成员。比起德裔天主教徒,禁酒运动在爱尔兰裔天主教徒中更受推崇,前者将禁酒运动视为对文化活动的威胁,如礼拜日的露天啤酒园活动,而后者把戒酒视为融入美国社会的一种方式,也作为摆脱对他们的刻板印象的一种方式,而根据这种刻板印象,他们都是肮脏、粗暴而喧闹的酒徒。有些支持者可能并没有能够帮助爱尔兰人的事业,如明尼苏达州圣保罗大教堂的主教约翰·艾尔兰(John Ireland),他本人就是一位移民,却在1882年暗示说他的同胞天生就容易醉酒:"酒对他们造成更大的伤害,因为他们温和的体质更容易屈服于酒的火力。"[6]这是一种奇怪的结合,把体液说和盛行的有些民族(如印第安人)"与生俱来"的醉酒倾向结合起来。

随着时间的推移,天主教组织把注意力转向酒吧,这些只对男性开放的酒吧被认为是美国最糟糕的饮酒场所;1890年,一位牧师称其为"非法、道德败坏的商业活动"[7]。在三年之后,公理会的牧师罗素(H.H.Russell)建立了美国反酒吧联盟(Anti-Saloon League of America)。这个组织更为重要,其最初目的只是取缔酒吧,而不是禁止在家里喝酒,但其活动范围很快就开始扩大,发展成为一个全面禁酒的方案。基督教妇女禁酒联合会的领导层与支持禁酒的政党联合起来,导致其成员内部产生分化,而美国反酒吧联盟坚决维护其无党派性,很快就开始一心一意地开展禁酒工作。对于美国反酒吧联盟来说,作为工人阶级聚集地的酒吧已经成为饮酒所带来的一切问题的象征。低俗的男人聚集于此,这里已经成为醉酒、骂人、赌博以及其他各种罪恶的渊薮。[8]

到了20世纪初,美国反酒吧联盟已经发展壮大,成为美国各种禁酒运动的领导者。它与其他组织联合起来,一起举行州一级的禁酒活动,并变得十分富有(这部分要归功于百万富翁、禁酒主义者约翰·洛克菲勒的支持),甚至建立了一家印刷厂,专门出版自己的书籍和小册子。有些以外语出版,以方便那些在20世纪初来到美国的东欧和南欧移民了解禁酒运动。

美国反酒吧联盟对个人饮酒行为的影响是无法衡量的,但是它对政策制定者的影响却可以。在第一次世界大战之前的20年里,几乎每一个州都对酒实行了限制性政策,不少州还颁布了严格的禁酒令。有的州禁酒,有的州不禁酒,或者说仅仅是对酒加以严格的管理,这种政令不一的情况催生了美国反酒吧联盟最伟大成就之一,那就是1913年的《韦布-凯尼恩法案》(Webb-Kenyon Act),该法案禁止非禁酒州的酒进入禁酒州。在取得这一成就之后,禁酒运动在各州的发展风生水起,美国反酒吧联盟再接再厉,试图通过宪法修正案实现全国范围内的禁酒。到了1916年,支持禁酒运动的国会启动程序,出台了在全国范围内禁酒的美国宪法第十八修正案。虽然美国反酒吧联盟只是许多禁酒组织之一,但无论是规模还是影响力,它都是最大的;在美国颁布禁酒令的过程中,它的贡献是不可否认的。

英格兰的禁酒运动和美国既有类似之处,也有不同。受到苏格兰禁酒组织的启发,英格兰的禁酒运动最早于1830年从北部工业城市如曼彻斯特和布拉德福德开始,然后向南逐步推进。到了1831年,已经有了30个团体,它们的目标相对保守,那就是要阻止过度饮用蒸馏酒。英格兰第一代改革派并不认为酒是邪恶的,也不认为饮酒是错误的,他们中很多人饮用葡萄酒和啤酒,甚至烈性酒饮用者也能加入他们的组织。[9]此时他们还不能被称为酒的敌人,因为他们的政策只不过是要求适度饮酒,而这一要求已经有好几个世纪的历史。这种应对后来所谓"饮酒问题"的方法效果有限。虽然适度饮酒的号召成功将酒上升到更为广泛的社会改革层面,但是在中产阶级改革派和那些被他们认为最需要改革的工人阶级之间,存在着巨大的社会差距,这种差距阻碍了实践中的成功。此外,由于针对的是金酒和其他蒸馏酒,而对葡萄酒和啤酒持宽容态度,这些中产阶级人士很容易把自己喜欢的酒类描绘成健康的,而将广大工人饮用的酒妖魔化。

在相当短的时间内,适度饮酒的主张受到了更激进的改革要求的挑战,这样的要求包括彻底禁酒。原来的戒酒团体中那些不喝酒的成员成立了自己的组织,很快英格兰的禁酒运动就出现了分裂。这种分裂不仅仅体现在主张上:改革派往往是来自伦敦和南部地区的中产阶级基督徒,而主张完全禁酒的人往往更多来自英格兰北部工业地区,他们没有宗教背景,并且要改造的饮酒者本人来自工人阶级。[10]禁酒主义者凭借着他们的社会亲和力,致力于帮助酗酒者摆脱饮酒习惯,然而中产阶级改革派认为现有的醉汉已经不可救药,他们的主要任务是防止其他人开始酗酒。

到了19世纪中叶,工人阶级自助式的彻底禁酒成为英格兰禁酒运动的主要特征,禁酒被描述为改善工人阶级及其家庭生活的一种方式。有些组织是坚持世俗化的,如东伦敦宪章禁酒协会(East London Chartist Temperance Association),该协会禁止任何与宗教有关的讨论,生怕宗教问题会导致内部分裂,会分散对主要问题的注意力。[11]协会成员之间互相帮助找工作,他们鼓励尽可能地在成员之间进行贸易。在另一个层面,戒酒已经被描绘为工人获得投票权和其他政治权利的前提条件。出于政治原因,一些社会主义者也主张完全禁酒,认为雇主将酒精作为一种手段,让他们的工人俯首帖耳,不再对工会活动和政治激进主义感兴趣。

各种各样的禁酒主义者所从事的是一场艰巨的斗争。在英格兰工人阶级文化中,饮酒已经根深蒂固,酒吧是男性工人(还有女工,虽然通常占少数)的主要社交场所。从出生到婚礼、葬礼的所有人生大事,都以社交性的饮酒来纪念。在许多社区,酒吧是主要的甚或是唯一的聚会场所。(很多禁酒组织很难找到集会地点,他们中稍微富裕一点的人建有自己的戒酒厅。)[12]酒也是一种交换媒介,有时被用来作为服务的报酬。在葬礼上帮忙的妇女通常可以领到一份朗姆酒。最重要的是,和朋友、邻居、同事一起饮酒是一件人生快事。酒不仅是人际关系的润滑剂,也是一种社会黏合剂。

当然饮酒也有它的另一面:当酒吧里发生争吵和打斗时,当饮酒导致家庭暴力时,酒同样也会成为破坏社会纽带的罪魁祸首。在19世纪与日俱增的离婚案件中,始终有酒的身影。这些案件通常是醉酒的丈夫殴打妻子,但家庭暴力的辩护者有时解释说男性暴力是因为妇女饮酒而起的:"在大多数情况下,受害的天使往往是堕落天使,她们把丈夫辛辛苦苦挣来的钱花在了饮酒上,使家庭变得如同地狱。"[13]在19世纪后期,许多西方国家(和美国的一些州)对离婚法做了补充,使长期酗酒可以作为结束婚姻的理由。缅因州于1883年加上了"严重的和经常性的醉酒习惯";弗吉尼亚州于1891年加上了"习惯性醉酒";而在苏格兰(1903年),在作出离婚判决时,习惯性醉酒被和虐待同等对待。[14]

但工人阶级男性对酒的认识绝对是肯定的,许多英格兰工人对禁酒主义者怀有敌意,认为他们不仅是无趣的、落落寡合的饮茶者,甚至会暗中颠覆工人阶级文化。甚至有人怀疑戒酒主义者受雇于雇主,因为这些雇主不希望工人把钱花在饮酒上,而这样他们就可以少发工资了。事实上,一些雇主解雇了那些签署了禁酒誓言的工人,因为在那些继续饮酒的工人当中,他们的存在是破坏性的,会影响工作场地的和谐。

在这些因素在英格兰工人阶级中发挥作用的同时,中产阶级改革者开始发起大规模的禁酒运动。激发他们采取行动的是缅因州在1851年通过的禁酒法令,这一法令比英格兰的禁酒组织所设想的任何一个禁酒方案都要严格得多。禁酒主义者依靠的是道德说教,让饮酒者自己醒悟过来并自愿戒酒,但缅因州的立法者所提供的模式一旦被采用,饮用者将别无选择,只能戒酒。这一模式诉诸的是那些坚信酒是一种有害商品、国家应该禁止其流通的人,它通过改变英格兰禁酒运动的一些关注对象而改变了其管辖范围。许多禁酒运动的倡导者因为无法说服饮酒者戒酒而感到沮丧,他们开始游说各级政客和政府,让他们制定有关政策,对酒进行严格控制或者彻底取缔。在此意义上,禁酒运动和社会改革运动一样,成为一场明确的政治运动。

虽然禁酒令在美国获得了大众的拥护,但是在英国,国家层面的强制性禁酒思想并不受欢迎。它遭到了大多数饮酒改革组织的反对,并且与盛行的中产阶级自由主义思想相违背。对于自由主义者来说,国家应该保障个人自由,而不是取消个人自由。约翰·斯图亚特·密尔(John Stuart Mill)是最重要的自由主义理论家,他宣称禁酒政策是"可怕的","是对个人合法自由的非法干涉"。他写道,喝酒是个人选择,甚至连醉酒也"不适合通过立法进行干涉"。[15]大多数英国立法者甚至是酒的批评者似乎都持这种观点。例如,长期担任首相的威廉·格莱斯顿(William Gladstone)宣称,"在这个时代,酗酒带给我们的危害比任何战争、瘟疫和饥荒都要多",他鼓励人们喝茶。[16]

即使部分限制(如禁止周日饮酒)也让很多英国立法者感到不安。1854年通过了一项法律,禁止英格兰的饮酒场所在周日下午2点半至6点之间和晚上10点以后开放,但它(和一条禁止周日交易的法令一起)导致了大规模的抗议活动。在1885年6月的一个星期日,大批伦敦工人在海德公园示威,据卡尔·马克思(他也在场)估计大约有20万人。(马克思误以为这是工人革命的开端,他注意到,那些每周在公园里散步的绅士似乎因为午餐时喝了酒而状态不佳。)这条法律被修改,要求酒吧下午3点至5点之间以及晚上11点以后停止营业,这样星期天下午的营业时间就比原来多了90分钟。[17]

对于英格兰那些支持星期日酒店关门的人来说,这种妥协仅仅是部分上的胜利,英国的其他地区则更加成功。1854年,苏格兰命令酒吧在周日全天停业,爱尔兰(除了主要城市)和威尔士分别在1878年和1881年做出了同样的规定。尽管他们总体上并没有对政策或消费模式(就我们目前所了解的)产生太大的影响,但英格兰的禁酒组织在19世纪六七十年代却重获了一次新生。新的组织被建立,更重要的是,许多重要的新教教会开始加入进来。英格兰国教会禁酒协会(The Church of England Temperance Society)成立于1863年,到了19世纪末,已成为同类组织中最大的一个,有7 000个分支机构和15万—20万名成员。[18]

与其他组织一起,它向政府施压,要求制定禁酒政策,尤其是因为它对未成年人的影响,而在此之前,他们和成年人一样很容易获得酒。在19世纪的最后十年里,一系列的法律朝着确定最低法定饮酒年龄的方向发展,而这是现代禁酒政策的一个共同特征。1872 年,16 岁以下的未成年人被禁止从酒馆购买烈性酒并在店内饮用。1886 年,未满 13 岁的未成年人被禁止从酒馆购买麦芽酒并在店内饮用。但在这两种情况下,他们都可以买了酒到其他地方饮用。工人阶级的父母经常让孩子帮他们跑腿买酒,但人们越来越担心孩子会趁机随意饮酒。爱丁堡一位长期关注酒馆的人指出:"出来打酒的孩子似乎一出酒馆,就开始津津有味地啜饮起来。"[19]针对这种担心,1901 年出台的《未成年人信使法案》(Child Messenger Act)禁止销售啤酒或烈性酒给年龄低于 14 岁的孩子,除非酒被装在一个密封的瓶子里。

这样的法律改革是当时保护未成年人的努力的一部分,禁酒运动投入大量精力教育孩子,让他们在深陷其中之前就明白酒的危害。在约克郡的赫尔(Hull),禁酒工作者在小学生中间举办了以"体质恶化和酗酒"为主题的征文比赛,参赛文章提出了如下的见解:"如今,很多人在酒的影响下因为试图自杀而入狱";"有饮酒习惯的海员很容易造成撞船事故";以及"在酒精泛滥之前,英国人强健而魁梧,但是,你如今看到的是什么样的人? 瘦小,羸弱,弯腰曲背"。[20]

改革者们看到儿童在如下几个方面受到酒的影响:第一,许多计划外生育被认为是妇女醉酒后被男性玷污的结果,一位作者一针见血地将这一过程描述为"残暴、女性堕落和肆意放荡"的结合。[21]第二,饮酒习惯会代代相传,尽管一位作者指出"幸好醉酒可直接导致不孕"。[22]第三,儿童(和他们的母亲)常常会遭受忽视和贫困,因为父亲把那些需要花在衣食住行上的钱挥霍在喝酒上。在整个欧洲、北美洲以及其他地区,保护家庭都是禁酒话语的核心。[23]

据说酒精破坏了许多原本应该欢乐的家庭团聚。圣诞节是一个在 19 世纪后期渐渐形成的节日,有一系列插画描绘了酒是如何破坏圣诞节气氛的。有一幅《醉鬼的圣诞节》(Drunkard's Christmas)描绘了酒吧的场景,男人们有的在开怀畅饮,有的在呼呼大睡,还有的病恹恹的,无精打采。其中一位显然是父亲,他的孩子们蜷缩在吧台下。图旁附着一段诗文:"酗酒危害大,圣诞无欢颜。空腹又寡欢,孩童多可怜。有家不能归,淹留在酒馆。"与此相对的是一幅《禁酒者的圣诞节》(Teetotaler's Christmas),描绘的是一个幸福家庭,桌子上摆满了美食,孩子们席地而坐,目不转睛地盯着满满一盘子馅饼,旁边的诗文写道:"勤劳又戒酒,家里样样有。家庭何温馨,其乐何融融。若能离金酒,上帝降福佑。"[24]

其他地方的禁酒运动采取了不同的策略。在法国,直到 1870 年被普鲁士人击败之后,严格意义上的禁酒运动才真正开始。除却其他原因,这场战斗的失利被归因于饮用蒸馏酒而导致的体质下降（尤其是从军年龄的年轻人）。在这之前，法国政治家和其他评论家一直坚称，不像美国和英国，法国不存在酗酒的问题，因为法国人喝的葡萄酒是一种健康饮料。1853 年，法兰西学术院（Académie Française）自信地宣称："法国有很多醉汉，但幸运的是，并没有酒鬼。"[25] 醉酒本身并不被视为问题，正如辩护者所说的那样，法国人的醉酒与众不同，不像其他民族的醉鬼那样粗野和暴力，而是机智又活泼。

这决定了法国禁酒运动的基调，即注重对烈性酒的控制，但是支持人们饮用葡萄酒和啤酒。毕竟，和其他水果酿造的酒精饮料一样，这些酒在法国已经被饮用了几百年，都没有遇到过问题。法国在普法战争中的惨败不得不归因于用谷物和甜菜制成的蒸馏酒，这种酒正成为越来越受欢迎的工人阶级饮品。到了 19 世纪 90 年代，苦艾酒已经取代了啤酒和白兰地，成为巴黎最流行的饮品，仅次于葡萄酒。[26]

19 世纪 70 年代初，法国戒酒协会（Société française de tempérance）领导了一场禁酒运动，呼吁法国人放弃如白兰地、苦艾酒和其他谷物酿造的"工业酒"，转而饮用纯葡萄酒。这场运动的时机太糟糕了，因为在此期间，法国的葡萄园受到葡萄根瘤蚜的危害，葡萄酒生产开始直线下降（参见第九章）。为了满足消费者的需求，法国的生产商开始在葡萄酒上动手脚，他们有时混入来自西班牙或阿尔及利亚的葡萄酒，有时用葡萄干代替新鲜的葡萄酿酒。但葡萄酒仍然供不应求，许多葡萄酒饮用者开始转向蒸馏酒。法国科学家们开始提出，酒精就是酒精，无论是葡萄酒和啤酒，还是烈性酒，只要超过一定量，就都是危险的。这进一步削弱了对烈性酒的攻击。

这一观点无形中破坏了葡萄酒的特权地位，那种认为葡萄酒可以无限畅饮，而饮用其他任何酒类都有害的观点被彻底推翻。但是直到 19 世纪 90 年代，仍有一些科学家对这些酒类区别对待。一位著名的比利时医生宣称，共有八种不同类型的酒精，其中只有一种是无害的："纯啤酒和纯葡萄酒都含有这种有益的酒精；但所有的烈性酒，如果不适当处理，都包含最致命的毒药。"[27]

由于法国的禁酒组织裹足不前，1895 年，它们被一个新的组织所取代，这就是法国禁酒联盟（French Anti-Alcohol League），该组织呼吁人们完全戒酒，包括葡萄酒。它面临着一项艰巨的任务，因为世纪之交的法国是世界上酒类饮用量最高的国家之一。人均纯酒精摄入量为 15.9 升，几乎是英国的两倍（8.2 升），美国和俄国的三倍（分别为 5.8 升和 5.2 升）。法国禁酒联盟希望成为一个群众性组织，并特别呼吁女性加入，因为她们被认为是酗酒男性的主要受害者。但是它不仅面临酒类行业的强烈反对,还有许多医生的强烈反对,因为他们坚持认为葡萄酒有益健康。有一个被几位医学教授背书的广告,称 1 升葡萄酒的营养价值相当于 900 厘升牛奶、370 克面包、585 克(去骨)上等肉和五个鸡蛋。广告上还有著名的法国人口学家雅克·贝特隆(Jacques Bertillon)的声明,说"饮用葡萄酒遏制了酗酒现象的泛滥"[28]。

考虑到如果完全取缔酒类行业(特别是葡萄酒行业)对经济所产生的影响,就连政府也反对任何试图减少葡萄酒消费的行为。葡萄酒是法国的第四大出口商品,有 150 万人种植葡萄,占总人口近 10% 的人参与葡萄酒行业的方方面面[29],更多的人从事酿造和蒸馏行业。财政部长表示,法国"还没有富有到能够禁酒的程度",国民大会于 1900 年通过了一项决议,宣布葡萄酒为法国的国酒。[30]

对葡萄酒的辩护在整个法国得到了广泛的响应。一位作家这样谴责打着民族主义旗号的禁酒主张:"年轻人或忧郁的老年人或许会提出水才是唯一的健康饮品,并且谴责那些享受一杯陈酿葡萄酒或者干邑白兰地所带来的愉悦的人。不!在我们美丽的法国,一个拥有葡萄酒、快乐和幸福的开放国度,让我们不要谈什么禁酒。去你的水和简单饮料,去你的锡兰茶、无花果和橡子咖啡,去你的柠檬水和甘菊茶! 你们不仅不懂保健,更是糟糕的法国人。"禁酒组织"蓝十字"(La Croix Bleue)总部在瑞士,但是主要活跃于法国。有一位作家嘲讽说,代表它的是那些"身穿高领衫并且因不喝葡萄酒而皮肤泛黄的日内瓦牧师"[31]。1903 年,蓝十字和法国禁酒协会合并,号召适度饮用啤酒、葡萄酒及苹果酒。这比呼吁人们完全禁酒更为成功,这个组织也得到了法国政府的支持,他们可以到学校和军队中开展教育活动。但是,这个组织极力反对烈性酒,尤其是苦艾酒。在第一次世界大战打响之后不久的 1915 年,苦艾酒被取缔,在此过程中,这个组织发挥了重要的作用。

在德国,和以天主教为主的南方相比,禁酒运动在以新教为主的北方更加活跃。和法国一样,他们把矛头指向蒸馏酒,而不是啤酒或葡萄酒。在 19 世纪中叶,烈性酒的饮用量上升,而啤酒的饮用量下降,尤其是在北部和东北部,但是南部在一定程度上也是如此。禁酒运动的倡导者们指出,便宜的、用谷物或土豆酿造的烈性酒随处可得,会导致各种犯罪、不敬和道德沦落。到了 1846 年,一共有 1 200 多个地方性禁酒组织,通常是由新教牧师领导,而且大多数位于德国北部和东部的农村地区以及普鲁士的波兰地区。据说有数万人发誓要戒酒。[32]但是这些组织并没有产生什么影响,直到 19 世纪 80 年代德国进入快速工业化发展阶段之后,禁酒问题才被纳入政治议题。1883 年,德国预防酗酒协会(German Association for the

Prevention of Alcohol Abuse)成立,它提出人们应该喝啤酒,而不是廉价的烈性酒,还主张取缔烈性酒的生产。和法国的情况一样,一个科学发现削弱了节制饮酒的主张,这个发现就是无论什么酒精饮料,只要饮用过度都会有害。于是,那些赞成全面禁酒的组织应运而生。其中的 70 个结合成一个强大的协会,对政府施压,让政府采取了一系列政策,包括地方抉择权和对强制酗酒者进行绝育,前者是指赋予自治市限制其辖区内酒类销售的权力,因为自治市的政府更容易游说。

到了 19 世纪 80 年代,禁酒运动已经在德国全面展开,酒的饮用量也开始下降。19 世纪 70 年代早期,德国人的饮酒量达到顶峰,人均摄入纯酒精 10.2 升,由烈性酒和啤酒平分秋色。从那时起,啤酒的饮用量开始上升,而烈性酒的饮用量在稳步下降。尽管如此,到了世纪交替之际,各种酒精饮料在德国人饮食结构中的地位似乎都下降了。在 1896 年到 1910 年之间,德国人的饮食结构发生了巨大的变化,变得更加多元了,像水果、糖、大米等产品开始被更多人食用。按人均计算,热带水果的食用量提高了 92%,普通水果提高了 67%,糖类提高了 52%。大米、鱼和鸡蛋的食用量也有了大幅度的增长。相比之下,一些较为传统的食品在德国人餐桌上的比重下降了,比如土豆(下降了 25%),还有烈性酒(下降了 24%),甚至还有啤酒(下降了 8%)。[33]德国土豆食用量下降时值土豆产量上升,因此当由蒸汽驱动的大容量蒸馏器问世时,更多的土豆被转化成烈性酒。与此同时,欧洲饮酒者的饮酒偏好从土豆酒变成了小麦酒,于是那些土豆酒生产商开始寻找新的市场。从 19 世纪末开始,他们在非洲殖民地找到了市场,被欧洲人用作交易商品的廉价烈性酒大部分是德国生产的。[34]

禁酒之风也吹到了日本,当时欧洲的酒文化开始影响日本人的饮酒习惯,这并非巧合。日本从 19 世纪 70 年代开始仿效德国的做法商业化生产啤酒,到了 90 年代,这种啤酒已经占据了很大的国内市场:外国啤酒的进口量从 1890 年的 61.1 万余升下降到了 1900 年的 10 万升。与此同时,烈性酒和葡萄酒的进口量却在稳步上升。[35]日本第一家啤酒馆于 1899 年在东京开张,很快啤酒也开始在露天啤酒店、饭店和茶馆供应。在大多数情况下,这种消费仅限于经济条件比较好的人,有关酗酒的怨言很少出现。一位居住在东京的西方人能够埋怨的就是:"尽管日本人在喝啤酒的艺术上不需要太多指导,但是他们不太懂得如何处理啤酒,经常让它在夏天过热,冬天过凉。"[36]

西方禁酒运动和日本的啤酒生产几乎是同时开始的,基督教妇女禁酒联合会在日本的第一个分会于 1886 年建立。在该联合会和日本的其他禁酒组织中,西方人发挥着重要的作用,因为他们发起的运动不仅针对纵酒,还针对嫖娼。该联合会出版的面向年轻读者的书籍被翻译成了日语,如《小家伙的健康》(*Health for Little Folks*)。尽管这些书会被教会学校使用,但是在公立或私立学校没有产生多大影响。[37]总体来说,禁酒运动对日本的饮酒方式和政府的酒政策几乎没有明显的影响。禁酒意识未必是日本所没有的,但是基督教妇女禁酒联合会所采用的绝对是基督教的方法。在 20 世纪早期,基督教妇女禁酒联合会向那些参加中日和日俄战争的士兵发放《圣经》,但是这类禁酒活动并没有给当局留下深刻的印象。

　　基督教妇女禁酒联合会在日本遭遇了挫折,而西方国家的禁酒运动却取得了很大的成功。在西方,饮酒问题被提上了地方乃至国家的政治议程。我们一定要考虑到更宽广的社会和文化背景,是它们驱动了酒政策的变化。在整个 19 世纪,西方社会对于道德水平和文化发展趋势变得愈发焦虑。正如我们前面提到的那样(第九章),工业化产生了广大的工人阶级,导致为数众多的贫穷工人在拥挤的新城市中艰难度日。在那里,中产阶级观察者开始表现出对数量越来越庞大的工人阶级群体的担心,他们认为这一群体是对道德水平和社会稳定的一种威胁。城市工人阶级和贫困人群的整个文化似乎都与新兴中产阶级的理想背道而驰:后者强调约束和自律,信仰虔诚,凡事适度,清醒冷静,重视家庭。工人在休闲活动时总是很喧哗,无论是在城市街道上踢足球,还是在酒馆内外喝酒。男女未婚同居现象很普遍,在 19 世纪,城市中私生率上升。与中产阶级相比,工人也更少去教堂。

　　所有这些趋势看起来都像是对社会秩序和道德规范的威胁,若是在一个更加虔诚的年代,人们很可能会简单地认为这是魔鬼所导致的,而 19 世纪的观察家们却把矛头指向了酒。对于很多虔诚的评论者来说,两者之间的界线可能很模糊,因为他们认为酒不过是魔鬼所选择的武器。酒让饮用者失去对头脑和身体的控制,让他们做出非理性的决定,从而导致他们变得贫困、懒惰,走上犯罪、堕落和不敬的道路。按照这种逻辑,只要停止饮酒,困扰工人阶级和穷人并且威胁社会稳定的大部分问题都可以迎刃而解。正如英国改革家理查德·科布登(Richard Cobden)所说的那样:“禁酒事业是所有社会改革和政治改革的基础。”[38]

　　优生学运动是应对所谓的人口素质下降问题的措施之一,这个运动自称采取科学的方法来解决遗传问题。在这次运动中有几个不同的思想派别,但是他们一致认为,为了人口的总体素质着想,那些有先天性身体、心理或智力残疾的人应该避免生育。和在禁酒运动中一样,有些优生学家认为不生育的决定应该是自愿的,而有些则采取强制性的做法,主张强制绝育。

很多优生学家认为遗传性疾病包括癫痫、失明和智力障碍，也包括长期、大量的饮酒行为，也就是俗称的"酗酒"。不良酗酒行为从一代传至下一代，酗酒者被认为会威胁到每一个族群（即欧洲白人经常说的"种族"）的健康。

在19世纪末的欧洲，随着民族主义和军国主义思想的发展，优生学开始与两者密切联系起来。由于酒被认为会影响军事效率和国家实力，借助于优生学理论，禁酒运动促进了两者的发展。禁酒运动经常使用军事上的暗喻。美国禁酒联合会将其会员比作在对酒精"战斗"中的"老兵"，并指出"没有任何一个国家可以仅靠新兵取胜"。在美国，许多禁酒集会在独立日举行，已经高涨的共和气氛被"对酒精国王大军的战斗"之类的话语带到了一个新高度。[39]美国人已经打败了一个国王而赢得独立，他们同样会击败酒精国王而赢得自由。

这一时期的国际局势非常紧张，各国都在为战争做准备，因此十分关注酒精对士兵身体健康的影响。围绕是否应该给军队供应酒的问题，曾发生激烈的争执。就连很少被英国人在军事效率方面作为榜样的土耳其士兵，也因为他们的彻底禁酒而受到赞美，虽然据说他们的军官"并没有摆脱这一恶习"。[40]关于军事效率的大量调查都表明了禁酒部队的优势。19世纪60年代英军驻印度一个团的统计表明，随着政策从允许自由饮酒变为限制其饮用量，再到最终完全禁酒，每年的醉酒事件从34例下降至7例，被提至军事法庭的事件从6个减少至0个。[41]举一个更直观的例子：一名英国海军军官向议会的一个委员会汇报说："在克里米亚战争期间，我在船上看到的每一起事故，几乎都可以归咎于醉酒。酒比火药更危险。"[42]

烈性酒（尤其是朗姆酒和白兰地）曾被供应给士兵和水手，不是为了补充水分（就补充水分而言，这些酒是不够的，即使烈性酒已经加水稀释过），而是因为烈性酒被认为对健康有益。军事当局的这种认识发生了转变，表明人们普遍不再认为酒有治疗作用。千百年来，医生一直建议人们为了健康而适度饮酒，从一开始的葡萄酒和啤酒，到后来的烈性酒，而且还根据具体的病情开出了具体种类和数量的酒。早期许多倡导节制饮酒的人是那些仍相信发酵酒有益健康的医生。在《道德与身体的温度计》中，本杰明·拉什也承认，如果在吃饭时适量饮用啤酒和葡萄酒，对健康是有益的，并且拉什本人就投资了一座葡萄酒庄。

到了20世纪早期，将酒用作治疗手段的医生似乎有所减少。例如，在伦敦的医院里，酒的用量在1884—1904年间下降了50%—90%不等。[43]索尔兹伯里医院1865年在葡萄酒、啤酒和烈性酒上共花了302英镑，1885年共花了142英镑，1905

年花了仅仅 18 英镑。[44]这些趋势很可能反映了药物治疗在 19 世纪后期所取得的进展,如阿司匹林的出现。这类专利药物可以用科学方法来测试并证明其疗效。对于葡萄酒和其他酒类,人们只能一般性地说它们可以促进身体和智力的良好发育,或者更具体地说它们有益消化。1896 年,耶鲁大学在一份调查报告中表明,少量的酒(研究者们试了威士忌、白兰地、朗姆酒和金酒)可以加速消化,"只有在过多饮用以至于喝醉时"才会阻碍消化。[45]但是,当医生开始写某种葡萄酒或白兰地对于某种疾病的好处时,他们很难用当时盛行的科学话语来解释酒是如何发挥他们所声称的功效的(参见图 9)。

1903 年,瑞士一位博士写了一本谈论酒与登山的书,沿袭了酒类总体上有益健康这一观点。在对 1 200 位登山俱乐部会员所做的一个关于饮酒情况的调查中,有78％的人回答说他们经常喝酒,有72％的人声称他们会在登山时带着酒,以备不时之需。瑞士的登山指导员认为白葡萄酒能让人感觉焕然一新,红葡萄酒能让登山者在感觉疲劳时恢复体力,白兰地可以给予他们勇气,热的红葡萄酒几乎可以治疗所有的小疾病。在对酒的价值做了很多的限定并提出一些替代品(如水、茶、柠檬水、水果和咖啡)之后,作者得出结论:酒可以用来恢复体力,但仅限于适量饮用和真正有需要时。[46]

除了欧洲之外,还有其他地方的很多医生认为酒精饮料在医疗上可以发挥一定的作用。在世纪之交,基督教妇女禁酒联合会声称彻底戒酒有益健康,因而卷入了一场与医疗研究人员之间的争论。[47]1921 年,一份对 53 900 位随机抽取的美国医生的调查表明,有 51％的医生同意把威士忌作为某些疾病的处方药,26％的医生认为啤酒有治疗作用,还有一小部分争辩说葡萄酒也是如此。于是便出现了被添加了多种物质的各类"药用"葡萄酒,其中一种是于世纪之交在美国出售的特里纳的美国仙丹苦酒(Triner's American Elixir of Bitter Wine)。这种酒主要是用"红葡萄酒和药材"制成的通便药物,用来解决"我们家庭中常见的"便秘问题。不仅药材"成分科学",效果不容置疑,而且红葡萄酒也能"调节肠道,强化其功能,还可以增强食欲,刺激并改善身体素质"。[48]

由于大多数人认为大部分酒(尤其是蒸馏酒)被添加了各种成分,对健康的危害比在禁酒运动中所反对的无添加的酒还要大,这使得关于酒精保健功能的争论变得更加复杂。人们对食品和饮料掺假的担心已有很长的历史,但 19 世纪分析化学的发展让人们能够更精确地测出有害添加物的存在。人们经常指控说加到麦芽酒中来提供苦涩口感的是士的宁而不是啤酒花,而英国的啤酒制造商否认了这种说法。[49]纵然如此,19世纪中叶抽样检查的英国啤酒大多数被检测出或多或少的掺假,让人无法接受。[50]对于葡萄酒和烈性酒,为了获得特定的颜色、形态或口感而添加的物质是无穷无尽的。美国的一份报告警告说掺假现象无所不在,并声称如果进口的所有酒精饮料都是纯的,那么"相对于国人现在所饮用的酒量来说,其数量只占很小一部分"。根据该报告作者的说法,纽约每年酒的销售量相当于"进口纯白兰地"的三倍、所有葡萄酒生产国所出口的"进口纯葡萄酒"的四倍。仅在美国,每年就售出大约1 200万瓶香槟,而香槟地区每年的出口量只有1 000多万瓶。[51]

一种广泛流行的葡萄酒掺假方法是在葡萄酒中加入石膏(或硫酸钙)。石膏可以增加葡萄酒的酸性,因此可以起到防腐剂的作用,还可以让葡萄酒的色泽更亮、更清澈。在法国南部、意大利和西班牙这些大量生产葡萄酒的地区,这种方法尤其常见,这些酒通常要运输很远的距离才能到达市场,能够受益于石膏的防腐作用。但是在19世纪80年代,石膏还被添进了很多"优质"葡萄酒中,例如波尔多的生产商曾将这些掺石膏的葡萄酒混入自己生产的酒中,以弥补葡萄根瘤蚜造成的损失。(在19世纪80年代末期,被出售的波尔多葡萄酒是波尔多地区葡萄酒产量的两倍)。

在19世纪下半叶,人们围绕葡萄酒中掺入石膏的行为展开了广泛的探讨,各个委员会和科学家们都无法就其危害性达成一致,尽管有人们在饮用后生病的报道。1857年,有报道称在法国南部的阿韦龙省,有人在喝了掺石膏的葡萄酒之后"饥渴难耐,喉咙干涩",还出现了损伤。[52]法国立法者认为每升酒中掺入2克以下的石膏对健康没有威胁,但有投诉说有些酿酒者会懒得称重,直接将一把又一把的石膏撒入发酵桶。1880—1891年是葡萄根瘤蚜危机最严重的时期,由于葡萄酒短缺,就连每升酒中最多能加入2克石膏的规定也被废除。

有些形式的掺假很明显是无害的,比如加水,实际上这样能降低酒精含量,从而使酒精饮料变得更健康。与此相似的还有,使用一个地区种植的葡萄酿造葡萄酒,然后贴上其他地区的标签,例如波尔多的生产商经常在酿酒过程中加入西班牙和罗纳河谷的葡萄,尤其是当他们自己的产量由于葡萄根瘤蚜而减少时,这样做并不会危害健康。但这种做法引起了越来越多的关注,于是当局摸索出了一种葡萄酒命名系统,将葡萄酒与特定区域联系起来,让消费者更加确定所购葡萄酒的来源地。

即使是不危害健康的做法也越来越被认为是对饮料的不当改变,比如稀释葡萄酒、将外来的酒混入某些有区域标记的酒。人们经常将这种做法与加入糖来提高酒精浓度、添加染色剂和石膏相提并论。当局似乎开始关心现在所谓的消费者权利，就像他们曾关注消费者的健康那样。人们认为购买酒的消费者有权拥有一定的期待，包括期待葡萄酒不要掺水或石膏。在一场关于掺假现象的辩论中，法国下议院一名成员宣称这样的酒是一种"毒药"，它"让精神病院人满为患"。农业部长回应说："我们正在讨论的是一项关于造假的法律，而不是关于公众健康的法律。……同时，如果该法案的某些规定可以对抗造假行为，并保护公众健康，我会很高兴。"[53]

禁酒运动倡导者并不担心掺假现象所涉及的欺骗消费者行为，而是对其加以利用，以表明不仅饮用纯酒精饮料会有风险，如果喝到了可能被致命物质污染了的酒精饮料，风险会更大。一些医生坚称，不论是不是掺假，"酒能够直接导致死亡"[54]。这个说法并不新颖，但到了 19 世纪末，这种指控经常有统计数据的支撑，虽然这些数据往往是虚假的，但依然是数据。在 19 世纪，政府机构已经开始系统地编制用途广泛的社会统计资料，而再也没有比禁酒运动倡导者更加急切地利用这些资料的人了。死亡率统计是一个明显的目标，因为要反对酒，最有说服力的证据就是它的致命性。这里涉及的不仅是酒能致命这一事实，还有某些容易深受其害的职业，例如在 20 世纪早期，英国的旅店老板和旅馆工人的死亡率比那些铅厂工人还要高，是煤矿工人两到三倍。[55]

这些数字似乎印证了酒对于人类与社会的破坏性，虽然不同来源的统计数据也会有差异。根据其中一份数据，4/5 的犯罪、2/3 的贫穷、1/2 的自杀、2/3 的发疯，还有 9/10 的沉船事故都与酒有关，同样与酒有关的还有"懒惰、破坏安息日、撒谎、咒骂、不洁、事故等"[56]。还有一位作者给出了不同的估计：酒导致了 3/4 的犯罪、9/10 的贫穷、1/3 的自杀、1/3 的发疯、1/3 的沉船，还有 1/2 的疾病与 3/4 的"青少年堕落"。[57] 显然这些都是大致印象，而不是什么严谨认真的数据分析，但是读者可能会把这些说法信以为真（即使两组数据中较低的那一组也很令人担忧）。

偶尔会出现更加可靠的数据。相比那种说酒与 1/3—2/3 的精神病有关的说法，由独立的精神病院提供的数据则表明两者之间的联系并没有那么密切。根据爱丁堡皇家精神病院的报告，在 19 世纪 70 年代早期，有 13% 的精神病入院者是因为酗酒，有 20% 的精神病人病因已知。英国大部分其他精神病院的报告显示，不到 10% 的精神病入院者与酒有关。[58] 相对于巴黎一家大型精神病院所提供的大约 25%，这些数字小多了，但即使是 25% 也远低于禁酒运动倡导者所宣扬的 1/3 或

2/3。[59]19世纪的统计学革命很可能赋予了统计学在政治话语中的地位和可信度，写作关于禁酒运动内容的人也热情地接受了它。

医学界并没有完全放弃酒，但是酒的治疗效果不再像以前那样不容置疑，相反，它自己也会引发疾病，即酗酒。对于这种情况有很多定义，但总的来说是指对酒上瘾，通常表现为一种病态的长期重度酗酒。1849年，瑞典内科医生马格努斯·哈斯（Magnus Huss）首次使用该术语来描述这样一种情况：长期大量饮酒影响个人管理自身生活和工作的能力。酗酒被定义为"意志力的疾病"，因为它是由于意志力薄弱而产生的，并且需要病人动用自身的意志力来治愈。在19世纪末，大多数被诊断为酗酒者的人属于那些缺乏意志力或自制力的社会群体，如贫穷的男性和女性，以及中上层阶级的女性。[60]法国一位医生指出，工人的意志力会因他们的工作性质、工作条件、住房情况、饮食和收入被削弱。他提出解决酗酒问题的办法是进行广泛的社会改革。[61]

酗酒一直是一个轮廓和边界不确定的概念，因为并不确定是不是所有经常重度饮酒的人都可以被定义为酗酒者。此时正在进行的关于酗酒的讨论关注的是它是否可以治愈，还是只能治疗。[62]在19世纪，这些问题引起了一些禁酒运动倡导者的兴趣，但是在大多数情况下，禁酒运动的作家们从这个词被发明之后就将其抓住，用来指代几乎每一个天天饮酒的人，或者是饮酒量似乎超过平均值的人。令人惊讶的是，"滥用"这个术语和偷换其概念的行为并没有削弱它的力量，许多反对酒精滥用的禁酒组织都将其称为酗酒。

如果说19世纪人们对酒精饮料的保健效果不再那么信心满满，那么可以说葡萄酒的宗教意义也发生了同样的变化，因为随着人们对酒精饮料越来越反感，酒在基督教圣餐仪式上的使用开始受到质疑。在近两千年的时间里，葡萄酒一直是基督教形象和仪式的重要部分，对于主张彻底禁止酒精饮料的人来说，这是一个很大的问题。一些提倡节制饮酒的人可以容忍偶尔喝一点圣礼酒，可是就连他们也不得不面对这样一种认识，即虽然相对于烈性酒而言，葡萄酒是一种低度酒，但是它也可能会导向烈性酒。

然而，对于坚决彻底戒酒的基督教徒来说，让他们震惊的是，他们的上帝竟然会鼓励人们喝酒（无论是哪一种酒），而基督的血竟然是用一种会让人喝醉的饮料来代表的，并且这种饮料本身就是邪恶的，要对广泛存在的不幸和不道德行为负责。他们发明了一种富有想象力的神学理论，即"两种葡萄酒"的理论，根据这一理论，《圣经》中提到的"葡萄酒"其实涉及两种不同的饮料：第一种是"好葡萄酒"，是葡萄汁(在禁酒文献中经常被称为"未发酵葡萄酒",这本身就是一种自相矛盾的说法)。他们说,这是基督在迦拿的婚宴上用水变出来的饮料,也是门徒们在最后的晚餐上所饮用的饮料。第二种是"坏葡萄酒",是真正的、发酵而成的、含酒精并会让人喝醉的葡萄酒。[63]正是这种酒,让诺亚喝得酩酊大醉,正是用这种酒,罗得的女儿们把她们的父亲灌醉,这样她们就可以与他同床。换句话说,当"葡萄酒"与《圣经》中的好的事物相关联时,它就是葡萄汁,但是当"葡萄酒"与不道德的行为相关联时,它是葡萄酒。

禁酒主义者觉得用葡萄酒来代表基督是一种亵渎,因此他们发起了一场运动,以说服教会在圣餐仪式上用葡萄汁代替葡萄酒。在这场运动中,一个新发展帮了禁酒主义者的忙。路易斯·巴斯德(Louis Pasteur)等科学家在对发酵进行研究后发现,加热葡萄汁(后称为巴氏杀菌法)能够杀死将其中的糖变成酒精的酵母。这使得生产一种稳定的、不再发酵的果汁成为可能。葡萄汁很快就开始商业化生产,教会当局被敦促购买这种"未发酵的葡萄酒"用于圣餐仪式。

这场运动在美国取得了一些零星的成功,1880 年卫理公会开始采用葡萄汁。一位很有影响力的卫理公会神学家指出,葡萄汁是"仁慈和救赎的象征",是"祝福和生命的象征",而葡萄酒"被《圣经》和科学宣告为一种毒药"。[64]另一方面,耶稣基督后期教会圣徒(摩门教)从 19 世纪 30 年代开始在圣餐仪式上使用葡萄酒,甚至拥有自己的葡萄园来酿造葡萄酒。在 19 世纪后期,会众在圣餐仪式上不再使用葡萄汁,而是改用水。从 1912 年开始,圣餐仪式上使用水成为摩门教的常态。在英国,圣公会抵制所有用果汁替代葡萄酒的做法。[65]天主教会只是在很小的程度上参与 19 世纪的禁酒运动,因而仍然继续使用葡萄酒。

巴氏灭菌果汁是 19 世纪末非酒精饮料中的新成员,加入热饮的行列之中,其中包括咖啡、茶和热巧克力,还有最重要的水。随着这些饮料被更广泛地饮用,随着欧洲和北美有了新鲜的饮用水供应,酒的文化意义被永久性地改变了。到了 19 世纪,出于娱乐目的而饮用酒精饮料的行为已经深深植根于西方社会文化之中。在历史上,它们曾经主要用于饮食目的,因为它们比当时的饮用水更安全。在 19 世纪初,很多地方依然是这种情况,显而易见的是,在替代性的饮品出现之前,那些旨在减少饮酒行为(特别是要将其彻底取缔)的禁酒运动根本无法取得进展。

到了 19 世纪,于 17 世纪被引入欧洲和北美洲的咖啡和茶已经被广为饮用。就补充水分而言,两者都可以被看作酒精饮料的替代品。虽然茶是一种利尿剂,但是它总体上还是被用来补充水分。因为咖啡或茶都需要煮沸的或几乎煮沸的水来炮制,所以它们是更安全的饮水方式。对这两种热饮的饮用在19世纪期间都增加了,并渗透到一些国家的各个社会阶级。在英国及其殖民地以及俄国,茶尤其受欢迎(1850—1875年,人均饮用量翻了一番),而咖啡在法国、意大利和北美洲占据主导地位。尽管如此,要想实现无酒社会,必须要有安全饮用水的供应。一位英国医生在1889年指出:"禁酒主义者所需要的第一样东西就是纯净的水。"[66]谁会放弃安全的啤酒或葡萄酒而去饮用那些味道难闻且被认为会让饮用者生病的水呢?因此,就在禁酒运动发展得如火如荼之际,总会有人做出巨大努力来确保欧洲和北美洲的人民可以获得稳定的饮用水供应,这绝非巧合。正如我们所看到的那样,从19世纪四五十年代开始,便已经有饮用水供应给欧洲、北美洲和其他地方的城市人口了,并且在第一次世界大战爆发之前,大部分城市居民就已经可以获得安全的饮用水了,这些饮用水通过管道直接输送到他们家中或者是公共喷泉。

驱动这两个趋势的是不同的压力。禁酒运动源自人们对日益恶化的社会条件及其原因的解读,但对于水的关注源自城市的发展和传染病的威胁。在19世纪30年代和50年代,西方世界许多地方爆发了致命的霍乱和痢疾,使得各地的城市当局开始关注用于饮用和洗涤的安全水的供应。一方面,很少有饮酒者会仅仅因为有了优质的饮用水而戒酒,但是另一方面,缺乏安全的水供应可能会被当作继续饮酒的理由。在有优质而稳定的饮用水供应之前,禁酒的说法注定不会受欢迎。一旦酒不再被认为是健康和饮食所必需的,它就会完全被视为一种休闲饮料,一种人们可以自由支配的饮料,即使放弃,也不会产生任何伤害。事实上,一种流传了几百年的说法被推翻了,即酒是一种比水更健康的选择。从19世纪中叶开始,水被描述为一种安全的选择,而酒则被谴责为有害的。水仅仅对饮用者的健康有害,而酒被描述为对社会和道德都有害。

总之,我们应该在广阔的文化和物质背景中理解19世纪与20世纪初的禁酒运动。有几个趋势削弱了人们对酒在宗教和医疗方面用途的积极态度。阶级划分造成了对普通民众饮酒行为的焦虑,对妇女、儿童和家庭的关注加剧了人们对男性醉酒行为的忧虑。民族主义和优生学提供它们自己的论据。与此同时,在酒类从一种饮食必需品变成一种可以自由支配的商品的过程中,替代性的非酒精饮料的供应是必要的物质基础。酒的文化意义的转变是1 000年来酒文化史上最重要的事件之一,它重塑了20世纪人们对酒的态度和有关的政策。

【注释】

［ 1 ］ 我称这些组织为"反酒精的",虽然其中有些对酒精持包容态度,关注的更多是他们所认为的酒精滥用,但他们也是一场广泛运动的一部分,其目的是限制对酒精饮料的饮用。

［ 2 ］ Jon Sterngass, "Maine Law," in *Alcohol and Temperance in Modern History：An International Encyclopedia*, ed. Jack S. Blocker Jr., David M. Fahey, and Ian R. Tyrrell(Santa Barbara：ABC-CLIO, 2003), 1：393—394.

［ 3 ］ James D. Ivy, "Woman's Christian Temperance Movement(United States)," in Blocker, Fahey, and Tyrell, *Alcohol and Temperance in Modern History*, 2：679—682.

［ 4 ］ Marni Davis, *Jews and Booze：Becoming American in the Age of Prohibition*(New York：New York University Press, 2012), 41—42.

［ 5 ］ Dierdre M. Moloney, "Combatting 'Whiskey's Work'：The Catholic Temperance Movement in Late Nineteenth-Century America," *U.S. Catholic Historian* 16(1998)：5.

［ 6 ］ Ibid., 8—9.

［ 7 ］ John F. Quinn, "Father Mathew's Disciples：American Catholic Support for Temperance, 1840—1920," *Church History* 65(1996)：635.

［ 8 ］ K. Austin Kerr, "Anti-Saloon League of America," in Blocker, Fahey, and Tyrell, *Alcohol and Temperance in Modern History*, 2：48—51.

［ 9 ］ Lilian Lewis Shiman, *Crusade against Drink in Victorian England*(New York：St. Martin's Press, 1988), 9—10.

［10］ Ibid., 18—24.

［11］ Ibid., 33.

［12］ Andrew Davidson, "'Try the Alternative'：The Built Heritage of the Temperance Movement," *Journal of the Brewery History Society* 123(2006)：92—109.

［13］ Edward Cox, *Principles of Punishment*(London, 1877), 99.

［14］ Roderick Phillips, *Putting Asunder：A History of Divorce in Western Society*(New York：Cambridge University Press, 1988), 497.

［15］ Shiman, *Crusade against Drink*, 81—82.

［16］ Neal Dow and Dio Lewis, "Prohibition and Persuasion," *North American Review* 139(1884)：179.

［17］ Tim Holt, "Demanding the Right to Drink：The Two Great Hyde Park Demonstrations," *Brewery History* 118(2005)：26—40.

［18］ Shiman, *Crusade against Drink*, 107.

［19］ Richard Cameron, *Total Abstinence versus Alcoholism*(Edinburgh, 1897), 3.

［20］ *Souvenir of the Essay Competition in the Hull Elementary Schools*, on "*Physical Deterioration and Alcoholism*," May 1906(Hull：Walker's Central Printing, 1906), 11—13.

［21］ John Charles Bucknill, *Habitual Drunkenness and Insane Drunkards*(London：Macmillan, 1878), 1.

［22］ Ibid., 69.

［23］ Mimi Ajzenstadt, "The Changing Image of the State：The Case of Alcohol Regulation in British Columbia, 1871—1925," *Canadian Journal of Sociology* 19(1994)：441—460.

［24］ [George Gibbs], *Diprose's Christmas Sketches*(London：Diprose and Bateman, 1859), 1, 4.

［25］ Patricia E. Prestwich, *Drink and the Politics of Social Reform：Antialcoholism in France since 1870*(Palo Alto：Society for the Promotion of Science and Scholarship, 1988), 37.

［26］ W. Scott Haine, *The World of the Paris Café：Sociability among the French Working Class, 1789—1914*(Baltimore：Johns Hopkins University Press, 1996), 95—96.

［27］ Dr. de Vaucleroy, *The Adulteration of Spirituous Liquors*(London：Church of England Temperance

Society, 1890), 3.

[28] 这一广告被重印于 Rod Phillips, *A Short History of Wine* (London: Penguin, 2000), between pp.176 and 177。

[29] Prestwich, *Drink and the Politics of Social Reform*, 7—10.

[30] Owen White, "Drunken States: Temperance and French Rule in Cote d'Ivoire, 1908—1916," *Journal of Social History* 40(2007): 663.

[31] 转引自 Prestwich, *Drink and the Politics of Social Reform*, 24。

[32] James S. Roberts, *Drink, Temperance and the Working Class in Nineteenth-Century Germany* (Boston: Allen & Unwin, 1984), 26—27.

[33] Ibid., 114, table 6.1.

[34] Susan Diduk, "European Alcohol, History, and the State in Cameroon," *African Studies Review* 36(1993): 7.

[35] Jeffrey W. Alexander, *Brewed in Japan: The Evolution of the Japanese Beer Industry* (Vancouver: University of British Columbia Press, 2013), 44, table 4.

[36] Ibid., 49.

[37] Elizabeth Dorn Lublin, *Reforming Japan: The Woman's Christian Temperance Union in the Meiji Period* (Honolulu: University of Hawai'i Press, 2010), 134—135.

[38] 转引自 Shiman, *Crusade against Drink*, 9。

[39] James M. Slade, *An Address Explanatory of the Principles and Objects of the United Brothers of Temperance* [July 3, 1847](Vergennes, Vt.: E.W. Blaisdell, 1848), 7—9.

[40] J.N. Radcliffe, *The Hygiene of the Turkish Army* (London: John Churchill, 1858), 29.

[41] *A Plea for the British Soldier in India* (London: William Tweedie, 1867), 19.

[42] 转引自 *The Curse of Britain* [n.p., n.d.(1857)], 封底。

[43] Catherine B. Drummond, *An Outline of the Temperance Question* (London: Church of England Temperance Society, 1906), 10—11.

[44] Victor Horsley, *What Women Can Do to Promote Temperance* (London: Church of England Temperance Society, n.d.), 11.

[45] *British Medical Journal* 2, no.1870(October 31, 1896): 1342.

[46] "Alcohol and Mountaineering," *British Medical Journal* 9(July 1910): 102.

[47] Jonathan Zimmerman, "'When the Doctors Disagree': Scientific Temperance and Scientific Authority, 1891—1906," *Journal of the History of Medicine* 48(1993): 171—197.

[48] "Triner's American Elixir of Bitter Wine"(1910), 本人所拥有的一张海报。

[49] Thomas Graham and A.W. Hofmann, *Report on the Alleged Adulteration of Pale Ales by Strychnine* (London: Schulz and Co., 1852).

[50] William Alexander, *The Adulteration of Food and Drinks* (London: Longman, 1856), 30.

[51] *The Bordeaux Wine and Liquor Dealers' Guide: A Treatise on the Manufacture and Adulteration of Liquor, by a Practical Liquor Manufacturer* (New York: Dick and Fitzgerald, 1857), vi—ix.

[52] *Science* 12(August 24, 1888): 89.

[53] Alessandro Stanziani, "Information, Quality, and Legal Rules: Wine Adulteration in Nineteenth-Century France," *Business History* 51, no.2(2009): 282.

[54] Walter Johnson, *Alcohol: What It Does; and What It Cannot Do* [London: Simpkin, Marshall, and Co., n.d.(1840s)], 40.

[55] Drummond, *Outline of the Temperance Question*, 13.

[56] Joseph Harding, *Facts, Relating to Intoxicating Drinks* (London: J. Pasco, 1840), 1—2.

[57] *Curse of Britain*, 右页。

[58] Bucknill, *Habitual Drunkenness*, 5.

［59］ Patricia E. Prestwich，"Drinkers，Drunkards，and Degenerates：The Alcoholic Population of a Parisian Asylum，1867—1914，"in *The Changing Face of Drink：Substance，Imagery and Behaviour*，ed. Jack S. Blocker Jr. and Cheryl Krasnick Warsh(Ottawa：Publications Histoire Sociale/Social History，1977)，120—121.

［60］ Mariana Valverde，"'Slavery from Within'：The Invention of Alcoholism and the Question of Free Will，"*Social History* 22(1997)：251—253.

［61］ Edmond Bertrand，*Essai sur l'Intempérance*(Paris：Guillaumin，1872).

［62］ Mark Keller，"The Old and the New in the Treatment of Alcoholism，"in *Alcohol Interventions：Historical and Sociocultural Approaches*，ed. David L. Strug et al.(New York：Haworth，1986)，23—40.

［63］ 见 William Cooke，*The Wine Question*(London：J. Pasco，1840)。

［64］ Jennifer L. Woodruff Tait，*The Poisoned Chalice：Eucharistic Grape Juice and Common-Sense Realism in Victorian Methodism*(Tuscaloosa：University of Alabama Press，2010)，102.

［65］ Phillips，*Short History of Wine*，275.

［66］ *British Medical Journal* 2，no.1960(July 23，1898)：222.

第十一章　酒与原住民(1800—1930年):种族、秩序和控制

尽管酒在欧洲受到了禁酒运动倡导者的抨击,但欧洲人还是把大量的酒输送到他们的海外帝国,在那里,和纺织品、珠子和枪支一起,酒被当作一种交易商品。在19世纪,酒的进口量大幅增加,尤其是在非洲,在1884年的柏林会议上,那些还没有被欧洲列强占领的地区也被瓜分完毕。随着欧洲人在19世纪向整个北美洲扩张势力,酒也被卷入其中,烈性酒被用来和原住民进行交易。无论是在非洲,还是在北美洲,欧洲的管理者和政府努力应对饮酒给当地人口带来的影响,大多数对当地人实行了禁酒政策,这远早于类似政策被广泛强加给欧洲人。欧洲和其他地方的禁酒运动影响了对非洲和北美洲原住民的政策。同样,为了更好地制定本国的酒政策,欧洲、美国和加拿大的政府可能也借鉴了管理原住民的经验。

欧洲人带来了他们的酒精饮料、态度和饮酒模式。在非洲,他们遇到了有自己的酒精饮料和饮酒模式的原住民。这种相互作用很复杂,结果有时会出人意料,但总是会受到殖民地社会权力关系的影响。在此框架之内,每个殖民地都呈现出了独特的文化、政治和经济特征。欧洲人和非洲人之间的接触程度不等,即使在铁路延伸到内陆的地方,接触也可能很少。在一些殖民地,交易网络对酒的利用多于其他的殖民地。传教士劝说原住民如果不能完全戒酒的话,那么要饮而有度,他们对当地饮酒量的影响大小不等。一些殖民地的管理者乐于看到大量的酒进入他们的殖民地,因为这给他们带来了源源不断的税收收入;还有些管理者出于经济或道德上的顾虑,试图控制当地居民对酒的接触。非洲的殖民主义是一个复杂的故事,而酒却是一个永恒的主题。

在整个非洲大陆,酒成为重要的交换媒介。相较于南部,这种交易在北非穆斯林人口中较少。有时单独交易,有时与其他贸易商品一起,酒被用来购买欧洲人所需要的货物:棕榈油、橡胶、象牙、黄金、钻石和奴隶。一个英国贸易专员在 1895 年被派到尼日利亚,他向殖民地办事处汇报说,贸易是不可能没有酒的,因为酒是最受欢迎的货币。[1]在获得奴隶的过程中,酒起了极其重要的作用,有时是实际价格的一部分,有时被用作礼物,以确保当地领导人为欧洲人提供可以购买的奴隶。例如,在 1724 年,法国商人用布料、珠子、枪支、火药、铅弹和白兰地酒购买了 50 个奴隶。[2]酒也被用来换取租借地。1843 年,阿西尼(Assinie,科特迪瓦的一个小国)的国王将主权让给了法国国王路易·菲利普,以换取布匹、火药、枪支、烟草、帽子、一面镜子、一架风琴、珠子、六桶 200 升装的白兰地和四箱蒸馏酒。1894 年,一家英国贸易公司为了扩大 20 英尺河岸临街的土地,同意每年支付 20 箱金酒。[3]在喀麦隆,沿海的酋长们同意了这样一项条约,把他们自己置于德国人而非英国人的“保护之下”,因为德国当局为他们提供了酒。[4]

在 19 世纪,原住民饮用欧洲酒的现象变得更加普遍。到了 19 世纪中叶,欧洲曾经围绕工人阶级普遍酗酒现象而敲响的警钟在殖民地也被敲响。欧洲的传教士指出,酒破坏了原住民的文化;欧洲的禁酒倡导者发表文章,对酒在本国导致的危害进行夸大。批评者们认为非洲的村庄到处是醉酒的男人和妇女,海岸角、阿克拉和拉各斯的社会状况比伦敦、曼彻斯特和格拉斯哥的小巷还要糟糕。[5]英国于 19 世纪 80 年代成立了一个名叫“预防因酒交易而导致当地人道德堕落”的联合委员会;在法国和德国这样的主要殖民国家,类似的游说团体纷纷成立。谴责酒对尚未开化的非洲原住民的影响,强化了这样一种观念,即在缺乏意志力和自控力的人群中,酒精成瘾(通常称为酗酒)更为严重。[6]

有些原住民领袖请求欧洲国家停止酒的输出。在 19 世纪 80 年代,比达(Bida,尼日利亚中部的一个酋长国)的酋长埃苏·马利基(Etsu Maliki)写信给尼日利亚的主教:“朗姆酒已经毁了我的国家;它毁了我的人民,使他们变得疯狂。”他要求主教恳求“英国女王阻止朗姆酒进入这片土地,不要再破坏我们的国家”。[7]他没有等待维多利亚女王采取行动,而是直接宣布进口酒类的销售为非法,并要求欧洲人清除库存的金酒。在 1889—1890 年召开的关于奴隶贸易以及武器和酒的布鲁塞尔会议上,这个问题再次被提出来。这次会议禁止了酒的非法交易,禁止北纬 20 度、南纬 22 度之间那些还没有蒸馏酒的地方生产蒸馏酒。这一禁令把南非排除在外,因为这里当时已经成为主要的产酒殖民地,并且自己管理自己的事务,也不包括法国以穆斯林为主的北非殖民地(如阿尔及利亚和突尼斯),因为在这次会议召开时,这里的葡萄酒帮助法国解决了葡萄根瘤蚜导致的法国葡萄酒短缺的问题。另一方面,会议的决定旨在结束酒类贸易在非洲大部分地区的进一步蔓延。

导致这种情况的原因是 19 世纪后期欧洲酒在非洲很多地区的快速扩散,在与欧洲人接触之前,非洲很多地方(后来在许多很少和欧洲人接触的内陆地区)都在生产各种酒类,这些酒在很多情况下被饮用。在有些地区,有足够的酒可供人们每天饮用。在还有一些地区,酒主要用在如节日和葬礼这样的场合。非洲东部的哈亚人(Haya,生活在今天的坦桑尼亚西北部)在与欧洲人接触之前,用香蕉制作啤酒,这是他们饮食中的主要元素。如果将香蕉挂在灶台上方或埋在地下,几天即可人工催熟,里面的淀粉会转化为糖,然后将其捣碎,提取果汁与等量的水混合,得到的混合液就能用来发酵。这个过程全部由男人操作,其结果就是一种度数很低(4—5 度)的酒精饮料,人们可以在各种庆典和仪式上饮用,如婚姻谈判和祭祖仪式。成年男性喜欢白天能够喝到香蕉啤酒。虽然人们并不反对以愉悦为目的的饮酒,但是哈亚人是反对醉酒的。惩罚的一种形式就是强迫他喝醉,让受惩罚者承受醉酒给他们带来的屈辱。[8]

在非洲大陆的大西洋沿岸和非洲的中西部,有两种酒精饮料在与欧洲人接触之前就已经非常普遍:一种是用棕榈树的汁液制成的乳白色饮料(在安哥拉称为"malavu"),有大约 5% 的酒精含量;另一种是用粟、高粱或玉米制成的啤酒(walo),酒精含量不到棕榈酒的一半(这些饮料中有的可能会度数更高)。棕榈酒似乎只能少量制作,因为每棵树一天最多只能提供 1 升的汁液。此外,制作出的酒似乎在 24 小时之内就会变得很酸。它似乎有很多用途:作为一种广为饮用的佐餐饮品;用来为节日和其他场合助兴;或作为一种献给上司的礼物。制作棕榈酒只需要相对较少的劳动力,由男性负责,但需要一系列酿造过程的啤酒则是女性的责任,整个非洲的酿造业通常都是这种情况。正如我们会预料的那样,因为谷物的种植范围比棕榈树更广泛,因此啤酒的产量更大,也更加广泛地被饮用。似乎大部分人都喝啤酒,但有关饮用啤酒的记录很少,因为早期的欧洲探险家更感兴趣的是原住民精英的饮食习惯,而不是普通人。[9]

当欧洲人开始在非洲沿海地区建立定居点时,许多人品尝了当地的饮品,但似乎很少有人喜欢。欧洲人带来了他们的酒,在定居之后,他们安排船只定期运酒过来,既供自己饮用,又作为一种交易商品。在安哥拉,葡萄牙人不仅用葡萄酒、白兰地和加里比塔(gerebita,一种用制糖过程中的废弃物制成的廉价朗姆酒)来获得奴隶(诱使原住民领袖提供可以购买的奴隶)，还用来缴纳原住民领导人对想在他们地盘上做生意的欧洲人征收的各种税，还将其用作一种外交礼物，以改善葡萄牙人和当地政治领导人之间的关系。在 1807 年和 1810 年，罗安达的总督试图改善与卡桑杰(Kasanje)的国王之间的关系，因为这里是奴隶的重要来源，他送给国王 59 升加里比塔和 56 升白兰地供他个人饮用，另外还有 30 升加里比塔供他和臣僚分享。[10]

在 17—18 世纪，酒也被用来从尼日利亚南部地区获得奴隶以及黄金和象牙。酒比珠子、纺织品、枪支、火药等交易商品的价值更高，在 19 世纪上半叶奴隶贸易结束后依然保留了这一地位。欧洲商人在尼日利亚海岸建立了贸易站，将运往英国和德国等地的橡胶、棕榈油、黄金、象牙和其他商品统一装船。他们直接与尼日利亚的代理商谈判，而这些代理商本人又为从内陆把商品带到沿海的供应商充当中介。中介的报酬就是金酒(谷物酿造的烈性酒在英国的统称)和朗姆酒，而他们也以同样的方式支付他们的供应商。后者回到内陆自己的家乡，自己喝掉一部分，将剩余的酒用作自己所在社会的交易商品。通过这种方式，酒实际上成为整个殖民地的一种货币。到了 20 世纪初，尼日利亚南部的出口货物有 1/3—2/5 被用来换酒。汇率是固定的，但也随着商品价格的波动而变化。在 19 世纪 90 年代，60—75 箱金酒可以兑换一桶 180 加仑的棕榈油，如果按照 75 箱来计算，相当于每加仑的金酒可以兑换 1 加仑的棕榈油。但是随着金酒价格的提高，换取同样多的棕榈油所需要的金酒减少，到了 1925 年，一桶棕榈油只需要 20 箱金酒。[11]

随着第一次世界大战的爆发，运往尼日利亚南部英国殖民地的酒减少了，但是在 19 世纪，酒十分重要，其税收收入承担了殖民地的大部分行政支出。从 19 世纪 60 年代开始，就价值和数量而言，酒是进口到这些殖民地的最重要商品。对酒所征的税收占殖民地所有收入的 1/2—3/4。如果把税收纳入用于交换的酒的价值中去考虑，它们实际上是由尼日利亚的生产者和商人支付的。殖民地政府是不可能以金钱的形式收到这些税的，因为原住民不使用硬币和纸币。酒大大推动了尼日利亚殖民地的经济。1901 年，西赤道非洲的圣公会主教、禁酒运动的坚定支持者赫伯特·塔格韦尔(Herbert Tugwell)指出："铁路是如何建造的？靠的是金酒。卡特-丹顿桥是如何建造的？也是靠金酒。镇上是如何照明的？靠的是金酒。现在如果有人问，镇上怎样排水，或者是我们如何确保优质、干净的水供应？答案还是金酒。"[12]

因为酒在尼日利亚南部被用作货币，大部分酒并没有被喝掉而是在被不断易手。据说酒的拥有者会把瓶子打开,喝掉一点,然后添上点水,再小心翼翼地密封好。如果这种情况经常发生,最后的拥有者得到的将是和一瓶酒价值相同的一瓶水。即使如此,虽然装酒的箱子很重,虽然瓶子有破碎的风险,但蒸馏酒依然是一种理想的货币,因为它不会像葡萄酒和啤酒那样变质,也不同于其他交易商品(如纺织品和烟草)。这种"金酒货币"无处不在,在一些法庭上甚至建立了兑换处,这样被定罪的人就可以把他们的金酒转换为金钱,用现金来支付罚款。此外,一箱烈性酒是一种灵活的货币单位,因为它可以被整箱交易,也可以将里面的 12 瓶酒分开来交易。因此,当英国人把货币引入尼日利亚经济时,他们发现当地人很快就掌握了 1 先令相当于 12 便士的原则。[13]

虽然如此,货币的使用还是受到了人们的抵制,而不是金酒。金酒很便宜,用它来支付小件商品很方便,而最初投入使用的硬币面额太大(最终当局发行了一枚价值相当于 1/10 便士的硬币)。酒是一种有可见交换价值的有形资产,不像一个金属片或一张薄薄的纸那样,只是被认为有特定价值,而且也很容易丢失或被盗。[14]在某种意义上,酒作为货币的盛行可能遏制了对酒的饮用。用钱来买酒喝是一回事,这是在间接花钱,而真正喝掉作为"货币"的金酒又是另外一回事。值得注意的是,塔格韦尔主教的批评主要针对的是酒在尼日利亚经济中的作用,他认为这是一种腐化作用。和其他地方的同行不同,他并没有关注通常和酒联系在一起的醉酒和其他不道德行为,这可能是因为酒在尼日利亚南部经济中作为货币的作用。

一般来说,因为大多数殖民地政府的财政收入来自酒税,他们拒绝采取戒酒或禁酒的政策。1911 年,酒占科特迪瓦所有进口关税的 46%,次年占黄金海岸(现在的加纳)政府所有财政收入的 38%。[15]像这样的税收体现了两种殖民地之间的差异:一种能够自给自足,另一种在经济上依赖于殖民列强。所有的殖民列强都希望其殖民地有利可图,而不是消耗其财政,因此他们会抵制一切会减少其稳定收入的政策,这不足为奇,而对酒所征收的关税就是这种收入的代表。

一个例外是法国的科特迪瓦殖民地,在 20 世纪的第一个十年,一位总督发起了一场禁酒运动。加布里埃尔·昂古尔旺(Gabriel Angoulvant)在 1908 年成为总督,不久他就发现酒阻碍了其殖民地的经济发展。还有一些小的礼节问题,如当地酋长在会见法属西非的总督时,醉醺醺地坐在那里,帽子也不摘下来,嘴里还叼着烟斗。法国雇主用酒给工人支付工资,铁路建造者给非洲的流动工人也这样发工资,这就带来了醉酒的问题。但更大的问题在于,昂古尔旺认为酒会影响殖民地的经济发展。他同意当时占主导地位的法国禁酒运动的观点,即酒会导致生育率下降,产生劣质的后代,还会带来各种疾病。他认为醉酒的非洲劳动力不可靠,会效率低下,酗酒的非洲人会成为不可靠的纳税者。[16]总之,酒是法国殖民地经济发展和当地人民道德改善的一个障碍。

科特迪瓦是法国殖民地联邦的一部分,1912 年昂古尔旺劝说联邦内部其他总督提高酒的关税,以抬高酒价,减少饮酒。为了减少饮酒的危害,这些殖民地禁止进口苦艾酒。出于健康的考虑,对当地人经常饮用的廉价荷兰烈性酒和德国烈性酒进行了分析,发现它们不太适合人们饮用,于是总督们商量是否可以进口更多的葡萄酒,也就是法国禁酒提倡者眼中的安全饮品。与此同时,科特迪瓦的殖民地官员被命令要向非洲人民解释这一新的酒政策。他们警告当地人酒会让人上瘾,强调自律的必要性,并建议科特迪瓦人不要只想到饮酒带来的短暂快乐,更应该考虑到对他们的健康、生育和整个社会的长期影响。他们还被建议不要再生产棕榈酒来弥补欧洲烈性酒供应的减少,从这里我们可以看到,殖民地的道德利益和经济利益是一致的:从棕榈树上获取过多汁液会杀死树木,棕榈油的产量就会降低,而对法国的工业润滑油和肥皂制造业来说,棕榈油是非常宝贵的。[17]

昂古尔旺并不是唯一一位视酒为问题的殖民地官员。在昂古尔旺致力于减少进入科特迪瓦的酒时,附近德国殖民地喀麦隆的总督特奥多尔·赛兹(Theodor Seitz)想要完全禁酒,但是又不敢这样做,因为他担心这会导致酒从临近殖民地走私进来,进而使形势失控。于是他对殖民地很多地方的酒贸易加以限制,但是对海岸附近一小块区域的酒贸易不加限制。其结果是酒的进口量下降,但包含酒精的化妆品、专利药品和香水等其他商品的进口量增加了,其中包括酒精含量为 47% 的薰衣草水。这些产品不仅规避了对酒的限制,还以免税的形式进入喀麦隆。商人们从中获利颇丰,而殖民地政府却损失了税收收入。但啤酒并没有受到这些规定的影响,进口量增加了,其进口税收弥补了烈性酒进口量减少所造成的部分损失。在殖民地,有关酒的流通和销售的规定都将欧洲人排除在外,因为他们被认为有必要且有资格想喝多少就喝多少。除了传教士(并非所有的传教士)之外,生活在殖民地的欧洲人经常饮酒,有些还是酒鬼。

随着 19 世纪殖民地经济的发展,欧洲雇主开始给当地工人提供酒精,有时作为他们工资的一部分,有时是让他们用工资来购买。这似乎类似于近代早期欧洲的做法(虽然用酒来支付工资的做法在 19 世纪已经几乎绝迹),但是有一个关键的区别。在欧洲,酒(尤其是葡萄酒和啤酒)一直是人们日常饮食的一部分,因此,用酒支付工人工资相当于为他们提供一种必需品。相比之下,在非洲大部分地区,作为工资的酒通常远远超过当地工人本来会饮用的量。本地的酒一般是啤酒和棕榈酒,酒精含量相对较低,而欧洲雇主提供的蒸馏酒度数较高,一般约为啤酒和棕榈酒的十倍以上。殖民地雇主之所以会首选烈性酒,是因为其酒精体积比更高,相对于其他饮品而言,运输成本更低。欧洲人不仅用这种酒为他们的工人提供能量,而且要让他们对工作和生活条件变得麻木,从而使他们安于其从属地位。欧洲社会主义者认为酒是工厂老板用来驯服工人的武器,如果这一认识是正确的,那么在建立在种族之上的殖民地经济中,情况就更是如此了。

然而,在欧洲殖民统治时期,酒在有些地方所发挥的作用似乎更小。在加纳,酒的进口量在 19 世纪末的确上升了,1879—1895 年上升了 107%,但这一增长率仅仅是其他商品(206%)的一半。在所有进口商品中,酒所占的份额一直在下降:1879 年占 19%,1894 年占 15%,1910 年下降到了 7%。[18] 根据老一辈加纳人的回忆,在世纪之交,就购买和饮用模式而言,酒的重要性远远排在其他商品(棉纺织品、盐、烟草和火药)之后。一份很权威的记录表明,1895 年人均酒精摄入量约为 1.83 升,远低于同一时期的欧洲人,也几乎肯定低于其他的西非殖民地。[19] 在加纳处于社会主导地位的阿坎族人那里,妇女和年轻人(即使到了 20 多岁)很少喝酒,而未成年人从来不喝,因此饮酒的人主要是中老年男性,他们因此能喝到更多的酒。

即便如此,如果对于这种文化敏感行为的讲述是可信的,醉酒现象似乎很少发生。社会对饮酒的控制似乎很强大,虽然这种控制在 19 世纪削弱了,但很多记录都提到醉酒现象很少见。19 世纪 80 年代,一位提倡戒酒的卫理公会传教士写道:"我可以毫不犹豫地说,在海岸角的大街上,醉酒现象是比较罕见的。"他还提到了一位同样主张戒酒的地区法官的评论:"在刚到殖民地的前 12 个月,他审理了几百起案件,其中没有一起是和醉酒有关的。"1897 年,一个英国地区官员写道:"尽管烈性酒被大量进口到殖民地,但是很少看到喝醉的本地人。如果说本地人中没有醉酒的,这似乎是荒谬的,但习惯性的醉酒现象几乎不存在。"[20] 考虑到大多数欧洲人(尤其是那些支持禁酒政策的人)观察非洲社会的文化视角,这样的评论是非比寻常的。即使有酗酒现象(往往伴随着争吵和打斗),似乎也与某些节日有关。

在欧洲人对非洲北部的穆斯林地区进行殖民的过程中,酒的元素不那么常见。但酒的贸易甚至渗透到了这些地区,因为并不是所有的穆斯林都不喝酒,还因为即使在穆斯林占人口大多数的地区,也有饮酒的非穆斯林。禁酒殖民地的大多数酒精是从能更容易获得酒的殖民地走私来的。在铁路促进货物和人口向内部地区的流动后,有些酒是用火车运输的。1901 年,尼日利亚的禁酒组织试图禁止铁路运输在当地被称为"火酒"的烈性酒。州长渴望看到新的铁路能够盈利(在20世纪早期,酒占到了运输货物的8%—13%),拒绝了他们的要求,指出即使酒不是通过铁路运输,也会通过河流铁路的主要竞争对手来运输。[21] 在1913年,另一位州长提高了铁路运输酒的价格,但还是有酒被源源不断地运输到禁酒地区。许多记录提到社会各阶层的穆斯林都喝酒,有时会喝醉。在穆斯林统治阶层中间,能够弄到酒被认为是地位的象征,并且在像婚礼这样的场合酒被公开饮用。总体而言,用一位历史学家的话说,这些地方的饮酒行为"没有任何外部诱因"[22]。

第一次世界大战使许多殖民地对欧洲酒类的进口减少。供应给非洲的大部分酒都是廉价的荷兰和德国烈性酒,随着战争的爆发,德国的供应被切断。荷兰蒸馏酒商(荷兰在战争中保持中立)的出口量也大幅下降,因为他们靠德国提供酒瓶。在一战期间的法国殖民地,法国葡萄酒也没有取代这些烈性酒,尽管有人说要用"健康"的葡萄酒来取代"有害"的烈性酒。法国政府向其在西线的士兵提供了大量的葡萄酒(到1917年多达12亿升),再加上很高的平民饮用量,剩下的可供出口的葡萄酒很少。随着德国烈性酒供应不复存在,英属殖民地受到了同样的影响。整个非洲有许多殖民地政府想方设法提高税收,一般是直接向非洲人收税,以取代酒类进口税。[23]

在第一次世界大战期间和战后初期,和欧洲本土一样,一些殖民地出台了各种限制酒的条例。1917年,尼日利亚被划分为三种区域:一种是"禁酒"区,这里的当地居民被禁止饮用进口酒;一种是"特许"区,只有获得授权的零售商才能销售酒;还有就是"限制"区,获得许可证的非洲人可以出售进口酒。但在1919年,英国殖民当局被命令禁止进口蒸馏酒出售给当地居民。[24]

在第一次世界大战之后,成立了一个国际委员会,旨在修改19世纪80年代欧洲列强瓜分非洲和控制酒类进口的条约。结果在1919年签署了一个公约,以控制烈性酒的运输,从而继续非洲"对抗酗酒之危险的斗争"。它禁止非洲对任何一种"贸易烈性酒"的进口,南非和北非的伊斯兰教国家除外,但它把决定哪一种蒸馏酒应被划入"贸易烈性酒"的权力留给了每个殖民地的政府。此外,委员会成员一致同意在那些还没有开始饮用烈性酒的地方禁酒,尽管"外来人"可能会把酒带到这里供个人饮用。最终,当地的蒸馏业被取缔,蒸馏设备的进口和销售也被禁止。当然,这里有一个很大的漏洞,那就是每个殖民地的政府都可以自行决定哪些蒸馏酒是贸易烈性酒。正因为这一点,该公约在很大程度上被证明是行不通的,并且在实践中对殖民地的酒类供应影响甚微。

19世纪末20世纪初，和欧洲本土一样，欧洲殖民地出台了各种酒政策，饮酒模式也多种多样，但这些政策很少是对欧洲政策的简单模仿。对于酒对原住民及其文化的影响，一直有人关注，其中包括那里的传教士、国内的禁酒组织和一些殖民地管理者。所有这些都反映了当时欧洲的情绪，几乎每一个政府都收紧了酒类政策，虽然还没到很多禁酒组织所希望的那种程度。在殖民地，他们走得更远。尽管在执行方面，他们做得还不够，但是欧洲列强通过谈判确定了强制执行禁酒令的地区，至少做到了保证当地人口买不到进口烈性酒。英国、法国和德国从来不会在国内实行这样的政策，他们之所以在殖民地这样做，是因为他们料到阻力会更小。指定的禁酒区域是欧洲烈性酒还没有到达的地区，因此禁酒令与其说是取缔一种已经存在的商品，不如说是阻止其到来。除此之外，欧洲各国政府更乐于对其殖民地人口实行限制性政策，因为不必直接对这些人做出解释。可见，所有这些酒政策都必须被理解为多方面考虑相互作用的结果：对禁酒观点的接受、对经济损失和利益的考量、对殖民地人口的家长式态度，以及对殖民背景下权力的感知。

在非洲殖民后期和后殖民时期，南非形成了独特的酒文化，因为它曾被分成多个自治共和国，直到1910年成立南非联邦（参见图13）。此外，白人在那里正式统治的时间比在非洲其他地方都要长，直到1994年才随着种族隔离制度的废除而结束。在南非，酒的主要用途之一是作为薪酬来发放。这一制度可以追溯到17世纪荷兰人在开普地区的早期定居点，并一直延续到20世纪末。尽管该制度在1960年被法律废除，但直到种族隔离结束后这条禁令才被认真执行。到了19世纪，当欧洲人为商业目的在该地区开采黄金和钻石时，给南非工人提供酒已经成为一种根深蒂固的做法。1891年，对于金伯利钻石矿区的矿主来说，给非洲工人提供酒精的好处是这样的："虽然对酒的熟知让黑人产生了一种节制的思想，但必须承认，如果他想到在一天的劳作之后能够开怀畅饮，他一定会更好地工作。……在很多工厂，为了给当地工人供应酒，经常会颁发售酒许可。人们欣然承认了黑人要求获得提神之酒的合理性，因为如果满足了他们这方面的要求，他们会更加精神饱满地工作。"[25]

南非的其他行业可以获取大量的廉价酒，供黑人工人饮用。从19世纪80年代起，在德兰士瓦的黄金开采地区，为黑人专设的食堂会卖蒸馏酒给黑人。有些酒是一家大型酒厂用当地谷物造出来的，这里每天都能生产几万加仑的酒；有些酒是从德国和荷兰经莫桑比克进口的。1902年，德国的烈性酒经分析被宣布"不适合饮用"，而大部分本地生产的烈性酒都被加以调和，并被命名为"黑人白兰地"（Kaffir

Brandy,"Kaffir"是一个贬义词,一般指黑人)、"黑人威士忌"(Kaffir Whisky)和"黑人荷兰金酒"(Dutch Gin for Kaffirs)。"黑人威士忌"包括等量的含标准强度酒精的酒和水、辣椒粉、西梅泥和少量的硫酸硝酸。另外两种包括各种添加剂,如橘皮、茴香、绿茶、木馏油和松节油。白人矿工会得到或多或少相同的饮料(含有橡木木屑这样的添加剂,以形成独特的风味),但他们不得不花更多的钱,因为他们薪酬更高,例如"黑人姜汁白兰地"的售价是每打 16 先令 6 便士,而白人则要花 22 先令 6 便士。[26]

1893—1896 年间,威特沃特斯兰德(Witwatersrand)金矿附近的一家酿酒厂平均每年出售 318 000 加仑烈酒。这些酒都被勾兑成各种饮料,数十万升的劣质金酒、朗姆酒和其他种类的酒从莫桑比克流到境外。矿区的酒类市场相当庞大,到 1899 年,德兰士瓦有 10 万名黑人矿工酒为矿主们发挥了很大的作用。大多数黑人矿工是从莫桑比克来的流动工人,他们花在酒上的钱越多,积蓄就越少,在回家之前就不得不在矿下待更长的时间。不仅白人从酒的销售中获利,而且由于更低的人员流动率,矿主就有了更稳定的劳动力。烈性酒的质量问题会致人死亡,从而引起人员流失,因为有数以百计的工人死于饮酒,既有黑人,也有白人。一份记录提道:"经常会看到黑人横尸在稀树草原上,因为他们喝了黑心商人卖给他们的劣质酒。"据说,约翰内斯堡公墓的管理员曾看着一具尸体说:"每周都会发现好几具尸体,这可恨的东西(指酒)烧坏了他们的五脏六腑,于是他们在一场纵饮之后就再也无法康复了。"[27]

这些酒对工人们产生了最糟糕的影响,尽管对于那些矿主来说,他们无足轻重,因为劳动力供应似乎源源不断。矿主更担心的是饮酒对生产力的影响。据他们估计,平均每天有大约 15% 的矿工因为饮酒而丧失劳动能力,有人会把这个数字提高到 25%。这里有一个明显的矛盾,酒既能让矿工温顺而稳定地在矿井里劳作,同时也会使采矿业的效率降低。(农业方面的情况也一样,工人可能会受到酒的诱使而在农场上工作,但长远来看,酒破坏了农业生产。)[28]德兰士瓦省的矿主先是试图打击无证经营的供应商,并实际上成为面向其工人的唯一合法售酒者,以此来减少烈性酒的供应。后来,他们采取了激进的措施,同意矿区内全面禁止酒的销售。1896 年,他们成功地让议会通过了法案,从而在南非建立了一个几乎禁酒的区域(条件更好的白人可以从更远的地方购买酒精饮料)。

1899—1902 年的南非战争之后,英国人控制了南非,关于酒的新政被实施,但全面禁酒依旧针对黑人,任何违反规定的行为都将受到严厉处罚。正如我们可能会预料到的那样,只要有禁令,就会有抵制,酒被走私到了采矿营地,但是与 19 世纪八九十年代矿主们所促成的数量相比,似乎已经是涓涓细流。那些矿主汇报说,禁令的结果是他们每天只有 1％的矿工丧失劳动能力,和十年前被认为是一种常态的15％相比有了大幅下降。[29]

正如我们所看到的那样,在一个又一个非洲殖民地,因为思想、文化或经济上的原因,某种形式的禁令最终被强加在原住民身上。类似的政策也被应用于那些大部分作为奴隶被带到美洲的非洲人。早在 1692 年,新泽西州一项法律禁止向非洲裔美国人出售或提供朗姆酒或其他蒸馏酒。到了 18 世纪中叶,大部分殖民地都实施了类似的法律,正如他们曾经试图让印第安人远离酒类一样。奴隶主同样阻止他们的奴隶接触酒,部分原因是害怕他们喝醉后导致混乱。而假期是例外,比如在圣诞节,饮酒的特权被扩大。有记录显示,在圣诞节期间,奴隶被给予长达一周的假期,种植园主会积极鼓励奴隶喝酒,直到他们喝得烂醉如泥。[30]显然,威胁到社会秩序的是中度醉酒,这时奴隶还能够协调他们的想法和行动,而在他们非常清醒或喝得烂醉时则不会构成威胁。

在 19 世纪,欧洲人加剧了对印第安人的控制,禁酒也是他们所实行的政策之一。随着欧洲殖民地向西扩张,欧洲裔美国人遇到了他们在 17—18 世纪遇到过的一个问题,那就是:是否要向他们遇到的印第安人提供酒?他们认为印第安人无法适量饮酒,他们天生就容易上瘾,并且喝醉会让他们做出各种各样草率的决定,而这些决定常常会以暴力收场。即使在这种令人担忧的情况下,欧洲人为了短期利益,仍然坚持给印第安人提供酒。酒是一种非常有利可图的零售商品,尤其是在价格上涨时,威士忌和朗姆酒里会被掺水。酒也是一种重要的交易媒介,在土地谈判中不可缺少,因为印第安人谈判者在喝醉之后会作出让步,而在他们清醒时是不会同意这样做的。一些印第安人的领导者识破了这种伎俩,在 1801 年,乔克托人(Choctaws)的代表们在亚当斯堡会见联邦代表之前、之中和之后都拒绝喝酒。

还有些印第安人意识到酒对他们的族人有更广泛的影响。1802 年,迈阿密的"小乌龟"酋长恳求托马斯·杰斐逊总统(按照当时的习惯方式称杰斐逊总统为"父亲",称他的族人为"孩子")停止向他的族人供应酒:"你的孩子们并不缺少勤奋,但正是这种致命的毒药使他们贫穷。父亲呀!你的孩子缺少像你那样的自控力,因此,在做出任何善举之前,这个恶习必须先被纠正。父亲呀!在我们的白人兄弟刚来到这片土地时,我们的祖先人多又快乐,但是,自从与白人交往之后,由于这种致命的毒药被引进,我们已经没有那么多人了,也不那么快乐了。"[31]"小乌龟"可能相信也可能不相信印第安人比欧洲人更容易上瘾的说法，但是他肯定意识到，使印第安人人口减少的不仅仅是酒，还有欧洲的疾病和文化剥夺。印第安人对于这些疾病无能为力，他们没有免疫力，而且抵抗支持欧洲霸权主义的各种势力也是毫无意义的，但是要想阻止明显导致其族人文化倒退的酒类流通，似乎还是有可能的。

通过向总统呼吁这一行为，"小乌龟"酋长实际上是承认了一个重大的变化，这一变化是 20 多年前美利坚合众国建立的结果。在殖民时期，殖民政府曾试图限制对印第安人的酒类供应，但是在很大程度上失败了，因为当时没有中央当局可以这样做。但是在美国独立之后，国会有权对印第安人进行贸易管制，这意味着终止贸易的权力。杰斐逊做出了同情的回应，敦促国会听取印第安人的禁酒呼声，"本着仁爱和慷慨的精神"，以获得他们的友谊。但是国会并没有全面禁止针对印第安人的酒类交易或销售，而是授权总统在联邦境内"所有的印第安人部落内部，阻止或限制烈性酒的出售或发放"。[32] 1805—1815 年之间，一些地区（印第安纳州、伊利诺伊州、密歇根州、密西西比州和路易斯安那州）通过了法律，禁止向印第安人出售烈性酒。但尽管有罚款和监禁这样的惩罚，酒贸易依然蓬勃发展。政策总是前后矛盾。在 1817 年的一天，密歇根州一名负责印第安人事务的官员告诉州长，他已经阻止了所有原本要卖给印第安人的烈性酒，但第二天，他却允许一个商人用 6 加仑的威士忌换取鲟鱼。[33] 一方面是商人想卖，另一方面是印第安人想买（虽然他们有些领导人反对），这很容易导致执行不力。

1815 年，一项联邦法律在定义模糊的"印第安地区"禁止蒸馏酒的生产，但这也没什么效果，因为正如同一时期的商人在非洲所做的那样，运输蒸馏酒效率高而且成本低，并不困难。然而，国会的这些法案只是长期努力的开始，这种努力旨在限制或切断印第安人获取酒的渠道，尤其是威士忌。在 19 世纪，这种酒很容易就能廉价地制造出来。由于其酒精含量很高，甚至在被稀释至 1/3 时，还是远比啤酒更强劲，所以威士忌不仅更容易喝醉，而且，其酒精体积比很占优势，使它在通过航道和陆地运输时更高效。阻止印第安人获得酒的努力一直持续到 1892 年，这一年出台了一项明确的禁酒政策。在此之前，让印第安人远离酒的各种尝试都失败了，和 20 世纪美国和其他地方禁酒失败的原因一样：酒的生产和销售有利可图，饮酒需求很旺盛，足以确保生产者和商人的业务。

联邦政府取缔印第安人饮酒的努力动摇了，有时政府也借助酒来促成关于土地和条约的谈判。1819 年，为了同萨吉诺齐佩瓦人(Saginaw Chippewa)签署条约，政府给他们供应了 662 加仑的威士忌。两年后，在芝加哥同渥太华人、齐佩瓦人和波塔瓦托米人(Potawatomi)签署条约时,用了 932 加仑的威士忌。[34] 当然,大部分进入印第安地区的酒都是经过个体商人。通过水路运输(特别是密苏里河)和陆上运输,商人们采用了各种各样的托辞。毛皮贸易公司坚称,他们的白人员工在偏远地区工作和采购毛皮,需要适量的威士忌,这是合乎情理的。他们获得许可,可以根据员工的人数和预计离开的时间携带一定量的威士忌。这两个因素都很容易被夸大,因而他们可以携带大量的威士忌出售给印第安人。据利文沃斯堡(Fort Leavenworth)的负责人估计,在 1831 年,通过密苏里河运输的威士忌是法律所允许范围的两倍。一名负责印第安人事务的官员报告说,从陆路运到印第安地区的威士忌只有 1% 是合法的。[35] 这些显然仅仅是主观的估计,但这表明官员们相信有大量的非法酒流入。

有关印第安人饮酒造成不良后果的报告开始增加。1831 年,负责上密苏里事务的官员给著名的探险家威廉·克拉克(William Clark)写了一封信,后者不仅是密苏里州前总督,而且是当时印第安事务的负责人。信中说:"酒在这里像密苏里河水一样流动……看在上帝的分上,为了人类,请您尽量阻止这种东西在这个地方的流通。"就在 1831 年的同一天,克拉克写道,他认为自己有责任去建议在印第安地区"全面彻底地禁酒"。他写道,显然,禁止向印第安人出售酒的规定受到了商人们的践踏,他们因此表现得"很不尊重政府,以至于违背了其最内在的法律,又对印第安人毫无人道,无视保护他们的最神圣的规定"。克拉克的决定是基于这样一种认识,即酒对印第安人有不可抗拒的吸引力:"众所周知,在 1 000 个印第安人中找不到一个不会(在喝了第一口酒之后)卖掉他的马匹、枪支或者他最后一条毯子来换取第二口酒的人,他甚至会通过杀人来满足自己对酒的强烈爱好。"[36]

1832 年通过的一项新的联邦法律宣布,"以任何借口"携带蒸馏酒到印第安地区都是非法的。不久之后,在 1834 年,印第安地区被定义为包括几乎整个密西西比河以西的美国地区,除了密苏里州、路易斯安那州和阿肯色州以外,任何商人胆敢把酒带进这个地区,都会被没收。这些法律被视为对印第安人权利和主权的侵犯,但这表明了联邦政府要阻止印第安人饮酒的决心。[37] 不同于非洲的殖民政府,美国联邦政府认为与印第安人继续酒的交易是没有好处的,不能为政府提供税收,只会危害社会稳定和公众健康。向印第安人提供酒,会阻碍政府所宣布的目标的实现,即要让他们融入美国主流社会并成为有用的公民。

1834 年,联邦政府还没有在西部更远的地方建立新州的打算,当时有这样一种期望,即要让这片被称为"印第安地区"的广阔土地永远保持禁酒状态。尽管有巨额罚款的威胁,酒的交易仍然在继续,因为许多商人在印第安地区的边境开了商店。该法律后来被修改,明确禁止向印第安人出售酒,因为欧洲裔美国人期望能够把酒卖给军人,但这却为那些表面上供白人饮用、实际上却被卖给印第安人的酒扫除了障碍。驻地士兵会卖掉他们的一部分补给,而向西部迁徙的移民也带着大量的威士忌,足以满足他们的个人饮用,剩余的卖给印第安人,从而获得可观的利润。

印第安人领袖和宗教复兴运动的先知把禁酒和文化与精神的重生联系在一起,为结束酒的贸易而斗争。印第安禁酒组织成立,其中最早的是 1829 年成立的切诺基戒酒协会,一些印第安妇女同时也加入基督教妇女禁酒联合会。[38]但是酒的流通几乎没有受到任何控制。随着欧洲殖民地的不断扩张,"印第安地区"不断缩小,就连"印第安人"的定义也受到了质疑。到了 19 世纪 60 年代,一位历史学家写道:"在执行针对印第安人的酒类法规时,几乎无法确定谁是印第安人、哪里是印第安地区,而这是能否执行禁酒令的关键所在。"[39]最后,"印第安地区"这个词的含义变得太不确定,以至于失去了其用处,被从法规中剔除。此时,越来越多的州通过法律,禁止或严格限制州内酒的销售。在各州和联邦层面,禁酒组织获得越来越多的民众和政治支持,最终掀起了全国性的禁酒运动。如果酒被描绘成对欧洲裔美国人有害的东西,那么对印第安人来说,它可以被说成会产生毁灭性的影响。

1867 年,美国从俄国手中收购了阿拉斯加,更多的原住民进入美国政府的管辖范围。那时他们接触酒已经几十年了,尽管在 1824 年和 1828 年的条约中,俄国、英国和美国政府达成共识,不能将蒸馏酒和枪支出售给各个国家控制下的西北沿海地区的原住民。然而,当来自各个国家的商人都竞相从当地猎人的手中购买动物毛皮时,这个共识系统崩溃了。1835 年,哈得孙湾公司能用 1 加仑的烈性酒和一条毯子,或者 3 加仑的烈性酒,换得一大张海狸皮。[40]1842 年,考虑到进口烈性酒对原住民部落的影响,哈得孙湾公司及其俄国同行俄美公司达成一致,禁止向他们提供烈性酒。就在同一年,哈得孙湾公司负责人和阿拉斯加州总督亲历了一场两个当地部落之间因酒而起的冲突,其中一个部落的首领杀死了另一个部落的一名成员。这一禁令也经常被欧洲商人无视,到了 1860 年,哈得孙湾公司已经重新开始将酒作为一种贸易商品。俄国针对原住民的官方禁酒政策只是偶尔被执行;1862 年,俄美跨国公司一位管理人员的工资从 1 000 卢布被降到 600 卢布,因为他被发现卖烈性酒给两个阿留申人。[41]但俄国对阿拉斯加充其量也不过是部分控制,俄国政府制定的任何限制性法令都被独立的或有组织的商人无视或轻易规避,不管这些商人是俄国人、英国人还是美国人。

1867 年，阿拉斯加的管辖权被移交给美国，被派来接管阿拉斯加海关缉私船的船长宣称，在没有任何指示的情况下，他会把这一地区看作印第安地区，并销毁任何船只带入的任何酒类，无论它是什么国籍。这一政策在第二年获得国会批准。[42] 和美国其他地方一样，大量的酒进入印第安人和白人社会，虽然当局似乎已经认真尝试过禁止非法酒的生产了。联邦警察对阿留申人的房子进行搜查，看是否有蒸馏设备，饮酒者将被罚款或者是被强制劳动，如果有人在公共场合醉酒，就给他戴上镣铐关押起来。当时甚至连糖的销售也被禁止，因为在成熟的作物供不应求的时候，糖是生产酒的一种必要原料。[43]

1892 年，国会通过了一项决定性的全面法令，对美国管辖范围内的所有印第安人实施禁酒令。这项法令不仅包括烈性酒这种在历史上被视为主要问题的酒精饮料，还包括葡萄酒和啤酒。这实际上是承认许多印第安人不再生活在偏僻之地，即远离欧洲裔美国人人口中心的地方。酒不再需要长距离运输了，所以印第安人现在能够获得更多的酒精饮料，即啤酒和葡萄酒。到了 19 世纪末，除了禁酒州以外，啤酒在美国各地被广泛酿造，而重要的葡萄酒产业分别位于印第安纳州、俄亥俄州和加利福尼亚州。1892 年，法令禁止对印第安人"出售、赠送、转让、交易或交换"这些酒精饮料，或者是任何"会让人喝醉"的饮品。到了 1920 年，这一法令实际上变得多余，因为全国范围的禁酒令对所有的美国人做出了同样的规定，但不同于对其他美国人的禁令，针对印第安人的禁酒令在 1933 年并没有被废除，而是一直持续到 1953 年。

加拿大原住民的经历和美国的原住民相类似，虽然在年代上有些差异。他们也被认为天生喜欢酗酒，但直到 19 世纪初，他们可以从那些用朗姆酒换取毛皮的商人那里获得足够的酒。在 18 世纪后期，政府试图禁止向原住民出售朗姆酒，这部分上是为了保证他们能够有效地帮助英国人抵御美国人。随着 1812 年战争之后军事威胁的消失，原住民的管辖权被从军事部门转移到民政部门，首先是英国，然后是加拿大，并且被指定要接受"文明化"的过程。这意味着他们被送到保护区（指定的原住民地区），在那里他们学习农业，并皈依基督教。[44] 1777—1860 年间，曾有许多条例限制或禁止出售酒给原住民。其中有些是对原住民领袖请愿书的回应，而其他的则反映了欧洲人对原住民酗酒现象的关注。和美国的情况一样，白人将加拿大的原住民描述为普遍懒惰和堕落，喜欢醉酒并会因此而产生暴力行为，他们以这种描述为掠夺原住民土地的行为进行辩护。[45]

1867 年，随着加拿大作为一个联邦制国家的建立，对原住民的管辖权过渡到联邦政府。1876 年的《印第安法案》(Indian Act)规定，对于任何在法律上拥有"印第安身份"的人，以及按照"印第安人的生活方式"生活的人，都要全面禁酒。任何印第安人如果被发现拥有酒或出售酒，就会被处以长达六个月的监禁。印第安可以合法地喝酒的唯一方式就是获得选举权，这意味着要放弃印第安人的身份，成为加拿大公民。而在美国，印第安人要想成为公民，就必须表现出良好的品行，而这意味着要戒酒。[46]1876 年的《印第安法案》主要条款长期有效，直到 1985 年部落议事会被授权在印第安人保留地允许或禁止酒类。

在物质和文化状况上，非洲殖民地的原住民和北美印第安人有巨大的差异，但在 19 世纪和 20 世纪早期，政府采取的政策有很大的相似性。所有的政策都受到了欧洲和北美洲节制饮酒和禁酒观点的影响，但相对于本国人口，欧洲政府更乐于对原住民实施禁酒令。作为针对原住民的、建立在种族之上的政策，美国的情况更加复杂也更不明确。在 19 世纪，在 1892 年对印第安人全面禁酒之前，许多白人也遭到了强制禁酒。当时有十多个州已经对其所有的居民实行禁酒令，并且在 1920 年全面禁酒令生效之前，还有更多的州实行这样的政策。

除了非洲和北美洲之外，欧洲的酒也是与亚洲和太平洋地区发生文化接触的一个因素之一。税收影响了亚洲和非洲部分地区的殖民政策。例如，在中南半岛，法国从 19 世纪 90 年代开始征收米酒税，米酒是越南人最广泛饮用的一种酒精饮料。收税最初受到了抵制，很难执行，因为大部分米酒都是秘密生产的。在 1902 年，一家法国公司开发了一种提纯米酒的方法，不仅比越南国内小规模生产的酒更便宜，而且也很容易与其区分开来。政府授予这家公司垄断生产权，期望能增加税收。[47]结果，试图推行欧式米酒的做法引起了越南当地人的强烈反对，这种反对常常是从口感方面表达出来的。1907 年，越南殖民地管理委员会的成员抱怨说，法国人正在"强迫当地人喝一种不合他们口味的酒，这种酒缺乏用亚洲方法制成的酒的香气"[48]。

无论法国酒是否真的冒犯了越南人的感官，无论越南人是否希望避免表现出他们不想花钱购买被征税的酒，越南人还是获得了重大的让步。酒的价格被降低，税率也被降低，酿酒公司被勒令提高其产品的纯度（先前它使用了质量可疑的水，把酒稀释至 40 度），让其与传统米酒的香味和口感更加一致。[49]这是一个罕见的例子，殖民统治者把其统治之下的人民当作消费者。如果历史学家能将怀疑搁置一边，他也许会认为，在文化上对葡萄酒情有独钟的法国当局，还是能够理解他们在越南的人民的。

日本则是另一种情况，因为日本并不是欧洲人的殖民地。在 17 世纪中叶之后的几百年里，唯一与日本经常接触的外来者是荷兰人，他们能够到长崎。荷兰人带来了啤酒供自己饮用，啤酒逐渐渗透到日本社会的一小部分人当中。但日本人喝的主要酒精饮料仍然是清酒和梅酒。1854 年，日本政府同意与美国建立外交关系，结束了闭关锁国的政策。海军准将马修·派瑞（Matthew Perry）代表美国签署了协议，带来了一些展示美国现代化的礼物：一台小型蒸汽机车、一台电报机和三桶啤酒。日本人对这些啤酒的描述褒贬不一，有的称之为"魔水"，有的称之为"苦涩的马尿"。[50]随着日本开放贸易，开始进口各种酒精饮料，在此后 20 年内，本国的啤酒酿造业就开始了。美国禁酒组织试图削弱日本人对酒的需求，但基本上是不成功的（见第十章）。

正如欧洲人在亚洲很多地方出售酒，他们在中国的重点是鸦片。鸦片有很多和酒相类似的特点：它会使人上瘾，有让人兴奋和陶醉的效果，而这种效果会带来幸福愉快的感觉，并且它也被认为具有药用价值和治疗效果。具有讽刺意味的是，据说鸦片是解酒的特效药。在来华传教士的评论中，"酒"这个词可以简单地用"鸦片"一词来替代，如这份 1856 年的记录："在这里，我们到处都能看到鸦片的破坏，人们道德恶化。……在很大程度上，我只能将其归咎于对这种具有引诱性和破坏性的药物的使用。"至少有一位西方评论者（一位植物学家）反对那些批评鸦片的人："我建议那些最近大声疾呼公开抵制鸦片的好心人，去改造一下他们那些灌了一肚子朗姆酒的同胞。"[51]

在太平洋地区，在和欧洲人发生接触之前一些酒精饮料就为人所知，但欧洲人带来了他们的酒类，就如他们在别处做的那样。在 19 世纪的大部分时间里，欧洲对相对偏远的殖民地的酒供应很不稳定，这让许多酗酒的传教士深感遗憾。在 19 世纪初，塔希提的传教士以鱼、面包果和水为生，只能从偶尔来到岛上的船上获得酒。[52]尽管供应有限，酒还是成功进入了原住民社会，其结果让传教士越来越担心。据说早在 19 世纪初塔希提人就已经喜欢上了金酒。国王波马雷二世（King Pomare II）不仅变得酗酒成性，而且还习惯性地喝醉，来访的船长们总是会送酒给他，以方便安排对他们货船的补给。

到了 19 世纪 20 年代，塔希提人开始自己酿造蒸馏酒。有记录说欧洲传教士中的醉酒现象和原住民一样严重。1833 年，塔希提戒酒协会成立（其创始人是一个以酗酒闻名的传教士）。次年，塔希提议会禁止岛上的人进口或饮用蒸馏酒。当地人一旦被发现"拥有哪怕是一杯烈性酒"，将被罚 10 头猪；外国人则被罚款 10 美元，并被逐出塔希提岛。[53]这样做的一个结果是,到访该岛的船只变少了,塔希提人再也不能补给到酒。尤其罕见的是来自美国的"禁酒船",这种船上没有供船员饮用的酒,但这些船员在岸之后会变本加厉地喝酒并因此而臭名远扬,所以一位传教士评论说:"'禁酒'这个词只适用于船只,而不适用于其船员。"[54]

在太平洋地区的其他地方,欧洲人同样要面对酒的问题。前往斐济的传教士发现那里的人喝一种卡瓦酒(kava),这是一种用卡瓦胡椒的根做成的饮料,能让人感到些微的愉悦和放松。1862年,牧师约瑟夫·沃特豪斯(Joseph Waterhouse)以谴责烈性酒的语气谴责卡瓦酒:"除了烈性酒,卡瓦胡椒的根也是斐济的祸根。12年来,我一直在倡导节制,但这都是徒劳。对于现在的斐济人来说,要么来者不拒,要么滴酒不沾,要么酩酊大醉,要么清醒敏锐。"[55]欧洲人也会参加卡瓦仪式,有人提到这种仪式庄严而有序,就像这篇1845年的记录所描述的那样:"人们认为卡瓦仪式是神圣的。岛屿上的一切事务都是在卡瓦集会上决定的,这样的集会秩序井然。"[56]

这样的描述与密克罗尼西亚(夏威夷和菲律宾之间的上千个岛屿)的情况形成鲜明对比。到了19世纪中叶,许多被边缘化的欧洲人到那里定居。一位船长把他们形容为"逃跑的犯人、刑满释放者或捕鲸船上的叛逃者",他们以"人们很容易想象的这个阶层的方式生活着,没有任何法律或教育的约束,而是拥有无限量的、通过蒸馏椰子树汁液而获取的烈酒"[57]。当商船开始有组织地来到这些岛屿时,许多交易是用酒(和其他商品,如枪支和烟草)作为交换媒介来进行的。便宜的金酒是常用的饮品,它被用于从当地人手中购买椰肉和其他产品。在土阿莫土群岛(Tuamotu islands),采珠人的薪水是用威士忌或朗姆酒来支付的,此外还有用酒和枪支换取土地的记录。

从19世纪50年代开始,随着基督教传教士在整个密克罗尼西亚的扩散,这样的交易以及酒和烟草的普遍使用都遭到了他们的反对。他们为犯罪、暴力和性乱交的肆虐而震惊。他们把这种行为归因于酒类,指责那些欧洲人把酒带到了这些岛上。[58]在早期欧洲殖民者和传教士争夺对原住民精英的影响时,酒成为一个关键问题。预见到传教士对其地位的威胁,欧洲殖民者曾警告当地首领说,传教士会试图夺取统治权,所以有时当地首领会禁止传教士上岸。然而,大部分传教士受到了欢迎,随着时间的推移,他们让许多原住民皈依基督教并戒了酒。加罗林群岛的基蒂岛(Kiti)在1876年实行了禁酒令,传教士说服信奉基督教的首领派警察来执行禁酒政策。[59]在密克罗尼西亚,戒酒成为基督徒的标志性特征,是基督徒与非基督徒之间的典型差异。[在罕见的情况下，比如在特鲁克岛(Truk)，那里没有酒，识别基督徒的标志就是他们是否戒烟。]

当欧洲人在他们遥远的殖民地应对酒的问题时，并没有明确的模式。在每一种情况下，他们采取了从放任到禁止的各种政策，在大多数情况下，这些政策经过了许多个阶段，每个阶段表现出不同程度的强制性和严格性。毫无疑问，殖民地的酒政策是各种利益冲突的结果，其中很明显的是，殖民当局可以在其殖民地征收酒税，从中获得收益。与此同时，他们不得不应对国内禁酒组织的要求，而这些要求通常由当地的传教士来传达。许多政策（比如在解决非洲酒问题的国际会议上制定的政策）都是妥协的结果，试图在限制酒类供应的同时，确保现有的经济利益。

【注释】

［1］Susan Diduk, "European Alcohol, History and the State in Cameroon," *African Studies Review* 36 (1993):3.

［2］John D. Hargreaves, *France and West Africa: An Anthology of Historical Documents* (London: Macmillan, 1959), 74.

［3］Lynn Pan, *Alcohol in Colonial Africa* (Uppsala: Scandinavian Institute of African Studies, 1975), 7—8.

［4］Diduk, "European Alcohol," 7—8.

［5］Raymond E. Dumett, "The Social Impact of the European Liquor Trade on the Akan of Ghana(Gold Coast and Asante), 1875—1910," *Journal of Interdisciplinary History* 5 (1974):72.

［6］Ibid., 71.

［7］转引自 *Pan, Alcohol in Colonial Africa*, 11。

［8］Robert G. Carlson, "Banana Beer, Reciprocity, and Ancestor Propitiation among the Haya of Bukoba, Tanzania," *Ethnology* 29(1990):297—300.

［9］José C. Curto, *Enslaving Spirits: The Portuguese-Brazilian Alcohol Trade at Luanda and Its Hinterland, c. 1550—1830* (Leiden: Brill, 2004), 19—41.

［10］Ibid., 155.

［11］Simon Heap, "'A Bottle of Gin Is Dangled before the Nose of the Natives': The Economic Uses of Imported Liquor in Southern Nigeria, 1860—1920," *African Economic History* 33(2005):75.

［12］转引自 ibid., 71。

［13］Ibid., 78.

［14］Ibid., 80—81.

［15］Owen White, "Drunken States: Temperance and French Rule in Cote d'Ivoire, 1908—1916," *Journal of Social History* 40(2007):663—666.

［16］Ibid., 668—699.

［17］Ibid., 669—670.

［18］Dumett, "Social Impact of the European Liquor Trade," 76—77.

[19] Ibid., 78—79.

[20] Ibid., 88—92.

[21] Ayodeji Olukoji, "Prohibition and Paternalism: The State and the Clandestine Liquor Traffic in Northern Nigeria, c. 1898—1918," *International Journal of African Historical Studies* 24 (1991):354.

[22] Ibid., 361.

[23] White, "Drunken States," 674.

[24] Diduk, "European Alcohol," 10.

[25] 转引自 Charles van Onselen, "Randlords and Rotgut, 1886—1903: An Essay on the Role of Alcohol in the Development of European Imperialism and Southern African Capitalism, with Special Reference to Black Mineworkers in the Transvaal Republic," *History Workshop* 2(1976):50。

[26] Ibid., 45—47.

[27] Ibid., 52.

[28] Pamela Scully, "Liquor and Labor in the Western Cape, 1870—1900," in *Liquor and Labor in Southern Africa*, ed. Jonathan Crush and Charles Ambler(Athens: Ohio University Press, 1992), 69—70.

[29] Van Onselen, "Randlords and Rotgut," 81.

[30] Kenneth Christmom, "Historical Overview of Alcohol in the African American Community," *Journal of Black Studies* 25(1995):326—327.

[31] 转引自 William E.Unrau, *White Man's Wicked Water: The Alcohol Trade and Prohibition in Indian Country, 1802—1892*(Lawrence: University of Kansas Press, 1996), 9。后面关于酒在19世纪美国的讲述大部分借鉴了本书。

[32] Ibid., 17.

[33] Peter Mancall, "Men, Women and Alcohol in Indian Villages in the Great Lakes Region in the Early Republic," *Journal of the Early Republic* 15(1995):440.

[34] Unrau, *White Man's Wicked Water*, 9.

[35] Ibid., 21.

[36] Ibid., 35—36.

[37] John R.Wunder, *"Retained by the People": A History of American Indians and the Bill of Rights* (New York: Oxford University Press, 1994), 23.

[38] Izumi Ishii, "Alcohol and Politics in the Cherokee Nations before Removal," *Ethnohistory* 50 (2003):670.

[39] Unrau, *White Man's Wicked Water*, 97.

[40] Andrei V.Grinëv, "The Distribution of Alcohol among the Natives of Russian America," *Arctic Anthropology* 47(2010):73.

[41] Ibid., 75.

[42] Nella Lee, "Impossible Mission: A History of the Legal Control of Native Drinking in Alaska," *Wicazo Sa Review* 12(1997):99.

[43] Ibid., 100.

[44] Robert A.Campbell, "Making Sober Citizens: The Legacy of Indigenous Alcohol Regulation in Canada, 1777—1985," *Journal of Canadian Studies* 42(2008):106—107.

[45] Mimi Ajzenstadt, "The Changing Image of the State: The Case of Alcohol Regulation in British Columbia, 1871—1925," *Canadian Journal of Sociology* 19(1994):443—444.

[46] Campbell, "Making Sober Citizens," 108; Kathryn A.Abbott, "Alcohol and the Anishinaabeg of Minnesota in the Early Twentieth Century," *Western Historical Quarterly* 30(1999):25—43.

[47] Erica J.Peters, "Taste, Taxes, and Technologies: Industrializing Rice Alcohol in Northern Viet-

nam, 1902—1913," *French Historical Studies* 27(2004):569.

[48] Ibid., 590.

[49] Ibid., 594—595.

[50] Jeffrey W. Alexander, *Brewed in Japan: The Evolution of the Japanese Beer Industry* (Vancouver: University of British Columbia Press, 2013), 9.

[51] Julia Lovell, *The Opium War* (London: Picador, 2011).

[52] Neil Gunson, "On the Incidence of Alcoholism and Intemperance in Early Pacific Missions," *Journal of Pacific History* 1(1966):50.

[53] Ibid., 58.

[54] Ibid.

[55] Ibid., 60.

[56] Charles F. Urbanowicz, "Drinking in the Polynesian Kingdom of Tonga," *Ethnohistory* 22 (1975):40.

[57] Mac Marshall and Leslie B.Marshall, "Holy and Unholy Spirits: The Effects of Missionization on Alcohol Use in Eastern Micronesia," *Journal of Pacific History* 15(1980):142.

[58] Ibid., 152.

[59] Ibid., 160.

第十二章 第一次世界大战(1914—1920年):针对酒的战争

　　1914—1918年之间的第一次世界大战是欧洲乃至全球历史的转折点。伟大的帝国轰然倒地,欧洲的政治边界被重新划定,全球的势力均衡发生剧变,政府不得不动员全国之力,出台新的社会政策。在酒文化史上,一战也是一道分水岭。在长期军事对抗的压力之下,人们对酒类的担心具体化,许多政府出台了规定,无论是严格程度,还是覆盖范围,都是史无前例的。虽然许多政策是战时紧急措施,但是在战争结束之后,这些政策在很大程度上延续了很久,甚至被强化。在两次世界大战之间,禁酒政策蔓延到了整个西方世界。这方面最典型的是美国,1920年美国实行了全国范围的禁酒令,是唯一一个在一战期间和此后不久试图根除酒类罪恶的国家。

　　在19世纪期间,饮酒对于健康以及社会秩序所产生的影响让人们越来越忧虑,随着1914年夏天第一次世界大战的爆发,这种忧虑进一步加剧。如果酒对健康有消极影响,那么对士兵而言,其潜在影响尤其严重。他们被认为应该是健康和精力充沛的男子气概的模范,而不是像禁酒文学作品通常所描绘的酒徒那样,一副弱不禁风、智力有障碍的样子。在战争期间,平民社会成为至关重要的"大后方",如果酒破坏了平民社会的道德秩序和稳定,那么它就预示着军事上的骚动和挫败,因为在战场上,人的身体和情感必须处于一种巅峰状态,要无条件地爱国,要时刻准备着服从命令,不管后果如何。

　　从1914年开始,酒的问题变得更加突出,因为战时环境给禁酒运动倡导者提供了绝佳的机会,让他们可以更加有效地推进他们的事业。禁酒主义者的话语长期利用军事隐喻：这是一场针对酒的战争，敌人就是各种酒类，他们要为此招兵买马。这种话语很容易与第一次世界大战前后被常规化的民族主义战争话语相吻合。禁酒运动的领导者和政治领袖用一种话语武装自己，同时打两场战争：一场是针对边界以外的敌人，另一场是针对国内的敌人，即酒类。这方面最明确的言论是1915年英国首相大卫·劳合·乔治的宣言："我们正在对德国、奥地利和酒类作战，在我看来，它们中最致命的敌人是酒类。"[1]这样的言论很让人吃惊，因为英国军队已经在德军手上遭受了成千上万的伤亡。前首相威廉·格莱斯顿曾声称，酒比所有的战争、瘟疫和饥荒更具灾难性，至少他这样说时，英国并没有陷入致命流行病的威胁之中。

这场战争主要集中在两个不同的饮用人群，即士兵和平民，对两者的不同反应表明了当时许多禁酒言论的模棱两可。在军队饮酒的问题上，酒类的反对者不得不面对一个由来已久的做法，即每天为士兵和水手们供应酒。发酵饮料通常是战区最安全的饮料，因为战区的水源常常被人类排泄物和尸体（人和动物）所污染，成为流行病的源头，如霍乱和伤寒。在海上，往往会提供啤酒，许多海军每天向士兵供应朗姆酒或其他蒸馏酒。

禁酒运动的重点是酒在军队中的使用，同时关注禁酒人士所认为的国家的邪恶行为，即似乎要通过军队鼓励年轻人饮酒。一些禁酒倡导者认为，许多年轻的士兵是在入伍之后才有了饮酒的经验。还有一些人（包括现役及退役军官）对酒有益健康的传统认识提出质疑，指出酒的饮用量与纪律问题密切相关。还有人提出饮酒对狭义上的军事效率的影响这一问题。当时的英国海军军官宣称，大多数军舰上的事故是饮酒造成的（其中一位明确断言，酒比火药更危险），并且军官们坚称，酒会影响步枪兵和炮兵部队的射击精确度。

在第一次世界大战之前，许多国家的军方独立开展了酒对各种军事活动影响的研究。德国对连续作战16天、发射大约36 000发子弹的士兵进行了调查，发现他们的射击精确度不受正常的酒供应量的影响。[2]对于让士兵禁酒的可能性，法国的军方似乎更加现实：他们比较的是喝葡萄酒的士兵和喝啤酒的士兵的枪法，而不是在喝酒的士兵和不喝酒的士兵之间进行比较。他们得出结论，两种酒都会削弱射击精确度，而葡萄酒的影响较轻。在一战期间，关于酒精对军事效率的影响，也有其他的评估在流传。根据一份记录，即使是英国士兵朗姆酒配给量的一半，也会导致步枪射击精确度降低40%—50%，而海军朗姆酒的配给量则会导致射击精确度降低30%。[3]

尽管有着熟知的道德约束,以及关于饮酒对军事效率实际影响的严厉警告,大多数欧洲国家的军队仍然继续给战场上的士兵提供烈性酒或葡萄酒。到了1915 年 11 月底战争进行了 16 个月的时候,英国人已经给他们在法国的军队发放了 25 万加仑的朗姆酒。[4]这些酒主要作为配给,每一位士兵每周可以领两次,对于那些战壕里的士兵,配给量会增加,而当天气糟糕的时候,还会继续增加。1914年的一条规定指出了这样做的原因:"在非常特殊的场合,如部队在露天演习或训练过程中被淋湿或受寒时,当高级医务官证实绝对有必要确保士兵的健康时,可以自由配给朗姆酒。"禁酒倡导者早就抛弃了酒有益于健康的概念,他们谴责配给朗姆酒的做法,他们说,酒应该被真正有营养的食物所取代,比如热牛奶和汤。[5]

当士兵要"冲出战壕",穿越无人区冲向敌人的防线时,部队会额外派发朗姆酒,为其壮胆鼓劲。一个士兵回忆说:"尽管朗姆酒劲道十足,但是给每个士兵的量是有严格限制的,其效果比在受到大惊吓之后喝一杯威士忌好不了多少。大多数人会对即将发起的攻击感到紧张,酒精往往不会消除这种感觉,反而会使其更加强烈。"[6]

然而,对于把酒和兵役混为一谈的做法,人们有一些焦虑。法律允许军方管控军事港口附近酒类的销售时间,没收出现在军事场所的酒类,采取行动打击在上船时喝醉的水手。[7]几百万英国年轻人长期在欧洲大陆服役,英国的改革者十分担心酒会对他们的道德产生不良影响。他们的焦虑反映了英国上层社会的一种倾向,即认为欧洲人(尤其是法国人)道德涣散,缺乏自律。虽然士兵们正陷于残酷的军事冲突,忍受着非常糟糕的生活条件,遭遇着最惨痛的伤亡,包括首相在内的反酗酒人士似乎更关心每天定量配给的朗姆酒的影响,而不是来袭的炮弹。

批评酒类配给制的英国禁酒倡导者知道他们要十分谨慎。一方面,他们想要强调致醉饮料对军队士气、军纪以及效率有危害;另一方面,他们又不想因为暗示战斗部队纪律涣散、缺乏士气和效率低下而显得不爱国。解决这一难题的一个方法就是,在英军和那些被认为没有酒类配给的军队之间做一个含蓄的对比。

有些英国的评论家将注意力转向和英国一起对抗德国的盟友俄国,因为俄国政府在 1914 年 8 月动员数以百万计的人参军期间,曾下令关闭该国的 26 000 家伏特加商店。这是对传统的一个重大突破,因为在派出年轻男性服兵役时,通常会允许他们纵饮伏特加。这一次,庞大的俄国军队是以一种有序而有效的方式组织起来的,与以前入伍时的醉酒狂欢形成了鲜明的对比。因此(同时也是为了维护粮食的供应），沙皇政府于次月下令在战争期间关闭酒店。俄国陆军司令部禁止现役部队饮用任何形式的酒类，而这也打破了传统。在此之前，俄国陆军在一年中有九个节假日会得到伏特加酒，还有一些发酒的特殊场合由指挥官来决定。根据传统，在战争期间，伏特加的发放是每周三次（更多的是作为奖励），而俄国海军在出海期间，每天都有定量的伏特加供给。[8]

在西方的禁酒组织看来，俄国战时禁酒政策的结果是惊人的，也是预料之内的。英国首相劳合·乔治说，俄国的战争后方生产力增加了30%—50%，"相当于增加了数百万的劳动力"[9]。在战争前线，据说那些滴酒不沾的俄国士兵像其他饮酒的士兵一样勇猛，但是他们的纪律更加严明，可以打得同样好或更好，并且那些受伤的俄国士兵康复得更快。一位评论者感叹道："再没有比当下正面对成群条顿人的俄国军队更加头脑清醒的军队了。"他接着说，因为俄国是"最民主的国家之一"（这一断言可能会让大多数俄国人大吃一惊），"一旦农民被剥夺伏特加，富有阶层若享受香槟也变得不合时宜"。因此，在战争期间，俄国所有的酒类饮用都被中止。[10]

在战争期间，这种对于滴酒不沾的俄国军队的描述，与对东线上纵酒成风的描述形成了鲜明的对比。在俄国的大后方，酒同样十分引人注目。非法的酿酒厂异军突起，以满足现成的市场，农民和工人也大量生产"萨莫贡"（samogon）———一种私自蒸馏的酒。在莫斯科附近的图西诺，到了1916年，非法生产的伏特加已经又多又便宜，农民已经懒得自己动手酿造。整个战争期间的报道表明，虽然政府出台了各种禁酒规定，但酒依然唾手可得。[11]西方的禁酒支持者忽视了俄国战时禁酒令的失败，而是强调了其政府表面上的决心，以此突出他们所描述的英国政府给士兵发放酒的软弱政策。

同样，战争也没有影响到俄国上层社会对香槟酒的热爱，而在19世纪期间，这种热爱使俄国成为香槟酒的最大市场之一。尽管战争会切断供应，但香槟酒的进口依然在继续：1916年，一艘为圣彼得堡的宫廷运送年份香槟（海德希克1907）的船只在芬兰湾被德国潜艇击沉。（1998年，这些酒被打捞出来，依然状态完好。）如果说有什么阻塞了俄国精英的香槟供应，那么绝不是任何意义上的战时责任感，也不是要为农民和工人树立榜样的愿望，而是1917年的十月革命。

俄国战时禁酒令的真正受害者并不是饮酒者（尽管大多数人喝的酒可能比以前质量差），而是政府。在战争之前，来自酒类销售的税收占俄国财政收入的1/4还要多。当然，非法生产商会逃避税收。[12]国家主要财政来源的丧失削弱了俄国继续战争的能力,而这导致了社会动乱,进而导致了1917年的革命。

对于给军队配给酒的做法,法国人的态度更加宽容,从战争一开始,他们就出台了这方面的规定。他们向士兵发放的不是朗姆酒,而是葡萄酒,因为就连法国的禁酒运动者也认为这种酒有益健康。1914年,葡萄大丰收,收成比上一年增长了50%。此时正值战争的前几个月,年轻男子都被征去服兵役了,所以葡萄在很大程度上是由未成年人、妇女和老人收获的。南部朗格多克地区为工人阶级饮酒者生产了大量的廉价葡萄酒,他们给部队医院赠送了多达2 000万升的葡萄酒。这个礼物是爱国之举,但也是有利可图的,因为它促使法国军方购买更多的郎格多克葡萄酒,在整个战争期间为士兵提供慷慨的配给。

1914年,法国军方将葡萄酒的人均供应量定在每天0.25升,但随着战争的拖延和前线条件的恶化,1916年增加到了每天0.5升。1918年,军官被允许再多0.25升,而士兵可以选择以补贴价格再购买0.25升。因此,到战争结束时,法国士兵每天可以合法获得差不多1升的葡萄酒。毫无疑问,在葡萄酒和其他酒精饮料的非法供应方面,生意一定十分红火。为了让法国士兵远离烈性酒,当局打了一场持久战,慷慨的葡萄酒供给就是为了降低对烈性酒的需求,这反映了当时对不同酒类及其影响的看法。1916年,巴黎医学学会发表了一份给士兵的声明,指出了一些谬见,如酒可以赋予人力量和温暖。它警告人们远离蒸馏酒,却允许每人每天可以喝1升酒,只要是在进餐时饮用。[13]

仅在1917年,法国军队就喝掉了12亿升葡萄酒。据估计,如果战争持续到1918年年底,这一年将喝掉16亿升。成千上万的铁路罐车被征用来为法国军队供应葡萄酒。在战争期间,为军队供应葡萄酒让法国的葡萄酒业得以维系。服役的军人是主要饮酒人口,如果连续多年失去这个市场,会给葡萄酒生产商带来灾难性的影响。对于南方廉价葡萄酒的生产商来说,政府为士兵采购葡萄酒的做法是一个福利,而对于像波尔多和勃艮第等地区生产昂贵葡萄酒的生产商来说,国家所提供的价格远低于和平时期的市场价。

法国士兵喝的是红葡萄酒,这种酒被认为更加阳刚,和白葡萄酒相比更容易使男性热血沸腾,而其他国家似乎没有这样的讲究。据说澳大利亚士兵喝廉价(品尝起来肯定很糟糕)的白葡萄酒,他们把白葡萄酒(*vin blanc*)读作"van blonk",这个词很快就变成了"plonk",用来指代一切廉价的低档酒。但法国士兵喝红酒,其中一位在1917年给伦敦的《泰晤士报》写信,回应对法国人饮酒习惯的批评,他指出:"在加里波利和法国的法国士兵健康状况良好,人们认为这在很大程度上是因为他们饮用红酒——低度的勃艮第和波尔多红葡萄酒。"[14]这忽略了一个事实，即提供给士兵的大部分葡萄酒来自法国南部，而非来自勃艮第和波尔多这样享有盛誉的地区。即便如此，在战争结束时，葡萄酒依然被认为对最后的胜利作出了贡献。法国一家军事报纸宣称："毫无疑问，我们英明的将领和英勇的士兵是胜利的不朽缔造者，但如果没有那种低档酒（比纳葡萄酒），他们能走到最后吗？能满怀勇气、坚韧和视死如归的精神，坚持牢不可破的必胜信念吗？"[15]

法国人及其盟友是因为酒而取得了胜利，还是虽然喝酒却依然取得了胜利，弄明白这一点是毫无意义的。虽说适度的葡萄酒或朗姆酒配给能够让糟糕的条件更容易忍受，但有时饮酒也会干扰军事行动。欧内斯特·海明威描写过这样一次战争经历："每个人都喝醉了。整个队伍都喝醉了，在黑暗中沿路行走。我们要去香槟地区。中尉总是会把马骑到田地里，说：'我喝醉了，我告诉你老兄。哦，我醉了。'"[16]

最终事实表明，相对于管控后方酒类供应和饮用的问题，前线的酒问题倒不那么有争议。在战争期间，欧洲政府对酒实施了限制，表现出前所未有的紧迫感和决断力。大多数的限制针对的是啤酒和蒸馏酒的生产和销售。有些反映了战时的情况，如需要通过限制啤酒生产以保证用来做面包的粮食供应，或者需要减少醉酒，从而最大限度地提高工业生产率。还有些具体政策的出台不是因为战时条件，而是因为战争提供了实施在和平时期无法被接受的规定的机会。

在与战争有关的政策中，有英国于1914年颁布的《领土保卫法案》（Refence of the Realm Act）中的酒类条例，这一法案出台了一系列广泛的紧急措施，其中包括限制酒类生产和销售的规定。到了1915年中期，政府设立了中央管制委员会（Central Control Board），这是第一个为了专门制定和监督酒政策而建立的行政机构。法律和内阁的命令，加上由市政和军事当局颁布的地方性法规，形成了一系列限制，旨在避免酒类对战争的干扰。它们反映了首相所表达的担忧："相当比例的工人在周日早上不上班，当他们在周二露面时，会因为周末的放纵而更加糟糕……一个公共假日，很多人一周都没能上班。难怪产量会差强人意。"[17]

早期的措施包括提高各种酒类的价格和降低啤酒的度数。后来的措施部分是为了减少啤酒厂对粮食的消耗，部分是为了减少至关重要的军工产业工人的醉酒频率。虽然英国最初没有限制啤酒生产，但是在1915年，啤酒的产量下降，1916年7月，政府颁布命令，将其降低到了战前的3/4左右。次年，在内阁内部围绕两个问题展开激烈辩论的过程中，又有了进一步的限制。一个问题是，在战争期间是将酿造工业进行国有化,还是仅仅对其进行管控;另一个问题是,要完全禁止酒类生产,还是仅仅限制啤酒的生产。[18]

在其他旨在实现英国战时经济效率最大化的措施中,包括对酒吧开放时间的限制。酒吧只能在午饭时间和傍晚开门营业,以此鼓励人们在用餐时饮酒,阻止人们在正常工作时间饮酒。《英国医学杂志》上写道:"在格拉斯哥,饮用威士忌的行为威胁到枪支弹药的关键供应。"面对饮酒依然在影响军火生产的证据,英国政府于1915年实施了进一步的限制。[19]酒吧每天只有五个半小时被允许售酒(中午至下午2点半,下午6点至晚上9点),而不是此前的下午4点至晚上7点半(不同地区时间会有差异)。其他规定包括:限制仅供店外饮用的烈性酒的销售时间(工作日每天两个半小时,周末不允许营业);禁止赊欠购酒;禁止奖励人喝酒和请人喝酒。对于造船厂和军火工厂附近的军事敏感区域,还有额外的限制。这些措施限制了人们的饮酒机会,而工人们还被敦促要自我克制。王室也被敦促在战争期间戒酒以树立榜样。

这些政策并不是没有其批评者。在很有影响力的《英国医学杂志》上,一篇社论认为,火药供应不足并不能归咎于酒;对健康而言,酒本身并不比茶、咖啡、糖和缺乏锻炼更糟糕。相反,生产率的问题应该归因于加班的紧张压力和恶劣的工作条件,这里空气糟糕,噪音很大,工人压力很大,从事着单调乏味的工作。作者明确地将饮酒与环境联系到一起:"在过度饮酒现象发生的地区,如伦敦、兰开夏郡、格拉斯哥和泰恩赛德,总是雾霾笼罩,世间的自然美景被人类造成的污秽所掩盖。"文中讲述了一位小女孩的故事:她看到一幅太阳从山背后升起的图画,惊呼道:"天哪! 太阳像酒吧一样漂亮!"为了提高战时生产率,这篇社论建议政府改善工作条件,将酒精饮料的最高度数限定在4度。威士忌要被稀释之后才能上桌,比例为1盎司威士忌加入半品脱水。[20]

政府出台的各种酒政策都有一种固有的讽刺意味,如第一次世界大战期间英国政府的政策。在这些政策出台时,英国的很大一部分饮酒主力(即成年男性)都不在国内。1917年,大约400万名处于饮酒年龄的英国男性正在海外服役,英国国内超过18岁的女性与男性的比率为61:39,相比于1914年52:48,女性所占比率大幅提升。[21]这意味着禁酒主义者长期提倡的严格的酒政策,却被应用于历史上饮酒量相对较少的两个人群:妇女和未成年人。

战争时期性别比例的变化掀起了一场广泛的文化运动,在某些方面模糊了男性和女性之间的界限。数以十万计的妇女受雇于战争相关行业,获得相对不错的薪水,数量空前的妇女利用这一新的饮酒环境(有限的酒吧开放时间以及更低的酒精含量)而光顾酒吧。相对于当时的行为准则来说,这是一个很大的偏离,因为"体面"的妇女(尤其是那些不愿意被误认为妓女的单身女性)是远离酒吧的。然而,从1916年起,相当数量的中产阶级和富裕工人阶层的女性似乎开始光顾酒吧,一位历史学家描述这一现象是"一个多世纪以来,在饮酒习惯上的第一个重大改变"[22]。

英国酒吧男女比例上的这一变化,受到了由政府设立的旨在管控饮酒各个方面的管理部门的鼓励。在一些海港和驻防城镇,为了避免从军者的妻子酗酒,军事当局颁布规定,禁止所有女性进入酒吧。这一部门推翻了军事当局的这一规定。官方的性别平等精神并不完全是一个原则问题。在战争期间,妇女选举权运动已经暂停了其争取妇女选举权的斗争,但是其领导人威胁说,如果政府在任何领域让女性的地位不平等,那么她们会继续行动起来。

虽然对各种酒类的人均饮用量随着战争期间的人口变化而有所变化,但总体上还是下降了。在1915年上涨2%后,到了1916年,18岁及以上的人均饮用量下降了6%,1917年下降了39%。但烈性酒和啤酒的饮用量之间有所差别(英国消费的葡萄酒很少)。烈性酒的饮用量在1915年上涨18%,1916年略有下降(下降了1%),然后在1917年大幅下降,高达30%。啤酒的饮用量分别下降了6%、7%、44%。[23]可能是由于获得啤酒的难度和啤酒质量的下降使一些饮用者(也许是酗酒者)转向了烈性酒,尽管它们更昂贵。英国人的收入和生活水平在战争期间仍然较高(远高于欧洲其他地方),这就是为什么一些人买得起烈性酒。

因为公共场所醉酒而被逮捕的人数下降了,这也反映了酒的饮用总水平的下降。前者在1915年下降了1/4(相比1914年),1916年和1917年又减少了2/3。到第一次世界大战结束时,英格兰和威尔士地区每年这类逮捕的数量是33 000起,不到1914年212 000人的1/6,这主要是因为年龄在20—40岁的男性群体正在服役,而他们被认为是饮酒人口的主力。[24]

虽然第一次世界大战期间烈性酒所占的市场份额越来越大,但啤酒依然是英国工人阶级的主要酒精饮料,在限制啤酒方面,政府不愿意过于冒进。1917年,美国政府刚通过立法实行全国禁酒还不到两年,就试图说服其欧洲盟友全面禁止酿酒,以作为更严格的配给计划的一部分。英国政府拒绝了,指出了"对工人阶级实施全面禁酒的难度和危险,尤其是在严格的强制定量配给制开始生效的时候"[25]。虽然啤酒不再是英国人饮食中一个重要组成部分,但在当地酒吧喝上几杯已经深深植根于男性工人阶级的文化。切断啤酒供应可能会引发社会骚乱,就像一战最后两年里德国和其他地方因为食物短缺而发生的骚乱那样。

如果说英国战时政府采取了谨慎行动,限制酒的供应,那么法国的战时政府行事则更加谨慎。在法国,酒具有特殊的经济和文化意义,大量的法国工人从事葡萄栽培,并且葡萄酒和白兰地的出口为贸易平衡作出了重要贡献。仅仅这些考虑就使立法者对取缔酒感到不安。还有一个事实是,在整个法国社会,烈性酒和葡萄酒是重要的文化因素。

在第一次世界大战爆发之前,法国官方曾广泛关注饮酒水平,葡萄酒和烈性酒的人均饮用量是23升,相比之下,英国是10升,德国是7升,但政府顶住了压力,没有实施更加严格的限制。法律规定在酒吧内要张贴醉酒的警告处罚海报,禁酒支持者认为就当时普遍的酗酒现象来说,采取这样的措施是可笑的。苦艾酒的饮用量尤其让人担心,然而即使在这一方面,连续几届战前政府都迟迟没有采取行动,部分原因是担心消费者和生产者的反应。

战争的到来改变了一切。在战争开始后的两周内,内政部长颁布了一项规定,禁止出售苦艾酒以及类似的酒饮,如以其品牌名而著称的茴香味酒饮(没有添加艾草)——潘诺酒(Pernod)和帕蒂斯酒(Pastis)。尽管有争议说政府会失去这方面的税收,并需要支付巨额赔偿给生产者和种植者,但是法国下议院忽视了真正的健康威胁来自廉价的、掺假的酒类这一说法,于1915年3月投票通过禁止生产和销售这些酒类的规定。

苦艾酒是很容易受到攻击的目标。它被挑出来作为一种特别危险的酒饮,这样做的不仅有反酗酒运动倡导者,也包括一些对酒类本身怀有敌意的团体(如军队)。在很多方面,相对于政府在战争之前没有将其禁止,战争期间对苦艾酒的禁令并不那么令人惊讶。然而,在对苦艾酒采取果断行动之后,法国战时政府对其他酒精饮料采取了非常有限的措施。立法者并不反对士兵每天大量的葡萄酒配给,管制平民酒类供应的措施也很温和。其中包括对现有酒吧和咖啡馆营业时间的限制,还有在战争期间不再颁发更多售酒许可证的决定。

对于战争期间一些法国禁酒人士所描绘的国家灾难的生动场景来说,这样的政策是一种温和的回应。他们批评军队让年轻士兵染上酒瘾,有报道称士兵在上战场之前大量饮酒。一份重要的公共卫生期刊刊登了一篇文章,声称酒精让"优秀的士兵……不守纪律、懒惰、堕落"。文中接着问道:"当他从前线返回时,将表现如何？这种酗酒者入侵的后果将会是什么样子呢？"[26]

像他们的英国同行一样,一些法国评论家把酒精饮料描绘成像德国一样危险的敌人,并将对两者的战争说成是不可分割的,但法国的反酗酒游说团体特别强调酗酒对生育能力的负面影响。这是对法国人长期关注人口下降问题的一个回应。在 1871 年普鲁士战败法国后,这种担心加剧。在第一次世界大战期间,当法国面对人口更多的德意志帝国时,这种担心变得尤其严重。酒被视为人口增长的障碍,被描绘成从内部削弱法国、使其更容易被德国击败的罪魁祸首。

如果说法国的战时政府没有对这些顾虑作出反应,一些军事当局和地区民政部门却采取了行动。一位法国将军在他管辖的地区禁止饮用所有酒类,这一规定不仅涵盖了法国士兵,也包括英国和比利时的士兵及其家属。在一些地方,民政当局禁止酒馆雇用未成年女性(酒馆老板的子女除外),按要求酒吧需设有窗口,这样就可以从外面看到饮酒者(大概是为了防止有人偷偷饮酒),并且取缔了苦艾酒的广告(已经无法合法获得苦艾酒)。[27] 但是这些措施只有在当地才得以实施,并且往往是针对烈性酒,因而在很大程度上保留了法国人丰富的酒文化。在大多数情况下,法国平民在获得酒的过程中所面临的困难并不是由政府所造成的障碍,而是由于战争时期的物价膨胀。甚至在大西洋沿岸的夏朗德地区,海量的廉价葡萄酒被生产出来,蒸馏成白兰地,葡萄酒的价格也从 1914 年的 20 法郎上升到次年的 60 法郎,然后到 1918 年的 110 法郎,很少有其他商品的价格上涨这么多。相对于葡萄酒五倍以上的价格上涨,面包的价格翻了一倍,肉价翻了三倍,牛奶和奶酪增加了四倍。[28]

在战争的另一方,德国政府也采取措施来限制酒,但总的来说他们的政策也很温和。为了使效率最大化,节省供食用的粮食,啤酒生产被要求减少 1/4。1914—1917 年,对各种酒的人均饮用量下降了 2/3。[29] 但是,总的来说,与其把饮用量的下降归咎于政府的管控,不如归咎于生产量的问题,因为制造啤酒和烈性酒所需的粮食变得越来越稀缺。

战时法规传播到了欧洲之外,第一次世界大战之所以得名就是因为它把世界各地的国家都卷了进来,尤其是欧洲作战国的殖民地。对酒的生产和销售的限制蔓延到了遥远的国家,如加拿大、南非和新西兰。1918 年 4 月,距离战争结束还有七个月时,加拿大联邦政府出台了一项几乎完全禁酒的规定。除了一个省之外,其他所有的省份都执行了这一规定。虽然它在 1919 年底到期,但是适用于所有的省份,并且一直延续到 20 世纪 20 年代,甚至更晚。这是禁酒组织所鼓励的,这些禁酒组织试图利用这场战争来对酒加以限制。例如在 1916 年,蒙特利尔禁酒联盟

(Montreal Anti-Alcoholic League)谴责啤酒是一种"有害健康的糟糕饮料"，并援引"德意志民族的残暴"为证据，因为德国人以饮用啤酒而著称于世。酿造业用整版的报纸广告回应道："啤酒是一种名副其实的食品。"魁北克的酿酒者对德国的例子置之不理，以一种稍微有点反美的语气，并援引英国医学协会主席的话说："面包、奶酪和啤酒比美国饮食中的面包、茶和果酱要科学得多。"[30]

在战争期间的酒类管制方面，魁北克落后于加拿大的其他省份，因为到了 1917年，其他所有的省都出台了某种形式的禁酒政策。安大略省在 1916 年通过了一条禁酒法案，禁止销售除了本省种植的葡萄酿造的葡萄酒之外的其他酒类(旨在保护当地的葡萄种植者)。按照法律，葡萄酒只能在酿造厂出售，且一次购买的量至少 5加仑，这大概是为了减少穷人的购买，因为他们无力支付购买大量酒的钱。还有一些例外的情况可以获得酒：牧师可以获得圣餐用葡萄酒；内科医生可以根据治疗需要，开含有烈性酒、啤酒和其他酒类的药方；牙医可以把酒精"作为一种兴奋剂或补药"；兽医可以拥有 1 夸脱的烈性酒，只要不给人类饮用。

相反，在新西兰，新兴的葡萄酒产业几乎沦为战争的牺牲品，不是因为对葡萄酒本身的反对，而是因为最初的酿酒师大部分是来自亚得里亚海沿岸达尔马提亚的移民，在 1914 年，这里曾是其敌人奥地利帝国的一部分。没有证据表明达尔马提亚人是奥地利战争的支持者，他们的确可能是要从奥地利独立出来的达尔马提亚的支持者，但新西兰政府视他们为敌人，没收了他们的葡萄园。

在 1917 年的俄国十月革命之后，布尔什维克政府也出台了严格的酒类管控，延续了沙皇在 1914 年制定的禁酒政策，但也将酒产业国有化，并宣布当时存在的所有库存酒为国有财产。在某种程度上，他们是受到意识形态的驱使而反对酒的，因为卡尔·马克思曾批评酒是资本家用来确保工人顺从的一种手段。马克思还有一句更著名的话，即"宗教是人民的鸦片"，但他完全可以将酒添加在宗教后面，因为在革命时期酒类的饮用水平似乎很高，尽管有战争时期官方颁布的禁酒令。在更实际的方面，新生的布尔什维克政府担心酒会对社会产生破坏性的影响。饮酒还与 1917 年彼得格勒的几起骚乱有关，列宁写道，资产阶级在"贿赂社会渣滓和下等社会阶层的人，让他们为了屠杀而喝醉"。第二年就有了红卫兵洗劫国家酒仓的报道，尽管他们被要求"与醉酒作斗争，不要让自由和革命被酒淹没"[31]。除此之外，还有一个目的，即要维持用来烘焙和烹饪的粮食供应，而不是用于生产酒。

这些担忧证实了禁酒的必要性，但是面临着普遍的非法生产，政府声称这是由富裕的农民(富农)进行的,目的是吸引贫农站到反对布尔什维克的一方。新生的苏维埃政权出台了一系列有关酒类生产和消费的法规。1919 年 12 月,政府颁布酒政策,规定自行酿酒和蒸馏是犯罪行为,将被处以最低五年监禁并没收财产。有一条法律把饮用非法生产的酒作为一种犯罪行为,至少要判处一年监禁,这是很不寻常的,因为历史上的大多数禁酒令并没有宣布饮酒者犯法。[32]这是一系列打击以男性为主的饮酒文化的政策的开端,而事实证明这种文化几乎是不可能改变的。到了 20 世纪 20 年代中期,另一个紧迫的问题出现了:国家需要酒带来的税收。相互冲突的压力导致接连几届苏维埃政府对酒采取不同的政策,在苏联的整个历史上,这被证明是一个顽疾。

在第一次世界大战期间,另一个值得一提的交战国是美国。美国于 1917 年宣战,距离战争结束仅一年。美国军方是正式禁酒的,在几十年前就废除了酒的定量配给。但是当美国远征军的指挥官潘兴将军发出禁酒命令时,他将低度的葡萄酒和啤酒排除在外了。在他的回忆录中,他提到:"在我们的军队里,只有很少的饮酒现象,在烈性酒被禁之后,饮酒现象明显减少。"[33]

在第一次世界大战期间,美国政府在其他方面继续采取更全面的禁酒政策。在进行粮食供应的谈判时,美国官员试图说服英国及其合作伙伴全面禁止酿酒,以保证制作面包用的粮食供应。协同美国军队到法国去的几个美国机构也支持当地的禁酒活动。基督教青年会设立场所,青年男女可以在一个健康的、不含酒精的环境见面,而洛克菲勒基金会为法国未成年人印刷了小册子,上面将两种生活方式进行对比:一种是有酒的,充满了暴力和贫困;另一种是没有酒的,让人走向幸福和富足。[34]

由美国政府以及在欧洲的美国组织促成的禁酒政策表明,美国在参战时,国内已经普遍实行禁酒政策。虽然其内容和严格程度不同,但是到了 1916 年,已经有 45 个州颁布了禁酒令。因此,欧洲国家和美国之间有一个重要的区别:第一次世界大战是欧洲酒政策的转折点,因为在战争期间颁布了更加严格的规定,在很大程度上,这些规定保留了几十年;而在美国,一战在很大程度上与酒政策的发展无关。到一战爆发时,禁酒令看上去像一股势不可挡的力量,美国参战的 20 个月并没有放缓或加速最终出台禁酒令的过程。

【注释】

［1］ John Stevenson，*British Society*，*1914—1945*(Harmondsworth：Penguin，1984)，71.

［2］ 本信息由佛罗里达大学的杰弗里·贾尔斯(Geoffrey Giles)教授提供。

［3］ Sir Victor Horsley，*The Rum Ration in the British Army*(London：Richard J.James，1915)，7.

［4］ Ibid.，4.

［5］ *British Medical Journal* 1，no.2822(January 30，1915)：203—206.

［6］ John Ellis，*Eye Deep in Hell*(Glasgow：Collins，1976)，95.

［7］ Henry Carter，*The Control of the Drink Trade*：*A Contribution to National Efficiency*，*1915—1917*(London：Longman，1918)，282—283.

［8］ Patricia Herlihy，"'Joy of the Rus'：Rites and Rituals of Russian Drinking," *Russian Review* 50 (1991)：141.

［9］ *British Medical Journal* 1，no.2825(February 20，1915)：344.

［10］ Horsley，*Rum Ration*，7.

［11］ George E.Snow，"Socialism, Alcoholism, and the Russian Working Classes before 1917," in *Drinking*：*Behavior and Belief in Modern History*，ed. Susanna Barrows and Robin Room(Berkeley：University of California Press，1991)，257.

［12］ David Christian，"Prohibition in Russia，1914—1925," *Australian Slavonic and East European Studies* 9(1995)：99—100.

［13］ "Alcohol and the Soldier," *British Medical Journal* 1，no.2876(February 12，1916)：247.

［14］ *Times*(London)，January 11，1917，转引自 Catherine J.Kudlick，"Fighting the Internal and External Enemies：Alcoholism in World War I France," *Contemporary Drug Problems* 12(1985)：136。

［15］ *The Echo of the Trenches*，转引自 *Histoire Sociale et Culturelle du Vin*，ed. Gilbert Garrier(Paris：Larousse，1998)，366。

［16］ Ernest Hemingway，*In Our Time*(New York：Scribners，1986)，13.

［17］ David Lloyd George，*War Memoirs of David Lloyd George*(London：Nicholson and Watson，1933)，324—325.

［18］ L.Margaret Barnett，*British Food Policy during the First World War*(Boston：Allen & Unwin，1985)，105—106.

［19］ *British Medical Journal* 1，no.2833(April 17，1915)：687.

［20］ Ibid.，688.

［21］ E.M.Jellinek，"Interpretation of Alcohol Consumption Rates with Special Reference to Statistics of Wartime Consumption," *Quarterly Journal of Studies on Alcohol* 3(1942—1943)：277.

［22］ David W.Gutzke，"Gender, Class, and Public Drinking in Britain during the First World War," in *The Changing Face of Drink*：*Substance*，*Imagery and Behaviour*，ed. Jack S.Blocker Jr. and Cheryl Krasnick Warsh(Ottawa：Publications Histoire Sociale/Social History，1977)，293.

［23］ Jellinek，"Alcohol Consumption Rates," 277.

［24］ Gwylmor Prys Williams and George Thompson Brake，*Drink in Great Britain*，*1900—1979*(London：Edsall，1980)，375.

［25］ Barnett，*British Food Policy*，179—180.

［26］ Kudlick，"Fighting the Internal and External Enemies," 147.

［27］ Ibid.，148.

［28］ Jean-Jacques Becker，*The Great War and the French People*(Leamington Spa：Berg，1985)，128.

［29］ Jellinek，"Alcohol Consumption Rates," 279—280.

［30］ Shirley E.Woods Jr.，*The Molson Saga*(Scarborough，Ontario：Avon，1983)，232—233.

［31］ Helena Stone，"The Soviet Government and Moonshine，*1917—1929*," *Cahiers du Monde Russe et*

Soviétique 27(1986):359.

[32] Ibid., 362.

[33] John Joseph Pershing, *My Experiences in the World War* (New York: Frederick A. Stokes, 1931), 282.

[34] Kudlick, "Fighting the Internal and External Enemies," 133—136.

第十三章　禁酒令(1910—1935 年):高尚的试验, 可耻的失败

"禁酒令"一词常被作为美国 1920—1933 年之间禁酒令的简称,其内容是在整个美国禁止酒类饮料的生产和销售。这一时期,再加上此前的反酒精运动,主导着美国的酒文化史。美国的禁酒令不仅对酒和更广泛的美国历史文化影响巨大,同时还对全球文化产生了很大的影响。自伊斯兰教禁止穆斯林(包括穆斯林统治范围内的其他人)制造和饮用酒之后,美国的禁酒令可能是最严厉的全国性禁酒法令了,但是在当时,这样的政策远非绝无仅有。

在第一次世界大战期间以及此后不久,很多国家颁布了禁酒令,其中包括俄国。1914 年一战爆发时,俄国是禁酒的,苏维埃政权将沙皇俄国时期的禁酒令延续到了 20 世纪 20 年代。一些斯堪的纳维亚国家也通过了禁酒令,墨西哥的一些州和加拿大的大多数省份也都是如此。1919 年,英国政府在一些非洲殖民地的原住民中也推行了禁酒政策。这些国家差不多是在同一时期颁布了禁酒令,但有些国家早就颁布了建立在种族基础之上的禁酒令,比如美国政府早在 19 世纪就对印第安人推行了禁酒政策,而从 1896 年到 20 世纪 60 年代,德兰士瓦共和国政府及其继承者南非白人政府也对当地的非洲人推行了禁酒政策。

禁酒政策很少是彻底的、绝对的,因此总是有一个如何严格定义禁酒令的问题。有些禁酒令把一些低度的酒精饮料排除在外,如低度啤酒和葡萄酒,只禁止高浓度的烈性酒;有一些禁酒令虽然禁止酒类的生产和销售,但并不禁止其饮用,而有的连饮用也一并禁止;有的允许宗教和医疗用途的饮酒,甚至在伊斯兰教法律中,根据一些解释,在没有可替代的药物时,酒也是可以使用的。[1]在英国的非洲殖

民地,原住民可以制作并饮用他们以传统方法自制的谷物酒和棕榈酒,这些普遍被认为是无害的,但是不可以饮用那些度数更高的欧洲酒。所有这些例子都是禁酒令的不同版本,它们都旨在剥夺某些特定人群饮酒的权利,或者至少是严格限制他们获得酒的渠道。

俄国第一个全国性的禁酒令是沙皇尼古拉斯二世在第一次世界大战爆发时颁布的,其主要内容为禁止在战争期间生产和销售酒类。该政策的出台和其他参战国家禁酒背后的动机是一样的:一方面担心酒会扰乱战场上的军纪,另一方面担心会影响后方的生产效率。虽然其他参战国家最终也采取了一些措施,比如降低啤酒中的酒精含量、限制售卖酒饮的时间,就像英国政府所做的那样,但俄国却选择了全面禁酒。沙皇政府之所以能够这么做,不仅是出于实际上的原因,即对伏特加生产的垄断使其更容易控制,而且还因为这是一个独裁政权,它认为自己不必像民主政府所担心的那样,必须要去面对政治上的反弹。但是在英国,如劳合·乔治政府便不愿过于严格地实施这个禁令,因为工人和选民们在酒吧饮用 1 品脱(或更多)的啤酒再正常不过了。

就像我们在上一章看到的那样,在第一次世界大战期间,俄国禁止生产酒的法令被普遍忽视。明里暗里生产伏特加的活动很快便取代了合法酒的地位,饮酒之风不仅在平民(包括皇室成员)中间流行,而且在军队中也很盛行。虽然独裁的沙皇政府认为,包括禁酒令在内的战时政策不会产生任何政治上的反弹,但与日俱增的不满情绪使得民众反抗沙皇政府的愿望愈加强烈,这也为 1917 年的革命铺平了道路。

具有讽刺意味的是,禁酒令的实行让沙皇政府和它的一些社会主义反对者站到了一起(虽然出于不同的原因),因为后者倡导禁酒已经有几十年。沙皇政府的政策是基于战时效率的考虑,而长期以来很多工会和社会主义组织一直主张饮酒有悖于工人阶级的利益。1914 年 8 月第二国际的会议上提到了酒的问题,主要担心的是酗酒对工人身体以及对政治组织能力的影响。[2]俄国的社会主义者从理念上区别了两种工人:一种是缺乏知识和文化修养的落后工人,一种是积极与资本主义作斗争的进步工人。两者之间的一个重要区别就是对酒的嗜好:相较于那些冷静清醒、衣冠楚楚、克制欲望的进步工人来说,落后工人大多是些酗酒并且好色的粗俗之人。[3]

在此意义上,1917 年十月革命后,禁酒令被延续下来,这和此前很多工人组织所持的反酒精立场是一致的。在新生的布什尔维克政府(1919 年 11 月)最早实行的一系列措施中,就包括关闭所有的蒸馏酒厂和葡萄酒厂庄,禁止一切酒类的生产和销售。"为了和酗酒与赌博做斗争",专门设立了人民委员这一职务。在红军中,酗酒是可以处以死刑的罪行之一。一年后,所有库存的酒都被宣布为国家财产。据估计,在圣彼得堡的 700 个仓库中,储存有价值数百万卢布的酒,而沙皇宫殿的酒窖中藏有价值高达 500 万美元的酒。[4]

这些政策的目的在于让人们不要饮酒,但当局很快就得面对这样一个事实:大多数工人饮酒,并且酒已经在其文化中根深蒂固。饮酒是一种社交行为,在工人中,如果拒绝饮酒,即使不被视为彻底的敌意,也会被认为不友好。在苏维埃早期的工厂中,经理会向新工人要求一瓶伏特加作为雇佣的回报,在向有经验的工人寻求指导时,同样也要送上一瓶伏特加以示感谢。[5]苏维埃当局坚持实行严格的戒酒令,而不是更加务实地鼓励节制并用道德谴责来应对过量饮酒和醉酒问题。(和很多描述相反,苏维埃政权的第一任领导人列宁葡萄酒、啤酒和伏特加都喝,尽管在革命时期,他很可能出于政治上的目的把自己描绘成为一个戒酒者。)[6]

除了指出饮酒会损害健康、造成不良社会影响以外,苏维埃评论者还为此增添了政治色彩:醉酒等同于反革命,酗酒者则被说成是叛徒。一家苏维埃报纸在 1929 年宣布,任何饮酒的工人都是"对自己、家庭、工作和国家的犯罪"[7]。这一立场实际上消除了私人生活的概念,赋予国家对工人身体的权利,以及管控其饮食的权力。

工作场所的实际情况和官方的规定大相径庭。在苏维埃政府推行禁酒令时期,一如既往,经常发生工人醉醺醺来上班的情况,很多因酗酒而被带上法庭的工人强烈捍卫他们传统的饮酒权利。工人们饮用充斥黑市的非法酒类,把新设立的革命纪念日和沙皇统治时期的假期同等对待,即作为适合畅饮的节日场合。当他们不再自己酿酒时(据说在 20 世纪 20 年代,有 1/3 的农村家庭会自己酿造伏特加),取而代之的是来自成千上万家非法蒸馏酒厂和啤酒厂的产品。1918 年,俄国西南部沃罗涅什省一个村庄用来酿酒的谷物足以供 9 000—12 000 人食用一年。仅仅在 1918 年春天,西伯利亚地区用来酿造伏特加所用的谷物,就是作为食物运过乌拉尔山的两倍。[8]

粮食供应被挪作他用,这和非法酿酒一样,引起了当局的警惕。他们怪罪到那些富农头上,到了斯大林时期,他们成为其压制性政策的对象。尽管非法酿酒会受到严重的处罚(1918 年,最低处罚是为期五年的监禁劳动),但很多公民显然认为这个风险是值得的。仅在 1922 年,苏俄境内因酒的问题而导致的诉讼案件就多达 50

万件，而且这还是在禁酒令有所松动的情况下发生的。

面对消费者的抵制，又无法停止非法生产，再加上对粮食供应的威胁，还有酒税方面的损失，苏维埃政府改变政策，逐渐放弃了禁酒令。1921 年 8 月，经过七年的全面禁酒（其中有四年是在苏维埃时期），政府开始允许葡萄酒的生产和销售，并在 1922 年初批准了啤酒的交易。1923 年 1 月允许生产低度伏特加（20 度），之后在 1925 年 10 月又允许生产常规的伏特加（40 度），然而政府垄断了所有酒的生产。尽管苏维埃政府允许人们重新获得酒，又想扩大来自酒类的税收，可仍然继续其反酒精政策。虽然如此，酒类的饮用量依然居高不下。1923 年，列宁格勒就有 2 000 人因醉酒被逮捕，到了 1927 年，这个数字上升到了 113 000 人，这意味着这座城市每四个成年人中就有一个因醉酒被逮捕（很多可能是惯犯）。[9] 这个数字的增长似乎不能仅仅用监督和执法上的变化来解释，肯定表明了酗酒人数的增加。

沙皇政府和苏维埃政府的严格禁酒令持续了七年（1914—1921 年），从时长上来看，是美国禁酒令的一半。美国的禁酒令常被称为"高尚的实验"，其目的并不仅仅是要阻止美国人饮酒。美国宪法第十八修正案禁止酒类饮料的生产、销售、运输和进口，其制定者希望能够使社会更加美好。他们认为不饮酒的美国公民会更健康，品行更端正，更遵纪守法。随着饮酒导致的死亡率下降，人们的预期寿命也会有所增加。随着饮酒导致的犯罪率下降，侵犯人身和财产安全的犯罪行为也会骤减。随着人们把花在酒上的钱转移到生活家用之上，他们就不会再像以前那样贫困，而是会更加健康。随着与酗酒有关的离婚率下降，人们的婚姻关系会更加牢固。如果说酒是美国社会疾病的根源，那么禁酒令便是治愈这些疾病的良药，这就是为什么我们称这是一个高尚的试验。

国家层面的禁酒令是政客、教会组织和普通公民数十年游说的结果，而在此之前很久，个别州就已经开始出台了自己的禁酒令。到了 1919 年，27 个州已经禁酒，还有 21 个依然允许饮酒，支持禁酒的州主要位于南部和西部，而最强大的抵制来自东北部的州。各州的禁酒政策得到了联邦立法的支持：1913 年的《韦布-凯尼恩法案》禁止将酒运输到那些实行禁酒令的州。1917 年美国加入第一次世界大战以后，联邦政府采取了进一步行动，为了提高战时效率，节约粮食，蒸馏酒厂纷纷被关闭，之后运输到蒸馏酒厂的谷物数量受到限制，啤酒的酒精含量被设定在不能高于 2.75%。同年底，美国国会通过了美国宪法第十八修正案，并将其提交各州批准。因为国会迫切想要阻止酒的流通，在 1918 年 11 月 21 日，即一战结束后的第十天，通过了《战时禁酒法案》（Wartime Prohibition Act）。这一法案禁止酒精饮料的销售,于 1919 年 7 月 1 日起生效。在此之前,美国宪法第十八修正案得到了 48 个州中 46 个州的压倒性支持,全国性的禁酒令定于 1920 年 1 月 1 日起生效。

从全国性的禁酒令生效那天起,它所涵盖的范围远远超出了人们的预想。《沃尔斯泰德法案》(Volstead Act)列举了禁酒令的具体内容和执行,这条法案并不像人们所预料和期望的那样聚焦于蒸馏酒,豁免葡萄酒和啤酒,而是取缔任何浓度超过 0.5％的酒精饮料。这一政策遭到了啤酒酿造者的抗议,他们本来以为可以继续生产低度啤酒,就像第一次世界大战期间那样。他们的抗议没有成功,禁酒令几乎毁灭了美国的酿酒业,他们成为禁酒令的受害者之一。

生产常规度数啤酒的啤酒厂数量从 1916 年的 1 300 家减少到十年之后的 0 家,蒸馏酒厂的数量下降了 85％(幸存下来的生产的是工业酒精和医用酒精)。葡萄酒庄的数量也从 1914 年的 318 家锐减到 1925 年的 27 家(幸存下来的生产的是用于宗教用途的葡萄酒,或者是直接食用的葡萄),只有 4％的烈性酒批发商和 10％的零售商还在继续从事某种业务。[10]这给政府和个人带来了巨大的经济损失,不仅是税收方面的损失,还因为造酒产业几乎关门,导致成千上万的工人失业。其他与酒相关的产业也都受到了牵连,比如玻璃制造业、运输业以及服务业(酒馆和酒吧),虽然零售店取代酒馆(大多坐落在城市街角的优越位置)提供了一些新的就业岗位。

全面禁酒令的少数例外是可以预见的,它们基于这样一条原则,即禁酒令只适用于那些含酒精的饮料。这就意味着酒可以用于工业用途,还意味着可以生产少量酒精饮料(经发酵和蒸馏之后)用于饮用之外的用途。比如,医生可以开葡萄酒和烈性酒作为处方药,基督教的牧师和犹太教的拉比可以获得葡萄酒,将其用于宗教仪式。除了这些方面使用极少量的酒之外,啤酒厂、葡萄酒厂和蒸馏酒厂都将停业,酒吧和酒馆都将关门。

最后,美国允许民众在家中储存酒以供家用或者款待客人,这一规定旨在消耗完现有库存酒精,那些囤得起酒的人可能都这样做了。弗吉尼亚州的一位报纸出版商在该州表决禁酒令之前,订了 16 加仑的威士忌,他指出:"我相信人应该向前看,我不知道 9 月份的禁酒令会做出什么样的规定,但我无论如何也不能让他们弄得我无酒可喝。"[11]当局的期望是:当美国人把瓶子里的最后一滴酒喝完之后,由于不能合法地买到酒,他们就会戒掉酒瘾,转而喝那些更加健康的饮料,如牛奶、水、果汁、咖啡或茶之类的,而这些饮品都和死亡、犯罪、不道德以及社会骚乱没有什么关系。

像《铁面无私》(*The Untouchables*)这样的电影和电视剧强化了禁酒令的流行形象，这样的形象和这一期望大相径庭，它展示的是非法经营的酒吧（人们仍可以在这样的地下酒吧饮酒），生产烈性酒的非法蒸馏炉，对朗姆酒和其他酒类的走私，执法人员和违法者之间的枪战，像阿尔·卡彭(Al Capone)这样的黑帮首领引起的集团犯罪率的上升。尽管这些耸人听闻的形象扭曲了美国禁酒令的复杂内情，但是它们确实突出了一个很重要的主题：就如俄国和苏联的士兵、工人、农民和中上层阶级抵抗禁酒令，数以百万计的美国民众也是如此，不论男女，不分城乡，也不管是工人或农民，还是学者或商人。

禁酒令受到了各种形式的抵制，有些来自各州，虽然大多数州已经正式批准美国宪法第十八修正案。而那些早在1920年之前已经出台了禁酒政策的州很高兴看到禁酒令能在联邦层面上实施。一方面，这意味着来自其他州的酒类进口可以结束了。有些州的立法机关很快就开始反对被纳入联邦层面的禁酒政策。有几个州试图推翻《沃尔斯泰德法案》。马萨诸塞州、纽约州和新泽西州的立法机关在1920年通过法律，允许葡萄酒和淡啤酒在当地销售，但是在所有这些州，最高法院都推翻了州一级的立法，支持全国性的禁酒令。

一些州消极抵制禁酒令，因此在暗地里破坏州政府和联邦政府的联合执法。马里兰州从未通过强制性的规定，并且从1923年开始，以纽约为首的一些州废除了它们的禁酒令。到了1927年，美国48个州中有27个州没有做出任何执行禁酒令的预算。虽然这些做法（或者说是不作为）削弱了禁酒令的影响，但它们仍不能恢复公民合法获得酒的权利。

更多的抵制来自葡萄酒庄及地下蒸馏酒厂，很多葡萄酒庄开始卖脱水的葡萄和浓缩葡萄汁，两者都可以制成普通的葡萄汁，然后再通过加入酵母，发酵成为葡萄酒。这样制造的葡萄酒或许不能进行商业化的生产，更谈不上高质量，但其中确实是含有酒精的。小规模的非法蒸馏酒商和数量更少但规模更大的地下蒸馏酒厂生产出更多的酒。威士忌是黑市上销售的主要酒类，因为它的酒精度远高于其他的酒，这使得它能更加有效地储存和运输。在此程度上，这个时期人们的喜好从啤酒和葡萄酒转到了威士忌。在美国历史上，葡萄酒的流行程度仅仅排名第三，远远落在前两名的后面。

除了国内非法生产的酒之外，还有从国外走私进来的大量酒类。有些来自加拿大，加拿大各省从1915年开始颁布禁酒政策。加拿大政府一方面对国内酒的生产及其在各省之间的流通进行管控，另一方面却允许蒸馏酒厂、啤酒厂和葡萄酒庄继续造酒，用于出口，而其中大部分都悄悄进入了美国。有些通过安大略湖被运到纽约北岸，而在东海岸，朗姆酒则从新斯科舍运到了新英格兰。20 世纪 20 年代渔业衰退，走私成为一个收入可观的行当。据报道，在 1925 年，卢嫩堡(新斯科舍)的 100 艘渔船有一半被用于朗姆酒贸易，其中很多都以每月 2 500 美元的价格租给了美国的犯罪集团。[12]但是，更多的酒是从欧洲运到美国的，满载葡萄酒和烈性酒的船只停靠在美国领海之外，执行禁酒令的官员和美国海岸警卫队鞭长莫及，所以酒都是在夜里由小船队运送。

更多的酒是从墨西哥进入美国的。在 1910 年革命以后，墨西哥很多州出台了禁酒令，但是并没有得到民众甚至是官方的支持。到了 20 世纪 20 年代，就在禁酒令在美国被实施时，大多数墨西哥的禁酒政策已经被废除了，酒的生产再次活跃起来。一些墨西哥酒通过美国人的肚子跨越了边境，因为很多美国人到墨西哥的酒馆里去喝酒，这形成了一个新现象，即酒旅游业，大量的酒馆如同雨后春笋一般应运而生。但大部分酒还是通过走私入境美国，其中以啤酒为主。在禁酒期间，由于没有了美国啤酒的竞争，墨西哥的酿酒业欣欣向荣。此外，一些美国人出于走私酒到美国的目的，在墨西哥边境的州建立了蒸馏酒厂。1920 年，在科阿韦拉州的皮德拉内格拉市建立了一家由墨西哥人和美国人合营的威士忌酒厂，六年后又有一家酒厂在华雷斯市投入生产，老板来自科罗拉多州。[13]

在禁酒期间，酒源源不断地进入美国，这预示了后来麻醉毒品的流入。这种现象不仅表明了对酒的强烈需求，还表明联邦政府执法不力。执行禁酒令的工作落到了财政部的身上，财政部官员扣押、关闭、出售任何用来生产、出售或运输非法酒类的财产(包括房屋和生产工具)。第一次触犯禁酒令会被罚款 1 000 美元，还要处以最高达六个月的监禁，若是多次触犯，将会被罚款 10 000 美元，处以长达五年的监禁。

《沃尔斯泰德法案》规定，禁酒令的实施应由联邦政府和州政府共同承担，不言而喻的是州政府和法院应该承担大部分。事实上，许多州不愿意参与其中，正如我们看到的那样，到了 1927 年，大部分州已经取消了这方面的预算。其结果是负担落到了联邦执法部门的头上，而他们缺乏足够的资金。虽然在 20 世纪 20 年代他们的年度预算从 300 万美元增加到了 1 500 万美元，但是执法力量单薄，这方面执法人员的数量从未超过 3 000。另一个问题就是执法人员的高流动率，这就意味着经验丰富的执法人员很少。1920—1930 年间，将近 18 000 人被指派到相应的执法岗位，其中的很多人都是取代那些被解雇的执法人员。有1/12 的执法人员被解雇，其中大多数是因为酗酒或者收受贿赂。20世纪20年代末,在执法人员的培训和专业性方面似乎有所改进。

虽然禁酒令的执行并不均衡,在很多观察者看来,似乎反复无常,有很大的任意性,但是在那些在联邦立法生效之前就颁布禁酒令的州,禁酒令可能得到了最有效的实施。当堪萨斯州在1881年颁布禁酒令时,很多堪萨斯人(被评论者描述为生活在"一个完全被酒所包围的小岛"上的人[14])开始从附近其他的州买酒,但自从全国性的禁酒令颁布之后,非法酿酒厂便在堪萨斯州遍地开花。根据禁酒官员的说法,大部分非法酒中含有有毒成分,如乙醚、氯仿和杂醇油。这些官员声称已经大大减少了堪萨斯州酒的流通量,但他们很可能只是在夸大其词,因为表现得既有效又高效对他们有好处。

对地下非法造酒厂的侦察和起诉常常要依靠执法人员的勤奋,但是这种勤奋常常不能持之以恒。在很多情况下,执法人员仅仅在发现和起诉小规模作坊时有点效率,结果产生了大量的逮捕事件,但是他们没有足够的资源(或者没能利用这些资源)去从事必要的调查,去追踪非法酒类的主要源头。举报人也很重要,在有些情况下,举报人是些反酒精的公民,会告知当局非法酒坊的存在,但其他缺少公德心的举报人则是出于不同的考虑才这样做,有一些非法酿酒者为了扩大自己的市场份额而向当局举报他们的竞争对手,有些客户会去告发那些拒绝赊账给他们的生产商。佛罗里达州一位妇女举报了自己的丈夫,因为他的酗酒影响到了家庭。

这么多的诉讼让一些法院不堪重负。1921年,在佛罗里达州的南部地区,联邦法院审理了551起诉讼案件,其中有463起和违反联邦禁酒令有关。到了1928年,全年共审理了1 319起诉讼,其中85%和酒有关。佛罗里达州拥有漫长的海岸线,显然是走私酒的理想目的地,因此,在法院的诉讼事件表上,很高比例的诉讼都和酒有关。为了解决积压的近3 000起诉讼案件,1928年,南部地区在原有两位法官的基础之上又增添了一位。[15]

尽管美国大多数和禁酒令相关的案件涉及小生产者,但很多人关心的是在酒的生产和流通过程中的有组织犯罪。历史学家一直在探讨犯罪集团和禁酒令之间的关系。有组织犯罪并非伴随禁酒令而产生,也没有随着禁酒令的废除而消失。在历史上,有组织的犯罪分子利用不合法但有需求的物品和服务,其中不仅包括禁酒时期的酒类,还有娼妓业、赌博、枪支和麻醉性药物。与这些相比,犯罪分子和禁酒令之间的关系并不更加复杂。虽然如此,在20世纪20年代期间,犯罪集团的活动依然受到了媒体的大幅报道。最具轰动性的事件之一是1929年2月芝加哥发生的情人节大屠杀:芝加哥某一帮派的七个成员被枪杀,很明显这是黑帮大佬阿尔·卡彭派人所为。人们认为,作为争夺地盘的冲突的一部分,这些受害者所属的帮派一直在劫持卡彭的运酒车。这次枪杀事件让市民义愤填膺,并将他们的注意力转移到犯罪组织在酒类供应方面所充当的角色,尤其是对地下酒吧的供应。这场屠杀除了激发了人们对犯罪团伙的愤怒之外,也加剧了人们要求废除禁酒令的呼声,或者至少是放宽政策,允许低度酒的生产和饮用,因为当时的禁酒令正在引发一场犯罪高潮。

随着禁酒令将人们的注意力集中于公共醉酒现象,饮酒者也感受到了其威力。在20世纪20年代期间的费城,因为醉酒、酒后扰乱社会治安和习惯性醉酒而发生的逮捕案件大幅增加,从1919年的23 740起增加到1922年的44 746起(包括1921年新增加的酒后驾驶),在1925年又增加至超过58 000起。[16]换句话说,在20世纪20年代中期的费城(大约130万人口),每周有超过1 000起针对公共醉酒的逮捕事件。当然,我们应该知道,这些数据未必能反映醉酒事件的增长,因为逮捕量的增加可能是由于执法更加严格。但还有另外一种可能,即和以前相比,在禁酒期间,更多的酒是在家中饮用的,而这种饮用和社交模式的变化应该降低了公共醉酒现象的发生率。

禁酒令带来了一个意料之外的结果,我们不妨称其为“公共饮酒”的正常化。19世纪期间,禁酒运动已经十分成功地将饮酒描述成一种病态行为。几个世纪以来,公共饮酒一直是在节日和其他场合人们所共享的社交活动,但是已经逐渐变得仅限于酒吧,仅限于男性。后来,酒吧被妖魔化,成为这样一个地方:在酒精的作用之下,男人们满口脏话,参与赌博,置家庭于不顾,行为粗鲁而淫荡,并从事一些非法活动。禁酒令关闭了酒吧,却在无意之中催生了以酒为中心的新的社交场所,即地下酒吧。尽管长期受到突袭搜查和酒被没收的威胁,它们仍然活跃在许多城市。纽约市是反禁酒令的主要中心之一,据当地警方估计,到了1931年,这里大约有32 000家地下酒吧在营业。

地下酒吧既包括鼓励单独男性饮酒的阴暗的地下室酒吧,也有出售鸡尾酒、有乐队和歌手娱乐顾客的敞亮的夜总会。[17]具有讽刺意味的是,地下酒吧也吸引着中上阶层的顾客,包括那些为了避免自己名誉受损而从未踏入过酒吧的女性。女性已经成为了19世纪美国看不见的饮酒者:她们之所以能够隐藏身影,是因为她们实际上被酒吧拒之门外,因而是私底下在家中饮酒。她们之所以能够在文化上隐身,是因为禁酒运动的言论给公众留下了这样一种印象,即“男人是酒鬼而女性不饮酒"。地下酒吧的俱乐部风格更加受女性欢迎,她们能在那里饮酒而不会被视为不道德,虽然事实上她们这么做是在支持犯罪活动。一些女性更倾向于时常光顾地下酒吧,而不是继续在家中饮酒(非法酒),这表明在禁酒时期意外出现了一种新兴的饮酒文化。

在美国的小社区和农村地区,对非法酒的饮用并没有地下酒吧的那种浪漫情调。非法酒吧是20世纪三四十年代的俱乐部和卡巴莱歌舞厅的先驱,这里有中产阶级客人和音乐。在乡下,禁酒时期的景象是一个由小规模生产者组成的网络,他们在自己的家中、车库中或者是隐藏在森林或沼泽地中的棚屋里,用5加仑的牛奶罐、50加仑的铁桶或者其他能用的容器制造威士忌。大部分生产者很穷,或者说至少大部分被起诉的生产者都很穷。佛罗里达州被定罪的非法酿酒者的情况显示,他们中3/4的人平均净资本只有74.5美元;很多是女性,还有一些是非洲裔美国人,自从禁酒令让私自酿酒成为一个能得到稳定收入的活动后,他们就开始干这个。他们的顾客支付大约每品脱50分或者每加仑3美元的酒钱,来购买那些可能对身体很有危害的酒,至于其口感和品质,我们只能想象。

尽管《沃尔斯泰德法案》规定了禁酒令在实践中的操作性,规定了生产和销售酒都是犯罪行为,但它还是指明了"烈性酒"可以用于医疗用途,能"减缓某些已知的病痛"。这种用途的烈性酒被限制在每十天1品脱的量(大约每天1.5盎司),并且凭处方只能购买一次。要想开酒的处方,医生需要从联邦官员那里获取许可。很多医生反对这些规定,不是因为他们反对禁酒令(医疗界在这件事上存在分歧),而是因为这条法律实际上赋予了政府干预医生行医方式的权力。

由于这条法律只提到了"烈性酒"而没有提到啤酒,于是又产生了另外一个问题。很多医生和非专业人士相信啤酒有治疗效果。约翰·帕特里克·达文(John Patrick Davin)是反对政府医疗处方规定的著名内科医生之一,也是纽约医学协会执行秘书,他争论说,啤酒已经被表明能够治疗诸如贫血和炭疽菌中毒等多种疾病。[18]在禁酒令被颁布之后的几个月里,医生们纷纷向政府申请,要求获得开处方啤酒的资格。司法部长认为,因为禁酒令的目的不是控制医生,每个医生都应该拥有给每位患者开治病所需数量的啤酒的自由。一项政府调查显示,"很多内科医生说他们有些患者每天要喝一瓶到三瓶啤酒才能有助于康复",并且啤酒对于"某些女性疾病"特别有效。[19]

这些医生并非庸医,显然,直到20世纪,美国医生的主流仍然认为酒是有益健康的。1921年一项对53 900位随机选择的内科医生的调查显示,他们中51%的人支持开处方威士忌,26％的人认为啤酒是"一种必要的药物"。还有一小部分内科医生支持葡萄酒;尽管葡萄酒在欧洲具有很长的治疗传统,但是在美国,葡萄酒远没有像威士忌和啤酒一样被广泛饮用。尽管如此,还是有一位得克萨斯州医生提到用香槟治疗猩红热某些症状的成功案例。这些支持医用酒的观点并不一定是更广泛的反禁酒立场的一部分。很多医生认同一位调查受访者的观点:"作为一种药物,威士忌是好的,而作为一种饮品,它是完全不必要的。"有些人谴责《沃尔斯泰德法案》,说它创造出了一种"国家药物",也有些人提到这样的案例,即那些被剥夺了酒的患者遭受了不必要的折磨甚至死亡。[20]

　　1921 年 4 月,《沃尔斯泰德法案》的起草者安德鲁·沃尔斯泰德(Andrew Volstead)试图通过一条修正法案,禁止用于治疗目的的啤酒处方,并进一步限制将烈性酒用于治疗。医疗用啤酒这一漏洞有可能会让禁酒令形同虚设。据估计,医生每天能给每位患者开出三瓶啤酒的处方,有人指出,在这样的情况下,政府干脆直接将酿酒合法化算了。尽管担心干扰医疗界会产生政治上的后果,因为医生们能够对他们各自的社区施加影响,但国会还是在 1921 年 11 月通过了法案,堵上了啤酒能被作为处方药使用这一漏洞。这导致的一个结果就是,在 1917 年支持禁酒令、反对医用酒的美国医学协会改变了原先的立场。为了能够开处方酒,医生一路斗争到了最高法院,但在 1926 年一次非一致性的裁决中,法官们最终站在了政府一边。

　　对于自己在禁酒时期的角色,药剂师和内科医生一样不开心。在许多处方药中,酒是唯一一种最重要的成分,因为药剂师们有执照可以拥有酒,当医生开出酒处方时,全国的 50 000 位药剂师就要负责配发酒(即威士忌)。要做到这一点,他们需要花费 25 美元申请一个执照,尽管很多人不情愿,但是大多数人因为担心失去有关业务而这么做了。药剂师们非常不满,因为在他们看来,自己变成了酒零售商,但是随着他们意识到可以从配发酒的过程中获取利益时,药房的数量迅速增加。为了应对这种趋势,政府通过了法案,限制药房从药用酒处方中获取的利润,规定最高不能超过其销售额的 10％。[21]

　　当禁酒令在 1933 年被废止时,其涵盖范围和执行情况都还在发展之中。在 1932 年的总统选举中,民主党候选人富兰克林·D.罗斯福表示要废除禁酒令,这反映了 20 世纪 20 年代公众心理的转变。除了华盛顿特区对禁酒令的支持率下降之外,还有来自各州的不断增长的压力,部分压力来自 1929 年冲击美国的经济大萧条所导致的经济和金融现状。随着工农业生产的衰落和失业率的增长,联邦、州和市政府的预算缩水,政客们开始怀念禁酒时期之前酒精饮料所带来的税收。1929 年,联邦政府从蒸馏酒所得的税收不到 1 300 万美元,远远低于 1919 年的 3.65 亿美元。与十年之前 1.17 亿美元的税收相比,1929 年从啤酒和葡萄酒获取的税收几乎为零。[22]酒类生产的复苏不仅能够给政府带来财富,还能给整个产业带来生机,直接或间接地为数百万的美国人带来就业机会。

对禁酒令的体验还反映在国家对许多美国人所认为的个人生活的严重侵犯上。禁酒令拥护者指出了禁酒所带来的具体效益,如一些疾病的发病率下降、交通事故和杀人案也在下降,但是禁令也让几百万的美国人触犯刑法。在大萧条期间,随着失业者开始将制作和出售非法酒作为谋生手段,小规模非法酿酒商的数量似乎增加了。1932 年,一个从乔治亚州前往佛罗里达州去寻找工作的人因为找不到工作,就转而开始“出售每品脱 50 美分的威士忌给黑人”[23]。

经济大萧条的到来本身肯定削弱了对禁酒令的支持度。禁酒的美国本应该是一个和平、幸福、繁荣之地,但是当 20 世纪 30 年代到来时,这个国家似乎到处都是悲惨的穷人。当然,不能将经济大萧条归咎于禁酒令,但它无疑也带来了一种绝望情绪。从最普通的意义上讲,禁酒令剥夺了适度饮酒的普通美国人饮用啤酒和威士忌的权利,在当时惨淡凄凉的情况下,也剥夺了他们本可以从中获得的些许乐趣。

新的组织产生了,如成立于 1929 年的美国妇女禁酒改革组织(Women's Organization for National Prohibition Reform,WONPR),这表明在对禁酒令的支持方面,妇女们远没有达成一致。在其成立两年之内,就吸引了超过 30 万名成员,当禁酒令在 1933 年被废止时,该组织宣称有 130 万名成员。美国妇女禁酒改革组织推翻了禁酒主义者的论断,认为禁酒令遏制了人们适度饮酒的趋势,刺激了酒精的滥用,加剧了犯罪、政治腐败和人们对法律的漠视,从而对家庭、妇女和儿童造成了危害。这一组织的大多数成员是中上阶层的女性,而非那种将重要的社会和道德问题视同儿戏的人。她们的努力让废除禁酒令的运动变得受人尊重,本来这一运动已经被顽固的禁酒主义者描绘成守旧的男性发起的运动,他们只想回到过去那种在酒吧中肆意饮酒的糟糕日子。

对于禁酒令的反对和幻灭,加上对更大范围改革的渴望,促成了 1932 年罗斯福成功当选总统。他在 1933 年 1 月就职后最早的行动之一就是修改《沃尔斯泰德法案》,允许生产和销售度数在 3.2% 以下的酒。啤酒厂再度开始运转,不久美国人就享受到了淡啤酒。与酒相关的诉讼数量急剧下降。在 1933 年半年,国会通过了废除美国宪法第十八修正案的美国宪法第二十一修正案，全国性的禁酒令也戛然而止。酒政策的决定权回到了各州政府的手中，由联邦政府通过美国烟酒枪械管理署负责监督(包括酒在各州间的运输)。

很难判断美国的禁酒令是成功还是失败，尤其是因为我们无法对两者进行明确的界定。一个简单的判断标准是饮酒现象的减少，但是要想真正确定饮酒量是不可能的。在禁酒期间，被饮用的大部分酒都是违法的，显然多数都逃过了官方的监管和记录，那些被当局查获的酒是例外，但我们无从知晓市场上非法酒所占的份额。一项关于禁酒令影响的研究使用了有关事件的变化趋势来计算酒的饮用量的变化：肝硬化和酒精中毒所导致的死亡率、因酒毒性精神病而入院的人数以及对酗酒者的逮捕量。研究者得出了这样的结论：在禁酒令颁布之后不久，酒的饮用量下降到了禁酒之前的 20％—40％，但是很快就开始攀升，到了 20 世纪 20 年代后期，很快上涨到了禁酒令颁布之前水平的 70％。[24]这一趋势是有原因的，因为要想开发用于秘密酒生产的设施，确定外国酒的来源地，组织销售渠道和零售点，都需要一些时间。

尽管我们不能确切知道禁酒期间的酒的饮用量，但所有证据都表明，尽管禁酒令之后的饮酒量比禁酒令之前要低，但是仍然相当可观。饮酒量低的原因很好解释：酒不再公然可得，而是不得不在暗地里购买；饮酒者必须要知道从谁那里买酒，或者是到哪里去喝酒。无论是后院酿造的私酒，还是地下酒吧的威士忌，购买酒就意味着参与了犯罪，即使购买和饮酒这些行为本身并不构成犯罪。酒普遍变得更加昂贵，据说一些酒的价格比禁酒令颁布之前贵了 500％，这是因为生产商和销售商将他们的成本和风险算了进来，实行的是卖方市场定价。在这种文化和经济上都受到限制的情况下，让人感到奇怪的不是美国人会继续饮酒这一事实，而是相对高水平的饮酒量似乎占了上风这一事实。

除了一直持续到禁酒令被废止后的饮酒水平的变化，美国的饮酒文化也发生了一些改变。很多地下酒吧迎合男性的需求，向人们提供禁酒令之前的酒吧所拥有的基础设施。但是高端的地下酒吧开创了一种新型的公共饮酒模式，如果说非法的秘密饮酒能被称作"公共"的话。在这些地方，"品行端正"的女性和男性混在一起，尽管这些地下酒吧主要是提供酒的地方，它们也提供食物和娱乐。我们看到，酒开始被融入一种没有性别之分的公共社交，这在美国是一种新的现象。可见，禁酒的总体形象是很复杂的，无法简单概括。美国人对禁酒令的体验取决于他们生活在哪里，以及他们的经济情况、性别、种族和年龄。然而最终更多的美国人发现禁酒令存在缺陷，并且为废除禁酒令进行了有效的投票。

其他国家的禁酒运动也有与美国各州和联邦层面的禁酒运动相类似之处。在墨西哥，1910 年革命就已经开启了各个州的禁酒时期，这常常不像美国那样是来自民众的压力，而是和苏联一样，是因为新的政治领导层偏爱禁酒政策。墨西哥新的政治精英担心饮酒的水平，认为这就是国家贫穷落后的原因，他们把禁酒令看作社会革新不可分割的一部分。尤卡坦州的朗姆酒业欣欣向荣，州长萨尔瓦多·阿尔瓦拉多(Salvador Alvarado)是一位积极的控酒支持者。在 1915 年期间，阿尔瓦拉多通过了一系列日益严格的禁酒法。首先，他立法禁止向女性和未成年人出售酒精饮料，接着他禁止女性在酒吧工作和饮酒，后来又禁止餐厅售酒。酒吧成为唯一可以买到酒的地方，如果酒吧建在靠近学校的地方就不得不迁址。饮酒现象屡见不鲜，让人无法接受，他禁止在所有那些人们喜欢饮酒的场合售酒，包括午休期间、夜里 10 点后、周日和国家法定假日。看到在他认为是严重酗酒的情况屡禁不止，他就取缔了所有度数高于 5％的酒精饮料的生产和销售。[25]

相对于五年后美国所采用的 0.5％的基准线，这样的度数算是宽宏大量了，但是尤卡坦州的居民渴望度数更高的酒。在禁酒令执行之后，出现了一个地下的酒产业，为饥渴而热切的市场服务，这是多么熟悉的一幕！与此同时，很多女性团结起来，加入一场民众禁酒行动中，这项行动的动力部分上源于这样一种观念，即朗姆酒应该对广泛的社会问题（包括男性的性不忠）负责任，部分上是因为地主利用朗姆酒创造了一个强迫劳动的制度：贫穷的农民被允许在酒吧高筑债台，然后雇主会为其偿还债务，条件是农民要寄居地主篱下，靠为其劳动来偿还债务。

经济剥削和酒之间的联系加剧了墨西哥社会主义者的禁酒倾向，在 1918 年的第一届社会主义工人大会上，女性代表们将禁酒令推到了议程的首位。但是在这里，禁酒令依然仅仅是一个零星制定的政策，取决于具体情况和具体地区的领导层。1918 年，当尤卡坦州新的社会主义者总督到一座村庄考察时，他被那里的妇女所包围，要求他关闭所有的酒吧，"因为她们的丈夫把所有的工资都花在这些地方，让她们和子女缺衣少食"。这位总督关闭了酒吧，作为报复，村里的男性驱逐了村里的神父，从而剥夺了他们更加虔诚的妻子参加圣餐仪式的机会。到了 1922 年，这个州其他七个村庄也实行了禁酒（并驱逐了神父）。[26]

即使如此，社会主义者并没有在尤卡坦州严格执行禁酒令。尽管在意识形态上非常投入，但是在实践中，该党的男性领导者却并不愿意去挑战由来已久的社交饮酒习惯。他们还发现提供酒是一个有效的方法，可以说服男性与社会主义党结盟。候选人在酒吧召开会议,一旦上任,很多官员就从酒的非法贸易中获利。1923年,墨西哥发生了一次军事政变,反叛分子的最早行动之一就是取消对酒的限制。当社会主义者次年再度掌权时,他们实际上放弃了对饮酒的控制,而是发明了一个制度,将酒纳入一个让许多政治领导人获利的贪污系统中。尤卡坦州的禁酒令最初将整个州、一项全民运动和女性组成一个联盟,但这个联盟在十年后就名存实亡了。

1910年革命之后,在墨西哥的其他地方,杜兰戈州取缔了酒的生产和饮用,墨西哥城内的酒厂都被关闭了。在奇瓦瓦和锡那罗亚,违反禁酒令会被处以死刑。尽管如此,总体评价下来,墨西哥的禁酒令执行得很宽松,并没有得到严格的遵守。政府需要来自酒税的收入,并且禁酒令造成了大范围的腐败和黑市的繁荣。[27]

就像我们前面看到的那样,对美国官员而言,墨西哥关于酒的法律十分重要。当美国人受到禁酒令的限制时,墨西哥最终成为非法酒的来源地。然而,即使在那之前,墨西哥酒已经引起了美国禁酒人士的焦虑。1915年,基督教妇女禁酒联合会加利福尼亚帝王谷分会的成员意识到,她们社区的供水源自靠近美国边境的墨西哥小镇墨西卡利。由于担心这些水可能被墨西卡利的很多酒吧所污染,他们通过游说将禁酒令的范围扩大,不仅仅包括加利福尼亚州,而且还涵盖了这个墨西哥小镇。帝王谷的水龙头流出的水中会发现酒精,虽然这听起来荒诞不经,但是美国国务卿非常严肃地看待这个问题,专门就此与墨西哥政府进行讨论。[28]

因为类似的原因,加拿大的酒政策也引起了美国当局的关注。美加之间的边境很漫长,(在当时)防守也很松散,这为走私酒到美国提供了很好的机会,而最好的防范是加拿大的禁酒令。在禁酒制度下,那里生产的一切非法酒都将在当地出售,因为生产者不愿冒更大的风险将他们的产品运过国界线,虽然这个国界线的防守并不严密。一个问题就是酒主要被省级政府所管制,不能确定每一个省级政府都会实行禁酒令。从19世纪末开始,所有这些省级政府都允许市民围绕酒的销售进行投票。到第一次世界大战爆发,很多地区都已经禁酒。支持禁酒的组织施加压力,要求更全面禁酒。在战争期间,如同很多政府所做的那样,加拿大的各个省都屈服于这一压力,虽然很少有省份制定了绝对的禁酒令。

1915年,萨斯喀彻温省关闭了所有的饮酒场所,将酒的销售权仅限于没有禁酒的自治市的国有商店。次年,在一次全民公投之后,就连这些商场也被关闭了。在1916年,阿尔伯特省、马尼托巴省和不列颠哥伦比亚省的选民选择了禁酒令,安大略省、新斯科舍省、新不伦瑞克省的政府同意在没有全民公投的情况下颁布禁酒令。仍是英国殖民地的纽芬兰在同一年也投票支持禁酒令,1918 年,在一次非决定性的公投之后,联邦政府把这一政策延伸到了育空地区。魁北克是个例外,其政府和人民对禁酒令并不感兴趣。1918 年初,政府出台了一个禁令,从 1919 年 5 月起禁止酒的零售,但是在此期间,买卖照常进行。但是在彻底禁止销售的禁令生效前的一个月,政府改弦易辙,使其仅适用于烈性酒,而葡萄酒、淡啤酒和苹果酒依然能够被销售。[29] 在安大略省,禁酒令也是选择性的;在葡萄种植者和葡萄酒生产者的施压下,政府允许葡萄酒的销售,但这只是对于来自葡萄酒庄的、最少 5 加仑的葡萄酒而言。这实际上让穷人无法从合法酒市场购买到酒。

加拿大的联邦法规把各省的禁酒政策拼凑到一起,控制着酒政策中不在省管辖范围之内的那些方面。在 1918 年,将酒进口到加拿大是被禁止的,酒的生产和省与省之间的酒贸易也都被禁止。所有禁令都持续到战争结束一年后,也就是 1919 年 11 月。在大约 18 个月的时间里,除了安大略和魁北克之外,其他各省的人都无法通过合法手段获得度数高于 1.5% 或者 2% 的酒(不同省份有所不同)。然而,度数更高的酒可以被生产以供出口,尽管载货清单上显示有其他目的地,但其中大部分都被偷偷运到了美国。

随着第一次世界大战的结束以及加拿大联邦法规的失效,各省不得不自行决定是要持续、修改还是放弃战争时期的酒政策。安大略省和新不伦瑞克省的公民投票延续了现有的政策,但是不列颠哥伦比亚省和魁北克省的投票决定放开酒的销售。在 1919—1923 年的那场立法浪潮中,联邦政府和省政府对酒的流通加以限制,大幅度增加了酒税。从全国层面来看,加拿大从未像美国那样颁布过全面禁令,但反酒精势力确信这个国家是一场全球性运动的一部分。1925 年,加拿大基督教妇女禁酒联合会的会长声称:“全世界都在禁酒。”[30]

即使到了 1925 年,这个声称依然很空洞,因为有几个省已经废除了禁酒令,并允许省属的商场销售酒。魁北克省在 1919 年就这样做了;到了 1925 年,不列颠哥伦比亚省、马尼托巴省、阿尔伯塔省、育空地区也紧随其后;1927 年时,安大略省也废除了禁令。到了 1930 年,加拿大唯一没有废除禁酒令的是爱德华王子岛,在这里,禁酒令一直延续到 1948 年。在酒的零售被放开之后,各省迅速行动起来,允许人们在酒吧、酒馆和其他有营业执照的店内饮酒。到了 20 世纪 20 年代,几乎所有的省都这样做了。

在大西洋彼岸,欧洲国家中很少有尝试禁酒令的。在英国、法国、意大利、德国、西班牙这些国家,对于大部分成年人来说,饮酒是日常生活的一部分,禁酒是一个不可能的命题。但是在有着强烈社会改革传统的斯堪的纳维亚半岛,禁酒令的确起到过支配作用,虽然这种支配并不强大。1919 年,芬兰出台了最严格的法规,政府禁止所有酒精度数高于 2% 的酒。这一政策一直延续到 1932 年,面对广泛的抵制,最终被废止。据报道,在禁酒期间,酒的饮用量有所增加,因为芬兰人除了饮用大量经过沿海边境走私进来的酒之外,还饮用当地生产的酒。

在挪威,当地公民投票选择了禁酒,到了 1916 年,只有九个小镇允许酒的销售。这一年,面对战争时期的食物短缺,政府取缔了烈性酒,次年,又取缔了啤酒(包括淡啤酒)。在 1919 年围绕禁酒令举行的公投中,62% 的挪威人投票禁止销售烈性酒和强化葡萄酒,但允许饮用佐餐葡萄酒和啤酒。然而,强化葡萄酒的生产者(特别是在西班牙和葡萄牙)坚持,如果要他们进口挪威的鱼和海产品,挪威人就必须要购买他们的葡萄酒。这导致了禁酒进程的改变,同样导致这一变化的还有:医生和兽医开了大量的烈性酒作为处方。1923 年,对于强化葡萄酒的禁令被取消,四年后,在那些 1916 年时就被允许销售烈性酒的城镇,烈性酒的销售再次被放开。[31]

在瑞典,关于酒的立法建立在对控酒的广泛支持之上。20 世纪初,10% 的瑞典人成为戒酒协会的成员,女性组织信奉戒酒是改善家庭生活的手段,工人运动的领导层声称酒是资产阶级用来控制工人的工具。他们在地方层面的努力让一些社区掌握了酒销售的管理权,以此来消除被认为导致了零售商鼓励酒销售的利润动机。这种"没有利害关系"的管理系统确保投资者能得到适当的回报(大约 5%),剩余的利润拨付给社区。这一制度被称为"哥德堡制度",因为哥德堡是最早采用它的城市。到了 1905 年,这一制度在整个瑞典被强制推行。[32]

尽管这一制度可能会减少酒的饮用量,瑞典大众还是支持彻底禁酒。在 1909 年的一次大罢工中,禁酒主义者成功说服政府在罢工期间实行禁酒令,理由是酒只会加剧劳资冲突。在五周的禁酒结束后,戒酒组织举行了一场非官方的公投,要让禁酒令永远持续下去。就像一位史学家所说的那样,"结果令人震惊":55% 的瑞典成人参与了投票,其中 99% 投票支持禁酒令。[33] 然而要在瑞典国会通过这样一个政策要困难得多。众议院同意通过法案,允许地方当局在其辖区内实行禁酒令并建立一个记录簿制度,以此来规范那些允许饮酒地区的人饮酒。但上议院否决了地方的选择,担心这样会影响就业和经济。

1913 年,哥德堡建立了一个记录簿制度来控制个人对酒的购买量,规定每个人每三个月只能购买 5 升的酒。这个制度的成功影响了国家和地方禁酒令的选择。1917 年,当议会通过了期待已久的酒法时,它选择了记录簿制度,部分原因是它担心地方禁酒令会严重影响国家税收。1922 年围绕禁酒令举行了一次全民公投,其结果与 1909 年的非官方投票大相径庭:只有 49％的瑞典人支持禁酒,远远少于所需要的 2/3。[34]

当一个国家的政府无法或不想将这种政策应用到全体人民身上时,"地方选择权"作为地方当局对酒的生产和销售实施禁令或限制的权力,经常是一种妥协。印度就采用了这一解决方案,立法机关于 1921 年建立了一套地方选择系统。在印度部分地区,戒酒令深受欢迎,这些地方借鉴了印度教中应该远离令人迷醉的事物这一教规。酒也是 20 世纪早期印度民族主义者对于帝国主义批判的一部分,像圣雄甘地这样的民族主义者就支持禁酒。1937 年,他谴责将酒税用于教育投资:"最残酷的讽刺……在于我们只能依靠酒税来维持未成年人的教育……无论要付出其他什么样的代价,这个问题的解决都不应该损害禁酒理想。"[35]

1937 年,马德拉斯邦实施了禁酒令,不仅禁止了酒的生产和销售,还涵盖了任何"饮用或购买酒或者任何让人上瘾的药物"的行为。最高处罚是入狱六个月和 1 000 卢比的罚款。此外,对酒精饮料的定义也比大多数法律更全面:"棕榈酒、酒精、甲基化酒、葡萄酒、啤酒以及所有由酒精组成或含有酒精的液体。"[36]禁酒令延伸到了印度的其他地区,在 1947 年印度独立时,禁酒原则被写入了宪法。

作为一个面积更小、人口也更少的国家,比利时在 1918 年短期实行了全国性的禁酒令,只适用于蒸馏酒。这条"范德费尔得法"(Vandervelde law)得名于号召禁酒的比利时工人党国会议员。但是这种有所保留的禁酒令(允许葡萄酒和啤酒的销售)在次年被修改,取而代之的是一个更加永久的体系,这个体系持续了 20 世纪的大部分时间。它允许人们从零售商那里购买最低量为 2 升的烈性酒,以此来阻碍穷人购买。但它保留了禁止酒吧和咖啡馆销售烈性酒(酒精度数超过 22％的饮品)这条规定。[37]

其他国家也有过实行禁酒令的念头,但是最接近于这样做的国家是新西兰。在 20 世纪的大部分时间里,新西兰每次大选都会围绕酒政策举行公投。1911 年,56％的投票支持禁酒令,但是通过该法的门槛是投票率要达到 60％。在 1919 年的公投中,支持禁酒令的投票仅仅比所需票数少了 3 000 份。这个国家之所以没有实行禁酒令,很大程度上是因为那些从战场上归来的士兵们的反禁酒投票。其后,禁酒的支持率稳步下降,在 20 世纪 30 年代中叶,支持率跌到了 30％,到了 20 世纪后期,跌得更低。[38]

1914—1933 年,墨西哥、美国、加拿大、芬兰、冰岛、挪威、印度以及俄国/苏联都认真尝试过禁酒令,其他国家也出台了各种限制酒的生产、销售和饮用的规定。经过几十年的禁酒运动,禁酒之风来也匆匆,去也匆匆。全国性的禁酒运动被跨国的禁酒运动联系到了一起(参见图 12)。一位历史学家将这一禁酒浪潮比作"完美的风暴",在这场风暴中,第一次世界大战"通过政策制定这一广泛的制度渠道,为国际共享的戒酒理念向具体政策的戏剧性转变提供了一个通用的方法"。[39]

禁酒试验和经历对一些国家的酒政策和酒文化产生了深远的影响。尽管禁酒令被作为一个失败的政策而废止,西方世界依然对酒严加管控。在一些国家和地区(尤其是加拿大和斯堪的纳维亚),禁酒令被国家的酒垄断机构所取代,而在禁酒时期之前,这里有一个能够自由交易的酒市场。也许更重要的是,禁酒时代的经验有了更广泛的应用,它使许多人相信,尝试去禁止任何存在大量需求的商品(如毒品)或服务(如卖淫),都是徒劳无功的。

【注释】

[1] Nurdeeen Deuraseh, "Is Imbibing *Al-Khamr* (Intoxicating Drink) for Medical Purposes Permissible by Islamic Law?," *Arab Law Quarterly* 18(2003):355—364.

[2] Ricardo Campos Marin, *Socialismo Marxista e Higiene Publica : La Lucha Antialcohólica en la II Internacional (1890—1914/19)* (Madrid: Fundación de Investigaciones Marxistas, 1992), 119—139.

[3] Laura L.Phillips, "Message in a Bottle: Working-Class Culture and the Struggle for Political Legitimacy, 1900—1929," *Russian Review* 56(1997):25—26.

[4] Stephen White, *Russia Goes Dry : Alcohol, State and Society* (Cambridge: Cambridge University Press, 1996), 16.

[5] Kate Transchel, "Vodka and Drinking in Early Soviet Factories," in *The Human Tradition in Modern Russia*, ed. William B. Husband (Wilmington, N. C.: Scholarly Resources, 2000), 136—137.

[6] Carter Elwood, *The Non-Geometric Lenin* (London: Anthem Press, 2011), 133—135.

[7] Phillips, "Message in a Bottle," 32.

[8] Helena Stone, "The Soviet Government and Moonshine, 1917—1929," *Cahiers du Monde Russe et Soviétique* 27(1986):360.

[9] White, *Russia Goes Dry*, 21—22.

[10] Jack S. Blocker, "Did Prohibition Really Work?," *American Journal of Public Health* 96 (2006):236.

[11] James Temple Kirby, "Alcohol and Irony: The Campaign of Westmoreland Davis for Governor, 1909—1917," *Virginia Magazine of History and Biography* 73(1965):267.

[12] Ernest R. Forbes, "The East-Coast Rum-Running Economy," in *Drink in Canada : Historical Essays*, ed. Cheryl Krasnick Warsh(Montreal: McGill-Queen's University Press, 1993), 166—167.

[13] Gabriela Recio, "Drugs and Alcohol: US Prohibition and the Origin of the Drug Trade in Mexico, 1910—1930," *Journal of Latin American Studies* 34(2002):32—33.

[14] Alfred G. Hill, "Kansas and Its Prohibition Enforcement," *Annals of the American Academy of Political and Social Science* 109(1923):134.

[15] John J. Guthrie Jr., "Hard Times, Hard Liquor and Hard Luck: Selective Enforcement of Prohibition in North Florida, 1928—1933," *Florida Historical Quarterly* 72(1994):437—438.

[16] Joseph K. Willing, "The Profession of Bootlegging," *Annals of the American Academy of Political and Social Science* 125(1926):47.

[17] 剑桥大学的 W. 狄克逊(W. Dixon)教授如此谴责鸡尾酒的流行："对于年轻人尤其有害,无论男女,他们占鸡尾酒饮用者的很大比例,部分是为了摆脱羞怯,部分是出于一种故作勇敢的心理……和其他的酒类相比,鸡尾酒最容易让人养成过度饮酒的习惯。"(*British Medical Journal*, January 5, 1929, 31.)

[18] Jacob M. Appel, "'Physicians Are Not Bootleggers': The Short, Peculiar Life of the Medicinal Alcohol Movement," *Bulletin of the History of Medicine* 82(2008):357.

[19] Ibid., 361.

[20] Ibid., 361—366.

[21] Ambrose Hunsberger, "The Practice of Pharmacy under the Volstead Act," *Annals of the American Academy of Political and Social Science* 109(1923):179—192.

[22] Blocker, "Did Prohibition Really Work?," 236.

[23] Guthrie, "Hard Times, Hard Liquor," 448.

[24] Jeffrey A. Miron and Jeffrey Zwiebel, "Alcohol Consumption during Prohibition," *American Economic Review* 81(1991):242—247.

[25] Ben Fallaw, "Dry Law, Wet Politics: Drinking and Prohibition in Post-Revolutionary Yucatán, 1915—1935," *Latin American Research Review* 37(2001):40—41.

[26] Ibid., 46.

[27] Recio, "Drugs and Alcohol," 29—30.

[28] Ibid., 27—28.

[29] Craig Heron, *Booze: A Distilled History* (Toronto: Between the Lines, 2003), 179—181.

[30] Ibid., 183.

[31] Sturla Nordlund, "Norway," in *Alcohol and Temperance in Modern History: An International Encyclopedia*, ed. Jack S. Blocker Jr., David M. Fahey, and Ian R. Tyrrell (Santa Barbara: ABC-CLIO, 2003), 2:459—460.

[32] Mark Lawrence Shrad, *The Political Power of Bad Ideas: Networks, Institutions, and the Global Prohibition Wave* (Oxford: Oxford University Press, 2010), 96—97; Halfdan Bengtsson, "The Temperance Movement and Temperance Legislation in Sweden," *Annals of the American Academy of Political and Social Science* 197(1938):134—153.

[33] Shrad, *Political Power of Bad Ideas*, 97.

[34] Ibid., 97—103.

[35] "Atreya," *Towards Dry India* (Madras: Dikshit Publishing, 1933), 82—83.

[36] Ibid., 143.

[37] Thomas Karlsson and Esa Österberg, "Belgium," in Blocker, Fahey, and Tyrell, *Alcohol and Temperance in Modern History*, 1:105.

[38] Charlotte Macdonald, "New Zealand," in Blocker, Fahey, *and Tyrell*, *Alcohol and Temperance in Modern History*, 2:454.

[39] Shrad, *Political Power of Bad Ideas*, 9.

第十四章　禁酒令之后（1930—1945 年）: 酒的正常化

相较于此前的 2 000 年,在 20 世纪初的 20 年里,各国对于酒的生产和消费有了更系统的限制,其中包括俄国/苏联和美国那些高尚和不那么高尚的禁酒试验,还有加拿大、斯堪的纳维亚和墨西哥部分地区类似的禁酒政策。在第一次世界大战期间,很多国家制定了一系列复杂的法规来应对当时的特殊挑战,但是这些法规在战争结束之后又延续了很久,其中涉及生产、饮酒年龄和酒馆、酒吧的营业时间。从 20 世纪 20 年代中期到 20 世纪 60 年代的几十年里,很多国家的立法者一直在努力应对一种内在的紧张关系,即一边是要恢复更加宽松的酒政策,一边又要限制饮酒,以维护公共健康和秩序。生产和消费有时会反映这些政策,但有时也会受到下列因素的影响:经济萧条和繁荣周期,独裁主义国家采用的以阶级或种族为基础的政策,还有第二次世界大战。

1933 年 12 月,富兰克林·罗斯福总统宣布,废除美国禁酒令的美国宪法第二十一修正案已经获得了生效所必需的 36 个州的批准。但是,由于不想表现得对于酒的再次自由流通过于兴高采烈,罗斯福走了一条谨慎小心的中间路线:一边赞扬这条修正案恢复了个人自由,一边又警告人们不要采取不负责任的酒政策。修正案明确规定,禁止违反国家或地方法律规定的酒类出口,这实际上赋予各个州对其境内酒政策的支配权。但是罗斯福建议人们,不要恢复以前政策中被反酒精游说者所认为的最糟糕的方面。"我着重申明,"他说,"任何州不得以法律或其他途径授权恢复酒吧,无论是以之前的形式还是经过一番改头换面。"作为对禁酒支持者的进一步表态,罗斯福总统呼吁公民要学会负责任地饮酒,不要回到禁酒时期之前的"糟糕状态"[1]。这是一条十分谨慎的声明,一方面承认了禁酒主义者担忧的合理性,另一方面又摒弃了他们的解决方案。

虽然酒政策现在已经完全掌握在各州手中,但联邦政府仍保留着对一些事务的管辖权,如州际酒类贸易以及葡萄酒庄和啤酒厂营业许可的发放。它建立了联邦酒精管理局来处理这些以及其他事务,但是这个机构(及其继承者)在很大程度上保持不干涉的立场。毫无疑问,禁酒令的经历已经让联邦政府对推行酒政策兴趣全无。联邦酒精管理局的第一位局长显然希望公众能够不再对酒的问题感兴趣。他说,禁酒期间的很多饮酒事件反映了违法的吸引力,一旦酒再次变得唾手可得,饮用量肯定会下降。但是官员私底下肯定希望饮用量不要下降得太多或太快,因为政府迫切需要来自酒类的税收来资助公共项目。罗斯福政府的新政旨在帮助美国走出经济大萧条,美国人民挺过了难关,到了1936年,1加仑的蒸馏酒要付2.6美元的税,一桶啤酒要付5美元的税,这方面的税收占联邦政府总税收的13%。

美国宪法第二十一修正案最终催生了各种各样的规定,和禁酒令生效以前的情况一样。有些州禁酒,有些州不禁酒,但是对于营业许可的颁发和酒的饮用,每个州都有自己的规定。然而,在禁酒令被废除之后,许多在1920年以前就采取了禁酒政策的州选择准许酒的流通。显然,在经历了13年的禁酒后,许多州的立法机关已经对彻底切断酒供应的做法丧失了信心。大部分禁酒州在东南部;密西西比州是最后一个依然禁酒的州,直到1966年才废除禁酒令。一些州的立法者毫不犹豫地批准了酒类的再次自由流通,而另外一些州却因为禁酒令的废除爆发了新的冲突,因为禁酒组织行动起来,以阻止任何酒重新流入他们的州。

佛罗里达州就是这样一个例子,这里酒走私的问题比其他大部分州都更加严重,法院里和酒有关的案件泛滥成灾。随着禁酒令要被取消的趋势愈发明显,禁酒令的支持者和废除禁酒令的支持者分别组织起来,对佛罗里达州的立法者施压。[2]投票显示,在这个问题上,公民们持两种不同的观点。1933年4月,国会提高了酒精饮料的定义,把度数从0.5%提高到了3.5%,在之后一个月里,这个州的立法机构就将"淡啤酒""低度葡萄酒"和类似饮料的生产、销售和广告合法化。恢复酒产业(即使是以这种有限的形式)会为成千上万的美国人创造就业机会,为国库创造急需的收入,这样的论点压倒了禁酒运动的残余力量。这个州的报纸希望能够从酒广告中获益,并且也的确做到了,所以支持这一措施。1933年晚些时候,美国宪法第二十一修正案被提交给各州批准,佛罗里达州的会议代表全票通过,这使佛罗里达州成为了36个需要批准这一修正案的州中的第33个。

　　一旦禁酒令被废除,佛罗里达州的联邦法院就开始取消有关走私和贩卖私酒行为的主要指控。1935 年,有一次,在指控被撤销之后,当初的被告人发起起诉,要求归还 1933 年被没收的大约 75 加仑烈性酒。这些酒被归还给了他们,但条件是他们要缴纳这些酒所涉及的税。然而,联邦法院一位法官警告说,一旦酒可以合法获得,法院对无证经营的酒生产商的处理将比禁酒时期更加严格。1934 年,一位被控制造私酒的人被告知说:"禁酒令没有了,如果有人依然在生产烈性酒,但是不交税,那么这是不公平的,他必须停止生产。"但是直到 1934 年 11 月,美国宪法第二十一修正案生效几乎一年之后,佛罗里达州才废除了全州范围内的禁酒法。2/3 的佛罗里达人投票支持把管控酒的权力重新交给每个县。很多州采取了这个政策,确保在州内就像和州之间一样有很多监管上的变化。

　　经过了几十年的宣传,饮酒被说成是不道德的、不适合正派人的行为,在美国中产阶级主流文化中,对酒的积极看法的出现似乎几乎毫不费力。啤酒、葡萄酒和烈性酒的广告很快就填满了报纸的页面,到了 1935 年,《纽约时报》刊载的广告中有 1/5 是啤酒和葡萄酒。城市里霓虹灯和高速公路广告牌上都是酒类广告。1930 年制定的电影制作守则在 1934 年被修改(直到 20 世纪 60 年代依旧有效),本来可能希望以此来管理酒在荧幕上的形象,但是它把重点绝对是放在了对性和性别的描写上。在 1942 年的电影《卡萨布兰卡》的制作过程中,行政人员进行了干预,删除了任何表明两个主要人物里克和伊尔莎曾经发生过关系的暗示,然而这部电影不仅是在有很多酒馆装饰的酒吧内拍摄的,而且影片中充斥着关于酒、饮酒、赌博和其他酒吧活动的场景,而这些却没有遭到反对。

　　禁酒令被废除之后,在个人家庭和大部分美国城市的地下酒吧里形成的新都市饮酒文化浮出水面。鸡尾酒本来是为了掩盖禁酒时期大部分烈性酒的低劣品质,在禁酒令被废除以后,依然很受欢迎,特别是在女性中间,对她们来说,未经稀释的烈性酒被普遍认为太烈了,不适合女性饮用(直接喝或加冰喝烈性酒的行为都与男子气概联想在一起)。地下酒吧以精致的外形出现在公众面前,成为鸡尾酒会和晚餐俱乐部。这些新的饮酒场所丝毫没有酒吧的文化包袱,也没有其粗俗的男性化的联想,在这里,男女之间可以放心交往,而不需要担心会有任何丑闻。在家喝酒的行为也变得越来越公开,再也不需要假装自己没有这样做。妇女杂志刊登了有关鸡尾酒和葡萄酒宴会的文章,并提出饮酒礼仪方面的建议。

　　当然,因为禁酒令的终结而凸显出来的文化转变有可能被过分夸大,因为美国有很多种饮酒文化,这些文化建立在阶级、性别、种族、宗教和地区之上。美国人口中有很大一部分完全戒酒。很多人认为饮酒会威胁道德和社会秩序，还有人戒酒是因为宗教信仰（如摩门教）。大量的酒类广告是针对男性的，将饮酒和男性活动（如狩猎和骑马）联系在一起。并不是所有或大部分的饮酒行为都是优雅精致的。社区的小酒馆、酒吧和酒廊变成工人阶级男性见面和社交的地方，但是和据说1920年以前很常见的情况不同，它们常常不像以前那样喧闹。它们之间的差别肯定很细微，但是20世纪30年代的饮酒文化似乎和禁酒令之前有很大的不同。

20世纪30年代，精致饮酒的形象在很大程度上仅限于美国城市中的中上阶级，但是在边境以北的地区，在禁酒令之后的加拿大，即使在中上阶级中间，这种形象也基本上是缺失的。每个省用一个酒类零售系统取代了第一次世界大战期间颁布的禁酒法，这个系统使省政府垄断了酒类的销售，赋予其管控酒类生产、给酒吧和其他饮酒场所颁发营业许可的权力。1927年，加拿大最大的省建立了安大略省酒类管理局（Liquor Control Board of Ontario，LCBO），并创建了一个许可证制度来规范酒的获得方式。这个制度虽然发生了多种变化，但是直到20世纪60年代早期依然有效。任何一位21岁以上、想要买酒的安大略省居民都要申请许可证（就像一本护照），酒类管理局商店的店员将会记录下他们的每一次购买。[3]经理会不时地检查这些记录，如果发现问题，如某一位顾客买的酒太多了，或者根据其职业和收入情况，似乎在这上面花的钱太多了（许可证上面是有"职业"这一栏的），他们有权找顾客面谈。经理可以警告可疑的顾客或者对他们的许可证加以限制，使其只能从一家商店购买酒类（使员工可以更加有效地进行监督）。酒类管理局一旦认定某人酗酒，就会将其列入一份"禁售名单"里，这意味着他们将在一年之内不准买酒。禁售名单（在20世纪30年代每年大约有400—500人）将被告知警察和每一家酒类管理局商店。

如果说安大略省有些公民的饮酒权会因为其与酒有关的行为而被取消，还有一部分人则仅仅因为其社会地位而被剥夺这种权利。只有那些被认为"品行端正"的人才能获得许可证，这就将那些已知的或是被认为的酒鬼或酗酒者排除在外。其他的法律剥夺了原住民的饮酒权。没有工作的已婚妇女因为没有独立的收入，只有当她提供了其丈夫的职业信息之后才能获得许可证，而游客和暂住者在安大略省逗留期间可以申请临时许可证。

在欧洲，只有几个国家不得不应对放松限制性的酒精政策所带来的挑战。瑞典、挪威和芬兰都建立了国有酒类专卖店，这些专卖店一直延续至今。英国、法国和意大利在第一次世界大战期间就采取了适度的限制政策，在两次世界大战之间以及此后,其中很多政策被延续下来,如英国限制酒吧开放时间,法国取缔了苦艾酒的生产。消费模式随着经济周期的变化而波动,例如在大萧条期间,大规模的失业严重削弱了消费能力。

1929 年,英国政府成立了一个皇家委员会,专门研究酒类专卖法和酒类饮用对社会和经济的影响。1929 年人均酒类饮用量大大低于 30 年前:自 1899 年开始,烈性酒的饮用量已经从 1 加仑下降到 1/4 加仑,而啤酒的饮用量是之前的一半。通过这些措施,节制这一观念已经在英国流行的饮酒文化中牢牢确立下来。

该委员会在 1932 年发表的报告让人们没有理由担心。它建议酒吧维持第一次世界大战期间所实行的开放时间,虽然伦敦的警察总监和其他人主张让酒吧在整个下午开放(而不是在午餐和晚餐之间关闭)不大可能产生社会问题。对于英国人的饮酒习惯,委员们指出:"在酒精饮用量普遍降低的同时,也伴随着醉酒行为的明显减少。"他们专门提到年轻人,说他们饮酒时更负责任了。委员会指出,税更高了、酒精度数更低了、产业机械化不足、大萧条时代的失业现象,所有这些因素都导致了饮酒量的下降。因此,委员会宣布:"醉酒已经过时了。"[4] 即便说委员们很乐观,但他们并不天真幼稚。即便说有一个广泛的远离酗酒的文化转变,但仍然存在广泛的醉酒现象。他们推荐的措施包括:减少有经营许可的饮酒场所数量;提供更多与酒有关的教育。

在某些方面,这些措施已经被实施。从 20 世纪 20 年代初期起,英国酿酒商就已经开始重塑饮酒文化,他们建造了更大、更舒适的酒吧,通常是都铎王朝时期或乔治王朝时期的风格。[5] 许多酒吧的餐厅提供由高级厨师精心准备的美食,这些厨师是从伦敦的大酒店里挖来的。在没有酒的漫长下午,茶室会端上非酒精饮料。很多重新装修的酒吧都将休息室作为一种关键性的创新。铺上地毯,放上舒适的、装有软垫的家具,墙上挂上版画和绘画,把休息室布置成和一本正经的中产阶级客厅一样。它重新创造了在家喝酒的安全性,并让女性放心,在公共场所饮酒是得体的。惠特贝瑞(Whitbread)是英国最大的啤酒厂之一,这家公司的指示巧妙地概括了这个空间的女性化:"新的布置应该包括固定的家具、墙纸、重帷和'艺术品',如著名的赛马、拳击职业赛、已故政治家的年鉴肖像和其他难看的壁画等。"[6]

许多改良后的酒馆坐落在主要的高速公路和旁道上,这些道路可以容纳越来越多的车辆。在英国,拥有汽车的人数从 1925 年的 58 万人增加到第二次世界大战前夕的 200 多万人,越来越多的车主成为重要的顾客,他们能够打破在当地酒吧的饮酒传统。汽车使公路旅馆成为一种新的饮酒场所。由于其目的就是吸引富裕的有车族，公路旅馆甚至比升级后的酒吧还要豪华，提供了各种各样的便利设施，很多配备了游泳池、高档餐厅和有流行乐队的舞池，鼓励穿正装。公路旅馆全天供应酒，但除了啤酒、葡萄酒和烈性酒之外，其特色是鸡尾酒。它们和同时代柏林有伤风俗的俱乐部差别很大，但是和美国的许多鸡尾酒吧并没有什么不同。作为一个有点冒险色彩的、可以借助酒精和舞蹈非法调情的场所，公路旅馆刺激了人们的想象。它们和酒廊里那种相对单调的小资产阶级饮酒文化有着天壤之别。

改良后的酒吧和公路旅馆之间的联系几乎不可避免地提出酒驾问题，因为它们都不提供住宿，而是让那些醉酒者在酒醒之后再开车上路。针对这一问题，1929年的皇家委员会只写了区区15行，并且仅仅是建议公交车、卡车和其他商用车辆的司机在工作时不能喝酒。这表明，至少在英格兰，醉驾不被认为是一个大的问题。针对醉驾的法律在第一次世界大战之后才颁布，因为判断醉酒的标准直到20世纪30年代才出现，醉酒的证据建立在警察的常识性评估之上，如说话含糊不清，无法走直线，无法用食指触碰鼻子，这些都被认为是醉酒的标志。

1929年皇家委员会的另一个主要建议是：酒教育。这成为了这一时期许多国家酒政策的特征。它反映了这样一种长期的焦虑，即人们可能会退回到几十年前大量喝酒的状态。其中有这样一种认识，即早期教育将会防止下一代过度饮酒。英国第一部关于酒的官方教学大纲可以追溯到1909年，它采取了一种严厉的态度，其中充满了禁酒的道德说教。在1922年修订之后，这部大纲把酒放在更加广泛的背景之下，将滥用酒精和滥用食物联系在一起。合理饮酒被描绘成一种自律的行为，也是健康生活所必要的。第一本关于酒的官方教科书是出版于1918年的《酒对人类有机体的作用》(Alcohol: Its Action on the Human Organism)，在两次世界大战之间，这本书被英国的各级学校广泛使用。但这是一本枯燥的专业书籍，主要讲的是酒精对生理的影响。书中强调，酒并不是一种食物，没有什么营养价值；喝稀释过的酒或者边吃东西边喝酒可以减轻它对于神经系统的影响。[7]

从这一时期写给年轻读者的许多与酒有关的书中，可以找到更加直截了当、不那么含蓄委婉的建议。20世纪30年代出版的一本书也将滥用酒精和滥用某些食物等量齐观："有些男孩和女孩养成了对醋、盐、丁香、咖啡、香料和其他物质的不正常需求，导致自己身体衰弱，甚至生病。……这样的习惯如果不早日摆脱，会使他们变得放纵，养成见不得人的社会恶习，还会导致永久性的伤害，甚至会完全毁灭他们。"在将丁香确定为一种诱导性毒品之后，作者接着说："在吃的方面是这样，在喝的方面也是这样。只喝健康的饮品。无论是对于年轻人还是老人，常温的纯净泉水都是最健康的饮品。……什么形式的酒都不要喝。环顾四周,看看朗姆酒已经摧毁了多少人的生命。"[8]

这类书的主旨和两次世界大战之间大部分政府的政策一样,就是敦促公民,如果不能彻底戒酒,那就尽量少喝一点。1931 年,法国政府发起了酒文化史上最不同寻常的事件之一,那就是一场劝说法国饮酒者更多饮用葡萄酒的运动。[9]这一事件凸显了上述主旨。

由于美国的禁酒政策依旧有效,再加上其他地方的经济大萧条和高失业率,法国葡萄酒生产商虽然曾有过几次大丰收,但是它在国外的销售却困难重重。第一次世界大战和俄国革命之后,随着德国、奥地利和俄罗斯大部分贵族市场的消失,加上战争对于英国中上阶层的经济影响,冲击了波尔多、勃艮第和香槟等地的高端葡萄酒生产商。法国的葡萄酒出口从 1924 年的 200 万公石下降到 1932 年的 70 万公石,如果葡萄有更大的丰收,那么剩下的葡萄就会更加多。随着过剩的增加,葡萄酒价格下降,生产者的收入也减少了,其中包括数以百万计的小规模葡萄种植者,所有从事运输和销售葡萄酒的人也是如此。

这次危机波及的范围很广,连政府都无法忽视它。1931—1935 年间,政府采取了历史悠久的应对葡萄酒过剩的措施,并试图限制 20 世纪 20 年代不断增加的葡萄酒产量。产量高了要交税,并且十年内禁止种植更多的葡萄树,此外还强制命令将葡萄酒进行蒸馏做成燃料。最后一项措施遭到抗议,抗议者认为,"将伊更堡(Château d'Yquem)或香贝丹(Chambertin)的美酒用作机动车的燃料",这简直是一种"亵渎"。[10]除了削减供应之外,法国政府决定劝说人们多喝葡萄酒,以解决持续增长的葡萄酒过剩问题。这是一个乐观的目标。1931 年,法国成年人人均饮用 206 升葡萄酒,居世界之首,但是饮用量大幅增加的可能似乎并不大,对于法国各地大桶小桶的葡萄酒来说,不会起到太大的作用。

任何尝试增加饮酒量的企图都和当时几乎所有的趋势背道而驰。的确,美国即将放弃禁酒令,但无论是那里还是别处,没有一个人呼吁要增加饮酒量,英格兰酿酒者协会的主席埃德加·桑德斯(Edgar Sanders)爵士是一个例外,他发起了一项运动来增加啤酒的饮酒量。他的目标无非和我们所知道的游说组织差不多,但这一目标是用一种特别明确的方式表达出来的。桑德斯的目标是要"让上百万现在还不知道啤酒味道的年轻人养成喝啤酒的习惯"[11]。啤酒产业发起运动的目的是强调啤酒的健康特征,这和 20 世纪 20 年代吉尼斯啤酒厂为了强调黑啤酒的营养特性而发起的一场广告活动相类似。

在法国，葡萄酒是健康饮品，而啤酒不是。法国有一种悠久的传统，将葡萄酒（健康自然的饮料）和"烈性酒"区分开来，后者是指蒸馏酒（被认为会导致健康和社会问题）。和同时代其他地方背道而驰，法国医学界坚持将葡萄酒描述为一种健康的饮品，在这场旨在增加葡萄酒饮用量的运动中，他们所声称的葡萄酒对于健康的益处至关重要。知名的医生们建立了一个名叫"葡萄酒医生之友"（Médecins amis du vin）的组织，通过给报纸写信和发表文章来支持政府增加葡萄酒消费的运动。广告强调葡萄酒对健康的好处，一则广告声称喝葡萄酒的人平均寿命是 65 岁，而喝水的人平均寿命是 59 岁，87％的百岁老人都喝葡萄酒。[12]

与这一主题有关的是这样一种观念，即已经被宣称为法国国饮的葡萄酒深深植根于法国的土壤（偶尔用法国仁人志士的鲜血浇灌），因此喝葡萄酒不仅是一件健康快乐的事情，还是一种爱国义务。喝的葡萄酒越多就代表越爱国。实际上，葡萄酒与法国的存在紧密相连，正如一位医生所言："在过去的一千多年里，葡萄酒一直是法国人的国饮。虽然法国人曾经四面受敌，他们和这些敌人之间发生的战争比其他任何民族都要多，但是他们不仅幸存了下来，而且成为世界上最重要的两三个国家之一。"[13]

鼓励人们多喝葡萄酒的运动采用了各种各样的方式来传递它的信息，如海报、广告牌、报纸广告、当地节日和会议，并且积极使用大众新媒体。400 个闪烁的霓虹灯广告牌竖立在巴黎街头，上面写着简短的信息，如"让葡萄酒成为你的最爱"和"没有葡萄酒的一餐就如同没有阳光的一天"。法国的电影被鼓励宣传葡萄酒，这是一种早期的广告植入。1934—1937 年间，新的国家广播电台播出了一系列谈话节目，通过追溯葡萄酒的历史讲述法国历史。听众们从中了解到路易十六之所以是一个失败的国王，不是因为他对国家财政管理不善而导致了法国大革命，而是因为他用水稀释了他喝的葡萄酒，而这使他无法深度思考。至于启蒙运动时期的伟大思想，也是在葡萄酒的影响下产生的。

被认为能够喝更多葡萄酒的人全部引起了这场运动的关注。年轻人在服兵役时会学习饮用葡萄酒。在一些教师群体、当然还有戒酒协会的反对声中，这一运动甚至进入了法国的学校。在孩子们做听写时，他们会抄写路易·巴斯德关于葡萄酒健康益处的名言。在上地理课的时候，他们会学习法国葡萄酒产区的位置。数学课上会学到这样的等式："1 升 10 度的葡萄酒相当于 900 克牛奶、370 克面包、585克肉和五个鸡蛋。"甚至有人建议在午餐和休息时给孩子们提供葡萄酒。在 1932 年的洛杉矶奥运会上，法国奥委会要求给法国运动员"和美国港口的法国水手同样的照顾,也就是说每天给他们 1 升免费葡萄酒"。法国队带有法国大厨,但是"没有葡萄酒,食物就会不一样"。[14]

在法国本土以外,殖民地被认为在饮用葡萄酒方面表现不佳。在那些积极推动饮用葡萄酒的人的视线里,不仅有海外殖民者,还有原住民,尤其是在法国广袤的北非殖民地。当然,他们中很多是不喝酒的穆斯林,但这些人被认为可以通过食用更多法国葡萄和饮用未发酵的葡萄汁来帮助国家。为了实现这一目的,1936 年,在突尼斯举行了一场会议。在这场会议上,发言者们谈到了关于制作和保存葡萄汁的话题。但是,这场运动的主力是法国本土那些已经开始饮用葡萄酒的人。饭店被鼓励将一些葡萄酒包括在食物的价格里,并公平地给葡萄酒定价。更多的零售店被设立,包括广场上出售葡萄酒的卡车。许多针对酒吧的限制也放开了。

即使没有那些有时很离谱的提议(例如给小学生喝葡萄酒,以及在一年一度的环法自行车赛上付钱给选手,让他们在比赛时喝葡萄酒),这场旨在增加葡萄酒饮用量的运动依然很令人惊讶,因为它与两次大战期间的大多流行趋势背道而驰。正当总统罗斯福警告人们禁酒令被废止后有可能会回到过去糟糕的日子时,正当加拿大各省正在仔细监控和限制公民的酒饮用量时,法国政府却在催促其公民多喝葡萄酒,并且是多多益善。然而,尽管付出了各种努力和代价,面对大萧条时期的经济现状,这场运动还是失败了。大萧条在 1931 年开始袭击法国,比其他许多国家都要晚一些。20 世纪 20 年代,成人的人均葡萄酒年饮用量是每年 224 升;而在30 年代,尽管有这场声势浩大的运动,人均年饮用量却只有 203 升。下跌并不是很大,但它仍是一个下跌,而不是政府所希望的上升。

虽然法国的葡萄酒危机并没有带来更高的饮用量,但它确实促进了法国葡萄酒的一次转化。法国出台了一个拔掉葡萄园的方案。1934 年的一条法律禁止利用杂交葡萄品种生产商品葡萄酒。这种葡萄可以用来生产供家庭饮用的葡萄酒。出台这一法律的依据之一就是杂交葡萄生产的葡萄酒会导致精神错乱。更加重要的是为了保证葡萄酒原产地,因为价格的不断下跌让一些商人在给葡萄酒贴标签时,将来自低价地区的酒作为享有盛名的地区生产的高价酒。一位商人把来自西班牙拉曼查地区(La Mancha)的葡萄酒当作勃艮第北部夏布利(Chablis)的来出售。1935 年的一条法律确定了保证葡萄酒原产地的方法,即原产地控制命名系统(Appellation d'Origine Contrôlée system),至今这一系统依然是法国法律十分重要的一部分,并且成为其他许多国家葡萄酒法规的模范样本。早在 1905 年,为了应对葡萄根瘤蚜危机期间广泛的葡萄酒造假,法国就已经制定了各种形式的法律,但是

1935 年的法律将原产地系统进行了扩展，并形成条文，为后来数百个原产地系统的创建扫清了道路。在每个系统中，规定所涵盖的问题如下：可用葡萄的品种、各个品种之间杂交的比例、酒精含量的最小值和每公顷葡萄树的最大产酒量。

如果说欧洲和北美洲的民主国家对饮酒问题的挑战作出了各种应对，那么对于两次世界大战期间欧洲出现的很多独裁政权，酒的问题同样令人担忧。例如，在德国，第一次世界大战后应运而生的自由魏玛共和国在 1933 年被纳粹政权所取代，政策发生了明显的转变。在整个 20 世纪 20 年代，魏玛政府一直由中间偏左的政党所主导，继承了德国在战时对酒生产的限制政策，但为了使人们的生活状态正常化，很快就将其废除了。酒变得轻易就能获得，但反常的是，饮酒量似乎降到了历史最低水平，每人每年大概只摄入纯酒精 3—4 升。造成这种情况的原因之一肯定是大部分德国人购买力的疲软，因为他们先是面对战后的贫穷，接着是 1923 年失控的通货膨胀所带来的灾难性影响，后来是从 1929 年开始的大萧条、高失业率和民众购买力的大幅下滑。在 1914 年之前的 20 年里，德国啤酒的年产量一直保持在 70 亿升左右，但从 1919 年到 1933 年，平均产量只有 41 亿升，下降了 40%。[15]

与魏玛共和国的自由酒政策形成对比的是，纳粹政权总体上采取了一种反酒精的立场，而这在很大程度上是基于同样支撑其激进种族政策的优生学理论。优生学家经常强调酒对个人和社会健康的危害，被他们广泛地称为"酗酒"的，常常只不过是经常性地饮酒超过平均水平的行为，而这却被认为是精神错乱、犯罪、不道德和癫痫等问题的明显标志。德国的许多酒理论家不是把成瘾看作对环境和社会条件的反应，而是接受了优生学理论，即任何一种成瘾都只在先天有此倾向的人身上扎根；酗酒本身并不是一种疾病，在大多数情况下，它被认为是一种更基本的病理症状。这导向了一个重要的结论，即大多数的酗酒没有办法通过医学手段来预防或治愈。

普通的饮酒被认为完全是另外一回事，如经常性地适度饮酒以放松或者是在社交场合饮酒，也许在诸如婚礼之类的庆祝活动中偶尔狂饮一次。纳粹承认饮用啤酒和烈性酒（葡萄酒遥遥落后，排在第三）是德国文化和社交不可或缺的一部分。1923 年的慕尼黑啤酒馆暴动是纳粹最早的政治活动，就发生在一个饮酒场所，而且我们可以假定，希特勒在带着他的追随者走上街头之前是喝了一些啤酒的。（希特勒本人很少喝酒，他自称不喝酒、不吃肉、远离女色，而这些都是为了树立一个能完全控制自己身体的欲望、完全献身于国家和人民福祉的形象。）

然而，虽说纳粹是因为偶尔的个人和社会影响（包括旷工、生病、家庭暴力、犯罪和交通事故)而对饮酒持批评态度,但他们非常务实,因为他们知道,试图禁酒只会导致更多的冲突和抵制,而这是不值得的。纳粹在美国废除禁酒令的那一年上台,所以他们可以很好地观察这项政策的结果。纳粹领导层也没有过多关注他们内部的一些激进主张,如酒是犹太人用来削弱德国人的一种物质。

相反,纳粹政府一开始采取了适当禁酒的立场,采取了当时欧洲很多地方都很常见的政策。就规定而言,包括限制购酒渠道,教育人民酒的危害,控制酒类广告,由警察监管饮酒场所,禁止酒后驾驶等。造酒产业被要求生产不含酒精的饮料,如果汁,并且专门为那些不喝酒的人群建立了无酒餐厅。

在强制方面,任何被判在醉酒时扰乱治安的人都可以被禁止进入酒吧或酒馆,并可能因为被列入每日报纸上公布的"不负责任的饮酒者"名单而遭受公开羞辱。更严重的违法者将被宣布在法律上丧失行为能力,并被关进疗养院、劳动营或集中营(在这一时期,基本上是劳改营)。任何醉酒时犯罪的人都会受到法律的严厉惩罚,包括被拘禁在监狱、囚犯工厂或一个叫"安全监护"的地方,这种地方常常就是集中营。酒后驾驶引起了他们的特别关注(纳粹对汽车情有独钟)。到了 1938 年,德国警方率先采用了瑞典科学家埃里克·威德马克(Eric Widmark)六年前才发明出来的血液酒精测试。[16]

这些政策是为了解决纳粹定义的健康的普通德国人滥用酒精所带来的问题。酗酒完全是另外一回事,需要更严格的对应措施。这项基本政策被列入《防止具有遗传性疾病后代法》(Prevention of Descendants affected by Hereditary Disorders)中,该法律是纳粹上台后不久于 1933 年颁布的。它把酗酒与精神错乱、精神分裂症、身体畸形、失明和其他被认为会遗传的疾病放在了一起,其目的不是为酗酒者提供治疗(纳粹通常是这样认为的),而是要减少未来酗酒的发生率,而这只能通过对每一个被诊断为酗酒者的人实施绝育来实现。对 1933 年法律的一篇评论指出:"通过对酗酒者的绝育手术,未来几代人中智力低下者的数量减少了,遗传库里酗酒者的数量也少了。"[17]

对酗酒者进行绝育的请示通常是由处理酗酒问题的医疗官员或机构管理者提出的,由一个法官和两个医生组成的小组来决定。不需要表明有遗传酗酒行为的证据,绝育手术的依据通常是酗酒以及其他行为,如犯罪、忽视对家庭或国家的义务和不良的工作习惯等。据估计,依据这项法律,90% 的请示被批准,1.5 万—3 万名被诊断为酗酒者的人被绝育。

被诊断为非遗传性酗酒的人不会被绝育,但是会被禁止结婚。1935 年颁布的

《婚姻健康法》(Marriage Health Law)禁止任何患有"精神障碍"的人结婚,并专门指出酗酒使"已婚夫妇和孩子都不可能在社会上互利共存"。这条法律指出,酗酒者会"危及对孩子的适当培养和家庭经济状况"[18]。1938年,新的离婚法将酗酒列为解除婚姻关系的一个合法理由。

然而,虽然纳粹发起了反对酒精的运动,但他们只是适度地控制了生产和消费,在他们上台后,德国的酒消费量稳步上升。1933—1939年间,烈性酒的消费量翻了一番,啤酒的产量扭转了20世纪20年代的下降趋势,这可能反映了经济条件的改善和就业率的提高,因为纳粹政权开始从事大规模的公共工程和军备项目。[19]此外,政府实际上还帮助酒类产业的一些部门,如葡萄酒庄(在20世纪30年代,葡萄酒的产量下降)和酒馆。政府认识到它们可以提供就业机会,并且国家也需要从各种酒所获得的收入。

苏联共产党也在这一时期处理了酒的问题,但它有自己的时间点和动机。在逐渐舍弃苏联最初几年沿用的沙俄时期的禁酒政策后,斯大林政府采取政策,让人们很容易获得国有企业生产的酒。然而,在整个20世纪20年代,当局一直在与"萨莫贡"(违法生产的伏特加)的生产作斗争。根据这十年间的报道,大量的谷物被用来生产这种酒。1922年,司法委员会指出:"萨莫贡的生产已成为共和国若干地区的大型企业。它损害国民健康,造成毫无意义的浪费,糟蹋了大量的谷物和其他粮食。"[20]政府怀疑许多非法酒的生产者是政治上的反动派,他们宁愿用剩余的粮食做任何事,也不愿把粮食交给政府。他们经常将萨莫贡的生产者定义为富农阶层,这是在斯大林后来实行农业集体化时被迫害和流放的较富裕的农民阶级。

酒被牢牢地置于苏联的政治环境中。非法酒不仅违法,而且剥夺了人们的粮食,助长了反社会行为。1922年,官方报纸《真理报》(Pravda)以毫不含糊的政治措辞发起了一场针对萨莫贡的斗争:"反对萨莫贡的斗争是工人的事业,……造私酒者是工人阶级的寄生虫。要与他们坚决斗争,毫不留情!"成千上万的非法生产者被逮捕和审判,在苏俄,仅1923年就有19 100人被捕,但绝大多数最终站到法庭上的是小规模的经营者(和美国禁酒时期的情况一样)。1923年3月的上半月,在整个苏联,警察逮捕了13 748人,没收了25 114加仑的萨莫贡,如果平均下来,每个被逮捕的生产者还不到2加仑。[21]1926年,当局接受了现实,将供个人饮用的萨莫贡的生产合法化,转而专注于大规模的商业化生产者。

苏联这场打击私酒的运动之所以与众不同,是因为它不是在官方禁酒时期发生的,而是在可以很容易买到合法酒的时期。从1923年末开始,高度酒被放开,所以酒的存在和饮用本身并不是问题。相反,国家正在失去来自酒税的收入,这些税构成了合法生产的酒的大部分价格。斯大林认识到,苏联需要资金来发展工业经济,但是他拒绝以高利率的形式向外国放贷者借款,于是在1925年提出了一个严峻的选择:"我们必须在债务奴役和伏特加之间做出选择。"[22]即便如此,恢复国家对伏特加的垄断应该只是一项临时措施,是为了帮政府渡过难关。一旦有了其他可替代的收入来源,伏特加的生产就会被削减,然后被完全取缔。

苏联的酒政策体现了目的(戒酒)和方法(酒的自由流动)之间的矛盾,因此它们剧烈的波动变化并不让人惊奇,有时为了降低酒对健康和社会秩序的不良影响而减少酒的供应,有时又为了增加国家收入而增加酒的供应。例如,1929年的共产党会议批准了一项"经济的去酒精化"方案,以此来回应对酒精滥用程度的担忧。但几个月后,中央委员会废除了该方案,次年,斯大林下令"最大限度增加"伏特加的生产。[23]

苏联先是放弃了禁酒令,然后又火力全开,恢复了酒的生产,这反映了苏联对饮酒观念的转变。共产党上台之前主张,工人饮酒是资本家强加给他们的难以忍受的工作条件的一种表现,资本家鼓励工人喝酒,以便让他们更听话;虽然狂饮会导致旷工,但酒供应充足的工人不那么倾向于革命激进主义。然而,面对和沙皇政府当政时期一样普遍的对禁酒令的抵制,并且又需要酒税带来的收入,苏联政府逐步将酒放开。从意识形态的角度来看,政府似乎认为,随着苏联工人适应他们改善了的工作和生活条件,酒的使用将会逐渐减少。然而,与此同时,工人们也不能再通过诉诸资本家对他们的压迫来为自己的酗酒行为辩护了,他们必须为自己与酒有关的行为负责。这让对醉酒和醉酒后犯罪行为更严厉的惩罚变得合乎情理。

在整个20世纪20年代,萨莫贡都远比官方卖的伏特加更受欢迎,但是在30年代,萨莫贡的生产似乎开始衰退,这可能是因为农场集体化削弱了个人进取心,并且提供了更多的社会监督。相比之下,国家赞助的伏特加的产量在30年代稳步上升,从最初的3.65亿升到1939年的9.45亿升。据说在1940年德军入侵前夕,卖酒的零售商店的数量比肉店、水果店和蔬菜店加到一起还要多。[24]

人们对酒的高饮用量困扰了苏联政府数十年,甚至导致了20世纪80年代国家经济的衰退和崩溃。但是随着彻底消除饮酒变得越来越不可能,作为一切形式的经常性大量饮酒的统称,酗酒就成为世界各地治理的突出对象。在两次世界大战期间出现的最重要的戒酒改革组织之一是"匿名戒酒会",这个组织与众不同,它放弃了曾主导戒酒和禁酒话语的说教方式。其主要目的是让酗酒者"保持节制并帮助其他酗酒者实现节制"，匿名戒酒会于 1935 年在美国成立，但是真正腾飞是在 20 世纪 40 年代早期。到了 1945 年，在美国各地的 556 个地方团体中有 12 986 名成员，五年后有了 96 000 名成员，超过 3 500 个团体。

根据这个组织的统计，在其成立之初的几年里，约有 3/4 使用了匿名戒酒会方法的人取得了成功。这种方法就是完全停止饮酒，因为他们相信松懈一次就很有可能会让酗酒者再次陷入长期酗酒的困境。它基于这样一个前提，即酗酒者永远是酗酒者，但是有喝酒的酗酒者和不喝酒的酗酒者之分。会员们需要出席定期的见面会，在见面会上会有演讲和讨论，而新加入的会员需要讲述他的酗酒史。每个会员会有一个搭档，每当他们很想喝酒时，可以向搭档寻求建议和支持。虽然匿名戒酒会强调了每个会员精神和人格上的成长，但是它没有与任何特定宗教产生认同。

严格说来，匿名戒酒会并不反对酒。在它出现时，第一次世界大战之前曾经很有影响力的反酒精运动无论在人数还是在影响力方面都在衰落。虽然第二次世界大战是酒文化史上的又一个中断，但它绝不是一战所代表的彻底断裂。当时，反酒精运动已经辉煌不再。战争和禁酒运动的余势交织在一起，催生了一系列禁止或限制饮酒的政策。但是在 20 世纪 30 年代中期，许多政策被放弃或放宽，这不仅表明了民众和政治态度的转变，也使反酗酒组织染上了失败的色彩。在美国，基督教妇女禁酒联合会的成员从 1920 年的 200 多万减少到 20 年后的不到 50 万，而这只是对反酗酒组织的支持在下降的一个例子。

在有些国家，第二次世界大战对酒的生产和消费的影响远不及第一次世界大战。在英国，由于税收的大幅增加，酒的价格上涨。对一桶啤酒的税从 1939 年的 48 先令增加到 1943 年的 138 先令。因为高酒精含量的啤酒会被征收更多的税，啤酒酿造者降低了酒精含量，以尽可能让人们喝得起他们的产品。如果说有什么不同的话，那就是在二战期间，啤酒的饮用量增加了。但是二战与一战不同的是，在 1943 年盟军开始入侵欧洲大陆之前，并没有出现年轻人（饮用啤酒的主要人口）的大量流失。即便在 1943 年之后，乃至在整个战争期间，英国迎来了其他国家源源不断的饮酒士兵，其中包括 1942 年以后的美国人。

在战争期间，女性开始更加频繁地去酒馆喝酒，就像在 1914—1918 年所发生的那样。但是大多数在战时去酒馆喝酒的女性比 20 世纪 30 年代这样做的女性更年轻。她们中的许多人从事的是曾经的男性职业，经济上的独立使她们摆脱了父母的控制，在酒吧里与男性见面变得更容易接受。[25] 20 世纪 40 年代初，一项对酒吧的调查显示,大约 1/5 的顾客是女性,并且周末喝酒的人数比平时要多。作者指出,因为女性通常仅仅在客厅和休息室,"常常可以找到半数饮酒者为女性的房间"[26]。(他还指出,在酒馆因醉酒而被逮捕的人中,女性的比例非常小。)

这并不意味着 1939—1945 年的战争没有对酒的生产和消费产生影响。在1939—1945 年间被德国占领的广大欧洲,整个经济体和日常生活模式被打乱。德国、意大利、英国、苏联和其他许多经济体都在生产战争物资,而不是消费品。酒的生产和消费不可能不受这些情况的影响,也不可能不被忽视,因为各国政府采取了尽量扩大其战争努力的政策。

随着 1939 年战争的到来,德国的军队和从事工农业生产的平民都需要更严格的纪律约束,纳粹政府对酒精的容忍度下降。1939 年,也就是德国入侵波兰那一年,成立了反烟酒危害局,它在德国催生了一系列控制酒精的新法规。酒的生产和销售受到了新的限制,酒税被提高。在第二次世界大战期间,严格的规定涵盖了每一位军队服役者的饮酒问题,尽管酒和毒品被广泛供应给德国士兵和警察,使他们能够执行政府命令的一些野蛮政策。那些在波兰的预备役警察部队的士兵要近距离射杀数万名犹太男子、妇女和未成年人,在此过程中和之后,他们都得到了专门的酒配给,以帮助他们克服恐惧。[27]

此时,在德国的大后方,任何可以归因于酗酒的反社会行为都被认为比和平时期对国家的危害更大,这些行为包括旷工、生产效率下降、在防空洞中不守规矩或在灯火管制期间发生交通事故等。纳粹政权宣称:"没有一个危险的酗酒者,没有一个醉酒者是国家和党不知道的。"[28]包括医生、工会官员和工厂看护在内,各种当权人士被要求向警察报告任何疑似"有酒病者"和"危险的酗酒者"。对这些人的惩罚包括将他们关进集中营。

在欧洲许多被德军占领的地方,特别是东欧和苏联,原本存在的生产、交换和饮用模式都被打破。当地人的需求被无视,但最起码我们应当承认,战前与酒相关的饮食习惯和社交理念有一些存留了下来。在南欧和西欧,对非犹太人造成的破坏没有那么严重。德国军队占领了许多重要的造酒中心,例如阿尔萨斯(被法国兼并)、波尔多、勃艮第和干邑。

在维希法国这个依赖德国但是并没有被德国军队占领的通敌国家,对酒的态度是不同的。它的首都维希是一个与治愈之水和饮用矿泉水密切相关的城市(就像电影《卡萨布兰卡》的最后一幕所提醒我们的那样),但是在酒的方面,似乎前景黯淡。另一方面,维希政权由第一次世界大战时期的英雄菲利普·贝当元帅所领导，他曾在 1918 年赞扬法国葡萄酒对战争胜利的贡献："对士兵们来说，葡萄酒既是体力的兴奋剂，也是道德力量的兴奋剂。它以自己的方式帮助我们走向胜利。"[29]

然而，在 1940 年，贝当建立了一个右翼的独裁政权，这个政权与酒，尤其是葡萄酒有着复杂的关系。一方面，贝当把葡萄酒珍视为法国的产物，认为葡萄栽培代表了法国性格中所有的优点：努力工作、热爱土地和传统。为了表彰他对葡萄酒的支持，勃艮第著名的葡萄酒小镇博讷赠送他一个私人葡萄园，即贝当元帅庄园，就位于久负盛名、价格不菲的博讷济贫院（Hospices de Beaune estate）之内。[30]然而，尽管贝当元帅拥护葡萄酒的概念，但他对人们饮用葡萄酒却有异议。葡萄酒被纳入了维希政权的定量配给计划（在第一次世界大战中没有定量配给），因为尽管葡萄酒供应充足，但维希政府需要大量的葡萄酒用于蒸馏，还要将葡萄汁转化为葡萄糖以弥补短缺，而葡萄籽则被榨成油。[31]

即使是对于法国而言，维希政权对葡萄酒产业的干预也是具有重要意义的，在这个政权存在的短暂四年中，颁布了 50 多条法令和政令。这种干预疏远了种植者、生产者和消费者。在其他方面，新的规定还减少了生产者可以免税保留给家庭饮用的葡萄酒数量。当局对饮酒的镇压也没有取得好的效果。贝当认为酗酒是法国人颓废的一个迹象，并推翻了他在第一次世界大战后所表达的支持葡萄酒的观点，将 1940 年的法国战败归咎于葡萄酒。在 1940 年和 1941 年，他的维希政权对餐馆和其他饮酒场所进行了新的限制。

法国人不支持维希政权的原因有很多，它对葡萄酒买卖的过度干预是导致它不受欢迎的原因之一。相对于几年前鼓励人们多喝葡萄酒的运动，这种干预是一种戏剧化的转变。相比之下，在维希政权之前，葡萄酒与主要是左倾的第三共和国之间保持着紧密的联系，而战时的抵抗力量经常指出，维希政权偷了法国人民的葡萄酒。

在美国，第二次世界大战的到来鼓励禁酒主义者坚持自己的观点，就像他们在第一次世界大战中成功做到的那样。在 1941 年美国向日本和德国宣战后，科尔盖特大学的校长公开宣称："酒和战争的搭配不会比酒和汽油的搭配好到哪里去……一个有节制的民族最后一定会打败希特勒和日本人，因为其士气源自清醒的思考、决心和勇气，而一个醉酒的民族则会不可避免地最终走向失败和绝望的深渊。"[32]尽管当局试图通过立法禁止士兵饮酒，但军方领导人成功地辩称，他们会对被剥夺饮酒的权利而感到不满，会想方设法弄到酒。最后，啤酒厂被允许生产啤酒供国内外消费，正如一位产业领袖虔诚地指出的那样，"作为一种温和的饮料，啤酒是一种鼓舞国家士气的工具"[33]。虽然蒸馏酒厂在1942年被要求生产工业酒精,但在1944年和1945年,它们被允许短期生产酒精饮料。从1940年到1945年,美国的啤酒饮用量增加了50％,这可能是烈性酒供应减少的结果。

此时,美国人已经基本上可以自由买酒和饮酒,几乎不受任何限制,因为美国已经废除了全国范围的禁酒令,出台了相对宽松的酒政策。正如我们所看到的那样,各州的情况不同,但在1933年之后选择禁酒令的州要比在全国性的禁酒令被实施之前少很多。禁酒令之后的全国性政策比禁酒令之前更加宽松,在此意义上,美国是一个例外,因为在挪威、瑞典、苏联、芬兰和加拿大,禁酒令被废止之后,国家直接控制了酒类零售,以规范酒类消费。即使是没有实施禁酒政策的国家,在20世纪的大部分时间里,在酒的问题上也比以前更加严格。例如,在英国和新西兰,一些在第一次世界大战期间实施的与酒相关的限制性措施(比如酒吧开放时间)一直延续到20世纪末。以这些不同的方式,禁酒令以后的世界长期受到禁酒经历及其相关禁酒思想的影响。

【注释】

[1] Mark Edward Lender and James Kirby Martin, *Drinking in America：A History*(New York：Free Press，1987)，135.

[2] 这部分内容借鉴了 John J.Guthrie Jr.，"Rekindling the Spirits：From National Prohibition to Local Option in Florida，1928—1935," *Florida Historical Quarterly* 74(1995)：23—39。

[3] 这部分内容借鉴了 Scott Thompson and Gary Genosko, *Punched Drunk：Alcohol，Surveillance and the LCBO，1927—1975*(Halifax：Fernwood Publishing，2009)。

[4] Gwylmor Prys Williams and George Thompson Brake, *Drink in Great Britain，1900—1979*(London：Edsall，1980)，83—84.

[5] 这部分内容借鉴了 David W.Gutzke，"Improved Pubs and Road Houses：Rivals for Public Affection in Interwar England," *Brewery History* 119(2005)：2—9。

[6] Ibid.，3.

[7] *Alcohol：Its Action on the Human Organism*，3rd ed.(London：HMSO，1938).

[8] Sylvanus Stall, *What a Young Boy Ought to Know*(Philadelphia：John C.Winston Co.，1936)，135—137.

[9] Sarah Howard，"Selling Wine to the French：Official Attempts to Increase French Wine Consumption，1931—1936," *Food and Foodways* 12(2004)：197—224.

[10] Ibid.，203.

[11] John Burnett, *Liquid Pleasures：A Social History of Drinks in Modern Britain*(London：Routledge，1999)，136.

[12] Howard，"Selling Wine to the French," 209 fig. 1.

[13] Ibid., 211.

[14] Eugene, Ore., *Register-Guardian*, June 15, 1932, 6.

[15] B.R.Mitchell, *European Historical Statistics*, *1750—1975*, 2nd rev. ed.(London: Macmillan, 1981), 495.

[16] Hermann Fahrenkrug, "Alcohol and the State in Nazi Germany, 1933—45," in *Drinking: Behavior and Belief in Modern History*, ed. Susanna Barrows and Robin Room(Berkeley: University of California Press, 1991), 315—334.

[17] Ibid., 322.

[18] Ibid., 323.

[19] Geoffrey J.Giles, "Student Drinking in the Third Reich: Academic Tradition and the Nazi Revolution," in Barrows and Room, *Drinking*, 142.

[20] Helena Stone, "The Soviet Government and Moonshine, 1917—1929," *Cahiers du Monde Russe et Soviétique* 27(1986):362—363.

[21] Ibid., 364.

[22] Joseph Barnes, "Liquor Regulation in Russia," *Annals of the American Academy of Political and Social Science* 163(1932):230.

[23] Stephen White, *Russia Goes Dry: Alcohol*, *State and Society*(Cambridge: Cambridge University Press, 1996), 26—27.

[24] Ibid., 27, 197 n.133.

[25] C.Langhammer, "'A Public House Is for All Classes, Men and Women Alike': Women, Leisure and Drink in Second World War England," *Women's History Review* 12(2003):423—443.

[26] Tom Harrison, *The Pub and the People*(London, 1943; repr., London: Cresset, 1987), 135.

[27] Christopher R.Browning, *Ordinary Men: Reserve Battalion 101 and the Final Solution in Poland*(New York: Harper Collins, 1992), 93, 100.

[28] Fahrenkrug, "Alcohol and the State," 331.

[29] 转引自 Howard, "Selling Wine to the French," 206。

[30] Don Kladstrup and Petie Kladstrup, *Wine and War: The French*, *the Nazis and the Battle for France's Greatest Treasure*(New York: Broadway Books, 2001), 76—77.

[31] Charles K.Warner, *The Winegrowers of France and the Government since 1875*(New York: Columbia University Press, 1960), 158—162.

[32] 转引自 Lori Rotskoff, *Love on the Rocks: Men*, *Women*, *and Alcohol in Post—World War II America*(Chapel Hill: University of North Carolina Press, 2002), 47—48。

[33] Ibid., 49.

第十五章　现代世界的酒文化：监管和饮用的趋势

　　第二次世界大战之后，酒的饮用和政策反映了广阔的社会、文化和经济的转变，同时也反映了特定国家及地区的情况，其中包含婴儿潮一代和生育率下降，两者改变了西方几乎所有国家的人口年龄结构。人口流动对欧洲的很多社会产生了影响，其中包括几百万非欧洲移民，他们都有着与众不同的或饮酒或不饮酒的传统。自 20 世纪 60 年代以来，对饮酒行为的官方态度大体朝着更宽松的方向转变，但也出现了与酒驾和狂饮等具体问题相关联的对立趋势。最终，一些社会面临与酒相关的极大挑战，并且以更严格的管控来应对。苏联政府及其继承者俄罗斯延续了长达一个世纪的禁酒政策，努力减少国民的饮酒量，削弱酒对社会和经济的影响。

　　战后不久，即自 1945 年至 1960 年前后，在大多数西方社会，酒仍然是或开始成为日常生活的一个标配。在美国，禁酒时期成为时尚的鸡尾酒一直比在其他地区更受欢迎。中产阶级男士（和少量女性）在一天的工作结束后喜欢享受"鸡尾酒时光"。最受欢迎的鸡尾酒开始与商业和城市社交联系起来，其中包括马提尼、曼哈顿和古典鸡尾酒。中产阶级在公共场所饮酒的主要地点（酒吧、酒廊或乡村俱乐部）与家之间的界限变得模糊。广告越来越暗示威士忌和其他烈性酒是家庭待客的一部分。[1]虽然我们必须假定，在整个 19—20 世纪，很多美国人把在家中喝酒视为理所当然，但我们也必须记住，自 19 世纪中期开始，美国的主导话语已经将"饮酒"描绘成近乎病态的行为了。禁酒可能导致了两个意想不到的结果，一个是公共场合饮酒的正常化，另一个是女性饮酒的正常化，但是私下在家里喝酒避开了公众的监视，造成了不同种类的危险。

教会和禁酒组织把确保家中饮酒适量的责任放到了妇女身上，这反映了一个固有观念，即妇女是公共道德和家庭道德的承载者和守护者。作为母亲，她们要引导孩子远离尝试酒的诱惑；作为妻子，她们应当理解职场压力是怎样导致其丈夫酗酒的；作为女主人，她们要保证在家中待客时必须饮酒适量。显然，在应对这些挑战方面，并不是都成功了。20世纪50年代的调查显示，很大比例的处于最低饮酒年龄以下的年轻人喝酒，他们中许多人还获得了父母的同意。1953年一项针对大学生的调查发现，79%—92%的男性和40%—89%的女性经常饮酒，其频率和家庭收入成正比。次年在长岛拿骚县的一项研究发现，14岁少年中有68%获得了父母的许可，可以在家中饮酒，有29%获准偶尔可在外面喝酒。[2]尽管很难衡量和描述，但在20世纪50年代，饮酒似乎在一个半世纪以来首次被美国文化所接受。当然，关于酗酒的警告不绝于耳，但是作为这些行为最严重的后果之一，对女性的家庭暴力在20世纪70年代之前鲜有提及。

美国人和法国人对酒的态度经常被拿来作对比：美国人被认为对酒持怀疑态度，愿意支持禁酒（虽然他们最后放弃了），在政策方面非常谨慎；而法国人更加随意，充满了生活乐趣，他们喝酒很多，但是很快乐，酒已经天衣无缝地融入了他们的工作和生活。在被德国占领和法西斯维希政权垮台之后，我们可能会以为战后的法国政府将其公民从严格的规定中解放出来，这些关于酒的生产和消费的规定是贝当元帅在战争期间所实施的。事实与此相反，戴高乐将军的过渡政府延续了维希政权的政策，限制酒吧的数量（从1940年的455 000多家下降至1946年的314 000家），并且给予法国主要的反酗酒组织以财政支持。[3]但是随着议会政府和普选制的回归，法国政府开始放宽政策。1951年，维希政权1941年的基本法规被废除，酒广告（甚至包括以烈性酒为基础的饮料，如茴香酒）再次被允许。葡萄酒生产商获准扩大他们的葡萄园，各种酒的生产都受到国家的鼓励。葡萄酒再次被誉为法国的"国酒"，由于担心可口可乐会与葡萄酒产生竞争，法国政府甚至将可口可乐进入法国市场推迟了数年。[4]

虽然人们可以把这些措施理解为战后重建法国经济和恢复出口不可缺少的一部分（人们普遍认为法国葡萄酒是最好的），但法国政府也承认酗酒的代价。尽管政府鼓励酒的饮用，却在1954年通过了一条法律，对给自己或对社会造成安全隐患的酗酒者进行强制治疗。面对法国医学界有些人试图证明葡萄酒是一种健康饮料的坚定尝试，新政府采取了更广泛的措施，包括限制酒的生产和饮用，以及开展教育项目。[5]法国总理皮埃尔·孟戴斯·弗朗斯（Pierre Mendès France）挑衅一样地把一杯牛奶带到国民议会的讲台上。在整个 20 世纪 50 年代，法国的酒政策比以往任何时候都受到反酒精原则的影响。尽管提供酒精饮料的酒吧和咖啡馆的数量持续下降，但法国的人均纯酒精摄入量并没有明显的变化。1951 年人均纯酒精摄入量为 26.7 升，在 1955 年增长至最高点，达 28.8 升，1961 年为 27.7 升，到 1971 年为 24.8 升，降到 26 升以下。[6]

在英国，20 世纪 40 年代的啤酒产量于 1945 年达到顶峰，从 50 年代开始持续下降，直至 60 年代出现反弹。只有在 20 世纪 70 年代，产量才超过了 1945 年的水平，当然，所供应的人口要比当时多很多。与此同时，在 20 世纪 50 年代和 60 年代早期，人们明显地感觉到，英国的公共场所醉酒现象在增加。1955—1957 年间，公共场合醉酒的人数上升了 27%，1960—1962 年之间上升了 23%。这两个阶段之后分别有所下降，但幅度很小。由于战后出现的婴儿潮，青少年的数量创下了纪录，这在很大程度上导致了这一增长。[7]

在 20 世纪 60 年代的整个西方社会，酒政策和有关性行为和社会生活的政策一样，开始被放开。在随后的十年里，一些国家的最低法定饮酒年龄降低了，许多残留的对酒的消极观念也消失了。对饮酒模式的担心背后有行为上的原因，那就是 20 世纪七八十年代以来，在世界上的大部分地区，酒的总饮用量基本上处于稳定状态。有些国家出现了一些相互抵消的趋势，如葡萄酒的饮用量增加，啤酒和烈性酒的饮用量减少，其结果是，从所有来源摄取的纯酒精量几乎或完全没有变化。即便如此，在不同的国家和地区存在着巨大的差异。它们有时反映了完全禁止饮酒的政策（如在许多伊斯兰国家），有时反映了几乎不限制饮酒的政策。一般来说，成年人饮酒最少（每年不到 7.5 升纯酒精）的地区是非洲、中东、南亚和东亚。平均饮酒量较低（7.5—9.9 升）的地区有北美、巴西和南非。阿根廷、尼日利亚、澳大利亚、西班牙、意大利和瑞典都是平均饮酒量较高（10—12.5 升）的地区，而饮酒量最高的国家（每个成年人每年超过 12.5 升）是俄罗斯、葡萄牙、法国、中欧和东欧的几乎所有国家。[8]

这些统计数据让我们大致了解了酒饮用模式的全球分布，但它们掩盖了国家内部因地区、阶级、性别和年代而产生的重要差异。例如，在意大利，人均饮酒量从 20 世纪 60 年代的 20 升稳步下降，到了 2006 年，还不到当时的一半，但年长男性的饮用量高于年轻人。除非年轻饮酒者群体随年龄增长而增加他们的饮酒量，否则可以预测意大利的总饮酒量将持续下降。和其他几乎所有地方一样，意大利女性的饮酒量要比男性少得多。1/4 的意大利女性称她们在过去的 12 个月里没有饮酒,而男性的这一比例仅为 1/10。[9] 在英国也发现了类似的情况。2010 年,与其他年龄段的男性相比,45—64 岁之间的男性喝酒最频繁,饮酒量最高。[10]

在美国,整个这一时期的饮酒量低于意大利,并且酒精摄入量从 1961 年的 8 升增加到 1981 年的 10 升,到了 2006 年又降至 9 升。美国人戒酒的比率远高于意大利人:2/5 的美国女性和超过 1/4 的男性称在过去的一年里没有饮酒。[11] 从总体上讲,大约 1/3 的美国成年人不喝酒,相比之下,只有不到 1/5 的意大利人不喝酒。

对于国家、地区和人口差异的一些解释似乎是显而易见的。许多伊斯兰国家报告说,人们不饮酒仅仅是因为饮酒被禁止,任何饮酒行为都必须秘密进行。美国人的戒酒率相对较高,这部分上是因为一些不愿饮酒的宗教派别的出现,比如耶稣基督后期圣徒教会(摩门教),该教派有 600 万信徒。在美国,饮酒少的族群的存在可能也导致了其高戒酒率。很明显,"亚洲人"和"西班牙人"这两大类人群虽然都经常被与饮酒少联系起来,但其中包括许多不同的人群,有着不同的饮酒传统、历史和文化。此外,随着少数族裔逐渐融入主流文化,饮酒模式有时也会发生变化。在法国,自 20 世纪 60 年代开始,来自北非的穆斯林移民增加,在 6 600 万人口中,有 500 万—600 万的穆斯林,其中大约 1/3 是虔诚的教徒,这导致了法国人均饮酒量的稳步下降。法国所有来源的酒精总摄入量从 1961 年的人均 25 升下降到 2006 年的人均 14 升,几乎完全是葡萄酒饮用量下降的结果。其影响之一就是成千上万的餐馆和酒吧的消失,以及以酒为中心的社交模式的重大变化。[12]

由于许多国家的饮酒量趋于稳定,有些国家的饮酒量下降,只有少数几个国家饮酒量上升,许多国家的政府放宽了酒政策。这种放宽限制的做法不一定是承认因为酒精的摄入量已不再不断增长,社会可以对酒精放松警惕,它可能是对公民个人生活监管减少的总体趋势的一部分。自 20 世纪 60 年代起,有关性行为和性取向的法律已被放宽,审查制度也不那么严格了,基于种族歧视和性别歧视的法律已经被废除。

关于酒的一个变化是国家在其销售过程中的作用减少。在一些国家及其次辖区(州和省),酒类销售曾经是由国有的零售商店进行的,这一般被称为酒类垄断。从 20 世纪 60 年代开始,许多这样的制度被废除或修改,并且常常是经过公共辩论之后。零售权转移的一个普遍结果是,可以购买酒的地方显著增多。有一些证据表明,如果酒更容易获得,人们喝的酒就会更多。然而,总体而言,并没有固定不变的规律,即酒类零售的私有化会导致更高的饮酒量,这种情况在有些地方发生过,而在其他地方,饮酒量要么没有变化,要么在私有化之后反而有所降低。在美国,很多州先后将酒的零售权让渡给私人零售商。在加拿大,阿尔伯塔省于1994年放弃了其在酒类零售方面的角色,这是加拿大第一个也是唯一一个这样做的省份,而其他一些省份则维持了原来的酒政策,但是也开始允许私营酒店经营。

20世纪60年代以来放松控制的另一个领域是合法饮酒年龄的普遍降低,在那之前,几乎所有的地方都是21岁才允许饮酒,并规定了最低的法定饮酒年龄(在禁止饮酒的伊斯兰国家,法定最低饮酒年龄是多余的)。在美国废除禁酒令后,几乎每一个州都将21岁设为最低法定饮酒年龄。然而,在1971年的美国宪法修正案将投票年龄降至18岁之后,许多州将饮酒年龄降到了同样的水平。到了1975年,已经有29个州(超过一半)这样做了,尽管其中一些州将饮酒年龄只降低到19岁或20岁。这引起了游说团体的反应,其主要理由是饮酒年龄的降低会导致汽车事故的增多。1976—1983年间,19个州将法定饮酒年龄限制重新提高到21岁。设定最低饮酒年龄属于各州的管辖范围,但由于担心一个州内的未成年人可能会开车去另一个州,在那里他们可以合法购买酒,因此联邦政府介入此事。1984年,联邦政府通过了《统一饮酒年龄法案》(Uniform Drinking Age Act),规定如果哪个州不遵守21岁最低年龄的规定,就会被剥夺10%的联邦高速公路资金。所有的反对者都同意了。

在最低饮酒年龄的问题上,美国不同的州走的是不同的路线。例如,在弗吉尼亚州,在1934年禁酒令被废除之后,购买或饮酒的最低年龄被设定为21岁,但在1974年,可以合法购买啤酒的年龄被降至18岁。1981年,如果啤酒是在购买的地方(如酒吧)饮用,那么啤酒的最低饮用年龄将保持在18岁,而如果是买了到别处饮用,那么最低饮酒年龄将被提高到19岁。1983年,购买啤酒的最低年龄都被提高到19岁。1985年,随着联邦《统一饮酒年龄法案》的颁布,最低年龄被提高至21岁,但任何一个21岁以下、本来可以购买啤酒的人被允许继续合法地购买啤酒。这是为了避免这样一种情况的发生:19岁或20岁的人可能本来可以购买啤酒,但后来却在其满21岁之前被禁止这样做。1987年,弗吉尼亚州所有酒精饮料的最低饮用年龄恢复到50多年前的21岁。[13]

不仅在最低饮酒年龄方面存在全球性的差异,而且在定义酒精饮料的方式上也存在显著的差异。虽然有一小部分国家根本就不对酒精饮料下定义,但绝大多数国家会这样做,并且是根据酒精在饮料中所占的比例来定义的。如果一种饮料含有至少4.5%的酒精,那么大多数国家会将其归入酒精饮料,虽然许多国家设定的标准更低。例如,在德国和法国,相关酒精含量为1.2%;在美国、加拿大和英国,这一比例是 0.5%；意大利的定义限制性更强，即使一种饮料的酒精含量仅为 0.1%，也会被定义为酒精饮料。相对而言，其他国家的门槛更高。其中包括匈牙利和厄立特里亚(5%)、白俄罗斯(6%)、多米尼加共和国(9%)和尼加拉瓜(12%)。[14]在这些国家，度数相对较低的酒精饮料，如啤酒，为了销售、饮用和管制的目的，并不被认为是酒精饮料。不用说，当我们比较不同国家的饮酒量时，这些差异会造成困难。

关于最低饮酒年龄的争论和变化集中在一小部分人口身上。将最低饮酒年龄从 21 岁降至 19 岁，这本质上相当于声明，19—20 岁的人被认为已经到了可以负责任地饮酒的年龄。经常有人争论说，如果一个人被认为能够负责任地开车、投票或服兵役，那么他就应该足以成熟到可以买酒和饮酒。尽管总体趋势(除了美国)是降低最低饮酒年龄，但关于年轻人和酒之间的关系，已经有广泛的公众和政策辩论。也许有人会认为这是酒文化史上的一个新现象。尤其是两个问题主要与年轻饮酒者有关:酒后驾驶和狂饮。对于后者的定义常常是在一次饮酒过程中喝下 4—5 个标准饮酒单位。

第二次世界大战后，汽车拥有量在世界各地迅速增加，到了 20 世纪 70 年代，道路上的伤亡人数引起了人们的高度关注。例如，在英格兰和威尔士，涉及酒精(如不适合开车和醉酒驾驶)的驾驶犯罪从 1953 年的 3 257 起增加到 1963 年的 9 276 起，又到 1973 年的 65 248 起。[15]这种增长可以部分上解释为道路上车辆数量的增加，也许还可以解释为更严格的执法，但这也是对酒精损害的定义更加精确的结果。1962 年颁布的一条法律允许警方在法庭上利用血液酒精浓度测试，每 100 毫升血液中含有 150 毫克酒精的任何结果都被认为是酒精损害的证据(1967 年，这一阈值被减少到 80 毫克)。但血液测试只有在发生事故时才能进行，在其他情况下，警察不得不继续用其他的印象式的证据(把一根手指放到鼻子上或能够走一条直线)。尽管更精确的衡量酒精损害的措施可能会抓到更多不适合驾驶的司机，但对许多人来说，酒后驾驶的肆虐似乎是显而易见的。正是这种认识促使美国联邦政府在 1984 年强制各州将 21 岁作为统一的最低饮酒年龄。

反醉驾母亲协会(Mothers Against Drunk Driving)是反映酒后驾驶问题并呼吁加强对其关注的一个重要宣传组织。这一组织于 1980 年在加利福尼亚州成立，创立者是一位母亲，而她的女儿就死于一位醉驾司机之手。反醉驾母亲协会不仅是美国通过统一的最低饮酒年龄的主要推动力量，还在几乎每一个州加强酒驾法律的过程中发挥了重大的作用。人们认为美国很多州对酒驾司机过于仁慈(撞死反醉驾母亲协会创始人女儿的司机被判两年监禁),有些州开始将酒驾的初犯强制监禁。2000 年,在反醉驾母亲协会和其他组织的压力下,联邦政府再次介入酒政策,这次要求各州通过法律,规定司机的血液酒精含量不能高于 0.08％。当时,公认的最高血液酒精含量为 0.15％,在这个水平,很少有成年人可以胜任驾驶。新的标准是原来的一半,联邦政府再次用收回公路资金的办法来敦促各州采用这一新标准:各州拖延的时间越长,它们失去的联邦公路资金就越多。

反醉驾母亲协会是 20 世纪八九十年代发起的一项更为广泛的运动的一部分,该运动旨在阻止人们(尤其是年轻人)酒后驾驶。它强调的是教育,强调个人对酒后驾驶的责任。在美国和加拿大,反醉驾母亲协会取得了很好的声誉,与学校和警方合作各种项目。然而,2000 年以来,它因将注意力从酒后驾驶转向饮酒本身而受到了批评,它已经成为反对未成年人饮酒的有力倡导者,无论他们是否开车。

酒驾和高车祸死亡率使其他国家也在此刻采取行动。许多国家将血液酒精浓度限制在 0.05％—0.08％,但有些国家(包括挪威、瑞典、俄罗斯和巴西)实行了零容忍制度,血液中只要含有一点点酒精就会受到起诉。在巴西,2008 年的禁酒法允许警方逮捕和控告血液酒精浓度超过 0.02％的司机,其惩罚包括高达三年的监禁、高额的罚款及吊销驾照一年。法律还禁止在联邦公路和高速公路的任何农村路段销售酒精饮料。[16]

法国一直是对酒精较为宽容的国家之一,但是对醉驾频率的担忧甚至让法国也在 20 世纪 90 年代采取了更严格的立法。《埃万法》(Evin Law,得名于时任卫生部长的名字)涵盖了烟草和酒,是在法国的酒销售量稳步下降时出台的。这一法律直接针对酒类广告,禁止在电视和影院播放这类广告,严格控制关于酒的信息和图像,并要求所有的酒类广告都要包含一个信息,即饮酒有害健康。酒类广告不能针对年轻人,酒精饮料生产商也不能赞助体育赛事。但是在广告牌和大型活动如葡萄酒博览会上,酒类广告仍被允许。2009 年,这一法律被修改,允许在法国网站上发布酒类广告,只要这些广告不针对年轻人。

与年轻人有关的第二大酒问题是狂饮或偶尔重度饮酒,指的是在短时间内大量饮酒,其主要目的是喝醉。对于狂饮(有些酒政策制定者已经摒弃了这个表达)的关注有一些道德恐慌的特征,是对某种行为的夸大认识,如 18 世纪早期英格兰的金酒热。当时,中上阶层的男性对女性、工人和穷人在公共场合的饮酒行为进行谴责(无疑也进行了夸大),尽管他们自己有可能经常在家里和俱乐部这种私密场所喝到不省人事。

同样,当代人关注年轻人的狂饮程度(在美国,其定义为男性一次喝掉五个标准饮酒单位,女性为四个标准饮酒单位),却常常忽略了这样一个事实,即许多老年人在晚餐时经常喝这么多;在晚餐时喝掉半瓶酒精浓度为 14.5% 的葡萄酒也几乎可以达到这个量。在英国,广泛使用的是一个更高的标准:男性为八个标准饮酒单位,女性为六个标准饮酒单位,而一些组织建议,只要个体的血液酒精浓度达到 0.08%,就可以认定为狂饮,因为这个比例是合法驾驶的最高值。最后一种定义更加有效地将这些因素考虑了进来:饮酒时长、饮酒者状态和饮酒时有没有摄入其他食物。有些定义指的是一次喝掉指定数量的酒,而没有区分这一次是持续了一两个小时,还是通宵达旦。

无论如何定义,在 21 世纪初,狂饮被描述为一个影响好几个国家年轻人的问题,人们尤其关注学生,他们中很多都低于法定饮酒年龄,还有 20 岁出头的年轻人。2004 年一项关于学生健康的国际调查发现,在许多国家,13—15 岁的学生中有很多在过去 30 天至少喝过一次酒。在不同国家,饮酒年轻人占年轻人总人口的比例差别很大,如在塞内加尔和缅甸,饮酒年轻人所占比例低于 10%,而在塞舌尔、乌拉圭、阿根廷和几个加勒比海国家,这个比例要高于 50%。[17] 在欧洲,该比例从冰岛的 17% 到捷克共和国的 75% 不等。在狂饮方面,一项 1995 年的调查显示,15—17 岁的欧洲学生中,有 29% 在过去 30 天内曾经一次喝了五个标准饮酒单位以上的酒精饮料。同一个调查还显示,到了 2007 年,这一比例上升至 41%,在 2011 年略微下降至 38%。只有在瑞典这一个国家,女性狂饮人数超过男性。[18]

各国对狂饮现象肆虐的回应各不相同。在加拿大和美国,校方试图控制饮酒量,尤其是在学年中的某些特定时间,如开学第一周,这是饮酒量的历史最高点。在英国,政府在 2011 年降低了酒精含量为 2.8% 及以下的啤酒的税收,抬高了对酒精含量为 7.5% 及以上的啤酒的税收。其目的是减少高度数啤酒的饮用量,鼓励人们饮用低度啤酒,因为高度数啤酒会引发酗酒问题。对于那些选择中等度数啤酒的绝大多数饮用者,则不加以处罚。在法国,《埃万法》以禁止媒体针对年轻人打酒类广告的方式,来解决年轻人的饮酒问题。

第二次世界大战后,酒精政策的其他改革也因国家或地区的不同而有所不同。在新西兰,第一次世界大战期间颁布的法规要求酒吧周一至周五在下午 6 点关门,并且周六、周日不允许开门。其最初目的是要防止人们因晚上喝酒而耽误战时工作。在此后的半个世纪里,这个政策因其他原因保留了下来,制度上的惰性是一个原因,此外,还因为它鼓励男性回到自己家里和家人在一起,而不是晚上和朋友一起喝酒。不好的方面是,酒吧这么早关门引发了当地人熟知的"6点钟痛饮"现象,因为饮酒者几乎全部是男性,在工作结束至下午6点酒吧关门之间的一个小时甚至更短的时间内,他们会尽可能多地喝啤酒。实际上,这个政策导致了大规模的成年人狂饮。

然而,到了20世纪60年代,这个政策似乎已经过时,难以为继。新西兰餐馆文化的兴起意味着食客可以边吃饭边喝酒,直到深夜,私人俱乐部也被允许供应酒水到晚上6点之后。越来越多的外国游客发现,酒吧晚上6点打烊令人恼火且很不方便。在1967年的全民公决上,2/3的投票者支持将酒吧营业时间延长至晚上10点,这是一系列酒吧开放时间延长的开端。

在20世纪最后几十年期间的苏联,与酒相关的更严重的问题出现了。高人均饮酒量开始给公共健康和经济带来极大破坏,到了20世纪80年代,这个问题成了苏联经济和政治体系崩溃的主要原因。[19]这并不是新现象,正如我们所见,酗酒已成为几个世纪以来俄国/苏联社会的一个特征。当然,在这样一个庞大的多民族帝国,不同地区和种族之间的差异极大。穆斯林聚集区的饮酒量要低得多,犹太人聚集区也是如此,而在酒精摄入总量上,以伏特加为主要饮品的拉脱维亚人轻而易举地超过了喝葡萄酒的格鲁吉亚人。然而,总的来说,苏联公民的酒精摄入量是世界最高的。更为重要的是,20世纪50年代至80年代期间,其增长速度比其他任何一个国家都快。对合法和非法来源的饮酒量(14岁以上者的人均饮酒量)的最佳估计显示,纯酒精摄入量从1955年的7.3升上升至1965年的10.2升,再到1975年的14.6升和1979年的15.2升。[20]

1953年斯大林逝世后,每一位苏联领导人都半心半意地试图抑制酒的饮用。1958年,尼基塔·赫鲁晓夫呼吁发动一场反酗酒运动,他启动了一个酒类教育项目,限制酒在商店和餐馆的售卖。1960年,刑法被修订,规定任何被判醉酒一次以上者都要接受强制性治疗。在列昂尼德·勃列日涅夫(1964—1982年期间任苏联总理,其饮酒量臭名昭著)执政期间,政府加强了对公共醉酒(被归类为"流氓行为")的惩罚,并建立了一连串的康复营,被判有酒瘾的人可以被送去接受包括强制劳动在内的治疗。1972年,政府下令减少伏特加的生产,逐步完全淘汰度数较高的伏特加,作为补偿,扩大葡萄酒、啤酒和非酒精饮料的生产。

在勃列日涅夫之后的两届短命政府(1982—1985年)期间,人们对酗酒这一社会问题的态度更加激进。总理康斯坦丁·契尔年科可能就死于长期酗酒引起的肝硬化。起初是对苏联社会现状的公开讨论,人们承认,在革命60年后,苏联社会仍然没有摆脱性别不平等和酗酒等问题,而马克思早就把这些问题和资本主义社会联系起来。一场旨在减少酒精滥用的运动中包括了试图减少旷工现象的目标,一场更加系统的反酒精运动开始了。这未免有点太迟了;到了 20 世纪 80 年代,酒是导致苏联普遍存在的健康问题和经济衰退的主要因素。实际上苏联的死亡率上升了,除了饥荒或者战争等重大灾难的时期以外,这种事还是第一次发生。1965—1989 年,40 岁以上的男性死亡率增长了 20%—25%,50 岁以上女性的死亡率也上升了,虽然上升幅度没有男性那么大。酒精并不是导致这些变化的唯一原因,吸烟和不良的卫生服务也有关系,但它被认为是主要的因素。

当苏联最后一届总理米哈伊尔·戈尔巴乔夫于 1985 年上台后,反酒精运动已经展示了一些成功的早期迹象,如饮酒量和与酒有关的犯罪小幅度减少,他将其作为自己任期的首要任务之一。戈尔巴乔夫挡住了偶尔有些激进的要彻底禁酒的建议,采取一套既有鼓励又有强制的复杂政策。在教育方面,像科学院和教育学院这样的机构被委派发起一场运动,来表明饮酒对健康、社会秩序、道德和经济的危害。他努力改进休闲和体育设施,以便为年轻人提供除了喝酒之外的更多选择。报纸、收音机和电视被命令强化其反酒精信息,电影制作商被禁止正面描绘酗酒现象。[21]

这场运动强制性的一面在于,新的规定限制了售酒时间(只能在工作日的下午 2 点之后)、个人能够购买的量和饮酒的场所。在公共场所饮酒将被罚款,在工作地点也不例外。任何人如果喝得酩酊大醉,那就必须被拘留一整夜,还要付留宿费用。一场全国性的禁酒运动重新兴起,到了 1986 年中期,禁酒组织声称在整个苏联的 35 万个分支机构中有 1 100 万名成员。共产党通过在公共和外交宴会禁酒以身作则,对滥用酒精和容许滥用酒精的党员和官员采取更严厉的措施(包括解雇)。随着这一运动的不断高涨,数千人被驱逐出党。[22]对于如此声势浩大的运动,减少酒的供应至关重要。1985 年中期的第一步就是对伏特加和其他烈性酒涨价,但是啤酒和葡萄酒这些低度酒除外。进一步的涨价在一年后生效。到了 1988 年,全国伏特加的产量从 1985 年的 2 380 万升减少到 1988 年的 1 420 万升,葡萄酒的产量几乎减少了一半。[23]

到了 1986 年末,苏联政府公布了显著的成果:伏特加和葡萄酒的饮用量下降了 1/3,员工旷工率也是如此,而犯罪率下降了 1/4。但是全国范围内的报道却有些鱼龙混杂。有些地区的描述是,由于没能抑制饮酒,酒的饮用依然十分广泛。也有一些地区汇报说取得了惊人的成功,例如所有的矿工都已经彻底戒酒,这让人难以置信。在这些地区,据说产量提高了,生产配额也超额完成。在人口方面,20 世纪 80 年代后期有了真正的提升。死亡率自 20 世纪 70 年代以来稳步增长的情况开始改变,因工伤导致的死亡减少了,致命心脏病的发生率下降了,因为酒精中毒和更普遍的与酒精有关的死亡率降低了一半。出生率上升了,婴儿的健康状况和 1 岁婴儿的存活率有了显著提高。[24]

然而,非法酒的秘密生产破坏了这场反酒精运动。据估计,在酒完全不受限制的时代,农村地区广为生产的非法酒萨莫贡占据了全苏联酒精总摄入量的 1/3。根据一些估计,到了 1988 年,它的产量为削减之后国家产量的一半。随着合法酒的来源紧缩,非法生产的酒传播到一些对其几乎闻所未闻的地区(如拉脱维亚)和城市。这个庞大的地下产业依靠苏联的甜根菜所产生的大量的糖。据估计,到了 1987 年,这个国家 1/10 的糖被用于生产蒸馏酒。绝望之下,那些无法获得非法酒的人转向包含酒精的其他产品,如古龙水、生发剂和窗户清洁剂,而这些常常会导致严重甚至是致命的后果。

流入政府的报道一定会既有真实的成果又包含重大的失败。它们似乎相互抵消,因为到了 1988 年,这项运动虽然被认为产生了“一种更加健康的社会道德风气”,却没能实现“彻底的改变”。但是政府没有继续向前推进,而是缩小了这场运动的规模。公众支持率似乎在下降,酒产量的减少远大于起初的预想,而这导致了需求的增加和广泛的非法酒生产。事实上,据估计,国家已经在这场运动中丧失了 20 亿卢布的酒税收入。这项运动将会继续,但相较于之前的强制执行,将更加重视教育和鼓励。批评人士将压制措施比作 20 世纪 30 年代的强制集体化,并把警察取缔萨莫贡的行为称为一场针对人民的战争。除了从原则上进行反对之外,人们认识到政府是又打了一场针对酒精的败仗。

对这场运动的第一个调整是允许食品商店重新出售葡萄酒、啤酒和白兰地。此后不久,烈性酒和葡萄酒的产量被允许增加。从 1988 年至 1990 年,伏特加和其他烈性酒的产量增加了 50%,但尽管饮酒量增加了,却仍然没能达到运动前的水平。1985 年,俄罗斯的人均饮酒为 8.8 升。到了 1987 年,人均饮酒量已经下降到 3.9 升,但在 1990 年放松限制之后,只上升到了 5.6 升。[25]在运动鼎盛时期所报道的健康与其他成果很快被逆转。死亡率上升,出生率下降,到了 1991 年,苏联人口实际上下降了(参见图 14)。

随着 1991 年苏联解体,俄罗斯联邦出现了更加自由的酒市场。国家对生产的垄断结束了,在 1992 年,家庭酿酒被合法化。进口酒开始更频繁地出现,不久以后,进口伏特加占据了 60% 的俄罗斯市场。在这些情况下,酒的生产和饮用量开始上升,从 1991 年的 7 升合法纯酒精到 1995 年的 11 升,再到 2006 年的 10 升以上。合法酒中肯定添加了违法酒,据统计占合法酒总量的 1/3 到一半。这意味着在 21 世纪早期,俄罗斯成年人平均摄入大约 16 升纯酒精,而欧洲人均为 12 升。[26] 换句话说,俄罗斯人每两天喝掉一瓶伏特加。[27] 但是如果将 40% 不喝酒的人排除在外,那么那些饮酒的俄罗斯人几乎每天喝一瓶伏特加。难怪与酒有关的犯罪和离婚率反弹到之前的数据,并且醉酒引发的交通事故也大幅增加。

在弗拉基米尔·普京的领导下(2000—2008 年和 2012 年之后),一场新的禁酒运动开始了。有一些要禁止酒的生产和销售的谈论,但与此同时,酒税却增加了,2012—2014 年,酒税几乎翻了两番。普京主张逐渐增加酒税,而不是突然大幅度地增加,这样才不大可能导致非法酒生产的增加,这表明他已经从以前减少饮酒运动的失败中吸取了教训。[28] 2012 年,俄罗斯互联网上所有关于酒的广告被禁止,到了 2013 年,报纸也不再允许刊登酒广告。

政府面临着来自各种渠道的反对,包括大大小小的零售商。2013 年,路边摊被禁止出售啤酒,而这占其总收入的 40%。从理论上说,这使大商店获利,但它们的销售(占其总收入的 1/5)也受到了打击,因为同一条法律将半升伏特加的最低价格抬高了 36%,并将啤酒重新归入酒精饮料。[29] 这意味着在晚上 11 点至次日上午 8 点之间,任何商店都不能出售啤酒。

这样的改革是俄罗斯历史悠久的酒政策的最新发展,但显然在对饮酒模式和水平的关注方面,俄罗斯政府并非唯一。对与酒有关的行为的关注跨越了国家和意识形态的界限,无论是酒驾和年轻人饮酒,还是酒对于经济生产率的影响。詹姆斯·尼科尔斯(James Nicholls)这样说英国:虽然“饮酒问题”在 20 世纪 40 年代后有所减轻,但“到了 21 世纪初,饮酒问题又回到了政治议程”,这句话在更广泛的地理意义上也是正确的。[30]

与此同时,关于适度饮酒带来健康益处的观点卷土重来。相较于之前,在 20 世纪,医疗领域对酒精持一种更加怀疑的态度。总体上来看,对于个人健康而言酒被认为弊大于利。不再像过去那样,特定的葡萄酒和烈性酒被作为治疗特定疾病的处方,酒已经很少被纳入处方,即使推荐,也是作为一种可以减缓生活压力的乐趣,并且要适可而止,但是越来越多的医生会推荐病人不要饮酒。

使医学界(和社会)对于酒精的态度发生转变的一个重大事件是“法国悖论”的发现,以及 1991 年美国电视节目对它的描述。这个悖论是,虽然法国人的饮食结构和生活方式使他们本来更容易得心脏病,但法国心血管疾病的发病率仅是美国的1/3。法国人吸烟比美国人多,更加懒于锻炼,饮食中也含有大量的脂肪,如芝士、油炸食品和其他产品。他们还摄入更多的酒精,但一个很大的不同在于这些酒精大部分来自葡萄酒,特别是红葡萄酒。法国顶尖医学家认为,多喝红酒的人群之所以心脏病的发病率低,是因为有一种名为白藜芦醇的苯酚,这种苯酚存在于黑葡萄的皮中,在红葡萄酒中以不同浓度存在。

1991 年,美国流行的电视节目《60 分钟》(Sixty Minutes)播放了这些发现,大大促进了红葡萄酒的销售:在接下来的几年中,红葡萄酒在美国的销量增加了 40%。这种效果传播到了其他国家,许多人开始经常喝红葡萄酒以预防疾病。对于那些不想喝酒的人,有一种用葡萄酒做成的药片,可以提供两杯红葡萄酒所能带来的效果。[31]

因为"法国悖论"与医学界对于酒精的看法背道而驰,所以它引起了很大的争议。有人认为法国心脏病发病率被严重低估了,实际上并没有什么悖论:法国人在吃油炸食物方面的传统较短,一旦这些影响开始出现,他们心脏病发病率就会上升;而且我们也不能用一个孤立的因素来解释一个复杂的现象,在这里,这个因素就是白藜芦醇。美国的酒精、烟草和枪支管理局是对全国的酒进行管控的联邦机构,它对法国顶尖科学家塞尔日·雷诺(Serge Renaud)提出质疑,而他是第一个在电视节目中讲述法国悖论来证明他对红葡萄酒看法的人。1994 年,雷诺在著名的英国医学杂志《柳叶刀》(Lancet)上发表了他的研究,表明每天喝 20—30 克(两到三杯)葡萄酒能将死于心脏病的风险减少大约 40%。他认为这种葡萄酒可以作用于血液中的血小板,防止其凝固。雷诺之后对许多以法国中年男性为样本的研究不仅证实了"法国悖论",还发现适量饮用红葡萄酒可以抗癌。

最近的医学观点认为定期适当饮用葡萄酒确实有助于人们预防心脏疾病和癌症。在其他可能的条件不变的情况下,适度饮酒比戒酒更加有利于健康。然而,过度饮酒不仅会丧失这些好处,而且会使人更容易罹患其他疾病。从这个角度来看,酒(尤其是葡萄酒)已经恢复了其在 19 世纪之前的地位,在当时,医生将其纳入处方,要么是为了治疗特定疾病,要么是作为一种普通滋补品。

在很多方面,现代世界的酒与过去几百年乃至数千年前的问题多有呼应。有熟悉的对于饮酒的担心,在有些地方,这种担心的表达比其他地方更加激烈,但是却几乎无处不在。有关酒类的危险,今天有了更加精确的、有时是不同的表达。就像酒后驾驶的危险那样,它对肝脏和心脏的危害被生动地描述出来。人们担心的不再是女性喝酒并因此丧失道德判断的问题,而是男性利用酒精对女性进行性剥削的问题。一般而言,人们担心最多的是年轻人喝酒的问题。从积极的一面来看,近一个世纪的中断之后,酒又回到了药店。"法国悖论"打开了潘多拉的盒子,很快就变成了不仅仅是红酒有益健康,而是所有的酒都有益健康,只要饮用适度。任何关于滥用或过度饮酒的话语都有一种暗示,即一定程度的饮酒是可以接受的。几乎所有没有彻底禁酒的政策都有一种对适度的探索。如何定义"适度",如何劝说人们适度饮酒,这些问题是整个酒文化史的核心。

【注释】

[1] Lori Rotskoff, *Love on the Rocks: Men, Women, and Alcohol in Post-World War II America* (Chapel Hill: University of North Carolina Press, 2002), 194—203.

[2] Ibid., 208—209.

[3] W. Scott Haine, "Drink, Sociability, and Social Class in France, 1789—1945: The Emergence of a Proletarian Public Sphere," in *Alcohol: A Social and Cultural History*, ed. Mack P. Holt(Oxford: Berg, 2006), 140.

[4] Patricia E. Prestwich, *Drink and the Politics of Social Reform: Antialcoholism in France since 1870*(Palo Alto: Society for the Promotion of Science and Scholarship, 1988), 258—260.

[5] Kim Munholland, "*Mon docteur le vin*: Wine and Health in France, 1900—1950," in Holt, *Alcohol*, 85—86.

[6] Prestwich, *Drink and the Politics of Social Reform*, 300, table F.

[7] Gwylmor Prys Williams and George Thompson Brake, *Drink in Great Britain, 1900—1979*(London: Edsall, 1980), 132—133.

[8] *Global Status Report on Alcohol and Health*(Geneva: World Health Organization, 2011), 4.

[9] Ibid., 188.

[10] National Health Service(United Kingdom), *Statistics on Alcohol 2012*, 14, 16. https://catalogue. ic.nhs.uk/publications/public-health/alcohol/alco-eng-2012/alco-eng-2012-rep.pdf(访问于 2013 年 2 月 25 日)。

[11] *Global Status Report on Alcohol and Health*, 140.

[12] Haine, "Drink, Sociability, and Social Class in France."

[13] http://www.abc.state.va.us/facts/legalage.html(访问于 2012 年 8 月 11 日)。

[14] *Global Status Report: Alcohol Policy*(Geneva: World Health Organization, 2004), 13—15.

[15] Williams and Brake, *Drink in Great Britain*, 387, table III.10; 516, table III.139.

[16] *Global Status Report on Alcohol and Health*, 47.

[17] Ibid., 11.

[18] http://www.espad.org/Uploads/ESPAD_reports/2011/The_2011_ESPAD_Report_SUMMARY. pdf(访问于 2012 年 9 月 5 日)。

[19] 关于苏联的这一部分大部分借鉴了 Stephen White, *Russia Goes Dry: Alcohol, State and Society* (Cambridge: Cambridge University Press, 1996)。

［20］Vladimir G. Treml，*Alcohol in the USSR：A Statistical Study*（Durham，N.C.：Duke University Press，1982），68，table 6.1.

［21］White，*Russia Goes Dry*，70—73.

［22］Ibid.，91.

［23］Ibid.，103，table 4.1.

［24］Ibid.，103.

［25］Ibid.，141，table 6.1.

［26］*Global Status Report on Alcohol and Health*，203.

［27］White，*Russia Goes Dry*，165.

［28］*Pravda*，April 4，2011，http://english.pravda.ru/business/finance/04-04-2011/117436-alcohol_tobacco-0/（访问于 2012 年 8 月 11 日）。

［29］Ria Novosti，April 5，2012，http://en.rian.ru/business/20120405/172627949.html（访问于 2012 年 8 月 11 日）。

［30］James Nicholls，*The Politics of Alcohol：A History of the Drink Question in England*（Manchester：Manchester University Press，2009），1.

［31］"French Paradox Now Available in Tablets,"*Decanter*，June 7，2001，http://www.decanter.com/news/wine-news/488845/french-paradox-now-available-in-tablets（访问于 2013 年 2 月 21 日）。

结　论

　　酒文化史体现了酒被认知、被珍视、被饮用的方式。通过对几百年乃至几千年来许多地区的酒文化进行考察，一个无时不在、无处不在的问题就是，酒一直是一种具有很大争议性的商品。一方面，它有时被描述为一个由神灵所赐予的，又经常与宗教有正面联系的饮料，同时，作为一种饮料，它还有辅助健康、治疗和各级社交的潜力。另一方面，酒有可能会造成个人和社会的灾难，如道德缺失、缺乏虔诚、社会混乱、身心疾病和犯罪。

　　这些潜能的实现方式取决于酒的饮用方式，或许酒文化史最重要的一个维度就在于，当权者不断尝试去定义何为适度饮酒，何为危险的过度饮酒。在许多情况下，只有当饮酒者越过了界限，喝醉了，才能对其做出定义。饮酒过度会表现在言语、身体协调能力和与醉酒有关的行为上。有时会指明特定的最高饮酒量，如现在许多国家的公共卫生当局会提供关于每天最高饮酒量的指南。在有些情况下，当权者已针对一些群体实施全面的禁酒政策，如穆斯林和摩门教徒，或针对某些特定的人群禁酒，如被殖民社会的原住民。

　　这些不同的政策是基于当时盛行的关于酒精利弊的评估。无论是过去还是现在，禁酒政策都基于这样一种假定，即滥用酒精者所造成的危险超过其他任何人可能觉得他们应该拥有的饮酒权利。宽松一点的监管政策试图一方面允许人们喝酒，从中获得个人和社会的利益；另一方面，通过依据年龄、性别或种族来限制某些人获得酒的渠道，通过限制买酒或喝酒的机会，来降低其危险。

　　无论是在古代的美索不达米亚和非洲的英国殖民地，还是在现代法国和 19 世纪的美国，我们都看到了对于酒精的普遍焦虑，这种焦虑基本上是对社会秩序的广泛焦虑:如果饮酒可能会导致个人失去对其言语和身体的控制,那么大众化的饮酒就会导致更广泛的社会机体丧失自控能力。这些焦虑出现在几乎所有的文化中,但我们应该关注的是这一永恒主题内部的各种变化。

一种普遍的焦虑在男性对女性饮酒的态度中昭然可见。在历史上,男性一直对女性饮酒的现象很焦虑,一般是因为他们认为在酒精的影响下,女性对性的约束和抑制就会减少。这是一个合理的假设,因为酒精的作用之一就是降低对各种行为的抑制。然而,尽管女性吸收和代谢酒精的速度与男性不同,酒精的影响却没有性别之分。同等条件下,在酒精的影响下,女性并不比男性更容易从事危险行为,无论是在性方面,还是在其他方面(可以说,由于文化的影响,女性在性方面冒险的可能性要小于男性)。饮酒男性对女性饮酒的反对,在本质上是性道德双重标准的一种表达。

尽管这似乎是一个历史常态,但是在不同时期,男性对女性饮酒的焦虑呈现出不同的形式。在古罗马,人们关注的是已婚妇女的饮酒问题,这很可能是因为担心醉酒的妻子会去通奸,并怀上别人的孩子,而她的丈夫可能会在不知情的情况下将其视为己出。值得注意的是,对喝酒女性的惩罚和对女性通奸的惩罚是一样的,有时是死刑,有时是离婚。相比之下,在18世纪早期的英国,金酒引发的恐慌集中在母亲而不是妻子身上。正如我们所看到的那样,金酒被称为"金酒母亲"和"母亲的愚蠢",而贺加斯的名作《金酒街》将一位正在哺乳的母亲作为核心形象加以描绘。一方面,生育率和人口增长是18世纪的关注焦点之一;另一方面,当时一些宣传强调金酒对未成年人和出生率的有害影响。这是一种巧合吗?

在第一次世界大战期间和之后,对年轻女性饮酒问题的焦虑似乎有了不同的侧重点。人们普遍注意到,在战争期间,妇女受益于新的工作机会和收入的增加,开始频繁光顾酒吧。与这种此前主要和男性联系在一起的行为同时发生的,还有女性着装和发型朝着男性化的方向发展。在战争结束时,有各种让女性恢复其女性形象的尝试,尤其是通过解雇许多从事工业生产的女性,以便为退役士兵让出工作机会。在这一时期,人们对女性饮酒的焦虑表明,有必要重新确立性别界限,因为人们认为这种界限已被战时状况所侵蚀。

在这些以及其他的情况下,主要反对的是女性的饮酒行为。但每一时期对这一反对的精确表述都反映了更广泛的文化焦虑,即性别秩序的某些方面被认为受到了女性饮酒的威胁。尽管证据参差不齐,并且对于本书所涵盖的大部分时期来说,证据往往不充分,但是只要女性被允许饮酒,她们的饮酒量通常低于男性,无论是哪一个时期，哪一个地区，哪一个阶层。今天肯定是如此，和男性相比，有更多的女性自称是戒酒者：在美国，男女的比例分别是 30% 和 40%；在意大利分别是 10% 和 25%；在中国，分别是 13% 和 45%。[1] 过去的未成年人更是做到了戒酒，虽然我们必须意识到童年的定义已经随着时间的推移发生了变化。在近代早期的欧洲，当年轻人在十几岁开始学徒生涯和全职工作时，他们很可能已经开始喝酒。

因此，要对饮酒的历史趋势作出概括是危险的。虽然如此，通过仔细阅读不同地区和时代的材料，我们或许可以得出这样的结论，即世界上一些重要的地区已经进入了一个"后酒精"时代，酒的饮用量已经达到了历史最低点。

数百年来，酒精饮料一直是成年人口日常饮食的一部分，无论是在欧洲、亚洲和美洲，还是在澳大利亚、新西兰和南非。正如我们所见，在欧洲和北美洲，定期获得清洁的饮用水曾经是一个挑战，这个问题直到 19 世纪重大公共水利工程完成后才得以解决。在此之前，相对于可用的水，啤酒和葡萄酒被认为是更安全的选择，蒸馏酒可以被添加到水中，以杀死一些对人体健康有害的细菌。在此意义上，酒精和水的历史在重要的方面出现了交汇。

尽管历史学家坚持用更安全的酒精饮料来替代污染水的重要性，但我们必须认识到，文化和物质方面的考虑似乎常常凌驾于健康上的迫切需要。毫无疑问，在我们所能够研究的大多数文化的大部分时期，成年男性应该能够定期获得适量的酒，但正如我们所看到的，常常有对于妇女饮酒现象的极大焦虑，以及对未成年人饮酒的强烈反对。这就提出了优先次序的问题。当时的人普遍认为酒精饮料比可得的水安全。我们应该回顾一下，当清教徒们在啤酒和水的供应开始枯竭时，面对着要在美洲饮用水的前景时，他们会有多么恐惧。然而，制定酒政策的男性似乎很坦然地建议，妇女和未成年人（包括十来岁的男孩）应该远离酒精，言外之意就是他们应该冒生病乃至死亡的危险。

酒精被认为不适合未成年人，因为根据在整个 18 世纪主导西方医学思想的理论，酒的热性会对他们本来热性的体质产生不良的影响。但是正如我们所见，最常见的反对成年女性饮酒的依据是酒精会使她们失去性抑制。男性也可能会酒后乱性，但在大多数情况下，他们认为就算有问题，也不会太严重。这里似乎有一个道德上的考量，宁可让女性冒着生病甚至更糟糕的危险去喝水，也不能让她们（或她们的丈夫）冒性违法的道德风险。从已婚男性的角度来看，宁可做鳏夫，也不要"戴绿帽子"。

虽然妇女和未成年人经常被禁止喝酒，或饮酒量受到严格的限制，但在历史上肯定有大量的人口必须戒酒,因为他们别无选择。所有的酒都是要花钱的,即使是质量最差的酒,如古罗马工人和士兵所饮用的稀薄、发酸的葡萄酒,以及18世纪早期英国那种掺假的金酒,而水却是免费的,无论是来自公共水井,还是自然水源,如江河湖泊。除了极少数情况下,比如可能会在庆典上无偿发放葡萄酒或啤酒,穷人根本没有稳定的酒精饮料供应。由于穷人的饮食中没有酒,他们只能诉诸劣质的水,再加上他们本来就缺乏饮食和生活条件,这些因素都降低了他们的预期寿命。

过去人们喝含酒精饮料是因为它们比水安全,对于这样一个常见的历史概括来说,这些情况都是重要的补充。许多这样的人口以年轻人为主,如中世纪到19世纪的欧洲人,而不像许多现代人群是以老年人为主。如果我们从这些人中减去女性和穷人男性,剩下的能够经常喝酒的就只有少数人了。虽然啤酒和葡萄酒可能真的比现有的水资源更加健康,也更加安全,但由于当时的文化和经济状况,很可能只有少数人可以利用这个更加安全的选择。这样看来,酒经常被用来替代劣质水这一说法就开始站不住脚了。

尽管这种情况反映了我们对可能做法的了解,但我们基本上没有关于这种饮酒模式的可靠证据来支撑这一点。在大多数情况下,我们所拥有的,仅仅是对某些城镇某些年份或特定时代特定人群(包括修女、印刷者和律师)人均饮酒量的估计。对历史上人均饮酒量的这种估计几乎总是建立在两组最多只能接近事实的数据之上,即人口数量和对酒生产或流通的估计。在19世纪中叶以前前者往往是不可靠的,而后者也常常是不可靠的,并且从未把偷偷地或以其他什么方式逃脱官方记录的生产、流通和饮用的酒考虑进来。除了这些不足之外,人均饮酒量的数据掩盖了因性别、阶级、年龄或地区不同而产生的巨大差异。在女性饮酒被禁止或打击的文化中,以及人们很可能按照规定行事的文化中,只计算男性的人均饮酒量会更有意义。

总之,我们对于历史上饮酒模式的了解存在着巨大的漏洞,要想对长期趋势得出任何结论,我们必须或多或少地进行猜测。这样做意味着世界上一些重要的地区已进入后酒精时代。在1500—1800年的近代早期,欧洲和北美洲的酒消费似乎一直很强劲。我们不能有把握地对一般消费水平作出估计,而是应该小心,不能把同时代许多谴责酗酒的评论照单全收。但是有充分的证据表明酒被男性和女性广泛饮用(虽然男性饮用量更大),并且全天都有饮用。

在19世纪中期,当市政当局开始为城市居民提供可靠的饮用水供应时,一切都变了。在漫长的酒文化史上,这是一个转折点。由于人们不再需要把酒作为水的替代品，酒的文化意义发生了彻底的变化。随着民众对其他非酒精饮料（如茶和咖啡）的饮用越来越多，随着数千年来酒所承载的正面的宗教和医疗意义被侵蚀（而不是消失），这些都促进了这种转变。酒成为一种自由支配的饮料，任何有淡水喝的人都没必要喝酒。

但是因为酒的饮用已经深深植根于饮食和文化之中，比如在下班回家的路上到酒吧里喝一杯啤酒或烈性酒，或者是在婚礼和宴会等场合品尝葡萄酒或敬酒，酒并没有消失，即使在被禁酒政策禁止时也依然没有消失。除了能够补充水分之外，酒精饮料之所以会很受欢迎，不过是因为它们含有酒精，这是我们在谈论历史上人们喝酒的原因时经常忘记的一点。酒能够给人带来一种愉悦感，可以帮助人们社交和放松，摆脱约束他们的种种抑制。在历史上，人们一直对酒精的这些效果十分珍视，孜孜以求。

即便如此，尽管我们对历史上饮酒量的了解还很欠缺，但是在很多经济发达国家，似乎今天的饮酒量比以往任何时候都要低，并且可能会继续下降。20世纪初以来，一些西方国家的饮酒量肯定出现了下滑，而这一时期的统计数据更加可靠。年轻人饮酒使人担心，而如今这些国家中饮酒最多的人群通常是老年群体。这可能是经济因素的影响，但是年轻一代可能通过饮酒之外的其他方式来获得酒精所能赋予的状态。许多种类的毒品广泛流行，尤其是大麻，年轻人也会经常饮用富含咖啡因的饮料（有时既有咖啡因又有酒精）。和前几代人相比，现在的年轻人往往更加尊重关于酒后驾驶的法律。总的结果是，除非年轻一代随着年龄的增长开始喝更多的酒，随着饮酒量更多的一代相继离世，人均饮酒量将下降更多。

在一些经济最发达的社会，这些模式最为明显，但是在有些社会，并没有证据表明饮酒量下降。从全球来看，酒并非濒临灭绝，但是作为许多社会的一个社会问题，在今后的几十年里，其重要性很可能会大大降低。

【注释】

[1] *Global Status Report on Alcohol and Health* (Geneva：World Health Organization，2011)，140，188，234.

参考文献

关于酒以及相关话题的参考文献汗牛充栋，不胜枚举，并且还在增加。本参考文献只包括那些在本书成书过程中最有用的作品。

工具书

Blocker, Jack S., Jr., David M. Fahey, and Ian R. Tyrrell, eds. *Alcohol and Temperance in Modern History: An International Encyclopedia.* 2 vols. Santa Barbara: ABC-CLIO, 2003.

Brennan, Thomas E., ed. *Public Drinking in the Early Modern World: Voices from the Tavern, 1500–1800.* 4 vols. London: Pickering & Chatto, 2011.

Fahey, David M., and Jon S. Miller, eds. *Alcohol and Drugs in North America: A Historical Encyclopedia.* Santa Barbara: ABC-CLIO, 2013.

Smith, Andrew F., ed. *Oxford Encyclopedia of Food and Drink in America.* 2nd ed. New York: Oxford University Press, 2013.

著作

Adams, Jad. *Hideous Absinthe: A History of the Devil in a Bottle.* London: Tauris Parke, 2008.

Albala, Ken. *Eating Right in the Renaissance.* Berkeley: University of California Press, 2002.

Alexander, Jeffrey W. *Brewed in Japan: The Evolution of the Japanese Beer Industry.* Vancouver: University of British Columbia Press, 2013.

Apicius: Cookery and Dining in Imperial Rome. Edited and translated by Joseph Dommers Vehling. New York: Dover, 1977.

Badri, M. B. *Islam and Alcoholism.* Plainfield, Ind.: American Trust Publications, 1976.

Bablor, Thomas, et al. *Alcohol: No Ordinary Commodity.* 2nd ed. Oxford: Oxford University Press, 2010.

Barr, Andrew. *Drink: A Social History of America.* New York: Carroll & Graf, 1999.

Bennett, Judith M. *Ale, Beer and Brewsters in England: Women's Work in a Changing World, 1300–1600.* New York: Oxford University Press, 1996.

Blocker, Jack S., Jr., and Cheryl Krasnick Warsh, eds. *The Changing Face of Drink: Substance, Imagery and Behaviour.* Ottawa: Publications Histoire Sociale/Social History, 1977.

Bourély, Béatrice. *Vignes et Vins de l'Abbaye de Cîteaux en Bourgogne.* Nuits-St-Georges: Editions du Tastevin, 1998.

Brennan, Thomas. *Burgundy to Champagne: The Wine Trade in Early Modern France.* Baltimore: Johns Hopkins University Press, 1997.

Bruman, Henry J. *Alcohol in Ancient Mexico.* Salt Lake City: University of Utah Press, 2000.

Brunschwig Hieronymus. *Das Buch zu Distilieren.* Strasburg, 1532.

Bucknill, John Charles. *Habitual Drunkenness and Insane Drunkards*. London: Macmillan, 1878.

Burford, Alison. *Land and Labour in the Greek World*. Baltimore: Johns Hopkins University Press, 1993.

Burnett, John. *Liquid Pleasures: A Social History of Drinks in Modern Britain*. London: Routledge, 1999.

Campos Marin, Ricardo. *Socialismo Marxista e Higiene Publica: La Lucha Antialcoholica en la II Internacional (1890–1914/19)*. Madrid: Fundación de Investigaciones Marxistas, 1992.

Carter, Henry. *The Control of the Drink Trade: A Contribution to National Efficiency, 1915–1917*. London: Longman, 1918.

Cato, Marcius Porcius. *On Agriculture*. London: Heineman, 1934.

Christian, David. *Living Water: Vodka and Russian Society on the Eve of Emancipation*. Oxford: Oxford University Press, 1990.

Clark, Peter. *The English Alehouse: A Social History, 1200–1830*. London: Longman, 1983.

Conroy, David W. *In Public Houses: Drink and the Revolution of Authority in Colonial Massachusetts*. Chapel Hill: University of North Carolina Press, 1995.

Craeybeckx, Jan. *Un Grand Commerce d'Importation: Les Vins de France aux Anciens Pays-Bas (XIIIe–XVIe Siècle)*. Paris: SEVPEN, 1958.

Crush, Jonathan, and Charles Ambler, eds. *Liquor and Labor in Southern Africa*. Athens: Ohio University Press, 1992.

Curto, José C. *Enslaving Spirits: The Portuguese-Brazilian Alcohol Trade at Luanda and Its Hinterland, c. 1550–1830*. Leiden: Brill, 2004.

Dannenbaum, Jed. *Drink and Disorder: Temperance Reform in Cincinnati from the Washington Revival to the WCTU*. Urbana: University of Ilinois Press, 1984.

Davis, Marni. *Jews and Booze: Becoming American in the Age of Prohibition*. New York: New York University Press, 2012.

de Blij, Harm Jan, ed. *Viticulture in Geographical Perspective*. Miami: Miami Geographical Society, 1992.

de Garine, Igor, and Valerie de Garine, eds. *Drinking: Anthropological Approaches*. New York: Berghahn, 2001.

Dion, Roger. *Histoire de la Vigne et du Vin en France des Origines au XiXe Siècle*. Paris: Flammarion, 1977.

A Dissertation upon Drunkenness . . . Shewing to What an Intolerable Pitch that Vice is arriv'd at in this Kingdom. London, 1708.

Distilled Spirituous Liquors the Bane of the Nation. London, 1736.

Fagan, Brian. *Elixir: A History of Water and Humankind*. New York: Bloomsbury, 2011.

Fenton, Alexander, ed. *Order and Disorder: The Health Implications of Eating and Drinking in the Nineteenth and Twentieth Centuries*. Edinburgh: Tuckwell Press, 2000.

Flandrin, Jean-Louis, and Massimo Montanari, eds. *Food: A Culinary History from Antiquity to the Present*. London: Penguin, 2000.

Fleming, Stuart J. *Vinum: The Story of Roman Wine*. Glen Mills, Pa.: Art Flair, 2001.

Foss, Richard. *Rum: A Global History*. London: Reaktion, 2012.

Francis, A. D. *The Wine Trade*. London: A & C Black, 1972.

Fuller, Robert C. *Religion and Wine: A Cultural History of Wine Drinking in the United States*. Knoxville: University of Tennessee Press, 1996.

Garlan, Yvon. *Vin et Amphores de Thasos*. Athens: Ecole Française d'Athènes, 1988.

Garrier, Gilbert, ed. *Histoire Sociale et Culturelle du Vin*. Paris: Larousse, 1998.

———. *Le Vin des Historiens*. Suze-la-Rousse: Université du Vin, 1990.

Gately, Iain. *Drink: A Cultural History of Alcohol*. New York: Gotham, 2008.

Global Status Report: Alcohol Policy. Geneva: World Health Organization, 2004.

Global Status Report on Alcohol and Health. Geneva: World Health Organization, 2011.

Goubert, Jean-Pierre. *The Conquest of Water*. Princeton: Princeton University Press, 1986.

Gusfield, Joseph R. *Contested Meanings: The Construction of Alcohol Problems*. Madison: University of Wisconsin Press, 1996.

———. *Drinking-Driving and the Symbolic Order*. Chicago: University of Chicago Press, 1981.

Gutzke, David, ed. *Alcohol in the British Isles from Roman Times to 1996: An Annotated Bibliography*. Westport, Conn.: Greenwood, 1996.

Gutzke, David W. *Pubs & Progressives: Reinventing the Public House in England, 1896–1960*. DeKalb: Northern Illinois University Press, 2006.

Guy, Kolleen M. *When Champagne became French: Wine and the Making of a National Identity*. Baltimore: Johns Hopkins University Press, 2003.

Haine, W. Scott. *The World of the Paris Café: Sociability among the French Working Class, 1789–1914*. Baltimore: Johns Hopkins University Press, 1996.

Hames, Gina. *Alcohol in World History*. London: Routledge, 2012.

Hammond, P. W. *Food and Feast in Medieval England*. Stroud: Allan Sutton, 1993.

Hancock, David. *Oceans of Wine: Madeira and the Emergence of American Trade and Taste*. New Haven: Yale University Press, 2009.

Harper, William T. *Origins and Rise of the British Distillery*. Lewiston: Edwin Mellon, 1999.

Harrison, Brian. *Drink and the Victorians: The Temperance Question in England, 1815–1872*. Pittsburgh: University of Pittsburgh Press, 1971.

Harrison, Tom. *The Pub and the People*. London, 1943. Reprint, London: Cresset, 1987.

Herlihy, Patricia. *Vodka: A Global History*. London: Reaktion, 2012.

Heron, Craig. *Booze: A Distilled History*. Toronto: Between the Lines, 2003.

Heskett, Randall, and Joel Butler. *Divine Vintage: Following the Wine Trail from Genesis to the Modern Age*. New York: Palgrave, 2012.

Hippocrates. London: Heinemann, 1967.

Hodge, Trevor. *Ancient Greek France*. Philadelphia: University of Pennsylvania Press, 1999.

Hoffman, Constance. *Medieval Agriculture, the Southern French Countryside, and the Early Cistercians: A Study of Forty-Three Monasteries*. Philadelphia: American Philosophical Society, 1986.

Hornsey, Ian S. *A History of Beer and Brewing*. Cambridge: Royal Society of Chemistry, 2003.

Horsley, Sir Victor. *The Rum Ration in the British Army*. London: Richard J. James, 1915.

Hurley, Jon. *A Matter of Taste: A History of Wine Drinking in Britain*. Stroud: Tempus, 2005.

An Impartial Inquiry into the Present State of the British Distillery. London, 1736.

Johnson, Hugh. *The Story of Wine*. London: Mitchell Beazley, 1989.

Kay, Billy, and Caileen MacLean. *Knee-Deep in Claret: A Celebration of Wine and Scotland*. Edinburgh: Mainstream Publishing, 1983.

Kennedy, Philip F. *The Wine Song in Classical Arabic Poetry: Abu Nuwas and the Literary Tradition*. Oxford: Clarendon Press, 1997.

Kladstrup, Don, and Petie Kladstrup. *Wine and War: The French, the Nazis and the Battle for France's Greatest Treasure*. New York: Broadway Books, 2001.

Koeppel, Gerard T. *Water for Gotham*. Princeton: Princeton University Press, 2000.

Kueny, Kathryn. *The Rhetoric of Sobriety: Wine in Early Islam*. Albany: State University of New York Press, 2001.

Lachiver, Marcel. *Vins, Vignes et Vignerons: Histoire du Vignoble Français*. Paris: Fayard, 1988.

Lanier, Doris. *Absinthe: The Cocaine of the Nineteenth Century*. Jefferson, NC: McFarland, 1995.

Lender, Mark Edward, and James Kirby Martin. *Drinking in America: A History*. New York: Free Press, 1987.

Loubère, Leo. *The Red and the White: The History of Wine in France and Italy in the Nineteenth Century*. Albany: State University of New York Press, 1978.

Lozarno Armendares, Teresa. *El Chinguirito: El Contrabando de Aguardiente de Caña y la Política Colonial*. Mexico: Universidad Nacional Autónima de México, 2005.

Lublin, Elizabeth Dorn. *Reforming Japan: The Woman's Christian Temperance Union in the Meiji Period*. Honolulu: University of Hawai'i Press, 2010.

Lukacs, Paul. *Inventing Wine: A New History of One of the World's Most Ancient Pleasures*. New York: Norton, 2012.

MacLean, Charles. *Scotch Whisky: A Liquid History*. London: Cassell, 2003.

Mager, Anne Kelk. *Beer, Sociability, and Masculinity in South Africa*. Bloomington: University of Indiana Press, 2010.

Maguin, Martine. *La Vigne et le Vin en Lorraine, XIV–XVe Siècle*. Nancy: Presses Universitaires de Nancy, 1982.

Mancall, Peter C. *Deadly Medicine: Indians and Alcohol in Early America*. Ithaca: Cornell University Press, 1997.

Martin, A. Lynn. *Alcohol, Violence and Disorder in Traditional Europe*. Kirksville, Mo.: Truman State University Press, 2009.

Mathias, Peter. *The Brewing Industry in England, 1700–1830*. Cambridge: Cambridge University Press, 1959.

McCarthy, Raymond, ed. *Drinking and Intoxication: Selected Readings in Social Attitudes and Control*. Glencoe, Ill.: Free Press, 1959.

McGovern, Patrick E. *Ancient Wine: The Search for the Origins of Viticulture*. Princeton: Princeton University Press, 2003.

———. *Uncorking the Past: The Quest for Wine, Beer and Other Alcoholic Beverages*. Berkeley: University of California Press, 2009.

McGovern, Patrick E., et al., eds. *Origins and Ancient History of Wine*. London: Routledge, 2004.

Meacham, Sarah Hand. *Every Home a Distillery: Alcohol, Gender, and Technology in the Colonial Chesapeake*. Baltimore: Johns Hopkins University Press, 2009.

Mendelson, Richard. *From Demon to Darling: A Legal History of Wine in America*. Berkeley: University of California Press, 2009.

Mittelman, Amy. *Brewing Battles: A History of American Beer*. New York: Algora, 2008.

National Health Service (United Kingdom). *Statistics on Alcohol 2012*. https://catalogue
.ic.nhs.uk/publications/public-health/alcohol/alco-eng-2012/alco-eng-2012-rep.pdf
. Accessed February 25, 2013.

Nelson, Max. *The Barbarian's Beverage: A History of Beer in Ancient Europe*. London: Rout-
ledge, 2005.

Nicholls, James. *The Politics of Alcohol: A History of the Drink Question in England*. Manches-
ter: Manchester University Press, 2009.

Nourrisson, Didier. *Le Buveur du XIXe Siècle*. Paris: Albin Michel, 1990.

Ogle, Maureen. *Ambitious Brew: The Story of American Beer*. Orlando: Harvest, 2006.

Pan, Lynn. *Alcohol in Colonial Africa*. Uppsala: Scandinavian Institute of African Studies,
1975.

Paul, Harry W. *Bacchic Medicine: Wine and Alcohol Therapies from Napoleon to the French
Paradox*. Amsterdam: Rodopi, 2001.

Pearson, C. C., and J. Edwin Hendricks. *Liquor and Anti-Liquor in Virginia, 1619–1919*. Dur-
ham, N.C.: Duke University Press, 1967.

Pliny the Elder. *Histoire Naturelle*. Paris: Société d'Edition 'Les Belles Lettres,' 1958.

Phillips, Rod. *A Short History of Wine*. London: Penguin, 2000.

Pinney, Thomas. *A History of Wine in America: From the Beginnings to Prohibition*. Berkeley:
University of California Press, 1989.

———. *A History of Wine in America: From Prohibition to the Present*. Berkeley: University of
California Press, 2005.

Plack, Noelle. *Common Land, Wine and the French Revolution: Rural Society and Economy in
Southern France, c. 1789–1820*. London: Ashgate, 2009.

Pokhlebkin, William. *A History of Vodka*. London: Verso, 1992.

Poo, Mu-Chou. *Wine and Wine-Offering in the Religion of Ancient Egypt*. London: Kegan Paul
International, 1995.

Prestwich, Patricia E. *Drink and the Politics of Social Reform: Antialcoholism in France since
1870*. Palo Alto: Society for the Promotion of Science and Scholarship, 1988.

Roberts, James S. *Drink, Temperance and the Working Class in Nineteenth-Century Germany*.
Boston: Allen & Unwin, 1984.

Rose, Susan. *The Wine Trade in Medieval Europe, 100–1500*. London: Continuum, 2011.

Rotskoff, Lori. *Love on the Rocks: Men, Women, and Alcohol in Post–World War II America*.
Chapel Hill: University of North Carolina Press, 2002.

Rush, Benjamin. *Medical Inquiries and Observations*. 2nd ed. Philadelphia: Thomas Dobson,
1794.

Salzman, James. *Drinking Water: A History*. New York: Overlook Duckworth, 2012.

Scheindlin, Raymond P. *Wine, Women and Death: Medieval Hebrew Poems on the Good Life*.
Philadelphia: Jewish Publication Society, 1986.

Seward, Desmond. *Monks and Wine*. New York: Crown Books, 1979.

Shiman, Lilian Lewis. *Crusade against Drink in Victorian England*. New York: St. Martin's
Press, 1988.

Short, Richard. *Of Drinking Water, Against our Novelists, that Prescribed it in England*. Lon-
don, 1656.

Shrad, Mark Lawrence. *The Political Power of Bad Ideas: Networks, Institutions, and the
Global Prohibition Wave*. Oxford: Oxford University Press, 2010.

Smith, Andrew. *Drinking History: Fifteen Turning Points in the Making of American Beverages.* New York: Columbia University Press, 2013.

Smith, Frederick H. *Caribbean Rum: A Social and Economic History.* Gainesville: University Press of Florida, 2005.

Smith, Gregg. *Beer in America: The Early Years, 1587–1840.* Boulder, Colo.: Siris Books, 1998.

Smyth, Adam, ed. *A Pleasing Sinne: Drink and Conviviality in 17th-Century England.* Cambridge: D. S. Brewer, 2004.

Stuart, Andrea. *Sugar in the Blood: A Family's Story of Slavery and Empire.* New York: Knopf, 2013.

Tait, Jennifer L. Woodruff. *The Poisoned Chalice: Eucharistic Grape Juice and Common-Sense Realism in Victorian Methodism.* Tuscaloosa: University of Alabama Press, 2010.

Tchernia, André. *Vin de l'Italie Romaine: Essaie d'Histoire Economique d'après les Amphores.* Rome: Ecole Française de Rome, 1986.

Thompson, H. Paul. *A Most Stirring and Significan Episode: Religion and the Rise and Fall of Prohibition in Black Atlanta, 1865–1887.* DeKalb: Northern Illinois University Press, 2013.

Thompson, Scott, and Gary Genosko. *Punched Drunk: Alcohol, Surveillance and the LCBO, 1927–1975.* Halifax: Fernwood Publishing, 2009.

Trawick, Buckner B. *Shakespeare and Alcohol.* Amsterdam: Editions Rodopi, 1978.

Treml, Vladimir G. *Alcohol in the USSR: A Statistical Study.* Durham, N.C.: Duke University Press, 1982.

Trotter, Thomas. *An Essay Medical, Philosophical, and Chemical on Drunkenness and its Effects on the Human Body.* London, 1804.

Unger, Richard W. *Beer in the Middle Ages and the Renaissance.* Philadelphia: University of Pennsylvania Press, 2004.

Unrau, William E. *White Man's Wicked Water: The Alcohol Trade and Prohibition in Indian Country, 1802–1892.* Lawrence: University of Kansas Press, 1996.

Valverde, Mariana. *Diseases of the Will: Alcohol and the Dilemmas of Freedom.* Cambridge: Cambridge University Press, 1998.

Vandermersch, Christian. *Vins et Amphores de Grande Grèce et de Sicile IVe–IIIe Siècles avant J.-C.* Naples: Centre Jean Bérard, 1994.

Vidal, Michel. *Histoire de la Vigne et des Vins dans le Monde, XIXe–XXe Siècles.* Bordeaux: Féret, 2001.

Le Vin à Travers les Ages: Produit de Qualité, Agent Economique. Bordeaux: Feret, 2001.

Viqueira Albán, Juan Pedro. *Propriety and Permissiveness in Bourbon Mexico.* Wilmington, N.C.: Scholarly Resources, 1999.

Warner, Charles K. *The Winegrowers of France and the Government since 1875.* New York: Columbia University Press, 1960.

Warner, Jessica. *Craze: Gin and Debauchery in an Age of Reason.* New York: Random House, 2002.

White, Stephen. *Russia Goes Dry: Alcohol, State and Society.* Cambridge: Cambridge University Press, 1996.

Wilkins, John, David Harvey, and Mike Dobson, eds. *Food in Antiquity.* Exeter: University of Exeter Press, 1995.

Williams, Gwylmor Prys, and George Thompson Brake. *Drink in Great Britain, 1900–1979.* London: Edsall, 1980.

Willis, Justin. *Potent Brews: A Social History of Alcohol in East Africa, 1850–1999*. London: British Institute in Eastern Africa, 2002.

Wilson, C. Anne. *Water of Life: A History of Wine-Distilling and Spirits, 500 BC–AD 2000*. Totnes, U.K.: Prospect Books, 2006.

Younger, William. *Gods, Men and Wine*. London: Michael Joseph, 1966.

Zhenping, Li. *Chinese Wine*. Cambridge: Cambridge University Press, 2010.

Zimmerman, Jonathan. *Distilling Democracy: Alcohol Education in America's Public Schools, 1880–1925*. Lawrence: University Press of Kansas, 1999.

论文

Adair, Daryl. "Respectable, Sober and Industrious? Attitudes to Alcohol in Early Colonial Adelaide." *Labour History* 70 (1996): 131–55.

Ajzenstadt, Mimi. "The Changing Image of the State: The Case of Alcohol Regulation in British Columbia, 1871–1925." *Canadian Journal of Sociology* 19 (1994): 441–60.

Albertson, Dean. "Puritan Liquor in the Planting of New England." *New England Quarterly* 23, no. 4 (1950): 477–90.

Allchin, F. R. "India: The Ancient Home of Distillation?" *Man* 14 (1979): 55–63.

Amouretti, Marie-Claire. "Vin, Vinaigre, Piquette dans l'Antiquité." In *Le Vin des Historiens*, edited by Gilbert Garrier, 75–87. Suze-la-Rousse: Université du Vin, 1990.

Appel, Jacob M. "'Physicians Are Not Bootleggers': The Short, Peculiar Life of the Medicinal Alcohol Movement." *Bulletin of the History of Medicine* 82 (2008): 355–86.

Bennett, Norman R. "The Golden Age of the Port Wine System, 1781–1807." *International History Review* 12 (1990): 221–48.

Blocker, Jack S. "Did Prohibition Really Work?" *American Journal of Public Health* 96 (2006): 233–43.

Bowers, John M. "'Dronkenesse is ful of stryvyng': Alcoholism and Ritual Violence in Chaucer's *Pardoner's Tale*." *English Literary History* 57 (1990): 757–84.

Brennan, Thomas. "The Anatomy of Inter-Regional Markets in the Early Modern Wine Trade." *Journal of European Economic History* 23 (1994): 581–607.

———. "Towards a Cultural History of Alcohol in France." *Journal of Social History* 23 (1989): 71–92.

Broich, John. "Engineering the Empire: British Water Supply Systems and Colonial Societies, 1850–1900." *Journal of British Studies* 46 (2007): 346–65.

Campbell, Robert A. "Making Sober Citizens: The Legacy of Indigenous Alcohol Regulation in Canada, 1777–1985." *Journal of Canadian Studies* 42 (2008): 105–26.

Carter, F. W. "Cracow's Wine Trade (Fourteenth to Eighteenth Centuries)." *Slavonic and East European Review* 65 (1987): 537–78.

Chard, Chloe. "The Intensification of Italy: Food, Wine and the Foreign in Seventeenth-Century Travel Writing." In *Food, Culture and History I*, edited by Gerald Mars and Valerie Mars. London: London Food Seminar, 1993.

Christian, David. "Prohibition in Russia, 1914–1925." *Australian Slavonic and East European Studies* 9 (1995): 89–118.

Christmom, Kenneth. "Historical Overview of Alcohol in the African American Community." *Journal of Black Studies* 25 (1995): 318–30.

Clark, Peter. "The 'Mother Gin' Controversy in the Early Eighteenth Century." *Transactions of the Royal Historical Society*, 5th ser., 38 (1988): 63–84.

Conrad, Maia. "Disorderly Drinking: Reconsidering Seventeenth-Century Iroquois Alcohol Abuse." *American Indian Quarterly* 23, no. 3&4 (1999): 1–11.

Dailey, D. C. "The Role of Alcohol among North American Indian Tribes as Reported in the Jesuit Relations." *Anthropologica* 10 (1968): 45–59.

Davidson, Andrew. "'Try the Alternative': The Built Heritage of the Temperance Movement." *Journal of the Brewery History Society* 123 (2006): 92–109.

Davis, Robert C. "Venetian Shipbuilders and the Fountain of Wine." *Past and Present* 156 (1997): 55–86.

Deuraseh, Nurdeen. "Is Imbibing *Al-Khamr* (Intoxicating Drink) for Medical Purposes Permissible by Islamic Law?" *Arab Law Quarterly* 18 (2003): 355–64.

Diduk, Susan. "European Alcohol, History, and the State in Cameroon." *African Studies Review* 36 (1993): 1–42.

Dietz, Vivien E. "The Politics of Whisky: Scottish Distillers, the Excise, and the Pittite State." *Journal of British Studies* 36 (1997): 35–69.

Dudley, Robert. "Evolutionary Origins of Human Alcoholism in Primate Frugivory." *Quarterly Review of Biology* 75, no. 1 (March 2000): 3–15.

Dumett, Raymond E. "The Social Impact of the European Liquor Trade on the Akan of Ghana (Gold Coast and Asante), 1875–1910." *Journal of Interdisciplinary History* 5 (1974): 69–101.

Dupebe, Jean. "La Diététique et l'Alimentation des Pauvres selon Sylvius." In *Pratiques et Discours Alimentaires à la Renaissance*, edited by J.-C. Margolin and R. Sauzet, 41–56. Paris: G.-P. Maisonneuve et Larose, 1982.

Dyer, Christopher. "Changes in Diet in the Late Middle Ages: The Case of Harvest Workers." *Agricultural Historical Review* 36 (1988): 21–37.

———. "The Consumer and the Market in the Later Middle Ages." *Economic History Review* 42 (1989): 305–27.

Fallaw, Ben. "Dry Law, Wet Politics: Drinking and Prohibition in Post-Revolutionary Yucatán, 1915–1935." *Latin American Research Review* 37 (2001): 37–65.

Funnerton, Patricia. "Not Home: Alehouses, Ballads, and the Vagrant Husband in Early Modern England." *Journal of Medieval and Early Modern Studies* 32 (2002): 493–518.

Gilmore, Thomas B. "James Boswell's Drinking." *Eighteenth-Century Studies* 24 (1991): 337–57.

Gough, J. B. "Winecraft and Chemistry in Eighteenth-Century France: Chaptal and the Invention of Chaptalization." *Technology and Culture* 39 (1998): 74–104.

Grinëv, Andrei V. "The Distribution of Alcohol among the Natives of Russian America." *Arctic Anthropology* 47 (2010): 69–79.

Grivetti, Louis E., and Elizabeth A. Applegate. "From Olympia to Atlanta: A Cultural-Historical Perspective on Diet and Athletic Training." *Journal of Nutrition* 127 (1997): 861–68.

Gunson, Neil. "On the Incidence of Alcoholism and Intemperance in Early Pacific Missions." *Journal of Pacific History* 1 (1966): 43–62.

Guthrie, John J., Jr. "Hard Times, Hard Liquor and Hard Luck: Selective Enforcement of Prohibition in North Florida, 1928–1933." *Florida Historical Quarterly* 72 (1994): 435–52.

———. "Rekindling the Spirits: From National Prohibition to Local Option in Florida, 1928–1935." *Florida Historical Quarterly* 74 (1995): 23–39.

Gutzke, David W. "Improved Pubs and Road Houses: Rivals for Public Affection in Interwar England." *Brewery History* 119 (2005): 2–9.

Halenko, Oleksander. "Wine Production, Marketing and Consumption in the Ottoman Crimea, 1520–1542." *Journal of the Economic and Social History of the Orient* 47 (2004): 507–47.

Hammer, Carl I. "A Hearty Meal? The Prison Diets of Cranmer and Latimer." *Sixteenth Century Journal* 30 (1999): 653–80.

Hancock, David. "Commerce and Conversation in the Eighteenth-Century Atlantic: The Invention of Madeira Wine." *Journal of Interdisciplinary History* 29 (1998): 197–219.

Heap, Simon. "'A Bottle of Gin Is Dangled before the Nose of the Natives': The Economic Uses of Imported Liquor in Southern Nigeria, 1860–1920." *African Economic History* 33 (2005): 69–85.

Hendricks, Rick. "Viticulture in El Paso del Norte during the Colonial Period." *Agricultural History* 78 (2004): 191–200.

Herlihy, Patricia, "'Joy of the Rus': Rites and Rituals of Russian Drinking." *Russian Review* 50 (1991): 131–47.

Hernández Palomo, José Jesús. "El Pulque: Usos Indígenas y Abusos Criollos." In *El Vino de Jerez y Otras Bebidas Espirituosas en la Historia de España y América*. Madrid: Servicio de Publicaciones del Ayuntamiento de Jerez, 2004.

Hill Curth, Louise. "The Medicinal Value of Wine in Early Modern England." *Social History of Alcohol and Drugs* 18 (2003): 35–50.

Holt, James B., et al. "Religious Affiliation and Alcohol Consumption in the United States." *Geographical Review* 96 (2006): 523–42.

Holt, Mack P. "Europe Divided: Wine, Beer and Reformation in Sixteenth-Century Europe." In *Alcohol: A Social and Cultural History*, edited by Mack P. Holt, 25–40. Oxford: Berg, 2006.

———. "Wine, Community and Reformation." *Past and Present* 138 (1993): 58–93.

Holt, Tim. "Demanding the Right to Drink: The Two Great Hyde Park Demonstrations." *Brewery History* 118 (2005): 26–40.

Homan, Michael M. "Beer and Its Drinkers: An Ancient Near Eastern Love Story." *Near Eastern Archaeology* 67 (2004): 84–95.

Hook, Christopher, Helen Tarbet, and David Ball. "Classically Intoxicated." *British Medical Journal* 335 (December 22–29, 2007): 1302–4.

Howard, Sarah. "Selling Wine to the French: Official Attempts to Increase French Wine Consumption, 1931–1936." *Food and Foodways* 12 (2004): 197–224.

Hudson, Nicholas F. "Changing Places: The Archaeology of the Roman *Convivium*." *American Journal of Archaeology* 114 (2010): 663–95.

Hughes, James N., III. "Pine Ridge, Whiteclay, and Indian Liquor Law." University of Nebraska College of Law, Federal Indian Law Seminar, December 13, 2010. http://www.jdsupra.com/documents/4c1267de-b226-4e76-bd8a-4a2548169500.pdf. Accessed April 26, 2012.

Ishii, Izumi. "Alcohol and Politics in the Cherokee Nations before Removal." *Ethnohistory* 50 (2003): 671–95.

Jellinek, E. M. "Interpretation of Alcohol Consumption Rates with Special Reference to Statistics of Wartime Consumption." *Quarterly Journal of Studies on Alcohol* 3 (1942–43): 267–80.

Jennings, Justin, Kathleen L. Antrobus, Sam J. Antencio, Erin Glavich, Rebecca Johnson, German Loffler, and Christine Luu. "'Drinking Beer in a Blissful Mood': Alcohol Production, Operational Chains, and Feasting in the Ancient World." *Current Anthropology* 46 (2005): 275–303.

Joffe, Alexander H. "Alcohol and Social Complexity in Ancient Western Asia." *Current Anthropology* 39 (1998): 297–322.

Johnston, A. J. B. "Alcohol Consumption in Eighteenth-Century Louisbourg and the Vain Attempts to Control It." *French Colonial History* 2 (2002): 61–76.

Kearney, H. F. "The Irish Wine Trade, 1614–15." *Irish Historical Studies* 36 (1955): 400–442.

Keller, Mark. "The Old and the New in the Treatment of Alcoholism." In *Alcohol Interventions: Historical and Sociocultural Approaches*, edited by David L. Strug et al., 23–40. New York: Haworth, 1986.

Khalil, Lufti A., and Fatimi Mayyada al-Nammari. "Two Large Wine Presses at Khirbet Yajuz, Jordan." *Bulletin of the American Schools of Oriental Research* 318 (2000): 41–57.

Kirby, James Temple. "Alcohol and Irony: The Campaign of Westmoreland Davis for Governor, 1909–1917." *Virginia Magazine of History and Biography* 73 (1965): 259–79.

Kopperman, Paul E. "'The Cheapest Pay': Alcohol Abuse in the Eighteenth-Century British Army." *Journal of Military History* 60 (1996): 445–70.

Kudlick, Catherine J. "Fighting the Internal and External Enemies: Alcoholism in World War I France." *Contemporary Drug Problems* 12 (1985): 129–58.

Kumin, Beat. "The Devil's Altar? Crime and the Early Modern Public House." *History Compass* 2 (2005). http://wrap.warwick.ac.uk/289/1/WRAP_Kumin_Devils_altar_History_Compass.pdf. Accessed May 27, 2013.

Lacoste, Pablo. "'Wine and Women': Grape Growers and *Pulperías* in Mendoza, 1561–1852." *Hispanic American Historical Review* 88 (2008): 361–91.

Langhammer, C. "'A Public House Is for All Classes, Men and Women Alike': Women, Leisure and Drink in Second World War England." *Women's History Review* 12 (2003): 423–43.

Larsen, Carlton K. "Relax and Have a Homebrew: Beer, the Public Sphere, and (Re)Invented Traditions." *Food and Foodways* 7 (1997): 265–88.

Lee, Nella. "Impossible Mission: A History of the Legal Control of Native Drinking in Alaska." *Wicazo Sa Review* 12 (1997): 95–109.

Lender, Mark. "Drunkenness as an Offense in Early New England: A Study of 'Puritan' Attitudes." *Quarterly Journal of Studies on Alcohol* 34 (1973): 353–66.

Lock, Carrie. "Original Microbrews: From Egypt to Peru, Archaeologists Are Unearthing Breweries from Long Ago." *Science News* 166 (October 2004): 216–18.

Ludington, Charles. "'Claret Is the Liquor for Boys; Port for Men': How Port Became the 'Englishman's Wine,' 1750s to 1800." *Journal of British Studies* 48 (2009): 364–90.

Lurie, Nancy Oestreich. "The World's Oldest On-Going Protest Demonstration: North American Indian Drinking Patterns." *Pacific Historical Review* 40 (1971): 311–32.

Mäkelä, Klaus, and Matti Viikari. "Notes on Alcohol and the State." *Acta Sociologica* 20 (1977): 155–79.

Mancall, Peter. "Men, Women and Alcohol in Indian Villages in the Great Lakes Region in the Early Republic." *Journal of the Early Republic* 15 (1995): 425–48.

Marjot, D. H. "Delirium Tremens in the Royal Navy and British Army in the 19th Century." *Journal of Studies on Alcohol* 38 (1977): 1613–23.

Marrus, Michael. "Social Drinking in the Belle Epoque." *Journal of Social History* 7 (1974): 115–41.

Marshall, Mac, and Leslie B. Marshall. "Holy and Unholy Spirits: The Effects of Missionization on Alcohol Use in Eastern Micronesia." *Journal of Pacific History* 15 (1980): 135–66.

Martin, Scott C. "Violence, Gender, and Intemperance in Early National Connecticut." *Journal of Social History* 34 (2000): 309–25.

Mason, Nicholas. "'The Sovereign People Are in a Beastly State': The Beer Act of 1830 and Victorian Discourses on Working-Class Drunkenness." *Victorian Literature and Culture* 29 (2001): 109–27.

Mathias, Peter. "Agriculture and the Brewing and Distilling Industries in the Eighteenth Century." *Economic History Review* 5 (1952): 249–57.

———. "The Brewing Industry, Temperance, and Politics." *Historical Journal* 1 (1958): 97–116.

McGahan, A. M. "The Emergence of the National Brewing Oligopoly: Competition in the American Market, 1933–1958." *Business History Review* 65 (1991): 229–84.

McGovern, Patrick E. "The Funerary Banquet of 'King Midas.'" *Expedition* 42 (2000): 21–29.

McGovern, Patrick E., Armen Mirzoian, and Gretchen R. Hall. "Ancient Egyptian Herbal Wines." *Proceedings of the National Academy of Sciences*, 2009. http://www.pnas.org/cgi/doi/10.1073/pnas.0811578106. Accessed February 12, 2011.

McGovern, Patrick E., et al. "Beginning of Viticulture in France." *Proceedings of the National Academy of Sciences* 110 (2013): 10147–52.

———. "Chemical Identification and Cultural Implications of a Mixed Fermented Beverage from Late Prehistoric China." *Asian Perspectives* 44 (2005): 249–70.

———. "Fermented Beverages of Pre- and Proto-Historic China." *Proceedings of the National Academy of Sciences* 101, no. 51 (December 21, 2004): 17593–98.

McKee, W. Arthur. "Sobering Up the Soul of the People: The Politics of Popular Temperance in Late Imperial Russia." *Russian Review* 58 (1999): 212–33.

McWilliams, James E. "Brewing Beer in Massachusetts Bay, 1640–1690." *New England Quarterly* 71, no. 4 (1998): 543–69.

Meacham, Sarah Hand. "'They Will Be Adjudged by Their Drink, What Kinde of Housewives They Are': Gender, Technology, and Household Cidering in England and the Chesapeake, 1690 to 1760." *Virginia Magazine of History and Biography* 111 (2003): 117–50.

Miron, Jeffrey A., and Jeffrey Zwiebel. "Alcohol Consumption during Prohibition." *American Economic Review* 81 (1991): 242–47.

Mitchell, Allan. "The Unsung Villain: Alcoholism and the Emergence of Public Welfare in France, 1870–1914." *Contemporary Drug Problems* 14 (1987): 447–71.

Moffat, Kirstine. "The Demon Drink: Prohibition Novels, 1882–1924." *Journal of New Zealand Literature* 23 (2005): 139–61.

Moloney, Dierdre M. "Combatting 'Whiskey's Work': The Catholic Temperance Movement in Late Nineteenth-Century America." *U.S. Catholic Historian* 16 (1998): 1–23.

Morris, Steve, David Humphreys, and Dan Reynolds. "Myth, Marula and Elephant: An Assessment of Voluntary Ethanol Intoxication of the African Elephant (Loxodonta

Africana) following Feeding on the Fruit of the Marula Tree (Sclerocarya Birrea)." *Physiological and Biochemical Zoology* 78 (2006). http://www.jstor.org/stable/10.1086/499983. Accessed April 26, 2012.

Moseley, Michael E., et al. "Burning Down the Brewery: Establishing and Evacuating an Ancient Imperial Colony at Cerro Baúl, Peru." *Proceedings of the National Academy of Sciences* 102, no. 48 (2005): 17264–71.

Nemser, Daniel. "'To Avoid This Mixture': Rethinking *Pulque* in Colonial Mexico City." *Food and Foodways* 19 (2011): 98–121.

Nurse, Keith. "The Last of the (Roman) Summer Wine." *History Today* 44 (1993): 4–5.

Olukoji, Ayodeji. "Prohibition and Paternalism: The State and the Clandestine Liquor Traffic in Northern Nigeria, c.1898–1918." *International Journal of African Historical Studies* 24 (1991): 349–68.

Osborn, Matthew Warner. "A Detestable Shrine: Alcohol Abuse in Antebellum Philadelphia." *Journal of the Early Republic* 29 (2009): 101–32.

Pearson, Kathy L. "Nutrition and the Early-Medieval Diet." *Speculum* 72 (1997): 1–32.

Peters, Erica J. "Taste, Taxes, and Technologies: Industrializing Rice Alcohol in Northern Vietnam, 1902–1913." *French Historical Studies* 27 (2004): 569–600.

Phillips, Laura L. "In Defense of Their Families: Working-Class Women, Alcohol, and Politics in Revolutionary Russia." *Journal of Women's History* 11 (1999): 97–120.

———. "Message in a Bottle: Working-Class Culture and the Struggle for Political Legitimacy, 1900–1929." *Russian Review* 56 (1997): 25–32.

Platt, B. S. "Some Traditional Alcoholic Beverages and Their Importance to Indigenous African Communities." *Proceedings of the Nutrition Society* 14 (1955): 115–24.

Poo, Mu-Chou. "The Use and Abuse of Wine in Ancient China." *Journal of the Economic and Social History of the Orient* 42 (1999): 123–51.

Purcell, N. "Wine and Wealth in Ancient Italy." *Journal of Roman Studies* 75 (1985): 1–19.

Purcell, Nicolas. "The Way We Used to Eat: Diet, Community, and History at Rome." *American Journal of Philology* 124 (2003): 329–58.

Quinn, John F. "Father Mathew's Disciples: American Catholic Support for Temperance, 1840–1920." *Church History* 65 (1996): 624–40.

Rabin, Dana. "Drunkenness and Responsibility for Crime in the Eighteenth Century." *Journal of British Studies* 44 (2005): 457–77.

Rawson, Michael. "The Nature of Water: Reform and the Antebellum Crusade for Municipal Water in Boston." *Environmental History* 9 (2004): 411–35.

Recio, Gabriela. "Drugs and Alcohol: US Prohibition and the Origin of the Drug Trade in Mexico, 1910–1930." *Journal of Latin American Studies* 34 (2002): 27–33.

Reséndez, Andrés. "Getting Cured and Getting Drunk: State versus Market in Texas and New Mexico, 1800–1850." *Journal of the Early Republic* 22 (2002): 77–103.

Rice, Prudence M. "Wine and Brandy Production in Colonial Peru: A Historical and Archaeological Investigation." *Journal of Interdisciplinary History* 27 (1997): 455–79.

Roberts, James S. "Drink and Industrial Work Discipline in 19th-Century Germany." *Journal of Social History* 15 (1981): 25–38.

Sánchez Montañés, Emma. "Las Bebidas Alcohólicas en la América Indígena: Una Visión General." In *El Vino de Jerez y Otras Bebidas Espirituosas en la Historia de España y América*, 424–28. Madrid: Servicio de Publicaciones del Ayuntamiento de Jerez, 2004.

Santon, T. J. "Columnella's Attitude towards Wine Production." *Journal of Wine Research* 7 (1996): 55–59.

Saracino, Mary E. "Household Production of Alcoholic Beverages in Early-Eighteenth-Century Connecticut." *Journal of Studies on Alcohol* 46 (1985): 244–52.

Smith, Frederic H. "European Impressions of the Island Carib's Use of Alcohol in the Early Colonial Period." *Ethnohistory* 53 (2006): 543–66.

Smith, Michael A. "Social Usages of the Public Drinking House: Changing Aspects of Class and Leisure." *British Journal of Sociology* 34 (1983): 367–85.

Stanislawski, Dan. "Dionysus Westward: Early Religion and the Economic Geography of Wine." *Geographical Review* 65 (1975): 427–44.

Stanziani, Alessandro. "Information, Quality, and Legal Rules: Wine Adulteration in Nineteenth-Century France." *Business History* 51, no. 2 (2009): 268–91.

Steckley, George F. "The Wine Economy of Tenerife in the Seventeenth Century: Anglo-Spanish Partnership in a Luxury Trade." *Economic History Review* 33 (1980): 335–50.

Steinmetz, Devora. "Vineyard, Farm, and Garden: The Drunkenness of Noah in the Context of Primeval History." *Journal of Biblical Literature* 113 (1994): 193–207.

Steel, Louise. "A Goodly Feast . . . A Cup of Mellow Wine: Feasting in Bronze Age Cyprus." *Hesperia* 73 (2004): 281–300.

Stone, Helena. "The Soviet Government and Moonshine, 1917–1929." *Cahiers du Monde Russe et Soviétique* 27 (1986): 359–81.

Tarschys, Daniel. "The Success of a Failure: Gorbachev's Alcohol Policy, 1985–88." *Europe-Asia Studies* 45 (1993): 7–25.

Thorp, Daniel B. "Taverns and Tavern Culture on the Southern Colonial Frontier: Rowan County, North Carolina, 1753–1776." *Journal of Southern History* 62 (1996): 661–88.

Tlusty, B. Ann. "Water of Life, Water of Death: The Controversy over Brandy and Gin in Early Modern Augsburg." *Central European History* 31, no. 1–2 (1999): 1–30.

Transchel, Kate. "Vodka and Drinking in Early Soviet Factories." In *The Human Tradition in Modern Russia*, edited by William B. Husband, 130–37. Wilmington, N.C.: Scholarly Resources, 2000.

Unwin, Tim. "Continuity in Early Medieval Viticulture: Secular or Ecclesiastical Influences?" In *Viticulture in Geographical Perspective*, edited by Harm de Blij, 37. Miami: Miami Geographical Society, 1992.

Urbanowicz, Charles F. "Drinking in the Polynesian Kingdom of Tonga." *Ethnohistory* 22 (1975): 33–50.

Valdez, Lidio M. "Maize Beer Production in Middle Horizon Peru." *Journal of Anthropological Research* 62 (2006): 53–80.

Valverde, Mariana. "'Slavery from Within': The Invention of Alcoholism and the Question of Free Will." *Social History* 22 (1997): 251–68.

van Onselen, Charles. "Randlords and Rotgut, 1886–1903: An Essay on the Role of Alcohol in the Development of European Imperialism and Southern African Capitalism, with Special Reference to Black Mineworkers in the Transvaal Republic." *History Workshop* 2 (1976): 33–89.

Vargas, Mark A. "The Progressive Agent of Mischief: The Whiskey Ration and Temperance in the United States Army." *Historian* 67 (2005): 199–216.

Warner, Jessica. "Faith in Numbers: Quantifying Gin and Sin in Eighteenth-Century En-
gland." *Journal of British Studies* 50 (2011): 76–99.

Warner, Jessica, Minghao Her, and Jürgen Rehm. "Can Legislation Prevent Debauchery?
Mother Gin and Public Health in 18th-Century England." *American Journal of Public
Health* 91 (2001): 375–84.

White, Jonathan. "The 'Slow but Sure Poyson': The Representation of Gin and Its Drinkers,
1736–1751." *Journal of British Studies* 42 (2003): 35–64.

White, Owen. "Drunken States: Temperance and French Rule in Cote d'Ivoire, 1908–1916."
Journal of Social History 40 (2007): 663–84.

Whitten, David O. "An Economic Inquiry into the Whiskey Rebellion of 1794." *Agricultural
History* 49 (1975): 491–504.

Zimmerman, Jonathan. "'One's Total World View Comes into Play': America's Culture War
over Alcohol Education, 1945–64." *History of Education Quarterly* 42 (2002): 471–92.

———. "'When the Doctors Disagree': Scientific Temperance and Scientific Authority,
1891–1906." *Journal of the History of Medicine* 48 (1993): 171–97.

译后记

  人类喜欢"微醺"的状态,这或许是基因所决定的。和其他所有的麻醉品一样,人类对酒的爱恨情仇贯穿了整个社会文化史。本书的标题"酒:一部文化史"来自这样一个事实,即酒的历史,其实就是文化史。对于我们中国人来说,这一点更加容易理解。从《诗经》《楚辞》到《红楼梦》,中国自古以来就有诗酒风流的传统。杜甫赞扬"李白斗酒诗百篇",王翰感叹"葡萄美酒夜光杯",王维曾"劝君更尽一杯酒",陆游说"莫笑农家腊酒浑"。酒承载了多少文人墨客的寄托,浇掉了多少迁客骚人的块垒。试想一下,假如没有了酒,辉煌灿烂的中国文学史将失去多少有趣的灵魂,错过多少有趣的故事,损失多少有趣的篇章。本书虽然对中国的酒文化着墨不多,却为我们提供了一种新的视角和研究路径,在这方面,我们还有很多工作可以做。

  随着社会文化史的蓬勃发展,对饮食史的研究也蔚然兴起。酒文化作为饮食史研究的重要组成部分,近年来涌现了不少这方面的专著。但是,其中大部分要么是仅仅研究中国的酒文化,或者是中国某些地区和某些朝代的酒文化,要么是仅仅研究某一种酒的酒文化,能够从社会文化史的视角,采取全球视野探讨各种酒类之历史的,本书即使不是第一本,也算是这一领域的一部开创之作,有筚路蓝缕之功。在内容方面,本书以酒为切入点,探讨了不同时代、不同社会背景之下的权力关系、种族关系、性别关系和等级关系。在此意义上,还是中文最得其妙:醉里乾坤大,壶中日月长。

  作者罗德·菲利普斯是加拿大卡尔顿大学的历史学教授,学术视野极其广博。他从家庭史起家,尤其是婚姻史,当然也有离婚史。他写的《分道扬镳:离婚简史》

早在 1998 年就被翻译成了中文。长期以来，他一直担任国际学术期刊《家庭史杂志》的主编。作为一个热爱生活的人，在 20 世纪 90 年代，他的研究兴趣延伸到了长期以来的热爱：饮食和酒，并在这些领域成果累累，著述丰厚。围绕不同国家、不同时代的葡萄酒和其他酒类，他出版了大量专著。当前，菲利普斯正担任主编主持六卷本《酒文化史》的编著和出版。但他并不只是一个关在书斋里做学问的人，同时还是一位实践家，作为国际知名的品酒大师，他不仅是几家国际品酒杂志的特约撰稿人，还开设有自己的品酒网站。

译者在本书的翻译过程中，多次承蒙菲利普斯教授的指点。他对本书的翻译出版非常关心，百忙之中，总是能够及时地、不厌其烦地解答译者遇到的疑问。能够遇到他这样的作者，实在是译者之幸。从拿到原书时的好奇和兴奋，到孤灯独坐的翻译过程，从厚厚的校对稿上密密麻麻的修改，再到现在像期盼新生儿一样对本书满怀期待，译路之上，甘苦自知。感谢顾悦老师的耐心、包容和及时的鞭策，感谢各位编辑老师的细心修改和润色。就像我们交流过程中说过的那样，译文的完美是一种理想，要想真正达到是一种奢望，但译者不能以此作为借口，而不竭尽全力去靠近。每看一遍译文，或许总能发现可以改进的地方。若有疏漏和偏差之处，还请方家不吝赐正。

马百亮

allohamax@163.com

2019 年 5 月

图书在版编目(CIP)数据

酒：一部文化史 / (加)罗德·菲利普斯著；马百
亮译. — 上海：格致出版社：上海人民出版社，
2024.6
(格致人文)
ISBN 978 - 7 - 5432 - 3565 - 6

Ⅰ.①酒… Ⅱ.①罗… ②马… Ⅲ.①酒文化-世界
Ⅳ.①TS971.22

中国国家版本馆 CIP 数据核字(2024)第 080410 号

责任编辑 顾 悦 刘 茹
装帧设计 路 静

格致人文

酒:一部文化史

[加拿大]罗德·菲利普斯 著

马百亮 译

出　　版　格致出版社
　　　　　　上海人民出版社
　　　　　　(201101　上海市闵行区号景路 159 弄 C 座)
发　　行　上海人民出版社发行中心
印　　刷　上海颛辉印刷厂有限公司
开　　本　720×1000　1/16
印　　张　19.75
插　　页　6
字　　数　340,000
版　　次　2024 年 6 月第 1 版
印　　次　2024 年 6 月第 1 次印刷
ISBN 978 - 7 - 5432 - 3565 - 6/K · 235
定　　价　89.00 元

·格致人文·

《酒：一部文化史》
[加拿大]罗德·菲利普斯/著　马百亮/译

《史学导论：历史研究的目标、方法与新方向(第七版)》
[英]约翰·托什/著　吴英/译

《中世纪文明(400—1500年)》
[法]雅克·勒高夫/著　徐家玲/译

《中世纪的儿童》
[英]尼古拉斯·奥姆/著　陶万勇/译

《史学理论手册》
[加拿大]南希·帕特纳　[英]萨拉·富特/主编　余伟　何立民/译

《人文科学宏大理论的回归》
[英]昆廷·斯金纳/主编　张小勇　李贯峰/译

《从记忆到书面记录：1066—1307年的英格兰(第三版)》
[英]迈克尔·托马斯·克兰奇/著　吴莉苇/译

《历史主义》
[意]卡洛·安东尼/著　黄艳红/译

《苏格拉底前后》
[英]弗朗西斯·麦克唐纳·康福德/著　孙艳萍/译

《奢侈品史》
[澳]彼得·麦克尼尔　[意]乔治·列洛/著　李思齐/译

《历史学的使命(第二版)》
[英]约翰·托什/著　刘江/译

《历史上的身体:从旧石器时代到未来的欧洲》
[英]约翰·罗布　奥利弗·J.T.哈里斯/主编　吴莉苇/译